U0180792

绿色焦化工艺技术

Green Coking Process Technology

王新东　白金锋　等著

北　京

冶 金 工 业 出 版 社

2022

内 容 提 要

本书共6章，主要内容包括：焦化工业概况，备煤工艺技术，炼焦工艺技术，煤气净化工艺技术，化产品深加工技术，焦化污染物绿色处理技术。

本书可供从事焦化、煤化工专业、环境保护、清洁生产方向的科研人员、工程技术人员阅读，也可供高等院校相关专业的本科生、研究生参考。

图书在版编目（CIP）数据

绿色焦化工艺技术/王新东，白金锋等著 . —北京：冶金工业出版社，2020.12（2022.8 重印）

ISBN 978-7-5024-8607-5

Ⅰ.①绿… Ⅱ.①王… ②白… Ⅲ.①焦化—生产工艺—无污染技术—研究 Ⅳ.①TQ520.6

中国版本图书馆 CIP 数据核字（2020）第 245772 号

绿色焦化工艺技术

出版发行	冶金工业出版社	**电 话**	（010）64027926
地 址	北京市东城区嵩祝院北巷 39 号	**邮 编**	100009
网 址	www.mip1953.com	**电子信箱**	service@ mip1953.com

责任编辑 戈 兰 美术编辑 彭子赫 版式设计 孙跃红
责任校对 王永欣 责任印制 李玉山
北京富资园科技发展有限公司印刷
2020 年 12 月第 1 版，2022 年 8 月第 2 次印刷
710mm×1000mm 1/16；21 印张；407 千字；320 页
定价 128.00 元

投稿电话 （010）64027932 投稿信箱 tougao@cnmip.com.cn
营销中心电话 （010）64044283
冶金工业出版社天猫旗舰店 yjgycbs.tmall.com
（本书如有印装质量问题，本社营销中心负责退换）

《绿色焦化工艺技术》编委会

序

炼焦化学工业是煤炭高效、洁净能源转换的流程工业。在我国富煤、少气、贫油的能源禀赋下，其绿色高效发展支撑了中国钢铁冶金、化工合成、城市燃气等国民经济重要部门的跨越式发展，具有重大战略意义。2019 年我国钢产量达到 9.96 亿吨，占世界总产量的 53.3%，已连续 24 年稳居世界第一。炼焦化学工业作为我国钢铁工业快速发展的重要基础，为中国钢铁工业走向世界钢铁强国提供了强有力的支撑，同时自身也实现了跨越式发展。2019 年，我国焦炭产量达到 4.71 亿吨，占世界总产量的 68%，成为全球炼焦化学工业强国、焦炭生产和消费中心。

殷瑞钰院士在《冶金工程流程学》中指出，流程工业有"三大功能"（产品制造功能、能源转换功能、社会废弃物消纳及资源化功能）及价值。审视炼焦化学流程"三大功能"和运行状态，发现其物质转换产品制造和能源转换的高效率、高质量、高附加值及低成本的特色明显。高质、高效焦炭及洁净焦炉煤气制造功能的开发，已经充分实现了物质流价值，但传统工艺存在的高能耗、高排放、高污染特征明显，表明以能量流运行为主要形式的能源转换功能的技术开发依然任重道远，能量流的效率与价值开发仍有巨大潜力。开发炼焦化学流程能源转换功能价值，开发炼焦化学流程自洁净化价值，实施焦化流程绿色技术创新及结构优化，已经成为提升焦化企业总体竞争力，实现绿色转型发展的重要途径。也是当代炼焦化学工作者的时代命题和重要任务。

党的"十九大"提出"坚持人与自然和谐共生"的建设发展目标已成为我国构建绿色生产与生态文明体系的里程碑。炼焦化学工业作为国民经济的重要支柱，担负着低碳、环保、节能等绿色发展的重要使命，特别是焦化工业正处在实施新旧动能转换、高效洁净工艺与装备技术创新升级时期，必将为我国绿色焦化工艺技术的创新开发做出新贡献。

在我国炼焦化学工业由弱到强的伟大实践中，炼焦化学工作者认知焦化流程的能质转换技术、介面耦合技术、高效能量转换技术，及能量流、能量流网络集成技术，创新开发了大型仓储配煤工艺、7m级大型洁净焦炉、高温高压干熄焦技术、负压蒸馏技术、炼焦煤调湿技术、焦炉荒煤气脱硫及制酸技术、煤焦油加氢技术、溶剂萃取法粗苯精制技术、煤基新型炭材料、污染物治理及资源化利用等绿色工艺技术，所创建工艺技术与装备及环保水平已居世界前列，展现了我国炼焦化学工作者的巨大创新能力。编写《绿色焦化工艺技术》一书，总结推广我国焦化行业近年来在炼焦煤资源、焦炭和化产品生产、煤气净化，流程洁净化、智能化，能量流及能量流网络集成等绿色工艺技术成果，将对深化认知焦化流程功能价值，提高流程结构创新优化的主动性、自觉性，进一步推动焦化行业转型升级和高质量发展有十分重要的理论价值和现实意义。该书是对我国炼焦化学工业从粗放、低效、无序发展到洁净、高效、有序发展历程的阶段性总结，是对未来焦化流程结构优化绿色技术创新的指导，显示了在"冶金工程流程学"理念指导下焦化企业与城市生态环境共荣共存及和谐发展的可能性和必然性理念，对进一步推动我国焦化行业实现低碳绿色化发展具有十分重要的现实意义。

本书由河钢集团有限公司首席技术官、副总经理王新东与辽宁科技大学化工学院、辽宁省煤化工工程技术中心白金锋教授等专家编写。王新东教授级高级工程师从事冶金焦化行业新工艺和新技术研发、生产技术管理及工程化建设工作37年，积累了丰富的技术成果和管理经验，为河钢集团在钢铁冶金领域实现技术引领与示范做出了重要贡献；白金锋教授主要从事煤化工行业炼焦煤及大型高炉焦质量控制与评价、优化配煤炼焦技术等，在理论及技术研发上积累了大量经验。本书凝聚了作者们长期积累的焦化理论成果、专业与生产实践知识及工程化建设案例，希望本书能够为从事焦化行业的科研和技术人员、高校师生及各级管理人员提供参考。最后，感谢所有作者们为撰写本书所付出的辛勤努力！

汪燕明

2020 年 9 月

前　言

近年来，我国焦化工业发展迅速，从 1949 年焦炭产量 52.5 万吨，到 2019 年产量达 4.71 亿吨，历经 70 年的发展，焦炭产量及焦化工艺装备水平已居世界前列，为我国钢铁工业的高速发展提供了重要支撑。目前，我国焦化工业基本形成了世界上炼焦炉型最为齐全、煤资源利用最为广泛、化产品深加工潜力最为充分、工艺装备先进性最为突出、环保治理水平最为严格的独具特色的焦化工业体系。从"十一五"国家宏观调控政策和《焦化行业准入条件》的实施，到"十三五"供给侧结构性改革和产业技术升级等内涵式发展，强化推进了焦化企业构建完整的工业过程及循环经济建设体系，带动了"煤—焦—钢—化"产业链的联动，推进了焦化行业的高质量和谐发展进程。

自 21 世纪以来，我国焦化工业开发的超大型顶装煤及捣固炼焦炉、干法熄焦、优化配煤、煤调湿、负压蒸馏、焦炉煤气深度净化与高效利用、化工产品深加工、焦炉烟尘和烟气治理及污水处理与资源化利用等先进适用性创新技术，使焦化工业从先前的引进、吸收消化再创新发展模式，到目前拥有全面自主创新能力和知识产权保护体系的新阶段，加速提升了我国焦化工业的工艺技术和装备水平，有效推动了产业结构优化升级。因此，发展绿色焦化工业是提高煤资源及能源利用效率，构建生态产业体系的重要方向。

本书从焦化工业用煤基础原料出发，针对煤干馏、煤气净化及产品转化全过程与配套工艺装备等，分析阐述了备煤、炼焦、煤气净化、化产品深加工、污染物治理等工艺理论与实践技术；针对超大型焦炉蓄热室分格多段加热、炭化室荒煤气压力单调控制、上升管多层纳米复合材料余热高效利用，焦炉煤气新法脱硫、洗苯和氨回收的深度净化、脱硫废液回收硫黄制酸资源化利用、焦炉煤气制 LNG 和合成气及其制甲醇与二甲醚、煤焦油加氢及沥青制备新型炭素材料，焦化烟尘和烟气、固废及其污水绿色治理及其资源化，以及工艺配套建设的自动化和智能化工艺装备等现代绿色焦化工艺技术进行了详细阐述，并对国内外焦化先进技术发展现状进行了概括分析。本书的出版，对促进焦化工业技术升级，推动焦化产业技术进步，提升煤资源和能源资源的综合利用效率和节能环保水平，加快形成资源合理利用的节约型、清洁型、循环型焦化工业发展体系，实现焦化工业高质量发展新模式。

本书由河钢集团有限公司首席技术官、副总经理王新东承担主要编写工作，并负责全书统稿；辽宁科技大学白金锋教授对全书框架、结构、内容的确定和遴选提出了建设性的建议。李立业高级工程师负责第 1 章的编写，田京雷、许宝先高级工程师负责第 2、3 章的编写，王跃欣、王玉艳高级工程师负责第 4 章的编写，何小锴高级工程师负责第 5 章的编写，侯长江、刘金哲、王倩工程师负责第 6 章的编写，田京雷、王倩等对书稿进行了校对工作。感谢温燕明的指导并在百忙之中为本书写序，感谢刘义、李建新等在本书编写过程中给予的指导，感谢冶金工业出版社在出版各环节提供的诸多建议和帮助。

作者水平有限，书中不足之处在所难免，恳请广大读者批评指正。

著　者

2020 年 9 月

目　录

第1章 焦化工业概况

1.1 国外焦化工业概况

焦化工业是钢铁工业的重要组成部分，焦化工业为冶金工业提供了焦炭这种特殊的燃料。焦炭在高炉冶炼过程中起着热源、还原剂、骨架三重重要的作用，当前炼铁工艺仍以高炉生产为主要手段，焦炭仍是炼铁生产不可缺少的原料。同时，在炼焦过程中，经回收精制得到的化学产品是化学、医药和国防等工业宝贵的原料。

18世纪中叶，由于工业革命的进展，炼铁用焦炭的需要量大增，炼焦化学工业应运而生。1840年由焦炭制发生炉煤气，用于炼铁。18世纪末，开始由煤生产民用煤气。19世纪70年代建成有化学产品回收的炼焦化学厂。当时用烟煤干馏法，生产的干馏煤气首先用于欧洲城市的街道照明。1875年使用增热水煤气作为城市煤气。

1920~1930年，煤的低温干馏发展较快，所得半焦可作为民用无烟燃料，低温干馏焦油进一步加氢生产液体燃料。

第二次世界大战后，由于大量廉价石油、天然气的开采，除了炼焦化学工业随钢铁工业的发展而不断发展外，工业上大规模由煤制取液体燃料的生产暂时中断。代之兴起的是以石油和天然气为原料的石油化工，煤在世界能源构成中由65%~70%降至25%~27%。

1973年由于中东战争以及随之而来的石油大涨价，使得由煤生产液体燃料及化学品的方法又受到重视，欧美等国加强了焦化工业的研究开发工作，并取得了进展。

20世纪80年代后期，煤化工有了新的突破，成功地由煤制成乙酐；煤气化制合成气，再合成乙酸甲酯，进一步进行羰化反应得乙酐。它是由煤制取化学品的一个最成功的范例，从化学和能量利用来看其效率都是很高的，并有经济效益[1]。

为适应各个时期经济发展的需要，焦炉技术不断变革和进步。炼焦炉正向大型化、高效化方向发展，焦炉的机械化、自动化程度不断提高，焦炉的节能和环保措施也正逐步完善。这些新技术的采用，提高了劳动生产率，降低了劳动强度，增加了经济效益和社会效益，使炼焦工业呈现出蓬勃发展的景象[2]。

1.1.1　早期的焦化工业

纵观焦化工业发展，焦炉的发展经历了土法炼焦、早期倒焰式炼焦炉、废热式焦炉和现代的蓄热式焦炉。工艺技术也从最早的不回收化学产品、热效率极低的土法炼焦发展到今天的回收化学产品和充分利用废气余热的高效焦炉。

1765~1850 年期间的炼焦装置基本形式为蜂巢式焦炉，外形呈圆形，直径 4m 左右，每炉装煤量 5t 左右，炼焦时间 2~3d，每炉处理能力为 2t/d。其工艺特点为成焦和加热合在一起，靠干馏煤气和一部分煤的燃烧直接加热煤而干馏成焦炭，所以焦炭产率低，灰分高，焦炭质量不均匀，煤资源得不到综合利用，对周围环境污染严重。

1850~1883 年倒焰炉时期，这种炉型的工艺特点为：炭化室和燃烧室分开设置，炭化室的两侧为燃烧室，炭化室内产生的粗煤气经炭化室顶部两侧炉墙上的孔道直接进入燃烧室的垂直焰道，同时从炉顶空气口吸入空气，使粗煤气燃烧，火焰由垂直焰道上部倒焰而下，干馏所需热量通过炭化室的墙传给炭化室中的煤料。由于煤气由上而下燃烧，因此称为倒焰炉。煤气燃烧生成的废气和未燃烧完的气体进入炭化室下面的炉底焰道排入烟道和烟囱。这些炉子曾流行一时，但终因热工效率低、不能回收炼焦化学产品而被淘汰。

1883 年在欧洲创建了带有一个大纵蓄热室的蓄热式焦炉，即奥托-霍夫曼焦炉。它的特点是纵蓄热室位于炭化室下面，沿纵向分成机、焦侧两格，分别从机焦两侧进气和排气，定时交换，进入燃烧室的空气在此得到预热，排出的废气温度大幅度降低，废热得到有效的利用。这种焦炉因采用纵蓄热室预热空气，可有效利用废热，因此自身产生的煤气可满足炼焦耗热的需要，并且略有富余。但纵蓄热室气流分布不均匀，不便于调节。

1.1.2　近代焦化工业

1904 年，德国人考柏斯创建了第一座横蓄热室焦炉，即在每个炭化室下设一个单独横蓄热室。1906 年，又创建了双联火道系统的复热式焦炉。这些焦炉变成了至今大家一致采用的模式。自从炭化室与燃烧室分开后，为化工产品的回收创造了条件。1856 年，法国人克纳布第一个创建了回收焦油和氨水的副产焦炉。19 世纪 80 年代至 20 世纪 20 年代，副产焦炉就达十余种，20 世纪 30 年代后，基本都采用副产焦炉，因此，副产焦炉的名字也就较少应用了。

在用蓄热室预热空气的同时，人们也曾用换热方式预热空气。换热式焦炉是靠耐火砖砌成的相邻通道及隔墙将废热热量通过隔墙传给空气，它不需要换向，但易漏气，且传热效率低，回收废热效率差，试验证明，这种换热方式只能将空气预热到 500℃ 左右，而采用蓄热室方式可将空气预热到 700℃ 以上，故近代焦炉均采用蓄热室。

1.1.3 现代焦化工业

自第一座蓄热式焦炉建成以来，焦炉总体上没有太大的变化，但在筑炉材料、炉体构造、有效容积、装备技术等方面都有显著的进展。现代焦炉的结构经过几十年的改进，形成了目前广泛采用的基本形式，主要是向大型化、高效化方向发展。焦炉的大型化有利于降低每吨焦炭的基建投资，提高劳动生产率，减轻环境污染。

20世纪60年代以来，为适应炼铁工业发展，炼焦工业技术在不断进步，焦炉大型化获得迅速发展。焦炉大型化的标志是炭化室有效容积不断增加，单孔炭化室的生产能力不断扩大。一座焦炉的生产能力决定于单孔炭化室的生产量，可知焦炉的大型化，扩大炭化室有效容积，需相应增加炭化室的几何尺寸。

国外70年代出现的大规模地建设大容积焦炉以取代老、损焦炉，如英国钢铁公司朔顿工厂建设84孔高6m的焦炉替代50年代初建设的176孔焦炉，联邦德国金属冶金公司的律贝克冶金厂投产了两座6m的焦炉替代四座1941年投产的203孔焦炉。而80年代，在焦化厂和车间改建时，建设单位容积增大的新焦炉成了一种趋势。如美国、联邦德国、英国在1981~1986年投产的所有大容积新焦炉都是在这些国家相应的企业改建和改造或焦化厂结构完善的过程中装备的[3]。焦炉大型化是苏联扩大焦炭生产能力和增加焦炭产量的主要途径。尤其是在1966~1985年间，苏联建设了大批焦炉，其中包括年产焦炭69万吨、83万吨和10万吨的大型焦炉。除新建焦炉外，还对原有焦炉进行了大规模的技术改造，扩大了焦炉的有效容积，增加了焦炭生产能力[4]。

表1-1给出了国外在20世纪80年代左右投产的典型焦炉结构特点[5]。

表1-1 20世纪80年代国外典型焦炉结构特点

国别	炉型	投产时间	炭化室技术尺寸（宽×高×长）/mm×mm×mm	有效容积/m³	结焦时间/h
德国	奥托	1985年	590×7100×16600	62.3	24.5
	斯梯尔	1985年	590×7100×16600	62.3	24.5
	迪迪尔	1984年	480×6250×17200	43.6	
美国	考伯斯	1985年	550×7850×18000	70.0	22.4
日本	新日铁M型		450×6000×14800	37.7	21.6
苏联	ПВР		480×7000×16800	61.0	

焦炉结构的发展和完善既标志着炼焦工业所达到的水平，也决定炼焦工业未来发展的重要因素，焦炉经历了从小到大、从能耗高到能耗低、从污染严重到低污染、从劳动强度大到自动化程度高的发展过程[6]。

世界主要生产国及产量如表1-2所示。

表 1-2 2017~2019 年世界及主要焦炭生产国产量对比表   （万吨）

国家	2017 年	2018 年	2019 年	国家	2017 年	2018 年	2019 年
中国	43143	43820	47126	乌克兰	1070	1160	1230
日本	3274	3257	3267.7	巴西	1001	950	950
俄罗斯	2960	2766	2680.2	波兰	910	930	862
印度	2300	2793	3030	德国	927	933	910
韩国	1748	1769	1767.4	欧盟	3859	3900	3733.1
美国	1163	1212	1181.3	世界	63396	64510	68256.3

1.2 国内焦化工业概况

1898 年，我国在江西萍乡煤矿和河北唐山开滦煤矿已有工业规模的焦炉生产。到 1916 年，我国焦炭产量达到 26.6 万吨。第一次世界大战后，我国在鞍山、本溪、石家庄等地开始建设可回收化工产品的现代焦炉。

20 世纪三四十年代，在我国东北、华北、山西、上海、重庆等地建成一批不同规模的炼焦炉并先后投产。同时还在云南省平浪、宣威等地和四川省威远、南桐等地采用成堆干馏法生产焦炭，供炼铁和铸造用。

到 1949 年 10 月前，我国曾先后建成各种现代焦炉共 28 座，总设计焦炭产能约为 510 万吨/a。由于长期战争的破坏，只有鞍山、太原、石家庄等地区少数企业的部分焦炉维持生产，1949 年全国焦炭产量仅为 52.5 万吨[7]。

新中国成立时，随着钢铁工业的大力发展，我国炼焦工业开始加快发展，引进了苏联的炼焦技术与焦炉管理经验。从"一五"时期炼焦工业的恢复和新建，到引进苏联的炼焦技术与焦炉管理经验，鞍钢建设苏联设计的 ΠBP 型和 ΠK 型焦炉；武汉、包头、马鞍山、湘潭、重庆、宣化等 6 个大中型钢铁联合企业内的炼焦厂和北京、上海两地的大型炼焦厂建设投产；为重视焦化生产环境保护、污水处理，1970 年第一套工业规模的污水生物化学处理装置建成投产。

1965 年，我国自行设计的 5.5m 大容积焦炉首先在攀钢开始建设，1970 年 6 月 1 号焦炉顺利投产，2 号、3 号、4 号焦炉也相继在 1971 年、1972 年、1973 年投产，为中国焦炉大型化建设生产迈出了可喜的第一步。为充分利用弱黏结性气煤资源，北台钢铁厂、淮南化工厂、镇江焦化厂捣固焦炉开发建设等，到 1978 年，全国焦炭产量为 4690 万吨。

1978 年改革开放后的 40 年来，随着国民经济的持续快速发展，钢铁冶金、化工、有色、机械制造等行业的巨大市场需求，强力地推动了我国焦化行业的快速发展。

近 10 年来，我国焦化行业得到了快速发展，基本形成了世界上炼焦炉型最为齐全（见表 1-3 我国典型焦炉简介）、资源利用最为广泛、深度加工潜力最为充分的独具特色的焦化工业体系，焦炭总产量及工艺装备水平均居世界首位，由

表 1-3 我国典型焦炉简介

炉型	炭化室有效容积/m³	炭化室尺寸/mm							立火道		加热水平高度/mm	结焦时间/h	结构特征
		全长	有效长	全高	有效高	平均宽	锥度	中心距	中心距/mm	个数/个			
58型	21.7	14080	13350	4300	4000	407	50	1143	480	28	600	18	
JN43	23.9	14080	13280	4300	4000	450	50	1143	480	28	700	18	双联，下喷，复热，废气循环
JNX43-80	23.9	14080	13280	4300	4000	450	50	1143	480	28	700	18	双联，下喷，复热，废气循环，下调
JNK-98宽炭化室	26.6	14080	13280	4300	4000	500	50	1143	480	28	700	20.5	双联，下喷，复热，废气循环
JN55	35.4	15980	15140	5500	5200	450	70	1350	480	32	900	18	双联，下喷，复热，废气循环
JN60	38.5	15980	15140	6000	5650	450	60	1300	480	32	900 1000	19	双联，下喷，复热，废气循环
JNX60宝钢二、三期	38.5	15980	15140	6000	5650	450	60	1300	480	32	900	19	双联，下喷，复热，废气循环，下调
JNX70	48	16960	16100	6980	6630	450	50	1400	480	34	1050	19	双联，下喷，复热，废气循环，下调
JNX3-70	63.67	18640	18010	6980	6670	530	60	1500	500	36	1250	23.8	双联，下喷，复热，废气循环，下调，三段加热
7.63m	76.25	18800	18000	7630	7180	590	50			36	700		

焦炭生产大国走向焦化技术强国。可以归结为以下几个方面：

（1）焦化产能不断提高，支撑钢铁工业等对焦炭的高需求。我国焦化行业从 1949 年生产焦炭 52.5 万吨起步，经过 70 年的发展，1994 年焦炭产量达到 1.15 亿吨，2014 年焦炭产量达到创纪录的 4.77 亿吨，2018 年焦炭产量 4.382 亿吨，有力地支撑了国民经济和我国钢铁工业的高速发展。进入 21 世纪以来，我国国民经济持续高速度发展，特别是钢铁、有色冶金、化工等行业的快速发展，强力拉动对焦炭产量的高需求，促进了焦化行业生产持续增长。同时，焦化行业每年还生产煤焦油 2000 多万吨，粗（轻）苯约 550 多万吨，外供焦炉煤气数百亿立方米，生产及深加工数百万吨甲醇等焦化产品。受供给侧结构调整、环保督查、市场需求旺盛等因素共同作用，2018 年我国钢铁产量创纪录高位，其中粗钢产量为 9.28 亿吨，生铁产量为 7.71 亿吨。

我国炼焦行业在有力地满足钢铁工业对焦炭数量与质量高需求的同时，还生产了数量可观的煤焦油、焦化苯等独有的炼焦化学品、数亿立方米的焦炉煤气及炼焦煤气制甲醇、LNG 等。截至 2017 年底，我国焦化生产企业 500 余家，焦炭总产能 6.7 亿吨，为我国的现代化、工业化、城镇化建设和国民经济持续发展做出了贡献。

（2）产业结构规范化，推进焦化行业科学发展。《焦化行业准入条件》作为指导我国炼焦行业健康有序发展的规范性文件，从 2004 年发布到分别于 2008 年和 2014 年又进行修订，进一步推动落后产能的淘汰和产业结构的优化升级，促进了环保与节能减排、技术进步和创新发展。截至 2016 年，先后有 11 批 438 家焦化企业获得准入公告，实际准入企业 375 家，实际准入焦炭产能 39627 万吨，有力地推进炼焦行业企业按照规范化要求科学发展。

炼焦行业技术进步与产业结构调整得到了促进。近些年，我国陆续建成一大批具有完善的装煤推焦除尘、焦炉煤气脱硫、焦炉烟气脱硫脱硝和炼焦污水处理等配套设施的炭化室高度为 4.3~7.63m 顶装焦炉、炭化室高度 4.3~6.78m 捣固焦炉等。根据《焦化行业准入条件》（2014 年修订）要求：新建顶装焦炉炭化室高度必须≥6.0m、容积≥38.5m³；新建捣固焦炉炭化室高度必须≥5.5m、捣固煤饼体积≥35m³，企业年生产能力 100 万吨及以上，我国焦炉大型化发展进入新阶段。炼焦行业准入工作的开展，全面推进了煤气资源化利用技术的发展，使得数百亿立方米焦炉煤气无序排放的问题得到基本解决，炼焦行业每年可向社会提供数百万吨的甲醇、天然气、氢气等炼焦煤气加工产品；数十套年处理能力为 15 万~50 万吨大中型煤焦油加工或苯加氢装置等先进生产工艺装备实现投产，为进一步淘汰产能 10 万吨以下的小型煤焦油加工和酸洗法粗（轻）苯蒸馏精制等落后且污染严重的生产装置提供有力保障。

（3）技术装备现代化，行业结构调整成效显著。在执行行业准入的同时，开展对规模小、技术装备落后、资源利用效率低并严重污染环境的土焦改良焦炉、小机焦、小半焦炉和不规范的热回收焦炉等进行淘汰，为行业发展营造公平竞争的氛围。"十一五"以来，在国家一系列宏观调控政策和《焦化行业准入条件》实施的推动下，各级地方政府及焦化企业的共同努力下，焦化行业累计上亿吨产能的土焦、改良焦、小机焦、小半焦（兰炭）炉被取缔、关停和淘汰。

2010~2014 年，按照国务院批转国家发改委《关于抑制部分行业产能过剩和重复建设引导产业健康发展若干意见的通知》（国发〔2009〕38 号）与国家发改委《产业结构调整指导目录（2011 年本）》等所涉及淘汰落后产能的规定，全国分 7 批对涉及 423 户企业、合计 9456 万吨落后焦炭产能进行关停淘汰，推进了产业结构与布局调整。

近年来，在国家治理大气污染，坚决打赢蓝天保卫战的政策指引下，一些地区依据所在区域环境形势，制定了进一步淘汰落后产能，加快布局调整的行动计划，实施一系列"上大压小、进区入园"等措施，开始对一些投产年限长的炭化室高 4.3m 的焦炉实施分批"淘汰"改造的要求，焦炉大型化发展进入新阶段。

据中国炼焦行业协会等相关部门统计，截至 2017 年底，我国炭化室高 ≥5.5m、捣固焦炉和≥6m 顶装等大型焦炉产能达到 32398 万吨，约占全国常规机焦炉产能的 58.92%。其中，具有自有知识产权的炭化室高 7m（6.98m）顶装焦炉 56 座，年产能力达 4007 万吨。该型号焦炉以中冶焦耐为主体，有关设计研究院校和装备制造与生产企业等联合协作，被列入国家 863 示范工程（鞍钢四期）成功投产。项目成果已在宝钢、鞍钢、武钢等项目中得到推广和应用，共投产 60 余座。另外，项目成果还成功输出海外市场，台塑越南河静钢铁基地项目已建成，开创了我国大型焦炉走向世界新纪元。

（4）形成"煤—焦—钢—化"产业链建设，拓展产业发展空间。"十二五"以来，我国一批焦化企业加快实施战略合作和兼并重组步伐，不断加强"煤—焦—钢—化"、循环经济的产业链建设，极大地推进了焦化企业的联合（兼并）重组。以鞍钢化工事业部、上海宝钢化工等大型超大型钢铁企业集团为代表的"钢铁—焦炭—煤化工"发展路线，加快实现了钢铁生产用焦炭的自给和大型钢铁焦化园区的建设和以煤化工为主的产业延伸；以旭阳集团、山东中融新大、山西焦煤集团山西焦化等作为独立的商品焦生产企业已发展成为大型焦化企业集团，建成了高水平的煤焦化工循环经济园区。另外，国能乌海能源、开滦集团等一批独立焦化企业，充分发挥煤炭资源和焦化产业发展的自身优势，探索出构建"煤炭—焦化—精细化工—电力—建材"等多元联合发展新路，提升了企业的市场竞争力。

（5）坚持创新和结构调整，形成独具中国特色的焦化工业体系。截至 2018 年底，我国各种类型规模以上焦化企业约 500 余家、产能近 6.7 亿吨。经过不断改造和结构调整，技术进步和创新发展，焦化行业基本建成了以常规机焦炉生产高炉炼铁用的冶金焦、以热回收焦炉生产机械制造加工等用的铸造焦、以立式炉加工低变质煤生产电石和铁合金或化工生产用的半焦（兰炭）、以煤焦油、粗（轻）苯、焦炉煤气等转换资源精深加工生产各种煤焦化工产品等世界上门类最齐全的独具中国特色的焦化工业体系。另外，在出口焦炭、煤沥青等相关化工产品的同时，还为印度、南非、巴西等有关国家地区建设 33 项焦炉工程，建成炼焦产能达到 2523 万吨。随着不断的技术进步和创新，我国实现了由焦炭生产大国向世界焦化技术强国的转变。

1.2.1　焦化工业产量现状

根据国家统计局和中国炼焦行业协会统计数据，近年来，焦炭产量主要集中在山西省、河北省、山东省、陕西省、内蒙古。半焦（兰炭）生产主要集中在陕西、内蒙古、宁夏、山西及新疆等地区，热回收焦炉主要在山西、山东等地区。

根据国家统计局数据对比了 2008 年和 2018 年焦炭产量分布和变化情况，见表 1-4。可以看出，2018 年，焦炭产量居前五位的分别为山西省、河北省、山东省、陕西省、内蒙古，其总产量占全国焦炭产量的 56.87%。对比 2008 年焦炭产量，广东省、陕西省、内蒙古、广西同比超过 100%；而北京市、天津市、吉林省、上海市、重庆市、贵州省、云南省同比下降。

表 1-4　2008 年和 2018 年全国各省焦炭产量对比表　　　　（万吨）

地区	2008 年	2018 年	同比/%	地区	2008 年	2018 年	同比/%
全国	32313.94	44834.2	38.75	山东省	2885.57	4098.59	42.04
北京市	170.33	0	-100.00	河南省	2041.67	2235.59	9.50
天津市	267.08	164.72	-38.33	湖北省	782.98	873.98	11.62
河北省	3923.5	4747.12	20.99	湖南省	446.35	656.21	47.02
山西省	8235.94	9256.16	12.39	广东省	136.14	573.61	321.34
内蒙古	1324.44	3374.12	154.76	广西	309.92	692.41	123.42
辽宁省	1738.12	2213.73	27.36	海南省			
吉林省	379.79	297.92	-21.56	重庆市	272.86	251.14	-7.96
黑龙江	781.18	875.8	12.11	四川省	1010.05	1126.87	11.57
上海市	705.78	544.91	-22.79	贵州省	815.57	402.71	-50.62
江苏省	1076.52	1472.71	36.80	云南省	1217.98	907.43	-25.50
浙江省	130.69	203.02	55.34	西藏			
安徽省	817.64	1109.34	35.68	陕西省	1231.11	4024.91	226.93
福建省	99.74	174.18	74.63	甘肃省	243.14	385.38	58.50
江西省	524.19	573.94	9.49	青海省	144.18	172.47	19.62

与此同时，焦化行业焦炉煤气制甲醇总能力达到 1300 万吨左右；煤焦油加工总能力达到 2300 万吨左右；苯加氢精制总能力达到 600 万吨左右；建成干熄焦装置 200 多套，总处理能力达到 2.6 万吨/h，其中独立焦化企业已建成干熄焦装置 60 多套；焦炉煤气制天然气取得历史性突破，有 40 余套装置投产运行，年能力达 50 多亿立方米。

1.2.2 焦化工业技术现状[8]

进入 21 世纪以来，我国焦化行业焦炉大型化、捣固炼焦和配煤优化、干法熄焦、煤调湿、负压蒸馏、焦炉煤气净化与炼焦化工产品的深加工，炼焦煤气高效利用制甲醇等资源化利用以及烟尘治理和污水处理等先进适用技术的有序集成和创新，推进了焦化工艺技术和装备的升级发展，使炼焦产业走上引进、吸收消化再创新和全面自主创新的新阶段，不断提高我国焦化行业工艺技术装备水平，推动了产业结构的优化升级。

1.2.2.1 顶装焦炉大型化

随着国民经济的快速发展和社会技术的进步，国家产业政策和宏观调控方针政策的贯彻落实，焦炉建设和改造朝着大型化、现代化方向发展，一大批先进适用技术被推广使用，我国焦化行业工艺技术装备水平不断提高。

长期以来，我国大中型焦化厂以炭化室高度 4.3m 焦炉为主体装备。1970年攀枝花钢铁公司建成的炭化室高 5.5m 焦炉，是中国焦炉建设向大容积方向发展的开端。直到改革开放初期的 1985 年，宝钢焦化一期工程建成了 4 座 50 孔、炭化室高 6m 的新日铁 M 式焦炉；1987 年，鞍山焦耐院自主设计开发的炭化室高 6m、有效容积 38.5m^3 的 JN60 型焦炉在北京炼焦化学厂建成投产；宝钢二期建成了由我国鞍山焦耐院自行设计建设的 4 座 50 孔、炭化室 6m 高的JNX 型焦炉。此后，鞍钢、武钢、首钢、本钢、攀钢、涟钢、包钢、济钢、莱钢、沙钢、神州煤电、酒钢、鄂钢、淮钢、唐山佳华、营口嘉晨、唐山开滦、中煤京达、淮北临涣、通钢、宝钢梅山、柳钢、安泰等一批 6m 焦炉相继建成投产；2005 年，中冶焦耐公司开发出中国首套具有完全自主知识产权的炭化室高 7m、有效容积 48m^3 的 JNX70 型超大容积焦炉，该炉型于 2008 年在邯钢和鞍钢鲅鱼圈成功投产；2006 年 7 月 28 日山东兖矿 7.63m 超大型焦炉投产，随后太钢、马钢、武钢、首钢京唐等一批 7.63m 特大型焦炉也相继建成投产，为大型高炉生产了优质焦炭，见表 1-5。我国 7.63m 特大型焦炉数量及产能均居世界第一位。

表 1-5   我国 7.63m 焦炉统计表

厂名	孔数	座数	年产能/万吨	投产时间	对应高炉
兖矿集团	60	2	200	2006 年	独立焦化厂
太钢	70	2	220	2008 年	>4000m³ 高炉
马钢	70	2	220	2008 年	>4000m³ 高炉
武钢	70	2	220	2008 年	>4000m³ 高炉
首钢京唐	70	4	380~440	2009~2010 年	5500m³ 高炉
沙钢	70	2	220	2009~2010 年	5800m³ 高炉
平煤首山	70	2	220	2010 年	独立焦化厂

建设大型化焦炉极大提高了我国焦化行业的技术装备水平，现在我国一些大型钢铁企业焦化厂和独立焦化企业的技术装备和生产管理水平已位居世界前列。随着焦炉向大型化发展，炼焦过程自动化控制技术、火落管理、大型煤仓储配技术、配煤专家系统技术、岩相配煤技术、焦炉加热自动控制技术、焦炉集气管压力控制技术等被普遍采用，提高了我国焦化行业的技术装备水平，大幅度改善了焦化生产环境，加快了焦化产业结构的优化升级。

1.2.2.2   捣固焦炉大型化

在入炉煤相同的条件下，采用捣固焦炉生产的焦炭质量要好于顶装焦炉；而焦炭质量要求相同时，采用捣固焦炉就可多配入高挥发分的弱黏结性煤。随着焦炭需求的不断扩大和焦化生产的快速发展，炼焦煤资源紧缺矛盾不断加剧，价格不断攀升，为满足焦炭市场不断增长的需求和拓宽炼焦煤资源，提高焦炭质量，节约使用优质炼焦煤和降低焦化产品生产成本，我国焦化行业捣固炼焦等技术获得空前的快速发展。

捣固焦炉炭化室高度最初为 2.8m、3.2m、3.8m，2003 年我国自行设计研究的炭化室高度 4.3m 捣固焦炉定型，山西同世达、山西茂胜等一批企业率先成功投产了我国第一批 4.3m 捣固焦炉，进一步加快了我国捣固炼焦技术的发展。2006 年以来先后由化学工业第二设计院、中冶鞍山焦耐院设计开发建设的 5.5m 捣固焦炉相继在云南曲靖大维焦化厂，河北的旭阳、华丰，河南的金马，山东的日照、邹县，宁夏银川的宝丰、神华、乌海、涟钢、攀钢和江苏的沂州焦化等企业建成投产。2008 年 10 月，由中冶焦耐工程技术有限公司总承包的河北省唐山市佳华公司的当时世界最大的炭化室高 6.25m 捣固焦炉投产，标志着我国大型捣固焦炉技术达到了国际先进水平。

与此同时，一批企业将原有的顶装焦炉成功改造为捣固焦炉。2005 年，景德镇焦化煤气总厂将炭化室高 4.3m、宽 450mm 的 80 型顶装焦炉改造成捣固焦炉；2006 年，邯郸裕泰实业有限公司将炭化室高 4.3m 的顶装焦炉改造成捣固焦炉，拉开了我国 4.3m 顶装焦炉改造成捣固焦炉的序幕。2011 年，山西阳光焦化集团公司将原 100 万吨/a 和 60 万吨/a 系统共 4 组焦炉由顶装改为捣固并顺利投产运行，2016 年又顺利切换为顶装，可实现随时在顶装和捣固两种模式之间进行切换。

2007 年 9 月，中冶焦耐工程技术有限公司中标建设印度塔塔钢铁公司炭化室高 5m 的捣固焦炉，标志着我国大型捣固焦炉设计正式走向国际市场。

1.2.2.3 化产回收和深加工技术进步

A 煤焦油加工技术和装备大型化

煤焦油主要是由苯、甲苯、二甲苯、萘、蒽等芳烃组成的混合物，其成分达上万种，组成极为复杂。煤焦油中很多化合物可以作为塑料、染料、合成纤维、合成橡胶、医药、农药、耐高温材料甚至国防工业的贵重原料，也有一部分是石油加工业无法生产替代的多环芳烃化合物。

目前我国高温煤焦油深加工主要采用：一是传统蒸馏工艺制取生产轻油、酚油、萘油及改质沥青等，再经深加工后制取苯、酚、萘、蒽等化工原料；二是高温煤焦油加氢制燃料和药品等深加工产品，采用加氢精制和加氢裂化工艺技术，生产汽油、柴油、沥青等产品。

煤焦油加工单套能力开始采用 30 万吨/套装置。继 2005 年 9 月山焦集团 30 万吨焦油/套装置投产后，2006 年 10 月山东海化 30 万吨焦油/套加工装置投入运行，之后鞍钢、首钢京唐等企业 30 万吨/套煤焦油加工装置相继建成投产，山东潍坊杰富意公司经过对原 30 万吨焦油/套装置进行改造，形成了世界上最大的单套 50 万吨/a 处理煤焦油规模，全国新建煤焦油加工单套处理能力均在 10 万~15 万吨/a 以上。至 2017 年底，我国煤焦油加工能力达到 2300 万吨/a 左右。

B 苯加氢工艺技术的应用

在焦化粗苯的加工生产过程中，涉及的工艺很多种，但究其本质来看，可以将其分为两大类，即酸洗法和粗苯氢法。但由于酸洗法的产品种类、仪表操作维护、材料选择及经济效益等方面都存在较大不足，尤其是生产环节产生的环境污染较大，因此，这种技术在国内已经全面淘汰。多数装置都是粗苯加氢精制工艺，且在 20 世纪七八十年代就已经发展成熟，国内外未来关于粗苯加氢技术的实际发展趋势集中在粗苯加氢法的应用。目前依据反应时所得到的温度，可以将粗苯加氢工艺按照工艺生产时温度的不同分为高温法及低温法两种。依据加氢工艺方法以及加氢油精制方法上存在的差异性，可以将粗苯加氢工艺分为 KK 法、鲁奇法、莱托尔法及环丁砜法。

苯加工采用加氢蒸馏技术，淘汰了落后的污染严重的酸洗法苯加工工艺。

2006 年 9 月，山西太化 8 万吨苯加氢项目投产，拉开了苯加氢序幕；2007 年 8 月，旭阳焦化引进德国伍德公司技术建设 10 万吨苯加氢项目；2008 年 11 月，鞍钢 15 万吨苯加氢精制项目试车投产，为当时国内最大的项目，标志中国苯加氢技术达到一个新的高度。随着苯加氢精制先进工艺的广泛采用，加快了推进我国焦化苯加工的清洁化发展，促进了污染严重的酸洗法苯加工工艺的淘汰。至 2017 年底，苯加氢能力达到 600 万吨/a 左右。

C　焦炉煤气制甲醇、LNG 技术应用

以焦炉煤气制甲醇为代表的煤气实现资源化利用取得快速发展。2004 年末，云南曲靖大为焦化制气有限公司用焦炉煤气生产甲醇投入生产；2006 年 12 月，年产 20 万吨，当时世界上最大的用炼焦煤气生产甲醇装置在山东兖矿国际焦化公司成功运行，2008 年，旭阳集团建设了首套 20 万吨/a 焦炉煤气催化转化制甲醇成套技术，标志中国炼焦煤气生产甲醇发展进入一个新阶段。至 2017 年底，焦化行业焦炉煤气制甲醇能力达到 1300 万吨/a 左右。

2012 年底，我国第一套焦炉煤气甲烷化生产天然气大型工业化装置顺利投产，拉开了中国焦炉煤气资源化利用的序幕。至 2017 年底，我国年焦炉煤气制天然气能力约 50 亿立方米。

D　焦化副产品深加工技术

1985 年宝钢化工从日本新日铁全套引进生产沥青焦的延迟焦化、煅烧生产装置，2010 年采用自主研发的沥青净化技术、改造后的延迟焦化、煅烧装置生产针状焦，2013 年开始试生产同性焦。2014 年旭阳集团引进卡博特世界上最先进的特种炭黑成套技术，在邢台园区建设完成 13 万吨/a 的优质炭黑生产线。

2007 年 7 月我国首套煤系针状焦工业化装置在山西宏特投产，宝钢化工于 2011 年也成功运行，2009 年 7 月中钢热能院自主研发的煤系针状焦技术实现产业化，8 万吨/a 煤系针状焦一期工程 4 万吨/a 煤系针状焦装置建成投产，打破了国外长期对此项技术的封锁以及对该产品的垄断局面，通过该产品成功投入市场，打破了产品长期依赖进口的局面，解决了我国生产超高功率石墨电极的原料瓶颈问题。

煤炭科学技术研究院开发出的"高温煤焦油悬浮床加氢裂化制清洁燃料及化学品技术"，鞍钢集团化工事业部"煤焦油加工新产品的生产工艺开发"，宝泰隆"高温煤焦油馏分油（蒽油）制清洁燃料油技术"，用煤沥青生产针状焦（生产超高功率电极原料）新产品等，这些技术的推广应用大大推动了我国焦化行业及煤焦油深加工产业技术的快速发展。

目前重点焦化企业产品已发展成 7 大类 50 余种，实现了煤焦化到新材料的跨越，广泛应用于钢铁、化工、建筑、医药、农药、塑料、染料等领域。

1.2.2.4 干熄焦技术

1985 年 5 月，宝钢 2B 焦炉投产并采用干熄焦（CDQ）技术，建设了 75t/h 干熄焦装置，标志着我国焦炉装备水平又上一个新台阶。1991 年，宝钢焦化二期干熄焦工程的建设，使宝钢实现了全部干熄焦生产。随后首钢焦化厂、上海浦东焦化厂和济钢焦化厂开始建设了 70t/h 和 65t/h 干熄焦装置。

2004 年以来，随着我国焦化行业的快速发展，干熄焦技术在提高焦炭质量、节能降耗、环境保护等方面作用开始得到高度重视，干熄焦技术得以加快发展。湘钢、马钢、武钢、通钢等几个企业先后投产了干熄焦装置。尤其是 2006 年以来，我国干熄焦技术得到较快发展，鞍钢、本钢、沙钢、攀钢、太钢、首钢京唐等特大型钢铁企业先后建设投产了 140t/h、150t/h、180t/h、190t/h 等大型干熄焦装置，特别是首钢京唐建设了目前世界最大的 260t/h 干熄焦装置。在钢铁联合企业焦化厂普遍建设干熄焦装置的同时，独立焦化企业根据用户需求和自身能源平衡优化配置，已经建设了 60 多套干熄焦装置；至 2017 年底，我国已累计建设投产了 200 多套干熄焦装置，干熄焦总处理能力达到 2.6 万吨/h。这些干熄焦装置的投产，为我国焦化行业提高产品质量，促进炼铁生产中节约焦炭消耗，提高高炉生产效率，为钢铁焦化行业节能减排等发挥了重要作用。目前我国已经发展成为世界上系列最为齐全、处理焦炭能力最大的干熄焦应用大国。

1.2.2.5 节能降耗新技术

在焦化节能政策方面，2006 年 8 月，国务院发布《关于加强节能工作的决定》，要求建立固定资产投资项目节能评估和审查制度，对未进行节能审查或未能通过节能审查的项目一律不得审批、核准。2013 年颁布的国家标准规定：工业企业应当严格执行国家用能设备（产品）能效标准及单位产品能耗限额标准等强制性标准。其规定的焦炭单位产品能耗限定值为：顶装焦炉≤150kgce/t，捣固焦炉≤155kgce/t；焦化生产企业准入条件规定的焦炭单位产品能耗限定值标准为：顶装焦炉≤122kgce/t，捣固焦炉≤127kgce/t。2007 年 1 月，国家颁布《节约能源法》，并于 2016 年修订，提出"节约资源是我国的基本国策。国家实施节约与开发并举、把节约放在首位的能源发展战略。"2013 年 10 月 10 日国家发布《焦炭单位产品能源消耗限额》（GB 21342—2013）。2016 年 6 月 30 日工业和信息化部公布施行《工业节能管理办法》，规定：加强工业用能管理，采取技术上可行、经济上合理以及环境和社会可以承受的措施，在工业领域各个环节降低能源消耗，减少污染物排放，高效合理地利用能源。鼓励工业企业加强节能技术创新和技术改造，开展节能技术应用研究，开发节能关键技术，促进节能技术成果转化，采用高效的节能工艺、技术、设备（产品）。焦化行业认真贯彻落实，大力开发应用余热利用等技术，努力创建"绿色工厂"。

主要节能降耗技术如下：

（1）煤调湿技术。2007 年 10 月，处理量 300t/h 的大型煤调湿装置（CMC）在济钢焦化厂成功投产，它集煤料选择性筛分和利用烟道低温废气预热煤料可控装炉煤水分调解技术于一体，既可节能、改善焦炭质量，又大大减少炼焦废水产生量。它的成功投产标志中国煤调湿技术有了新的突破。此后无锡亿恩科技股份有限公司开发出"清洁高效梯级筛分内置热流化床煤调湿工艺技术及装备成套"项目，在柳钢焦化厂建成投产，目前应用煤调湿技术的企业已有 21 家，建成煤调湿设施 26 套。实际使用效果较好、运行较稳定的企业，主要有宝钢、太钢、昆钢师宗、云南大为焦化、柳钢等企业。

（2）余热回收利用技术。常规机焦炉上升管余热、焦炉烟道气余热、初冷器余热、循环氨水余热回收利用等技术开发取得成功并得到广泛应用。一是河南中鸿集团煤化有限公司与松下制冷大连有限公司合作开发出"循环氨水为热源的制冷技术"，以循环氨水为热源的溴化锂制冷机组，开辟了低温热源循环利用的有效途径，经稳定运行一年多节能效果显著，为焦化企业能源高效循环利用提供了更加经济合理的技术方式。二是焦炉上升管余热回收技术的应用取得突破，技术和装备正在逐步成熟，稳定可靠性逐渐增强。运行较好的企业有三明钢铁焦化和邯郸钢铁焦化等。三是济钢焦化厂等研发了初冷器余热利用新技术，并得到推广应用。四是焦炉烟道气余热回收技术应用取得突破性进展。河钢股份有限公司邯郸分公司焦化厂、常州江南冶金科技有限公司开发出"6m 焦炉荒煤气余热回收技术"，实现了系统能源的梯级循环利用，降低了能源消耗。

（3）焦炉煤气脱硫废液资源化利用技术。一批焦化企业已经建成运行或正在筹建的脱硫废液提盐项目，技术流程及装备更加先进完善，运行的自动化控制水平，稳定性、可靠性和经济性显著提升，为焦化生产污水实现近零排放提供了可靠条件。山西太钢不锈钢股份有限公司焦化厂开发出"焦化生产废弃物循环利用技术"，金能科技股份有限公司与中冶焦耐公司合作开发出"湿式氧化法脱硫液制酸技术"，江苏燎原环保科技股份有限公司开发出"脱硫废液高效资源化利用及成套装备技术"不仅有效解决了废弃物污染问题，而且增加了企业的经济效益。

1.2.2.6　环保技术的研发和应用

针对焦化行业于 2012 年 6 月 27 日发布《炼焦化学工业污染物排放标准》（GB 16171—2012），要求 2012 年 10 月执行现有企业污染物排放限值，2015 年执行新建企业污染物排放限值，2019 年 10 月部分地区执行特别污染物排放限值。第一次将焦炉排放的氮氧化物列为我国焦化企业大气污染物排放的控制指标外，并对颗粒物和二氧化硫的排放提出了更严格的要求。自 2015 年 1 月 1 日起，焦炉烟囱排放二氧化硫小于 50mg/m³, 氮氧化物小于 500mg/m³, 特殊排放地区二氧化硫小于 30mg/m³, 氮氧化物小于 150mg/m³。

2016 年 1 月 16 日, 环保部发布《关于京津冀大气污染传输通道城市执行大气污染物特别排放限值的公告》, 规定京津冀大气污染传输通道城市, 即"2+26"城市, 新建焦化项目自 2018 年 3 月 1 日起新受理环评的建设项目执行大气污染物特别排放限值; 现有焦化企业自 2019 年 10 月 1 日起, 执行二氧化硫、氮氧化物、颗粒物和挥发性有机物特别排放限值。

2017 年 2 月 27 日, 环保部、国家发改委等四部委和六省市联合发布《京津冀及周边地区 2017 年大气污染防治工作方案》, 要求 9 月底前, "2+26"城市行政区域内所有钢铁、燃煤锅炉排放的二氧化硫、氮氧化物和颗粒物大气污染物执行特别排放限值。重点排污单位全面安装大气污染源自动监控设施, 并与环保部门联网, 实时监控污染物排放情况, 依法查处超标排放行为。同时要求实施工业企业采暖季错峰生产, 石家庄、唐山、邯郸、安阳等重点城市, 采暖季钢铁产能限产 50%, 焦炭产能限产 30%左右。

2017 年 8 月 18 日, 环保部等九部委与北京市等六省市政府联合印发《京津冀及周边地区 2017—2018 年秋冬季大气污染综合治理攻坚行动方案》, "2+26"城市错峰限产政策出台。

《中华人民共和国环境保护税法》、国家环境保护标准《排污许可证申请与核发技术规范 炼焦化学工业》, 均自 2018 年 1 月 1 日起施行。

面对国家更加严格的环保政策、法规标准和严格的监管形势, 各焦化企业认真落实环境保护主体责任, 积极主动采取有效环保措施, 特别是焦化行业对环境治理的重视程度和自觉意识明显增强, 环保项目的投入持续加大, 环保技术装备的研发应用不断取得新进展、新突破。

焦化污水深度处理及回用技术。多项新的处理工艺和技术相继投入使用, 不仅实现了废水的近零排放, 而且节约了宝贵的水资源。

焦炉烟囱烟气脱硫脱硝技术研发应用, 特别是近三年来取得了快速发展, 中冶焦耐设计/供货的宝钢湛江焦炉烟气净化设施于 2015 年 11 月 6 日正式投入使用, 标志着世界首套焦炉烟气低温脱硫脱硝工业化示范装置的正式诞生。之后, 国内多家环保科研单位相继研发出焦炉烟气脱硫脱硝技术并在焦化企业建成投入运行, 如湖北思博盈环保科技股份有限公司与山东铁雄新沙合作开发的"焦炉烟囱烟气低温 SCR 脱硝催化剂及应用技术", 金能科技开发的"焦炉低氮燃烧降低氮氧化物技术", 首钢国际开发的"脱硫脱硝一体化工艺技术"等, 为我国焦化企业实现二氧化硫、氮氧化物达标排放作出了开创性贡献。与此同时, 焦炉装煤除尘、推焦除尘技术应用取得了一些创新性突破; 煤场大棚封闭、筒仓备煤、焦煤焦炭转运等除尘技术装备不断完善。

1.2.3　问题及挑战

我国焦化行业正处于以结构调整为主攻方向的重要时期，也是做优做强的机遇期。我们要紧跟钢铁下游产业的结构与布局调整步伐，全面落实中央打赢蓝天保卫战的战略部署。坚持新发展理念，加大结构调整力度，加快转型升级步伐，进一步做好科技创新与管理创新，努力实现高质量发展。建设资源节约型、环境友好型焦化行业任重道远，必须进一步增强科技创新与管理创新发展的紧迫感。

1.2.3.1　环保达标任务紧迫而艰巨

2018 年 6 月 27 日，《国务院关于印发打赢蓝天保卫战三年行动计划的通知》（国发〔2018〕22 号）印发，第二部分第七条"深化工业污染治理"提出，持续推进工业污染源全面达标排放，将烟气在线监测数据作为执法依据，加大超标处罚和联合惩戒力度，未达标排放的企业一律依法停产整治。建立覆盖所有固定污染源的企业排放许可制度，2020 年底前，完成排污许可管理名录规定的行业许可证核发。推进重点行业污染治理升级改造。重点区域二氧化硫、氮氧化物、颗粒物、挥发性有机物（VOCs）全面执行大气污染物特别排放限值。推动实施钢铁等行业超低排放改造，重点区域城市建成区内焦炉实施炉体加罩封闭，并对废气进行收集处理。强化工业企业无组织排放管控。开展钢铁、建材、有色、火电、焦化、铸造等重点行业及燃煤锅炉无组织排放排查，建立管理台账，对物料（含废渣）运输、装卸、储存、转移和工艺过程等无组织排放实施深度治理，2018 年底前京津冀及周边地区基本完成治理任务，长三角地区和汾渭平原在2019 年底前完成，全国 2020 年底前基本完成。为全面落实《通知》提出的任务目标，从环境保护部等国家有关部委到地方政府层面，在大气、水、土壤等重点领域的污染防治工作方面，已经陆续建立任务目标和具体时间表，正在逐层落实当中。与此同时，环保督察常态化，监管制度更加严格。因此，今后环保达标已经成为企业生存发展的必备通行证，也是企业合法合规经营义不容辞的社会责任。焦化行业必须着力推进生态文明建设和绿色发展，降低环境政策法规带来的经营风险。要从被动"补短板"转变为主动投入，不断提升环保治理水平。当前一项重要工作是继续推进产学研协同攻关，尽快开发出先进适用、成熟可靠、高效经济的焦化全流程环保治理技术装备。已建成投用的环保设施，要抓好运行管理，不断总结实践经验。要将节能减排纳入企业发展总体规划，统筹考虑，认真研究制定具体的重点工作任务、目标规划及相应的有效措施。

1.2.3.2　节能工作任重道远

2018 年 2 月 22 日，国家发展改革委等七部门联合发布了新修订的《重点用能单位节能管理办法》，并于 2018 年 5 月 1 日起施行。焦化生产企业是能源消耗大户，是节能减排的主体，应当严格执行节能减排的法律、法规和标准，加快节能减排技术进步，完善管理机制，提高能源利用效率，加快节能减排新技术、新产品、新设备、新材料的研发和推广应用。要通过深入推进能源管理工作，提高用能效率，从源头上实现减量化用能，减少污染物排放。要着力建立全流程的能源管理体系，采用先进节能管理方法与技术，完善能源利用全过程管理，有条件的企业要开展国家能源管理体系认证。要严格执行单位产品能耗限额强制性国家标准和能源效率强制性国家标准，积极开展能效对标活动，持续提升能效水平，争当本行业能效"领跑者"。要进一步提升信息化管理水平，有条件的企业要建设能源管控中心系统，利用自动化、信息化技术，对企业能源系统的生产、输配和消耗实施动态监控和管理，改进和优化能源平衡，提高企业能源利用效率和管理水平。要以现有生产工艺设施全流程系统优化、完善和提升为落脚点，通过科技创新补齐全系统高效运行的短板，打造新一代低消耗、低排放、低成本、高效化焦化生产流程，不断提高全行业的资源、能源综合利用效率和节能减排水平。

参 考 文 献

[1] 郭树才. 煤化工工艺学 [M]. 北京：化学工业出版社，2006.
[2] 高晋生，谢克昌. 世界炼焦工业现状和炼焦工艺的发展 [J]. 煤炭转化，1993，16 (2)：1~9.
[3] 朱巍嘉，蔡国光，俞军华，等. 国内外焦炉现状及其发展 [J]. 上海煤气，1997 (3)：2~7.
[4] 王书智. 苏联的焦化生产 [J]. 鞍钢技术，1987 (8)：49~53.
[5] 赵辅民. 炼焦炉的大型化 [J]. 煤炭综合利用，1991 (4)：38~44.
[6] 孙秉侠，王晓琴. 焦炉发展趋势初探 [J]. 煤化工，1995 (3)：37~45.
[7] 刘洪春，李芳升. 中国焦炉的大型化之路 [J]. 燃料与化工，2009，40 (6)：1~4.
[8] 中国炼焦行业协会. 中国焦化工业改革开放 40 年的发展 [EB/OL].

第2章　备煤工艺技术

<<<<<<<<<<<<<<<<<<<<<<<<<<<<<<<<<<<<<<<<<<<<<<<<<<<<<<<<<<<<<<<<<<<<<

2.1　备煤工艺

随着高炉的大型化，对冶金焦质量提出了更高的要求，备煤工艺作为提供炼焦原料的工序，其操作指标的好坏将对焦炉的生产操作、焦炭质量乃至化产系统及高炉的稳定运行产生至关重要的影响。备煤工艺通常由受煤、贮煤、配煤、粉碎、贮煤塔组成，用于完成原料煤的卸料、贮存、倒运以及煤的配合、粉碎、输送等任务；备煤工艺分为两部分：一是来煤的接收与贮存，二是炼焦煤的配合。

2.1.1　备煤工艺流程

目前生产中按不同的配煤和粉碎程序，备煤工艺流程大体上可分为先粉碎后配煤和先配煤再粉碎两种流程。

先粉后配工艺：该工艺流程是将组成炼焦煤的各单种煤按照各自的性质和细度粉碎，然后按一定比例配合的工艺。该工艺过程复杂，需要多台粉碎机，且配煤后还需要设有混合设备，投资大，流程复杂。对于气煤和瘦煤等硬质煤可采取预粉碎，以简化工艺流程，然后再按比例与其他煤配合、粉碎。

先配后粉工艺：该工艺是将炼焦煤的各单种煤，先按设定比例配合，然后进行粉碎。该工艺流程特点：工艺简单，布局紧凑，设备少，投资省，操作方便。但对不同粒度和硬度的煤会有粉碎不均匀的问题。

2.1.2　原料煤贮存

目前常用的储煤方式主要有：筒仓储煤、圆顶储煤仓、圆顶储煤场、长条形储煤场和阳光膜封闭料场。

2.1.2.1　筒仓储煤

储煤筒仓又称筒形储煤仓（见图2-1~图2-4），当储存的煤质单一或储量较小时，常采用独立筒仓或单列布置，当储存的煤质多样或储量巨大时，则采用群仓形式。筒仓一般为锥壳仓顶、圆筒仓体、倒锥形底部漏斗的钢筋混凝土结构。筒仓储煤工艺一般为：原料煤通过皮带运至筒仓仓顶，在仓顶通过配仓皮带或刮板将不同煤种有选择性地分配到不同的储煤筒仓内，每个仓底设有若干圆盘给料

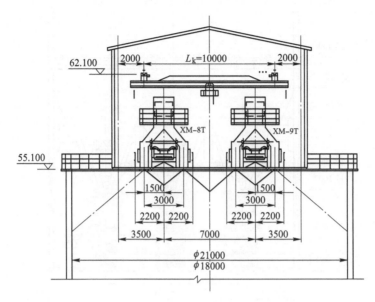

图 2-1 煤筒仓仓上系统工艺图

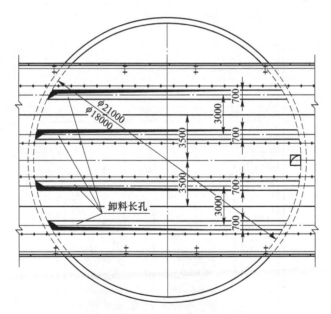

图 2-2 煤筒仓仓上卸料孔布置图

机进行放料、配煤。为了解决储煤仓内存煤冬季结冰而造成给煤机堵煤的问题，在储煤仓下可以安装碳纤维加热装置，通过智能温控系统，实现储煤仓内部温度的恒定控制。目前常用的筒仓直径规格有 15m，18m，22m，30m 等，筒仓高度一般为直径的 2 倍。15m、18m、22m、30m 筒仓的存储容量通常为 3000t、

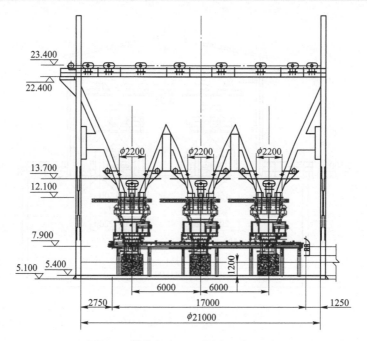

图 2-3　煤筒仓仓下工艺剖面图（一）

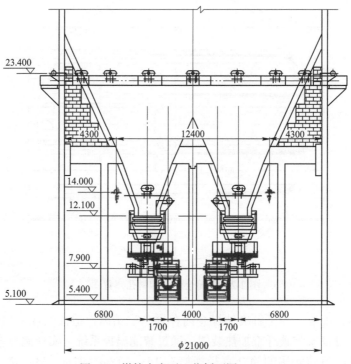

图 2-4　煤筒仓仓下工艺剖面图（二）

6000t、10000t、30000t（按存储密度为 0.85~1.0g/cm³ 的原煤计算）[1]。采用大容积贮煤仓进行炼焦煤的贮存，既能节省占地、防止煤粉污染，又能保证焦炉连续、均衡生产，稳定焦炭质量。

仓顶卸料方式一般有定点卸料、旋转环形卸料和直线往复卸料三种。定点卸料一般采用犁式卸料器卸料，对于卸料点比较少或卸料行程较短的时候，有很大的优势；反之，犁式卸料器数量太多，会增加设备故障率，而且长期使用对胶带的损伤也比较大，对生产造成不利影响。旋转环形卸料采用布料器进行布料，能提高筒仓的利用率，但布料器尺寸比较大，能耗比较高，相应会增大屋面的土建成本，目前应用的实例不多。直线往复式卸料，即卸料小车卸料，是目前应用最广泛的卸料方式，设备简单易维护，适用长距离的往复卸料方式。但是在卸料行程中，需要增加 15m、25m 卸料尾车的长度，用于胶带爬坡，在一定程度上会增加占地面积。从筒仓有效容积的角度来看，旋转环形卸料方式的有效容积最大，定点卸料方式的有效容积最小。

主要特点：占地面积小，场地利用率高，运行维护成本低，后期维护简单，自动化程度高，原料煤不落地，运输过程产生的煤尘少，环保效果好，但投资高，建设周期长，原料煤爬升高度大，电能消耗高。

2.1.2.2 圆顶储煤仓

圆顶储煤仓又称半球式储煤仓，最普遍的外形为半球状，也有半球状加圆柱体的外形，还可以将各种各样的球形体与圆柱体任意组合形成类球体的外形。这种储煤工艺与传统储煤场不同，一般常采用多个球型储煤场并列使用，俗称球型储煤仓并列群仓。一般顶部采用球面网壳，基础为钢筋混凝土环形梁，外表面为聚氯乙烯（PVC）气膜，中间层为隔热泡沫塑料，内表面为钢筋混凝土结构。一般 PVC 的厚度为 1~2mm，隔热泡沫塑料为 50~80mm，钢筋混凝土结构根据球形煤仓的直径、高度、储存物料的容重计算确定，一般钢筋混凝土的厚度在不同高度是变化的，如：最底部与基础环梁连接部位的厚度为 800~1000mm，中部厚度为 300~400mm，最顶部的厚度为 180~200mm。圆顶煤仓由进料转运站、球仓本体卸料系统共同组成一个完整的系统。

圆顶储煤仓的进料系统是将系统胶带机的落料点布置在球仓顶部的中心，煤从高位自由落入煤仓内。目前，适用圆顶储煤仓的机械卸料设备大致有四种：一是拢性振动床，主要以 Silexport SAS 公司的为主；二是仓底螺旋输送机，主要有摩立龙、威尔赛奥；三是仓内螺旋输送机，以凯尔贝特、欧罗为主；四是仓底叶轮给煤机。

2.1.2.3 圆顶储煤场

近年来圆顶储煤场在大型的煤炭集运中心得到了广泛应用。圆顶储煤场一般为钢框架结构，外加彩钢板作为外罩。储煤场中心设直径为 8~10m 的中空圆柱，圆柱四周开孔，煤通过落煤孔自然堆积在储煤场中。采用大型全封圆顶储煤场的直径通常在 80m 以上，就目前的发展状况，有的全封闭圆顶储煤场的直径已达 120m，堆放高度达 30m，单个圆顶储煤场的储量可以达到 20 万吨。圆顶储煤场的缺点是设计储量的实际利用率受煤质影响较大。为了保证圆顶储煤仓存煤的及时清理，每个储煤场一般需要安装 1 套回转范围 360° 的堆取料机，或者配置专用的装载机等堆煤设备，以保证储煤场存煤的循环性和系统的生产效率。

储煤工艺为：煤炭产品通过皮带运至储煤场顶部，通过储煤场中心的落煤塔（中空圆柱）自然堆积在储煤场中。储煤场中产品可通过装载机装载至汽车上外运，也可通过在储煤场内设置地下返煤地道，通过返煤地道运至下一道生产工序。

主要特点：采用落煤塔卸煤，落煤塔高度高，受力好，结构上较为合理，占地小，容量大，储煤场全封闭，对周围环境污染小，但煤棚内作业环境差、煤尘大，装车速度低，自动化程度不高。

2.1.2.4 长条形储煤场

长条形储煤场是一种较为常用的储煤方式。一般为一条落煤皮带贯穿整个储煤场，皮带上的原煤通过卸料器均匀卸至储煤场，储煤场堆煤方式为自然堆积，落煤栈桥高度一般在 20m 左右，一条落煤栈桥可覆盖宽度 50m 左右。储煤场为钢框架结构，外加彩钢板，施工周期较短。主要特点：采用栈桥落煤、自然堆积的方法堆煤，可实现自动化堆煤；储煤场采用全封闭结构，环保效果好；储煤场可划分为多个单元，可同时储存多个煤种的煤炭产品；煤棚内作业环境差、煤尘大。

2.1.2.5 阳光膜封闭料场

膜结构是 20 世纪中期发展起来的一种新型建筑结构，它是由高强薄膜材料及加强构件（钢架、钢柱、钢索或空气），通过一定方式使其内部产生预张应力以形成某种空间形状作为覆盖结构，并且能承受一定的外荷载作用的空间建筑结构。膜结构具有造型轻便、制造简单、安装快捷、节能效果好、成本低、阻燃性好和使用安全等优点，受到越来越广泛的关注和应用，膜结构在国外已逐渐应用于厂房、体育馆、展览中心、交通服务设施等建筑中。

目前正在开始广泛推广应用的料场扬尘控制阳光膜料场密闭技术，是一种全新的抑尘方式，采用具有高强度、轻质、透光性好的新型节能阳光膜材料，运用预应力技术，实现大跨度、大空间的料场全密闭。该技术密封环保性好、自重轻、基础要求低、透光性较好、耐腐蚀、耐候性强、施工安装方便、主体结构免维护、自洁性能较好，能有效防止料场大面积扬尘，可满足日益严格的环保要求，改善日益严峻的环境形势。

阳光膜材料具有较高透光率，透光率高于8%，能有效减少白天室内照明的能耗，节能效果显著。同时膜材料具有较高的热反射率和较低的热传导率，单层膜材料的保温性能与190mm厚砖墙相当，并且可在-40~260℃的环境温度下正常使用。在北方冬季寒冷的气候环境下，棚内人员和机械能正常作业，无需特别的保暖处理，有利于冬季生产的正常运行。

料场扬尘控制阳光膜料场密闭技术具有显著的优势，主要表现在：

（1）改善区域环境，封闭区域扬尘排放减少90%以上，有效减少雨水冲刷和刮风等引起的物料损耗，使用寿命长达15年以上，维护费用低。

（2）大跨度大空间，阳光膜大棚最大跨度可以达到120m以上，棚内无梁无柱，无需刚性支撑，有利于各种装卸机械自如地在棚内回转和移动，便于生产作业。

（3）结构安全，膜结构质轻，属柔性结构，能够承受很大位移，在极端条件下（飓风、地震等自然灾害）不易发生倒塌，并且膜材料表面光滑，有效防止粉尘沉积，降低了爆炸的危险。

（4）造价低，与行业内应用的钢结构密闭大棚相比，阳光膜大棚大大减少了钢材和水泥的使用量，仅混凝土基础的造价就可降低40%~50%，整体工程造价降低近30%。

料场扬尘控制阳光膜料场密闭技术具有传统抑尘技术无法比拟的优势，其卓越的环保特性、全封闭式结构设计、高效的节能率、低建设成本和维护成本、长时间的使用寿命、便捷的施工条件，无处不显示其作为新型料场全密闭形式所体现出来的先进性、便利性及经济性。

因此，料场扬尘控制阳光膜料场密闭技术是可行的，全封闭阳光膜大棚将在钢铁行业得到越来越广泛的应用。

2.1.3 配煤技术

2.1.3.1 配煤系统

筒仓配煤系统一般由圆盘给料机设备、称量与传感设备、仪表与计算机控制系统三部分组成，包括圆盘给料机、配煤小皮带秤、给料机变频器、称重传感器、测速传感器、积算器仪表、工控机等。在系统生产时，筒仓中的煤料通过圆盘给料机持续输送到配煤小皮带秤上，称重传感器将煤料重量转换成$1~20mV$的瞬时毫伏信号传输至积算器仪表，与事先设定好的设定下煤量做比较，在积算器中完成PID运算，输出$4~20mA$的电流信号，送至变频器，作为变频器频率给定，从而控制圆盘给料机的转数。在整个闭环控制系统中，通过控制圆盘给料机的转数，使实际下煤量在允许的范围内小幅波动，尽可能地等于设定下煤量，从而保证配合煤的准确度。

2.1.3.2　配煤原理

系统通过封闭带式输送机将不同品质的单一煤种分别输送到相应筒仓，在同一时段内，将选定筒仓内的煤利用圆盘给料机，通过称重皮带机将煤料输送到仓下的带式输送机上进行混配。该系统利用专用软件进行自动控制，摆脱了传统的露天作业。混配好的煤料通过自动控制系统，利用封闭带式输送机输出并有序堆放，使得配煤过程被有效控制，实现煤的科学、精确混配。

2.1.3.3　配煤误差

实际生产中影响配煤准确度的因素较多，常见的原因有以下几个方面：

（1）计量皮带秤系统故障。一般计量皮带秤传感器故障或计量设备硬件问题会直接导致称量准确度出现偏差，生产中需要定期加强称量设备的检查与校验，减少称量系统故障对配煤准确度的影响。皮带秤系统的故障点及处理措施见表 2-1。

表 2-1　皮带秤系统故障点及处理措施

故　障　类　型	解　决　办　法
测速传感器故障	更换测速传感器
称重传感器故障	更换称重传感器
校准数据错误	重新测定皮带长度、转速，输入后校秤
电流板故障	调节可调电阻，保持 4~20mA 电流输出
变频器故障	变频器检修

（2）筒仓悬料。造成筒仓悬料的原因主要有：

1）煤质与煤种的影响。目前在实际生产中煤矿点较多，其中个别煤种细度较细，容易引起筒仓黏壁的情况，比如东北地区的七台河焦煤、河北地区的峰峰焦煤及部分瘦煤等。针对这种情况，可以将这些细度较细的煤种，堆放在煤场，不进入筒仓。在必须进入筒仓的情况下，可以将此类煤种的配比适当加大，尽量缩短其在筒仓内的滞留时间。

2）料位的影响。目前普遍每个筒仓储煤量在 10000t 左右，当筒仓储煤量在 1000t 左右时，容易出现悬料现象。针对这种情况，可根据不同的煤种制订每个筒仓的报警储量，根据平时的经验制订初步报警储量。当筒仓储量达到理论报警量时，可视为筒仓报空，可以为更改配煤比做好事先预防。

3）团聚力的影响。因大容积筒仓有别于露天煤场，湿、黏煤料装入筒仓后上部水分向下流动，积存在筒仓底部，使筒仓存在"上干下湿"的现象。在使用过程中会发生上部煤料"蓬料""打洞"，下部煤料黏度增加、"挂壁""结团"，甚至发生"喷煤"事故，影响了配煤准确度的同时，严重阻碍了配煤工序的正常有序生产。主要原因是筒仓底部的湿、黏煤料由于黏度增加，在漏嘴侧壁"挂壁"后流动缓慢，囤积在圆盘处"结团"，下煤过程为大块团状间断性下料，对准确度影响极大。在煤料消耗周期较长时，由于底部水分积存较多，会发生"喷煤"事故，中断配煤工序的正常生产。

4）水分与杂物堵塞的影响。对于炼焦煤矿点稳定且采用铁路运输的生产厂，水分相对稳定，但也有部分厂家的含水量相对偏高，一般在 10%～15%。水分过大的煤进入筒仓不但容易造成堵料还可能引起喷仓，造成安全事故。另一方面，煤中的杂物如石块、矸石、蛇皮袋等杂物进入筒仓后，也容易引起堵塞造成下煤不畅的现象。针对这种情况，采用煤场转运的方式对入仓煤的水分加以控制。对于杂物处理方面，在筒仓顶部设有类似炉箅条的格栅网，可以过滤煤中杂物，同时操作人员定期清理。

（3）启停皮带操作的影响。配煤系统生产时，配煤工序主皮带及小皮带的停启也会影响配煤准确度。因配煤小皮带开启后的前 5min 为准确度较低的时间段，一旦频繁的启停配煤工序主皮带会使低准确度运行时间大量叠加，造成配煤准确度下降。

（4）称量皮带黏煤引起的计量误差。由于称量皮带在清零过后黏煤，会造成重复计量，造成实下煤量与理论值偏差，引起配煤质量波动。解决办法是在皮带秤清零前保持小皮带干净，控制好配煤过程中小皮带的黏煤，同时注意皮带清扫器的选型及安装方式。一般称量皮带的清扫器选用合金材质清扫器，清理效果较好，也可以选用废旧皮带做成的清扫器，效果也不错，而且这种清扫器对皮带的损坏较小。清扫器安装宽度距离皮带边缘 10cm 左右为宜，同时每班要进行人工清理。

2.1.3.4　筒仓悬料问题

A　设备干预法

筒仓仓体设计中为了减少悬料问题，筒仓锥体和锥上 5m 直段采用压延微晶防磨内衬，厚度一般为 12mm，可有效防止原料对仓体的磨损，该衬板具有防磨、耐冲击、耐腐蚀和下料顺畅防止仓嘴堵料的作用。

为防止煤在仓内蓬料，保证下料顺畅，在每个储煤仓下料斗嘴处均设计安装有空气炮，空气炮的控制方式分为：现场控制、中控室远程自动和中央手动控制三种，其中现场可单独控制每台空气炮，而中控室将室内分组控制（使用频次较多），室外空气炮单独控制（使用频次较少）。空气炮自动控制系统设计当实际瞬时流量持续 30s 小于给定瞬时流量的 90% 时，空气炮会依次从下往上自动放炮，时间间隔为 10s，直到实际瞬时流量达到给定瞬时流量的 90% 以上。但在实际生产过程中，往往由于料仓嘴下料不畅造成空气炮频繁动作，最终致使整个斗嘴处煤料被打实，需人工清理积煤，工作量较大。同时，对配比较大且流动性差的煤种筒仓允许同时开启两个圆盘配料，但由于配煤系统无法自动检测出具体是哪个圆盘下料不畅或断料，造成空气炮同时对两个圆盘料嘴动作，致使原下料顺畅的料嘴受到不利影响。

针对以上问题，可以将中控远程自动控制四个空气炮改为控制两个，因最底层两个空气炮离料口较近，发挥作用最大，而将离料仓口较远的空气炮改为中央手动方式，避免远程自动模式时将料口上层煤料打死；另一方面，对配比较大且流动性差的煤种筒仓采取现场手动控制空气炮的方法，解决了因空气炮自动控制系统缺陷造成的难题。

　　B　人工处理法

设备干预无效的情况下，则需要人为干预。人为干预一般有两种方式，一种是人工用普通的扦子捅，另一种就是用高压水冲击。需要说明的是，当设备干预无效后进行人工处理时，必须停机处理，而且必须把相应煤种的配比加以调整，以确保整体配煤不受影响。另外通过对日常单种煤的理论消耗计算，合理组织进厂煤时间，使仓内煤料存量维持在合理的范围内，减少煤料沉积的可能性。

通过完善配煤系统功能，设定筒仓单线的 3 个圆盘每 30min 自动切换下煤，轮流使用，避免煤料在某个料嘴处沉积时间过长，同时，对未设定配煤比的筒仓，每日夜班负责手动开启各个圆盘小流量放料 3~5min，避免煤料长时间不配料在料嘴处结团堵塞。

2.1.3.5　筒仓操作方法的分析

筒仓系统在生产过程中的影响因素较多，如何保证筒仓稳定运行，给职工的操作带来了一定的难度。通过总结试生产过程中的操作经验，从卸煤机卸煤量的控制、皮带秤维护管理以及煤料杂物管理三个方面对筒仓操作方法进行分析。

（1）控制卸煤机卸煤量。煤料筒仓利用螺旋叶转动，将火车车皮内装运的煤料卸至受煤坑，实际生产操作中经常出现螺旋减速机打齿报废事故，直接影响到卸煤任务的完成，造成卸车延时，进而影响公司整体物流顺畅。造成卸煤机事故频发的主要原因除螺旋减速机设计承载力过小外，大部分是由于卸煤机司机操作不当而造成的。对此，一方面，加大了对卸煤机司机标准化操作的培训力度，要求卸车时必须从车厢大门处开始卸车，吃煤深度不能超过螺旋直径的 2/3，以减小卸车阻力，同时需对卸煤机的日常维护和检修方法进行优化。

（2）皮带秤维护管理。筒仓自动配煤系统计量部分主要采用托辊式电子皮带秤，其主要由称重部分、测速部分、积算部分、通信部分组成。其利用接触式称重法测量物料量，准确率相对于传统的核子秤要高很多，但由于该种电子秤是接触式测量，受机械冲击、皮带磨损、跑偏、托辊安装底座振动、秤体积煤等外界因素影响均会导致测量结果产生较大误差，若维护不及时，未及时清理秤体上的积煤，未及时更换刮料板，导致皮带粘煤，秤体零点漂移，均会影响到配煤系统的稳定性。

为保证计量系统称量的准确性，要对秤体上的积煤及时清理，定期更换皮带刮煤板，开车时间段每小时巡检一次，及时调整皮带跑偏，减少外界因素对秤体计量部分的不利影响。同时，每周对电子皮带秤进行零点校正，每半年对电子皮带秤进行砝码、链码标定，减少秤体自身误差，保证其计量的准确性和稳定性。

（3）煤料夹杂物。由于储煤仓取代了露天煤场储煤，火车、汽车来煤受卸至受煤坑后，直接通过皮带输送机输送至储煤仓进行贮存，煤中草垫子、编织袋、木块、铁器等杂物不能及时被捡出，造成筒仓内杂物增多，影响下料的均匀稳定性，同时，对后续粉碎系统、焦炉装煤系统及焦炭质量产生不利影响。为此要杜绝车中杂物进入受煤坑料仓内，尤其是储煤仓仓上布料口算子，做好算子口的防护工作，减少进仓煤中杂物，保证了配煤生产的连续性，另外可在仓下配料皮带及粉碎机前皮带均安装电磁除铁器，减少煤中铁器对后续生产环节产生的不利影响。

2.1.3.6 筒仓储配煤优点

（1）贮煤筒仓独立性好，可有效避免混煤，做到精细配煤，因此能够更好地使焦炉稳定、连续、均衡生产，稳定提高焦炭质量。

（2）贮煤筒仓占地面积小：一般贮煤筒仓单位贮煤占地面积仅为露天传统煤场的1/5，不会因风吹、日晒、雨淋等自然因素带来的物料损失。

（3）贮煤筒仓环保效益显著，可有效改善备煤区域环境质量，煤质稳定，不易氧化。露天传统煤场占地面积大，暴露在空气中，煤在空气接触易氧化，引起煤料变质。煤堆底部和边边角角的煤属于煤场中的死库存，一般无法正常取用，最终导致存放时间过长而氧化变质，无法使用。炼焦用煤发生氧化，影响煤的结焦性，降低挥发分以及碳氢含量和煤的发热量。煤氧化后燃点的降低及煤尘的增加均使煤堆容易自燃。而贮煤筒仓均能按先来先用的原则正常使用，且基本处于密闭条件下，与空气接触的面积少，不易氧化变质，从而稳定了炼焦煤质量。

2.2　备煤新技术

2.2.1　炼焦用煤粒度控制技术

2.2.1.1　粒度控制原理

　　A　粉碎性煤的粉碎性能

　　粉碎性煤的粉碎性能可用可磨性指标来表示，常用哈德格罗夫（哈氏）可磨性指数，是将煤样在规定条件下，于哈氏磨煤机中在一定荷重下研磨一定时间后，测定通过一定筛级的粉煤量，最后按下式计算

$$HGI = 13 + 6.93D$$

式中　　D——所用 50g 煤样中减去磨碎后留在 0.074mm（200 目）筛子（孔边长
　　　　　　为 0.0737mm）上的煤样量。

　　B　煤的岩相组成

　　按煤岩配煤原理，煤的岩相组成可分为活性组分和惰性组分，对于经过粉碎的煤粒，若主要由活性组分组成的称活性粒子，主要由惰性组分组成的称惰性粒子或非活性粒子。日本曾对几种黏结性较好的煤，在不同粒度下进行干馏并测定其膨胀率，粒度减小，其膨胀度趋于减小。国内曾对几种典型的气、肥、焦、瘦煤，对粗、中、细粒度分别测定其胶质层最大厚度 Y 值对黏结性较好的肥煤和焦煤，粗粒度的 Y 值大于中、细粒度，黏结性较差的气煤和瘦煤则相反。为了分析煤的岩相成分在各筛分粒级中的分布及各粒级煤的结焦性能，曾对某种煤进行了筛分组成、各筛分粒级的岩相组成及焦炭机械强度的测定。数据表明：粗粒部分的活性组分（镜煤）较少，惰性组分（暗煤、丝炭）较多。由惰性组分较多的粗粒部分得到的焦炭强度较差，将其粉碎至小于 6mm，焦炭强度明显提高，但仍小于细粒级煤的焦炭强度。当过细粉碎至小于 0.3mm，其焦炭强度又明显下降。

　　C　焦炭强度

　　由活性组分较多的细粒部分得到的焦炭强度较高，进一步过细粉碎至小于0.3mm，其焦炭强度略有提高。惰性组分较多时，粉碎有利于黏结，但过细粉碎由于惰性组分比表面积增大，活性组分被过度吸附，使胶质体减薄，反而不利于黏结。活性组分多的细粒部分，过细粉碎虽会降低黏结性，但由于同时降低了收缩阶段的内应力，减少了龟裂，故对焦炭强度仍有提高。曾对气煤配比达 60% 的配合煤，测定了各筛分粒级的黏结性，数据表明粗粒级（>5mm）和细粒级（<0.5mm）煤的罗加指数和黏结指数均较低。可以认为，配合煤炼焦过程中黏结性煤应充分发挥其活性粒子的黏结作用，弱黏结煤作为非活性粒子应承担松弛收缩作用，因此过细粉碎不仅降低黏结煤的活性粒子作用，而且增加非活性粒子的

比表面积，两者均使煤料的黏结性降低，故必须控制煤料粒度的下限。粗粒部分多数为非活性组分，成为焦炭裂纹中心，不利于焦炭质量，故必须同时控制煤料粒度的上限。

D 装炉煤粒度分布原则

装炉煤粒度分布原则，装炉煤的粉碎粒度分布最优化是选择适当粉碎工艺的基础，结合以上对煤粉碎性和筛分粒级性质的分析，为实现粒度分布最优化应遵循以下原则：

（1）装炉煤的细粒化和均匀化，装炉煤的大部分粒度应小于 3mm，以保证各组分间混合均匀，使不同组分的煤粒子在炼焦过程中相互作用，相互充填间隙，相互结合，以确保得到结构均匀的焦炭。

（2）装炉煤的粉碎装炉煤中黏结性好的煤和活性组分粗粉碎，以防黏结性降低，黏结性差的煤和惰性组分细粉碎，以减少裂纹中心。装炉煤过细粉碎，不仅增加颗粒比表面积，使热解生成的液相产物不足以润湿颗粒表面，而且较小颗粒热解时，颗粒内部产生的气相产物容易分解析出，使气相中的游离氢没有充分时间与热解生成的大分子自由基作用，减少了中等分子液相产物的生成率。

（3）控制装炉煤粒度的上、下限，一般粒度下限为 0.5mm，粒度上限因装炉煤堆密度而异，不同堆密度的煤料有不同的最佳粒度上限。对任意堆密度配合煤粒度上限与堆密度、焦炭强度的关系，均有一个焦炭强度最高的最佳粒度上限，该上限随堆密度提高而降低。在一般散装煤的堆密度（0.75t/m³）条件下，若仅控制细度（<3mm 的含量）为 85%，所得焦炭强度比控制粒度上限为 5mm 时要低 2.5%。对于堆密度为 0.9t/m³ 的捣固煤料其最佳粒度上限应为 3mm。

（4）装炉煤粒度分布堆密度最大原则。装炉煤中各粒级的含量分布应保证大、中、小煤粒间能相互填满空隙，以实现堆密度最大。随该粒度比增大，即粒度分布加宽，堆密度增大，提高装炉煤堆密度，可改善煤料黏结性。

2.2.1.2 炼焦煤粒度控制方法

表面结合成焦机理认为，炼焦加热阶段，煤料中的活性组分软化熔融成液相产物，黏结不能软化熔融的惰性组分，使松散的煤粒成为有一定强度的块状焦炭。煤料破碎后的粒度分布特征受煤岩组分、变质程度、矿物含量及破碎工艺等条件影响，且会影响焦炭质量。首先不同变质程度煤料的可磨性不同，混合后粉碎会导致各煤种在不同粒级富集。其次单种煤粉碎后，惰质组硬度大、脆度小，破碎后易富集于粗粒级中，而镜质组硬度小、脆度大，破碎后易富集于细粒级中。颗粒大小如果控制不当，将导致炼焦煤在混合时发生偏析，活性组分和惰性组分混合不均，劣化焦炭的结焦性能。

2.2.1.3　煤粉碎细度

目前焦化厂通常根据炼焦工艺通过控制煤料细度（粉碎后小于 3mm 的比例）调整煤料粒度来稳定焦炭质量。对顶装工艺而言，要求装炉煤细度在 80%～85%，而捣固工艺中，因为煤料的细度对焦饼的捣固成功率有很大影响，所以对细度要求更高，装炉煤的细度一般控制在 88%～90%。然而装炉煤细度只能表示入炉煤中小于 3mm 煤粒占全部煤料的质量分数，不能显示煤料的粒度分布特征，仅仅靠调整配合煤料细度来提高焦炭的质量并不可行。

工业上提出运用选择性粉碎和预粉碎工艺等方法优化煤料粒度组成，使各煤岩显微组分混合均匀，从而提高焦炭质量。选择性粉碎工艺是将配合煤按粒度或密度大小进行分级，分别对不同粒度的煤进行加工。预粉碎工艺是在配煤前预先将难粉碎的硬质弱黏结煤如 1/3 焦煤、气煤和需要细粉碎的瘦煤、贫瘦煤等先单独粉碎到适当的粒度，再与其他炼焦煤配合后送到粉碎机室进行混合粉碎。酒钢焦化厂运用选择性粉碎工艺调整煤料粒度，避免煤料活性组分过度粉碎，所得焦炭质量 M_{40} 提高了 1.65%，M_{10} 降低了 0.61%。武钢焦化厂对 1/3 焦煤和瘦煤进行预粉碎，使其细度由 50% 左右提高至 75.83%，再与其他煤料配合进行粉碎，并稳定配合煤料细度在 82% 左右，焦炭的 CSR 增长了 1.3%，M_{40} 提高了 1.8%。但以上工艺对焦炭质量提高有限。

2.2.1.4　不同变质程度煤料粒度分布与焦炭质量[2]

A　低变质程度煤

研究表明气煤的黏结性受粒度因素的影响较小，在 0.1～5.0mm 范围内改变气煤的粒度，气煤的自黏结强度指数变化很小，但配合煤料的结焦性变化较大。将两种活惰比不同的气煤与焦煤搭配炼焦，发现随气煤粒度减小，气煤的活性组分与焦煤的活性组分发生界面反应，将本该生成的粗粒镶嵌结构细化成细粒镶嵌结构，且惰性组分相对较少的气煤随粒度变小。对焦煤的劣化作用更明显，而不同粒度气煤参与配煤炼焦对焦炭的显微强度和结构强度影响不大，但反应后强度却随粒度减小而降低。在气煤粒度大于 5.0mm 时，因为惰性物质粒度较大，容易作为裂纹中心，小于 0.4mm 时活性组分细粉碎使焦炭气孔壁变薄。所以，根据配合煤的活惰比以 5.0mm 为上限适当粗粉碎气煤，在保证煤料黏结性的同时也能防止气煤粒度过大产生较多的裂纹；当配合煤料黏结性较强时，可以在下限 0.4mm 上适当细粉碎气煤，这样可以促使软化熔融过程中产生更多的气相产物，增大煤料软化熔融过程中的膨胀压力，有利于提高焦炭的质量。

　　B　中等变质程度煤

　　对某企业焦煤和肥煤筛分分级，发现大于 3mm 煤料的质量分数不到 30%，而且黏结性较差，成焦结构中惰性组分高，通过选择性粉碎大于 3mm 煤料，能使惰性组分均匀分布在配煤中，使配合煤煤质均匀，同时能减小裂纹中心的形成；小于 3mm 不粉碎，能防止活性组分过细粉碎导致的自瘦化现象。

　　C　高变质程度煤

　　变质程度较高的瘦煤、贫瘦煤和无烟煤等在炼焦过程中主要起结焦中心作用和骨架作用，在较粗粒度下炼焦，成焦气孔壁较薄，主要形成片状和板状等惰性显微结构，且部分板片状惰性结构有大量的内裂隙，自身强度较低；较大粒径的颗粒在半焦收缩过程中，与周围胶质体的收缩系数有差异，容易形成裂纹中心，降低焦炭的机械强度。将这些煤料一定程度细粉碎，可以改变其成焦显微结构的大小，避免结构缺陷劣化焦炭质量；将瘦煤粉碎到粒度小于 0.1mm 时，瘦煤成焦显微结构中的片状和板状等惰性显微结构尺寸减小，成为粗粒状镶嵌在焦炭中，但这种镶嵌物只是尺寸变小了的惰性结构，与焦煤等形成的粗粒镶嵌结构完全不同，强度也远低于具有光学各向异性的粗粒镶嵌结构。

　　高变质程度煤料在配合煤中的最佳粒度分布还与整体煤料活性组分的数量和质量有关。将无烟煤和肥煤按 6∶4 的比例配合炼焦时，在无烟煤粒度为 3.0mm 时焦炭的结构强度为 74%，当无烟煤的粒度减小到 0.5mm 时，焦炭的结构强度下降到 69.1%，但无烟煤和肥煤按 5∶5 配合后，无烟煤的粒度由 3.0mm 下降到 0.5mm 时，焦炭结构强度由 71.65% 上升到 73.8%；可见活性组分充足时，细粉碎高变质程度煤料，煤料比表面积增大，与其他煤粒接触机会增多，共焦时界面结合能力增强，但活性组分不充足时，细粉碎高变质程度煤料则由于惰性组分需要吸附更多的液相产物导致其表面液相产物包覆不完整、气孔壁变薄，焦炭质量降低。

2.2.1.5　煤料预粉碎技术

　　煤料预粉碎技术是指在配煤之前，对瘦煤、贫瘦煤等需要细粉碎的煤，以及气煤、类气煤煤质的 1/3 焦煤等难粉碎的硬质煤预先单独粉碎，再与其他单种煤混合粉碎的粒度调整工艺。

　　A　煤料预粉碎机理

　　从煤的粉碎性能来说，挥发分高的炼焦煤和挥发分低的炼焦煤脆度小，不易粉碎；挥发分中等的炼焦煤脆度大，容易粉碎。从煤的黏结性来看，挥发分高的炼焦煤和挥发分低的炼焦煤黏结性差，因此在配煤中希望这些煤的颗粒细一些，这样利于这些煤的分散而使煤料均匀；挥发分中等的煤黏结性强，过细粉碎会增加煤料的比表面积而降低煤的黏结性。此外,矿物质较硬,不易粉碎,在配煤中颗粒大,它是惰性组分,会形成裂纹中心。因此,常规的混合粉碎方式,不符合生产高强度焦炭的粉碎工艺要求。

B　煤料预粉碎新方式

从单种煤来说,煤都是由四种岩相成分组成的,这些岩相成分的物理性质、化学性质有差别,因此,即使对单种煤进行单独粉碎,其粒度组成也是不理想的。

因此,出现了一些新的粉碎加工方式,可以提高焦炭的强度。

(1)岩相选择粉碎。根据炼焦煤料中煤种和岩相组成在硬度上的差异,按不同粉碎粒度要求,将粉碎和筛分结合在一起的一种炼焦煤粉碎工艺。按煤的岩相的特性进行粉碎处理,使结焦性好的岩相组分不过度粉碎,保持有一定颗粒范围;对结焦性差的岩相组分细粉碎,使其均匀分散开,从而消除焦炭的裂纹根源。采用这种工艺可使煤料粒度更加均匀,黏性成分不瘦化,提高堆密度,又消除了惰性组分大颗粒,使惰性组分达到适当细度,增强弱黏结性煤的黏结性。常用的粉碎工艺有索瓦克法、风力分离法和立式圆筒筛法。

(2)分组粉碎工艺。该工艺是将各单种煤按不同性质分成几组进行配合,并分组粉碎到不同细度的炼焦煤粉碎流程。由贮煤场来的煤料按不同组别进入各自的一组配煤槽,煤料在各配煤槽内按设定比例配合后,分别送到各自的粉碎机进行不同细度要求的粉碎,粉碎后集中落到一条带式输送机上,在混合机混合均匀后送至煤塔。分组粉碎工艺一般适用于生产规模较大,煤种较多且煤质有较明显差别的焦化厂。

该工艺可根据各煤种的不同性质分别进行合理粉碎,使炼焦煤料粒度适当,从而提高焦炭质量,但配煤槽和粉碎机数量多,且需设置混合机,工艺相对复杂、投资高。

C　预粉碎煤种的细度选择

(1)通过设备控制细度方法。根据试验和国内外的生产经验,在保证细度的前提下,应控制>5mm 和<0.5mm 粒级的量。影响煤种粒度分布的因素不仅有粉碎机转子转速和反击板间隙,还有粉碎机处理量、锤头数量和料流分布等。

某钢铁公司使用 2 台 PFCK1618 型粉碎机,经过反复试验,锤头数量由 96个减少至 1/3 左右,结合 24 锤及 36 锤 2 套粉碎方案的 20kg 试验焦炉检验结果,最终确定预粉碎机的锤子数量为 36 个,同时针对下料情况对粉碎机的反击板进行微调,粉碎细度得到了较好的控制。表 2-2 数据表明,使用 24 锤时,大于5mm 的 1/3 焦煤 2 的比例仍然接近 1/3,而在 36 锤时下降为 1/4;瘦煤 2 在锤子数量增加后,大于 5mm 的比例显著下降,小于 1mm 的比例有所增加。

表 2-2 预粉碎煤种细度的变化 （%）

煤样	0~1mm	1~3mm	3~5mm	>5mm	细度（0~3mm）
1/3 焦煤 2 预粉碎前	24.86	23.18	11.72	40.24	48.04
1/3 焦煤 2 预粉碎后（24 锤）	32.20	20.10	15.64	32.06	52.30
1/3 焦煤 2 预粉碎后（36 锤）	39.82	24.85	10.32	25.01	64.67
瘦煤 2 预粉碎前	41.57	20.27	9.19	28.97	61.84
瘦煤 2 预粉碎后（24 锤）	52.31	28.12	11.46	8.11	80.43
瘦煤 2 预粉碎后（36 锤）	58.79	28.20	9.64	3.37	86.99

（2）配合煤细度控制。以 7.63m 焦炉为例，1/3 焦煤 2 和瘦煤 2 经过预粉碎后，配合煤细度显著提高，曾达 90% 左右，造成装煤困难，粉尘增多，上升管堵塞，单炉产量下降等问题。通过试验，将配煤后粉碎机的锤子数量由 36 个减少到 24 个，并将粉碎机的反击板调整到最大的位置，使配合煤的细度稳定在 82% 左右。

（3）预粉碎工艺的效果。通过对选择性粉碎工艺的应用及改进，使 1/3 焦煤 2 和瘦煤 2 的预粉碎率达到 100%，细度达到 75.83%。7.63m 焦炉的焦炭质量有明显的改善，CSR 和 M_{40} 分别增长 1.3% 和 1.8%，而 M_{10} 则改善了 0.2%，在稳定焦炭质量的前提下，瘦煤 2 配入量由 11.7% 提高到 13.7%，配比增加了 2%，降低了配煤成本。预粉碎工艺显著改善了入炉煤的粒度分布，也提高了入炉煤的堆密度，单炉产焦由 42.01t 提高到 42.99t，平均提高了 0.98t。

2.2.2 装炉煤的调湿与预热技术

2.2.2.1 煤调湿技术

A 煤调湿技术发展

煤调湿技术（Coal Moisture Control，CMC）是在焦煤轻度热解预处理技术基础上发展起来的并获得了广泛应用。焦煤轻度热解预处理是先将煤加热到一定温度使其完全干燥脱水并发生轻度热解后再装炉炼焦。焦煤经过预热处理、完全脱水后，其堆积密度获得显著提高，从而增加了炭化室中焦煤的填装量，同时，炼焦过程升温速率明显加快，大大缩短生产周期，这些都起到了增产效果，并提高焦炭质量。另外，还可显著提高非、弱黏煤比例，拓宽焦煤的来源范围，因此，焦煤的热预处理技术在焦化行业曾受到广泛重视。但是该工艺过程复杂，设备要求高，对焦炉结构的匹配性以及配煤技术有较高的要求。特别是由于堆积密度的显著增加，在炼焦过程中煤的膨胀会形成较大压力，容易导致炉墙损坏，缩短焦炉寿命。此外，还存在生产中粉尘、烟气等污染物处理难度大，污染严重等问题，因此该工艺技术现在已经停用。

日本在 20 世纪 80 年代首先开发出焦煤预热调湿技术，即采用在装炉前利用炼焦过程余热去除焦煤中部分水分至某一预定值，同时煤的温度也有所提高，然后装炉炼焦的一种煤预处理工艺。相对于煤的干燥，煤调湿有严格的水分控制措施，能确保入炉煤水分稳定，在避免全脱水煤炼焦过程中的各种不利影响情况下，炼焦工艺综合指标较湿煤炼焦也有明显提高。因此，煤调湿以其显著的节能、环保和经济效益以及工艺简单、投资省、工业运行稳定等优点，受到普遍重视。美国、苏联和日本等都进行过不同形式的煤调湿试验和生产应用，尤其是在日本的发展最为迅速。中国焦化行业虽然发展煤调湿技术起步较晚，目前仅有宝钢、济钢、太钢、马钢和昆明焦化等少数企业采用了该技术，但已引起业界重视，国家工信部也在积极推进煤调湿技术在炼焦企业的应用实施。

焦煤预热调湿技术在日本的成功应用促进了该技术的不断创新、升级，先后已有三代技术开发成功并获得工业化应用。其中，第一和第二代技术分别是以导热油和过热蒸汽的热载体的间接换热为主的多管转筒型煤调湿技术，第三代技术是以焦炉废热烟气为加热介质的直接换热为主的流化床型煤调湿技术。近几年，国内企业及研究机构也做了大量相关开发研制工作，并取得了一定突破性进展。例如，由中科院过程工程研究所研制的以热烟气为热载体的、复合床直接换热型煤调湿技术在主装置结构、原理上做了全新设计，综合了调湿与分级功能，在显著提高设备处理能力的情况下大大降低了动力能耗。实现核心技术上的突破，拥有自主知识产权，对煤调湿技术在我国焦化行业的推广应用、实现节能降耗目标有重要意义。

B　煤调湿原理

煤调湿的基本原理是利用外加热能将炼焦煤料在炼焦炉外进行干燥、脱水后入炉的水分控制，从而对入炉煤的水分进行调节，以控制炼焦能耗量，改善焦炉操作，提高焦炭质量且可扩大黏结性煤用量的炼焦技术。煤结焦过程中，水分不参与成焦，煤经过干燥或调湿后，装炉煤水分降低而且稳定。由于焦炉在正常操作下的单位时间内供热量是稳定的，一定量煤的结焦热是一定的，所以装炉煤水分稳定有利于焦炉操作稳定，避免焦炭不熟或过火。装炉煤水分降低，使炭化室中心的煤料和焦饼中心温度在 100℃ 左右的停留时间缩短，从而可以缩短结焦时间、提高加热速度、减少炼焦耗热量。装炉煤水分降低到 6% 以下时，煤颗粒表面的水膜变得不完整，表面张力降低，水分越低，水膜越少越不完整，表面张力也就越低。同时，由于煤颗粒表面水膜阻碍煤颗粒间的相对位移，所以，煤干燥或调湿后装炉使得流动性改善，煤颗粒间的间隙容易相互填满，于是装炉煤密度增大。装炉煤密度增大和结焦速度加快可使焦炉生产能力提高，改善焦炭质量或者多用高挥发分弱黏结性煤炼焦。采用焦炉烟道气进行煤调湿，减少温室效应，平均每吨入炉煤可减少约 35.8kg 的 CO_2 排放量。

C 几种典型的调湿技术

a 间接换热多管转筒型调湿技术

间接换热型煤调湿技术中，热载体与湿煤料不直接接触，而是通过金属管壁与煤料的间接换热来提供水分蒸发所需热量，按照热载体可分为导热油型和过热蒸汽型。

以导热油为热载体，在多管回转式干燥机中进行焦煤调湿。该技术是日本在20世纪80年代开发成功，被称为第一代焦煤调湿技术。其第一套装置于1983年9月在日本新日铁大分厂投产使用，其工艺流程如图2-5所示。采用导热油回收焦炉煤气上升管显热，其自身温度升至195℃，并通过多管回转干燥机将煤加热到 70~80℃，同时煤湿度降至 6.5%（质量分数）左右，然后装炉炼焦。经热交换后热油温度降至100℃，送至换热器升至148℃，然后再通过焦炉上升管与荒煤气换热升温至195℃，循环利用。

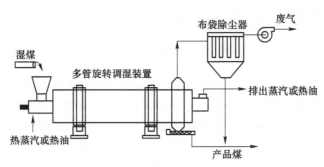

图 2-5 多管旋转式煤调湿技术主原理图

间接换热多管转筒型调湿技术可有效回收利用荒煤气热量进行煤调湿，调湿效果较好。但由于采用间接换热方式，传质传热效率低、装置庞大、占地面积大，且导热油要求严格、成本高，设备维护维修复杂，目前已被淘汰。

以低压蒸汽或热烟气为热载体的多管回转式干燥机煤调湿技术（第二代），该技术是在第一代焦煤调湿技术基础上对加热介质进行了改进，即利用干熄焦装置发电后的背压蒸汽或其他低压蒸汽及热烟气作为热源通过多管回转干燥机进行焦煤调湿。其流程与第一代相似，但可直接利用温度较高的低压过热蒸汽，简化了工艺，调湿效果好，并提高了产能。该技术于20世纪90年代初在日本君津厂和福山厂投产，是现在仍然利用较多的焦煤调湿技术。与第一代技术相似，由于间接换热传质传热效率低、装置庞大、投资高、占地面积大且维护费用高，目前正被以直接换热方式的流化床调湿技术所替代。

b 直接换热式煤调湿技术

1996年日本室兰焦化厂开发出第三代煤调湿技术——直接换热型的流化床

煤调湿技术，该技术通过在流化床中，利用焦炉废热烟气直接与煤料接触换热并带出水分实现调湿目的，其工艺流程如图 2-6 所示。热烟气（200~300℃）被送入流化床风室，通过气体分布板均匀进入流化床，同时湿煤由加料口加入到流化床内，并与气体接触形成流化态进行热质交换，实现脱水调湿，同时煤被加热升温。大粒径粗煤经过下部卸料口流出，小粒径煤随气流由流化床上部排出，经除尘器捕集后回收。根据要求，煤湿度一般调整到 6%（质量分数）左右，同时温度可上升至 55~60℃，经过调湿后，所有出料口卸出的料混合后送入焦炉。

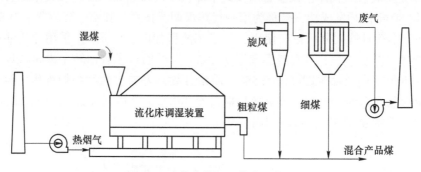

图 2-6　流化床煤调湿技术原理图

　　该技术利用热烟气为介质，对粉碎后的焦煤在流化状态下进行调湿，物料与加热介质直接接触，传质传热快、生产效率高、操作简单。但由于采用先粉碎、后调湿的工艺，没有发挥流化床的分级功能，不能解决破碎机负荷大、能耗高、容易粉碎过度等问题。另外，该技术将全部宽粒度分布的煤料混合在一个流化床中调湿，不易保持良好流化状态，而且没有考虑到不同粒度煤的含水量存在显著差异以及脱水动力学的不相同，因此调湿效果不均匀，容易形成部分煤调湿过度或不足，对不同含湿量及粒度分布的煤料的适应能力有待提高。

　　煤调湿过程中需要输送大量热烟气作为热载体及脱除水分带出载体，流化床调湿装置气阻压降较大，一般在 3kPa 左右，其动力能耗很高，占调湿工艺所产生节能量的 1/3 左右，严重削弱了整个工艺的节能效果。

　　近年来，国内企业及研究机构对上述流化床调湿设备进行了改进，增加了分级功能，并采用刮板或振动式流化床板改善煤料分散效果，防止其堆积造成死床。但总的来说，这些仍属于流化床型调湿操作范畴。

　　c　移动床与输送床一体化煤调湿技术

　　入炉焦煤的粒度分布范围很宽，不同粒度煤的含湿量及脱湿动力学也有很大差异，宽粒度分布煤料的水分主要存在于小颗粒煤中，调湿的对象应主要是小粒径细煤，不加区分的混合调湿难以达到预期效果。因此，应将焦煤先进行分级，再根据不同粒径煤的不同含湿及脱湿特性进行分别调湿，以此达到较佳调湿效果，并且通过分级可以只对大颗粒煤实施粉碎，实现破碎工艺的节能。

　　基于以上技术思想,中科院过程所联合青岛利物浦环保科技有限公司开发出利用焦炉热烟气、在集成流化床、移动床与输送床一体化复合床装置中实现同时进行焦煤分级与调湿的新技术,强化了分级功能和调湿效果,降低了运行能耗,大幅提高了生产效率。已完成的 50t/h 处理量的中试验证了该技术的先进、高效、可行性,是新一代高效、节能型分级调湿技术。

　　复合床煤调湿技术通过将固体物料气力分级和预热调湿过程集成起来,使两者能够耦合并行进行,达到了同时进行分级和预热调湿效果。其工作原理如图 2-7 所示:利用热烟气为流化、气力分级和输送介质,煤料首先进入流化床被流化分散和分级,并进行初步脱湿,分级后小颗粒煤进入气流输送床做进一步快速脱水并被输送到气固分离器与气相分离后回收;大颗粒煤及其夹带的少量较小颗粒煤快速落入移动床做进一步脱湿和分级,最后大颗粒煤由下部排料口排出,分出的小颗粒煤随气流进入气流输送床,与来自流化床的小颗粒煤一同脱湿并输送到分离器。通过对流化床、移动床和气流输送床结构、尺寸的优化设计,并根据需要对流化床和移动床热气流量、气速分别单独控制,可以实现对不同湿度的大、小颗粒煤的脱湿过程分别优化调控,达到准确、均匀、稳定的调湿效果和过程高效。

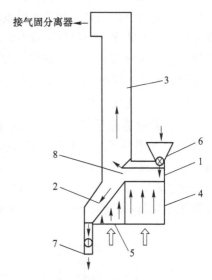

图 2-7　复合床煤调湿技术
主要装置原理图

1—流化床;2—移动床;3—气流输送床;
4,5—热风室;6—加料漏斗;
7—粗颗粒排料口;8—挡板

　　复合床煤调湿技术典型运行参数见表 2-3。

表 2-3　复合床煤调湿技术典型运行参数

处理量 /t·h⁻¹	热风量 /m³·h⁻¹	入口热风温度 /℃	出风口温度 /℃	主装置压降 /kPa	原煤(进料)		产品煤(出料)	
					水分/%	温度/℃	水分/%	温度/℃
50	58000	205	60	2.0	12.3	7.6	6.6	38

　　复合床煤调湿技术主要特点包括:

　　(1)采用快气速操作,其内部气-固物料间传质传热快、生产效率高,可显著提高处理能力,比常规流化床型煤调湿设备高 2 倍以上。

　　(2)该技术采用高开孔率布风板,大大降低了风阻压降,主装置满负荷运行压降不超过 2kPa,明显低于常规流化床 2.5~3kPa 的压降,因而降低了系统能耗。

（3）对煤料适应能力强，调湿效果好。该技术以短距浅层流化床对宽粒度分布煤料进行布料、快速分级，流化床进料与出料口距离短，布风板面积小、开孔率高而单位面积气流量大，而且热气流量及其在流化床与移动床间的分配易于调控，因而对煤料的粒度和湿度适应能力更强，系统运行更稳定。

（4）在快气速条件下的脱湿速率显著提高，更短时间内即达到脱湿要求，煤料快速脱离加热气氛，其升温幅度较小，调湿后煤升温一般仅 20~30℃，因此更多热量用于脱水，即热气热量有效利用率更高。另外，在破碎工序，由于小颗粒物料已经被分离出去，只需粉碎大颗粒物料，减少了物料的粉碎量，节约了操作费用和能耗；同时还避免了已符合要求的小颗粒物料过度破碎。

D　煤调湿技术效果

（1）降低炼焦耗热量。煤料含水量每降低 1%，炼焦耗热量就减少 62MJ/t（干煤），采用煤调湿技术后，煤料水分如从 10% 下降至 6%，炼焦耗热量节省约 248MJ/t（干煤），折合 8.48kg（标煤）/t（干煤）。炼焦能耗与入炉煤水分的相对关系如图 2-8 所示。炼焦能耗的降低主要源自入炉煤含水降低后，可节约大量水分升温耗热及蒸发潜热，同时，因炼焦时间缩短，还可减少焦炉散热损失。

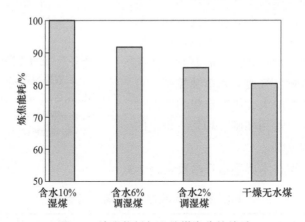

图 2-8　炼焦能耗与入炉煤水分的关系

（2）提高焦炉生产能力。以日本煤调湿的实际操作来看，入炉煤水分从 10% 下降至 6%±0.5% 时，焦炉生产能力约提高 7%~11%，根据炉型、炉况和操作工况会有一定差异。焦炭产量的提高来自于调湿后炼焦时间的缩短和装炉煤堆积密度的提高。装炉煤堆积密度与其含水量的关系如图 2-9 所示。

（3）提高焦炭质量。俄罗斯及日本炼焦企业生产实践表明，采用煤调湿工艺后，在相同配煤条件下，由于堆积密度有所提高，因而可提高焦炭强度，其 M_{40} 提高 1.0%~1.5%，M_{10} 改善 0.5%~0.8%，焦炭反应后强度 CSR 提高 1%~3%。

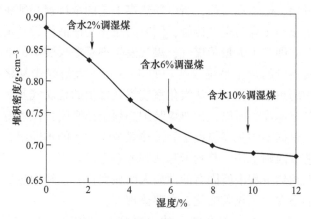

图 2-9 装炉煤堆积密度与其含水量的关系

（4）提高弱黏结性煤配比。优质黏结性焦煤日益短缺，增加入炉煤中的弱黏煤配比对焦化行业可持续发展有重要意义。调湿后装炉煤的堆积密度有所增加，因此可配入的弱黏结性煤比例也得到提高。在保证焦炭质量不变的情况下，可多配弱黏结煤 8%~10%。

多配弱黏煤既可降低炼焦原料成本，还可避免因装炉煤堆积密度提高而导致炼焦过程膨胀压力增加带来的对炉体的损坏。日本学者研究表明，装炉煤堆积密度增加后引起的炼焦过程中内部膨胀压力的增加，可以通过增加弱黏煤比例而获得消除。由于黏结性焦煤与弱黏煤发生软化、热解的温度不同，弱黏煤的软化、热解温度稍低些。当装炉煤中配入更多弱黏煤后，随温度的升高，其首先发生软化、热解，并形成较多通气孔道，当进一步升高温度至黏结性煤发生软化、热解时，弱黏煤已重新固化，而其形成的孔道可为黏结性煤热解产生的热解气提供逸出通道，避免了大量煤同时热解产生的热解气因气路不通而造成的内压过高现象。

（5）煤料水分的降低可减少 1/3 的剩余氨水量，相应减少剩余氨水蒸氨用蒸汽 1/3，同时也减轻了废水处理装置的生产负荷。

2.2.2.2 预热煤炼焦技术

装炉煤在装炉前用气体热载体或固体热载体快速加热到热分解开始前温度（150~250℃），然后再装炉炼焦称预热煤炼焦。可以增加气煤用量，提高焦炉生产能力，改善焦炭质量，降低热耗，是扩大炼焦煤源的重要方法，但装炉技术要求高、难度大、投资多。

A 机理

预热煤工艺过程由装炉煤预热、预热煤贮运和预热煤装炉三部分组成。预热煤在空气中易氧化、燃烧和爆炸，所以预热煤工艺的全过程必须密闭且采用惰性气体保护，以防止预热煤与空气接触，同时防止煤尘逸散污染环境。由于预热煤装入炭化室时会立即产生大量荒煤气，煤气发生率是湿煤装炉的 2 倍左右，快速析出的荒煤气所夹带的煤尘是湿煤装炉的 4~5 倍，大量煤尘易堵塞上升管，同时污染集气管中的焦油和氨水。从炭化室装煤孔冒出的荒煤气及其夹带的煤尘遇到空气会燃烧甚至爆炸。所以，预热煤装炉必须全部密闭且设置专供装炉用的上升管和集气管。根据不同预煤热设备和预热煤装炉设备的不同组合，工业上已应用的预热煤工艺有西姆卡法、普列卡邦法和考泰克法。

炼焦煤料在预热过程中所固有的性质无明显变化，但经预热后的煤料在炭化室内结焦过程动态发生了显著变化，主要体现在：

（1）改善煤料黏结性。经预热后的煤料装入炭化室，由于减少了对炉墙的吸热，可在降低热耗同时，提高加热速度，从而煤料的最大流动度使塑性温度区间加宽，胶质体平均温度提高。与此同时由于提高加热速度使煤的热解速度增大，凝聚速度则缓解，因此使塑性胶质体中的不挥发液体产率增加，不仅改善了胶质体流动性，还能抑制游离键之间的结合，有利于中间相的发展。

（2）改善炭化室结焦过程。预热煤装炉，由于煤粒流动性的改善可提高装炉煤堆密度，并减小炭化室高向装炉煤堆密度的差异（可由湿煤装炉的 20% 降至 2% 左右）。但预热温度不易过高，否则由于装炉过程大量粗煤气析出及部分煤粒变黏，堆密度反而降低。预热煤装炉还使炭化室宽向炉料的温度梯度减小，有利于降低半焦–焦炭层内相邻层间的收缩应力，从而减小裂纹。

B　技术效果

（1）改善焦炭质量。由于快速加热扩大了煤料软化时的塑性温度区间，改善了胶质体的流动性和热稳定性，从而提高煤料的黏结性。预热煤炼焦所得焦炭与同一煤料的湿煤炼焦相比，其密度大，气孔小，常温强度与热态性能改善，平均粒径为 40~80mm 粒级的百分率增加。此外，由于煤中部分不稳定有机硫在预热时发生热分解，使焦炭含硫降低。

（2）增加气煤用量。预热煤炼焦（预热温度 180℃）的试验结果表明，预热煤炼焦可增加气煤用量约 20%，且气煤配量愈多，预热煤炼焦对提高焦炭质量的效果愈明显。

（3）提高焦炉生产能力。预热煤炼焦由于缩短结焦时间，在相同燃烧室温度下，湿煤炼焦的结焦时间为 18.5h，预热到 250℃ 的煤结焦时间可缩至 12.5h，预热至 200℃ 可缩至 15h，即焦炉生产能力可提高 20%~30%，若考虑预热煤装炉使堆密度提高 10%~12%，则焦炉生产能力一般可提高 35%~40%。

（4）降低炼焦耗热量。由于煤在炉外预热，所用的干燥和预热设备的热效率高于焦炉，并由炼焦热平衡表明，由于结焦时间缩短，使预热煤炼焦单位焦炭产量的焦炉表面和废气的热损失小，焦炭和粗煤气带走的显热也减少，使预热煤炼焦比传统的湿煤炼焦耗热量降低约4%左右。

预热煤炼焦工艺具有显著的社会和经济效益，但技术要求高难度大，今后的发展有如下趋势。改进预热煤装炉方法，提高可靠性，防止烟尘外逸，并减少装炉过程粗煤气带出炭化室的煤粉；改善炭化室结构和材质，以适应预热煤炼焦时产生的较大膨胀压力和较高结焦速度；实施煤预热与干熄焦的结合，以利用干熄焦获得的废热用作煤预热的热源，以进一步节约能源和提高效益。

2.2.3 配添加物炼焦技术

为改善煤的结焦性，在装炉煤中配入适量的黏结剂、抗裂剂和反应性抑制剂等非煤添加物再炼焦，称为配添加物炼焦，是炼焦煤一种有针对性的特殊技术措施。配煤炼焦添加剂可分为两类，一类是黏结性添加剂，主要有煤沥青、煤焦油及石油残渣等；另一类是惰性添加剂，包括焦粉、无烟煤及无机惰性物质等。煤岩学上认为，当煤中活性组分与惰性组分含量达到最优比时，焦炭质量最好。因此添加活性组分（黏结剂）或添加惰性组分（瘦化剂）炼焦，可以改善煤的黏结和结焦性能，提升焦炭质量，并且能扩大炼焦煤源，使配煤方案更加灵活，进而解决高炉炼铁对优质煤炭资源过分依赖的问题。

2.2.3.1 添加黏结剂炼焦

A 黏结剂炼焦原理

煤和黏结剂在结焦过程的塑性阶段内一般发生3种相互作用。

（1）增加塑性体内液相量，提高塑性体的流动性。在结焦过程的塑性阶段里，熔融状态的黏结剂起着双重作用，既能湿润煤颗粒表面，使煤颗粒加速软化熔融，又与煤热解生成的液相产物互溶。加入黏结剂的入炉煤，其黏结指数、煤的流动度和胶质层厚度等各项指标都有所改善，膨胀压力也增大，从而改善焦炭的气孔结构，提高机械强度。

（2）改善塑性体内的中间相热转化过程。黏结剂含有较多的β组分，且随着温度升高和时间的推移，黏结剂内的γ组分逐渐转化成β组分，使塑性体内中间相前驱体的数量不断增加。另一方面黏结剂的加入有利于中间相小球体的熔合。两方面的综合作用使中间相转化过程改善，焦炭各向异性组织的含量增加。因此，当焦炭在高温下与CO_2发生化学反应时，因各向异性碳的反应活化能高于各向同性碳的反应活化能，致使焦炭的反应速率和反应性降低。

（3）煤与黏结剂的共炭化。在结焦过程的塑性阶段，强活性黏结剂具有供氢作用，向煤热解产物提供游离氢，煤热解产物与其进一步热解生成的大分子集团被氢化而稳定下来，减缓了热缩聚生成固体相产物的进程。这样，塑性体内的液相不仅数量增加，而且相对分子质量分布均匀化，停留时间延长，塑性体内中间相前驱体数量增加，定向条件改善，温度区间加宽。因此，配入强活性黏结剂的煤料所炼焦炭，其各向异性组织含量高于原料煤和黏结剂单独生成焦炭的各向异性组织含量之和。

B　黏结剂对焦炭性能的影响

黏结剂大致可分为石油系和煤系两大类。石油系黏结剂包括石油沥青和原油蒸馏后的渣油等，主要以石油烯为主，饱和组分和树脂组分具有较多较长的侧链，热解时很不稳定，不能缩合成牢固的骨架，用作炼焦黏结剂时效果很差，必须进行改质处理。因而成本较高，且大多数石油渣油含硫较高，对焦炭质量不利。煤系黏结剂包括煤沥青、煤焦油和焦油渣等，所含芳香族物质较多，且与煤的基本结构单位类似，亲和性能好，对炼焦用煤的改质效果较好。

配煤炼焦时配入适量的黏结剂可以降低焦炭灰分，改善原煤的结焦性能及焦炭的显微结构，从而提高焦炭质量。配入过多黏结剂会导致胶质体过剩、焦炭强度不足，配入适量的黏结剂同样能改善焦炭的黏结性和冷热态强度。黏结剂炼焦不仅能增加非黏结煤用量，降低生产成本，还可以改善焦炭的冷热态强度。但黏结剂在炼焦过程中析出挥发物量多、速度快，配入量多时，炭化室内积炭增多，膨胀压力过大，可能产生推焦困难等不良后果，故其配入量一般不超过3%~5%。

2.2.3.2　添加瘦化剂炼焦

A　添加瘦化剂炼焦原理

煤的成焦机理有多种理论，如塑性成焦机理、表面结合成焦机理和中间相成焦机理等，惰性物能改善焦炭结构，提高焦炭强度有以下3点原因：

（1）在成焦过程的塑性阶段，惰性物本身无黏结性，不能产生胶质体，但可吸附多余的液相来调节膨胀度和流动度达到合适的范围，提高煤的热稳定性。同时由于惰性物具有较小的收缩性和良好的导热性，添加到配合煤中可降低收缩系数和相邻半焦层间的收缩差，从而降低焦炭裂纹的产生率，增加焦炭块度。

（2）在配煤炼焦中活性组分起黏结作用，而惰性组分决定焦炭强度。配合煤活惰比偏高时，活性组分充足，胶质体固化时收缩梯度增大，从而增加焦炭裂纹，降低焦炭强度，因此可通过添加惰性物调整活惰比来增加焦炭强度。

（3）煤粒热解后生成液相，它们的相互渗透只限于煤粒表面。惰性物在液相中的黏结属于界面结合型，固化后保留粒子的轮廓，决定最后形成的焦炭质量。若将惰性物细粉碎可在一定程度上消除由于煤料不均匀性所引起的不均衡收缩，并且小粒度惰性物形成的焦炭气孔壁骨架有利于热量的传递，进而提高焦炭质量。但若其粉碎过细会导致比表面积过大，活性组分被过多吸附使配合煤的黏结性变差，影响焦炭质量。

B 瘦化剂对焦炭性能的影响

常用的配煤瘦化剂有焦粉、半焦粉和无烟煤等。各种瘦化剂的共性是挥发分低，添加适量的瘦化剂，可降低配合煤的半焦收缩系数，改善半焦气孔结构，提高半焦强度，还能减少相邻半焦层间的收缩差，减少焦炭裂纹，提高焦炭强度。

半焦粉的挥发分约为10%，具有一定的活性且与煤的结合性较好，生产出的焦炭气孔壁厚度较大，强度较高，是一种常用的瘦化剂。无烟煤的黏结性和结焦性都比较差，不能作为主要的配煤炼焦原料，但可作为瘦化剂少量配入，以改善焦炭的强度和块度，其配入量一般不超过10%。

2.2.4 装炉煤的密实技术

2.2.4.1 捣固炼焦技术

将配合煤在入炉前用捣固机捣实成体积略小于炭化室的煤饼后，推入炭化室内炼焦称捣固炼焦，煤饼捣实后堆密度可由原来散装煤的 0.7t/m³ 提高到 0.95～1.15t/m³，通过这种方式可扩大气煤用量，并保持焦炭强度符合要求。

A 原理

结焦过程可增大煤料堆密度，也即减少煤粒间的空隙，减少结焦过程中为填充空隙所需的胶质体液相产物的数量，即可用较少的胶质体液相产物把分散的煤粒（变形粒子）结合在一起。同时，结焦过程所产生的气相产物由于煤粒间空隙减少而不易析出，增大了胶质体的膨胀压力，使变形煤粒受压挤紧，进一步加强了煤粒间的结合。还有利于热解产生的游离基与不饱和化合物相互缩合，产生分子量适当、化学稳定的不挥发液相产物，这些都有利于改善煤料的黏结性。但另一方面，在成层结焦条件下，提高煤料堆密度使相邻层间结合牢固，减少了收缩应力的松弛作用，使相邻层间的剪切应力增大，容易使焦炭产生横裂纹。因此，提高装炉煤堆密度有利于改善黏结性而不利于收缩的松弛，当黏结性差的煤采用捣固技术时可改善焦炭质量，而强黏结煤采用捣固炼焦反而不利于焦炭质量。

影响堆密度的因素，这里仅说明水分和细度对捣固煤堆密度的影响。德国萨尔矿业公司曾在一定捣固功（525J/kg）条件下进行了有关试验，数据表明，在相同细度下，适当提高配煤水分可提高堆密度，但水分过高会使煤饼强度明显降低。在相同水分下，提高装炉煤细度，使堆密度和抗压强度均降低，但抗剪强度提高，由于煤饼的稳定性主要取决于抗剪强度，故捣固煤料应有较高的细度。降低细度时，为达到煤饼的稳定需消耗较高的捣固功。一般捣固煤水分应控制在10%～11%，细度应在90%左右。

B　捣固生产工艺

为使煤料捣固成型,煤料水分应保持在 10% ~ 11% 范围内,水分偏低时,需在制备过程中适当喷水。煤料细度应在 90% 左右,为提高煤料细度,需在煤料配合过程进行两次粉碎,对挥发分较高的捣固煤料,需配入一定量的瘦化剂。

煤料的捣固:是在焦炉机侧的装煤推焦机上进行的,现行国内的捣固装煤推焦机上设有捣固煤箱、送煤装置和推煤装置,捣固机单独设在贮煤塔下,煤料捣固时,装煤推焦机需开至贮煤塔下边装煤边捣固,捣固结束后,装煤推焦机再开至焦炉机侧,往炭化室进行送煤和下一炉的推焦。

C　捣固炼焦技术优势

捣固炼焦技术优势主要体现在以下几个方面:

(1) 提高捣固效率。5.5m 捣固焦炉机械在自动化水平及环保等方面均可达到国内 6m 顶装焦炉的装备水平,各单元结构设计充分考虑捣固炼焦的工艺特点和操作要求。5.5m 捣固焦炉采用的捣固机有 24 锤固定捣固机、30 锤固定捣固机和 21 锤微移动捣固机三类。捣固设备的移动方式以及在提锤及安全钩控制上采用了液压传动方式。捣固机实现了单锤可调、单锤工作自动监控、单锤故障联锁等功能,锤杆采用了加强型设计方式,有效地提高了抗弯性能及锤的使用寿命。捣固装煤车及推焦车行走机构采用变频调速装置控制,运行速度可调,运行平稳,有利于准确对位,并带有声光报警及激光碰撞装置。装煤机构及推焦机构采用涡流调速系统,装煤机构还设有拖煤板强拉出功能,可在装煤电动机故障时,将拖煤板从焦炉中强行拉出,避免损坏拖煤板,并设有显示装煤底板行程的仪表,通过旋转编码器、行程控制器及二次仪表,准确显示装煤底板行程。推焦机构设有显示推焦杆行程的仪表,通过旋转编码器、行程控制器及二次仪表,准确显示推焦杆行程。对装煤烟尘治理采用多种方案,其中采用导烟车在装煤时,将导套对准炭化室顶部导烟孔,打开炉盖,连通装煤炭化室与邻近的高温炭化室,将装煤时产生的含煤尘烟气及荒煤气引至邻近的高温炭化室顶部空间,焚烧净化,投资小,除尘效果好。

6.25m 捣固焦炉的焦炉机械最显著的特点是采用了德国捣固装煤推焦机(SCP 机),将捣固、装煤和推焦操作一体化,提高了操作效率。SCP 机的特点主要体现在:

1) SCP 机大幅增加了 1 套车辆所服务的炉孔数,使最重要的焦炉机械能够实现 1 开 1 备。

2) 推焦杆采用变频驱动方式,减小了推焦过程中的振动,有利于平稳推焦。

3) 取门机增加了位置检测和记忆功能,确保精确开闭炉门操作,且开闭炉门的位置重复性好,刀边不易损坏,炉门密封性好。

4) 装煤装置设置了由液压缸驱动的支架,缩短了装煤时煤槽底板的悬臂长度。

5）单台 SCP 机质量高达 1200t，在建设两座焦炉时，单位产品焦炉机械质量比炭化室 500mm 的 5.5m 捣固焦炉增加 19.5%，比炭化室 554mm 的 5.5m 捣固焦炉增加 18%。

6）SCP 机投资大，运行与维修费用高。

7）SCP 机对操作人员的技术要求高。

6m 捣固焦炉机械集成了 6m 顶装、5.5m 捣固和 6.25m 捣固焦炉机械的优点，并且根据 6m 捣固焦炉的特点开发应用了专有技术。6m 捣固机采用了大位移细长捣杆结构、新型高稳定性的大型捣固装煤车及其侧板搓动分离式脱模结构，成功解决焦炉增高后、捣固机锤子下落时不稳定的难题，使捣固焦炉固定站的高度大幅提升。捣固机捣固锤的数量为 30 个，由 5 组 6 锤捣固机组成，5 组捣固机之间用水平销轴连接，各自位置有互换性。捣固机的捣固效率和捣实密度都得到一定程度的提高。捣固装煤车为了适应 6m 捣固焦炉煤饼的高度要求，增加了侧移装置与侧板的连接支点，保证对侧板的有效支撑。焦炉的装煤与推焦消烟除尘，采用武汉科技大学设计研究院与大连神和机械有限公司联合开发的专有技术（水封式导烟装置、聚焰式烟尘焚烧炉和分室引射脉冲喷吹袋式除尘器等），除尘效果好，能耗低。

（2）缩短捣固、装煤作业时间。为解决捣煤和装煤、推焦作业不能重叠作业的缺点，实施了捣固、推焦一体化的大车，在该大车同时设置了简易贮煤斗和捣固机，煤料由架空皮带通过可移动皮带直接送到捣固、推焦大车的简易煤斗中，从而可同时进行煤的捣固和推焦作业，缩短了单炉操作的循环作业时间，使之达到散装煤的作业水平。但整个车体机构复杂、庞大、车重，故国内仍倾向于采用捣固和推焦、装煤分体设置的方案。

（3）改善环境污染。捣固煤饼装炉时，炉门是敞开的，故荒煤气大量外逸，严重污染环境。近年来国内外已成功地在炉顶采用装炉煤气净化车解决装煤时荒煤气的外逸问题。该车通过活动套筒与炭化室原装煤孔连接，荒煤气经燃烧器内燃烧后，靠设于水洗冷却和净化装置后的风机抽吸，造成炭化室负压而抑制荒煤气的逸散。

（4）预热煤捣固炼焦。由于煤预热也可以扩大气煤用量，加黏结剂有利于结焦过程中间相的成长，改善焦炭的光学组织，德国在传统捣固炼焦法基础上，发展了预热捣固炼焦技术。1976 年萨尔公司首次在 300kg 试验焦炉上进行了试验，煤料在添加一种石油系黏结剂并混匀保持 170℃ 的条件下捣固炼焦，取得了良好的效果。以后进行了工业试验，使用气流载运式预热器将煤预热到 170℃，热煤在双轴混料机内与 150℃ 的液态黏结剂混合后捣固炼焦，堆密度比湿煤捣固提高 7%~8%，生产能力提高 35%。预热煤捣固炼焦所得焦炭在结构性质、反应性等方面也优于湿煤捣固炼焦。

2.2.4.2　配型煤炼焦技术

在散装煤料中配入一部分冷压型煤后混装炼焦称配型煤炼焦。该法始于 20 世纪 50 年代，当时联邦德国采用在煤塔下部将装炉煤无黏结剂冷压成型后，直接放入装煤车装炉炼焦，由于型煤强度低，装入炉内已大量破碎，效果不大。至 60 年代初，日本采用加黏结剂冷压成型的型煤进行配型煤烧焦，取得了提高焦炭质量，扩大弱黏煤用量的明显效果。配型煤炼焦可以在炼焦配煤不变的前提下提高焦炭性能，也可以在保持焦炭性能不变的情况下，多配入弱黏煤和不黏煤，从而达到降低强黏煤的用量以缓解优质炼焦煤日趋紧张的局势。

A　技术机理

配型煤炼焦生产工艺如图 2-10 所示。

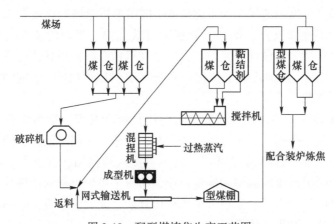

图 2-10　配型煤炼焦生产工艺图

a　型煤块的压制[3]

压制型煤可以采用添加或不添加黏结剂两种方法。苏联在哈尔可夫炼焦厂曾做过不加黏结剂的配型煤炼焦试验，其试验所得焦炭性能得到了一定改善，但这种无黏结剂型煤的冷态强度不高，所以现行的配型煤炼焦都采用添加黏结剂的工艺。添加黏结剂的配型煤工艺有两种，一种是压制型煤的煤料与散状入炉煤料相同，即对炼焦配煤的一部分进行压块（新日铁工艺）；另一种是对炼焦配煤中的一部分弱黏煤进行压块，即压制型煤的煤料黏结性低于粉状入炉煤料（住友金属工艺）。

在实验室研究阶段，压制的型煤为柱状，其尺寸也较小，一般为直径 30mm 左右，高度 25~30mm，其成型压力多在 15~18MPa 之间。而在半工业试验中，为避免装炉偏析现象的出现，型煤的形状多为不规则的扁状，其尺寸会比较大，例如 65mm × 55mm × 30mm。

    b 黏结剂的来源与选择

压制型煤所用的黏结剂要求来源丰富、供应充足,因而对其调研一般多集中在焦化企业和石油化工系统。石油化工系统可资利用的有:石油软沥青、裂解残渣、重油等。在焦化企业,除了煤焦油、沥青、焦油渣可作黏结剂外,其化学车间的各种废料亦可探索利用,这样既可减少污染,亦可变废为宝。黏结剂的配入量随其黏结能力的不同而不同,例如焦油黏结剂的最佳配入量 10%~12%,而沥青则为 8%~10%。

    c 配型煤炼焦生产原理

配型煤炼焦之所以能够在保证焦炭性能的前提下,多配弱黏煤或不黏煤,减少优质炼焦煤的配入量,其影响因素是多方面的。国内外企业和研究机构曾做了大量的研究和分析,普遍认为配型煤炼焦改善入炉煤料性能的机理体现在以下几个方面:

(1)入炉煤料堆密度提高。常规情况下入炉煤料的堆密度为 $0.7t/m^3$ 左右,而型煤的堆密度 $1.1~1.2t/m^3$ 左右。型煤配入后,在炉体容量不变的情况下,整体上煤料的堆密度得到了提高,煤料的黏结组分和非黏结组分会更加紧密地结合,从而改善了煤的结焦性能。

(2)型煤内部组分的致密性使其导热性得到提高。导热性提高的型煤会更快升温,其到达软化点和熔融的时间也会更短,从而更加有效地进行热传递,使周围的粉煤更好塑化结焦。

(3)型煤的高致密性使其在结焦时膨胀挤压周围的粉煤,使粉煤组分更加致密的接触,减小结焦收缩,从而生成较大块度焦炭,并减少裂纹。

(4)型煤内部添加的黏结剂的改质作用。添加的黏结剂与煤组分结合生成更多的熔融成分,增加胶质层厚度,并改善焦炭的显微结构。

    B 配型煤炼焦对焦炭质量的影响

配型煤炼焦就是在炼焦煤中配入 30%~40% 的型煤,在常规焦炉内进行炼焦。采用该技术,在配煤比不变的条件下,可以改善焦炭的耐磨强度及焦炭的粒度均匀系数,同时,焦炭的反应性及反应后强度也能得到改善。所以,与常规炼焦工艺相比,在得到相同质量焦炭的情况下,配型煤炼焦能够更多地使用弱黏结性煤,节约主焦煤资源,促进炼焦可持续发展。

(1)煤料配入型煤后,堆密度比常规炼焦煤的大得多,因此型煤中煤粒之间接触面积增大,接触更为紧密,降低了结焦过程中煤粒间填充的胶质体数量,使得黏结组分和惰性组分能够更好地黏结在一起,实现多用弱黏结性煤。

(2)煤焦在结焦过程中,配入的型煤挥发出大量气体,同时自身体积扩张,对周围粉状煤料产生较大挤压,改善了粉状煤料的黏结性。

（3）型煤中配入的黏结剂不仅提高了型煤的冷强度，同时也使得入炉煤的黏结性以及焦炭强度指标得到了改善。

C　配型煤炼焦影响因素

a　配煤黏结剂

鞍山热能研究院曾在 200kg 焦炉上做过不同挥发分的单种煤配型煤炼焦效果的试验。数据表明，黏结性好的煤配型煤炼焦效果较差，罗加指数愈低的煤配型煤效果愈好，肥煤当挥发分超过 28% 时，配型煤炼焦呈负效果。总体而言，挥发分越低、黏结性越差的煤，配型煤炼焦效果越好。将石油减压渣油经蒸汽减压裂解处理得到的石油改质黏结剂，也称尤里卡沥青，可以固体状粉碎后与非黏结煤、配合煤一起在喷入定量焦油条件下混合、混捏后成型，日本住友工艺即采用此黏结剂。由于 ASP 软化点高、生产装置的能耗大，故成本高，其推广有一定局限。苏联在发展配型煤炼焦方面，除个别厂采用软沥青作黏结剂外，主要采用石油类渣油和焦化厂的焦油类废渣，经试验认为石油类渣油以经过热处理的热裂化渣油最佳，焦化厂废渣中以酸焦油和焦油渣各半配成的黏结剂效果最好。马格尼托哥尔斯克钢铁公司曾以焦化厂的焦油类废渣以 2%~6% 的比例与粉煤制成型煤，然后进行配型煤炼焦的半工业试验，数据表明，以焦化厂焦油类废渣作黏结剂进行配型煤炼焦，所得焦炭的 40~60mm 级的数量增加，还取得提高焦油产量和质量的效果。

b　煤粒与黏结剂充分混捏

这是保证最有效的利用黏结剂和提高成型煤强度的重要环节，混捏机是实现充分混捏的关键设备，立式混捏机是一个带过热蒸汽喷入孔眼的圆筒，中心立轴是一个空心轴，其内可以通入过热蒸汽，并经轴上桨叶上的蒸汽喷口喷到混捏料中。由于蒸汽喷口设在桨叶的不同方向上，因此经桨叶和圆筒壁喷入的蒸气既能保持混捏料必要的温度和水分，又能起搅拌作用，中心主轴以 10~15r/min 的转速带动桨叶搅拌混捏料，物料在混捏机内的停留时间约 5~6min，内外蒸汽比一般为 3:1。

c　成型煤压球机

一般使用对辊式压球机，这种成型机生产能力大，结构紧凑，压制的型球均匀，但受压时间短，成型压力为 20~50MPa，这对有黏结剂的冷压型煤是足够的。为在较短受压时间内压实煤料，设有均匀布料和给料调节的装置。为保证压出完整的型球，两个压辊还应设有相应的轴向和径向间隙的调节机构。对辊压球机的球碗形状和光滑度是影响能否顺利脱模的重要因素，一般采用厚度不大的枕型球碗。对辊的辊皮磨损较快，因此辊皮表面应采用耐磨性好的材料制作，如锰钢、镍铬合金钢或含铬铸铁等。

d 成型煤的冷却、输送和防破碎

这是保证成型煤整球率的又一重要环节，由于成型是在 80~100℃进行，此时黏结剂均布在煤粒表面上，但仍属液膜状，故型煤强度不大。采用带空气通风冷却的网式运输机，可以在输送型煤的同时冷却型煤提高强度，但要缩短运输距离，减少转运和进仓时的落差，并采取相应的防破碎装置，也有的将型煤卸至粉煤运输带上，与粉煤一起转运，减少撞击，提高整球率。

D 配型煤炼焦的应用

配型煤炼焦最早的工业生产装置起始于联邦德国，早在 20 世纪 50 年代末联邦德国 Still 公司在 40 孔 6m 焦炉上就应用了此种技术。50 年代苏联亦研究过这项技术，但在 1960~1970 年期间苏联国内炼焦煤源较好，因而停止了这项技术研究。1971 年，日本研究建成了第一套部分煤料压块装置，而且此项技术生产所得焦炭量占日本总焦炭产量的 44%左右。80 年代，苏联、韩国、中国等相继从日本引进配型煤炼焦技术和设备，以期以此提高焦炭质量，更好的服务大型高炉。配型煤炼焦试验在很多焦化厂都进行过，试验结果显示焦炭抗碎强度可提高 1%~3%，焦炭的耐磨强度能够改善 2%~4%，但根据各厂煤质情况不同及配型煤比不同，焦炭的机械强度改善情况也不同，宝钢近年来的型煤配比为 15%左右，其他焦化厂的配型煤炼焦试验的型煤配比都在 30%左右，且经验显示型煤配比达到 40%后，对炭化室炉墙有损害。

配型煤炼焦虽然提高了装炉煤料的密度，但提高型煤配比的同时，所需结焦时间也随之延长。所以，配型煤炼焦在焦炭增产方面的作用不大。另外，型煤中的黏结剂使得炼焦过程产生的煤气和焦油产率比常规炼焦有不同程度的影响。配型煤炼焦工艺在工业生产上的效果（以配入比 30%为例）主要表现在三个方面：

（1）与常规炼焦相比，对于相同的配煤比，配型煤炼焦的焦炭 M_{40} 提高 2%~3%，M_{10} 改善 1%~2%，CRI 降低 3%~6%，CSR 提高 3%~8%。

（2）在焦炭质量不变的前提下，配型煤炼焦可多配用 10%~15%的弱黏结性煤。

（3）焦炭筛分组成也有所改善。鞍钢的实验结果表明，配煤炼焦试验中，焦炭大于 80mm 级产率有所降低，25~80mm 级产率显著增加（一般可增加 5%~10%），小于 25mm 级产率变化不大，因而提高了焦炭的粒度均匀系数。

2.2.5 配煤专家系统

随着优质炼焦煤资源的日益枯竭和高炉大型化对焦炭质量的要求越来越高，传统的配煤技术仍然停留在定性的、经验的配煤阶段，很难在配煤操作上实现精细和动态管理，配煤质量也难以实现长周期、高精度的要求，配煤专家系统具有自动化、可视化、精细化等优点则很好地解决了上述问题。

2.2.5.1　功能结构

为了做到单煤种全流程动态跟踪与控制，并根据储煤状态计算和优化配煤方案，实现降低成本、稳定配合煤质量的目标，对配煤专家系统的功能性与全面性要求越来越高，其功能结构也更加细化。

配煤专家系统由炼焦煤数据库、单种煤性质、焦炭质量预测、配煤比预测以及配煤成本等部分组成。整个系统分为服务器端与客户端，服务器端不被用户直接操作与控制，是配煤专家系统设计的核心所在。客户端直接被用户操作以进行煤场管理和执行与配煤相关的操作。客户端程序由最终用户控制并运行于 Windows 系统上，其功能主要是煤场管理、质量管理、焦炉管理、报表输出、用户管理等功能。

使用 Access 桌面型数据库，应用了数据视图、多表联合视图、存储过程等数据库对象。采用 Windows 服务器，服务器端程序主要有质量预测模型、煤仓库存计算、质量计算等功能。

2.2.5.2　流程

配煤专家系统通过焦化厂的内部网络将现场的数据采集程序、服务系统和用户端进行相互连通，通过数据信息的流通，实现对备煤生产过程进行监控和管理。系统的数据流程见图 2-11。

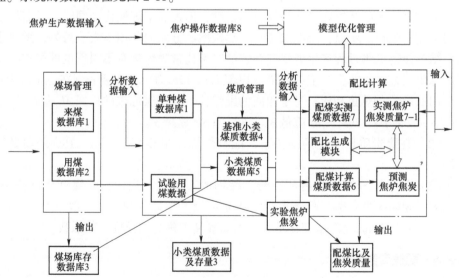

图 2-11　配煤专家系统流程图

配煤专家系统通过提供友好的人机界面采集所需操作现场的生产数据，并通过内部网络将数据传输并保存到数据库中，单种煤的煤质数据由化验室输入并保存于煤质数据库中，通过模型计算出煤仓的库存和小类煤质数据，提供给各用户查询和生成数据报表。质量预测模型是配煤专家的一个重要部分，它根据当前小类煤的数据预测配合煤与对应的焦炭质量指标，为用户提供各种配煤方案的对比，其程序流程见图 2-12。煤场管理模块将采集到的数据利用公式计算出煤仓库存量，用输入的分析数据以及试验用煤数据与煤仓的库存量计算小类煤质，按给定的焦炭质量指标，计算、筛选出最优配煤比或根据小类煤质数据预测配合煤及焦炭质量指标。

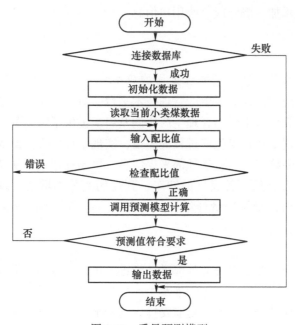

图 2-12 质量预测模型

2.2.5.3 功能

配煤专家系统有 6 个功能模块：煤场管理、质量管理、质量预测、焦炉管理、报表输出、用户信息。

（1）煤场管理模块：管理煤仓的进煤、取煤情况。用户可以通过此模块管理来煤数据，如查看来煤进仓仓位，查询待卸车信息，输入及查询取煤数据，并可将数据以 Excel 形式导出，方便用户编辑或转存，并以图形或曲线形式查看各质量指标变化情况、煤仓库存及来煤配煤情况。

（2）质量管理模块：输入、查询配煤数据及焦炭数据。煤仓库存煤的质量，小类煤的质量，配煤的生产数据，焦炭的生产数据，小类煤质标准都可以在此模块进行查询与输入。

（3）质量预测模块：配煤专家系统的重要部分，包括了配煤及焦炭质量的预测，配比的生成以及历史配比及对应生产数据的查询。用户可以对比一个配比在过去使用时的生产数据和预测数据，为用户提供数据参考。

（4）焦炉管理模块：用户可以通过焦炉管理模块输入及查询焦炉生产的相关数据，为用户提供焦炭数据与焦炉操作的一些对比性。

（5）报表输出模块：将数据计算整理为用户所需的格式并以用户界面上所显示的数据格式导出到 Excel 文件中，方便用户编辑或转存。

（6）用户信息模块：实现管理员对各用户的权限进行设置，分配给不同用户各自的权限，添加、删除或修改用户信息。

2.2.5.4　应用

A　配煤专家系统在生产管理方面的应用[4]

配煤专家的应用，建立了生产管理技术平台，对全生产过程建立计算机物流管理，信息化的管理，不但为合理生产协调及组织提供了大量的信息支持，也为各级管理部门实现了对备煤生产过程的监控，实现平稳生产。配煤专家系统与物资公司来煤统计系统接口，接受外部来煤信息。煤场管理包括从接受外部来煤预告信息到车皮进入焦化厂各煤坑的卸车、到煤场的分类堆放，以及煤场取煤情况，每堆煤的进出数量及质量详细记录，再到分煤场分类统计库存煤数量及质量等。

a　来煤卸车

待卸路车：配煤专家系统对外部进站到进入焦化厂各卸车煤坑的待卸车的记录显示，让备煤车间各卸车点煤管理及生产指挥人员提供了能及时查询到外部待卸存车的数量及煤种分布情况，提前安排煤场的平煤及归整，同时对有些煤种进行合理安排进哪个卸车点提供信息支持，为协调生产及来煤卸车的及时组织打下了基础。

进厂路车：厂调度在来车进坑后至卸车前根据煤管提供的车号，完成对来煤煤种的确认和分类、来煤的编号、检验项目和取样的安排等相关数据的录入，各煤坑的煤管人员在各自岗位电脑上根据厂调度的指令进行开单取样，并按来煤的分类安排煤场的堆放货位，并记录堆放的煤堆代号。为系统对处理来煤的堆放位置及数量统计及质量查询跟踪等服务，减少了以往调度与煤管岗位之间电话核对容易出现的差错，并实现数据的共享。同时各级管理人员可以从系统中查看来煤种类在各煤坑和煤场的分布情况，有利于用煤的安排。

煤管对进厂路车卸车过程中的以下数据进行跟踪记录：每组来煤车皮的进坑时间，以及这组卸车从开始到结束，直至运输部门拉走空车的时间；来煤的外观质量验收记录，以及针对来煤板结硬煤多的特点，对来煤的水、硬煤进行记录。在卸车过程中，各级管理人员及班组生产组织人员通过系统可对卸车的煤种、数量及卸车过程进行监控，进行效率的跟踪，监督卸车的速度。对卸车的记录跟踪，为下步与公司总调物流中心卸车协调指挥系统实现对接，为精煤卸车提供数据信息支持，加快卸车效率。

厂车：内部煤场转运煤所用的车皮卸车的厂车记录，让这部分来煤进入库存自动统计，以及实现对厂车煤质量情况的跟踪，指导配煤，填补以往厂车煤数量无法自动进入库存统计和质量数据无法追溯的情况，加强了对配用厂车煤的管理。

b 堆煤数据

在堆煤数据功能里，实现了在某一时间段或某一班次，对来煤堆放情况的记录。实现查询某一煤堆或某一类煤的来煤堆放数量，或某一编号、某一家供应商、某一发站的来煤数量及堆放位置，或是否进行直通等，可实现大量数据的组合及查询。

c 取煤数据

在取煤数据功能里，进行各系统取煤数据的输入、查询及统计取煤数据。在取煤记录中，各级管理人员从系统中查询和监控到哪台堆取料机取煤，取煤的煤堆代号、煤种类别、进入哪个配煤系统的哪个配煤仓，各煤堆取煤所用时间及数量，使对取煤过程进行监控，并能进行效率的跟踪，监督取用煤要求是否符合厂及车间下达的用煤要求。

d 统计数据

模拟图：各级管理人员及当班生产组织人员从系统中查询看到每个煤场平面模拟图，模拟图显示每一煤场堆煤的煤种说明及数量，且实现对每堆煤的库存数量进行人工修正。管理人员及当班生产指挥人员掌控每种煤的分类及库存情况，及煤场堆煤变化情况。

数据统计：数据统计功能中，实现在某一时间段或某一个班次在某一煤坑，某一个煤场的分类来煤数量的自动统计、分班分类卸车的自动统计、分班分类取煤数量的自动统计，以及它们的总量自动统计。为备煤生产过程中监控当班生产组织协调及产量的统计纳入分配提供数据支持。

B 质量管理应用

焦炭质量主要决定于单种煤来煤质量及其配入比例，做好来煤的质量指标的跟踪，做好不同煤种的合理搭配配用，是稳定焦炭质量的基础。加强来煤质量的跟踪及用煤方面的研究和管理，指导煤场的堆、用煤，对一些煤种的分类堆放进行动态的管理，避免因某一种来煤质量变化而导致焦炭质量的波动，有着非常重要的意义。配煤专家系统在处理来煤质量指标信息方面发挥了很大的作用。

（1）来煤质量。在配煤专家系统中实现了单种煤来煤质量的查询功能，在某一时间段里按煤种小类、发货单位、发站、堆放煤堆代号及每批次编号等进行有关单项种煤质量的查询及自动统计功能，解决了以往人工统计小类煤质量的繁琐。并根据来煤质量指标、小焦炉单种炼焦试验及采购成本，自动统计出某时间内所有单种煤的性价比，指导物资供应部门的来煤采购。

（2）库存煤质量及小类煤质量标准。实现对煤场库存煤的质量自动统计，可查询到每个煤场每堆煤、每小类煤的质量及数量情况，为优化用煤提供依据，为后面实现焦炭质量预测提供了数据来源。

（3）来煤质量评价。实现对来煤按分类进行质量及波动情况的自动统计，可查询到按发货公司、按发站、按分类的来煤质量情况及其波动情况，为来煤质量评价、来煤质量控制、配合煤及焦炭的质量控制提供信息基础。通过自动统计，还可以对来煤数量和质量进行月度评价和年度评价。

（4）小类煤质量标准。制定每类煤的分类质量指标标准，对一些来煤质量指标波动情况进行预警及提示，能及时发现来煤质量波动情况。

（5）配合煤及焦炭质量。实现配合煤质量与化验室及厂统计室统计数据的对接，实现了配合煤和焦炭各项质量指标的自动统计，可以建立完整的焦炭质量及配合煤数据链，对生产焦炭和配合煤之间的关系，及其数据的整理，对预测模型的优化，对焦炭质量的预测，优化配煤等都起到较大的作用。

C　焦炭质量预测

焦炭质量预测是配煤专家系统最关键最核心的部分。根据给定的焦炭质量指标和煤场现有的各大类煤种质量参数，根据一定的成本和库存等约束条件，通过预测模型可以获得最优的配煤比和配煤方案，或根据现有库存煤的煤质情况及配煤比，预测配合煤及焦炭质量，指导炼焦配煤生产，提高焦炭质量和降低企业生产成本。

（1）优化配煤。实现给定一个配比，系统能根据煤场库存煤的质量情况，预测出配合煤及焦炭质量数据或成本，或给出焦炭质量目标要求及成本数据，系统会根据现有煤场库存质量数据，在一定的范围内，确定某一个合理的配比，并根据选定的配比，再给出历史上使用相同的配比的生产历史数据，并能通过时间给出当时的煤场库存煤质量数据，让管理人员找到相同及不同用煤条件下的焦炭质量数据，最终确定准备使用的配比。

（2）模型优化。根据来煤质量变化情况及焦炉生产实际情况，不断总结配煤和炼焦生产的经验知识，不断对焦炭预测模型进行修正及优化，形成新的预测模型，以提高计算配煤比和预测焦炭质量的精确度。

（3）试验室模拟。试验室模拟通过对 40kg 炼焦试验炉的单种煤炼焦试验数据、配比方案及相关试验数据进行收集、分析处理，建立小焦炉试验数据库，找出小焦炉试验数据与大焦炉焦炭预测数据、生产实际数据的关系，对评价炼焦用煤、新煤种煤、炼焦方案煤的质量，并运用试验数据提高焦炭预测的准确度，为生产指导提供更可靠的保证。

（4）配比管理。对经预测出来较优的配比进行集中汇总管理，结合当前煤场的储煤情况和用煤计划，制订下一步的配煤作业计划以及日常的月度或年度配煤方案，指导物资采购部门对下一步来煤的采购。

D　信息化技术应用

配煤专家系统从来煤信息的预告到配煤炼焦生产，实现了全过程的数据流管理，对来煤信息、卸车数据、来煤质量数据、煤场储煤质量及数量数据、配合煤质量数据、焦炭质量数据、小焦炉试验数据、历史使用配比及计划使用配比等集中到系统进行信息化科学化的管理，方便查询和对比。所有源数据只需在某一个岗位录入一次，通过系统各级管理岗位及生产岗位便实现了数据高度共享，保证了数据的一致性及准确定性，使各级管理人员、班组生产组织人员及岗位操作人员能实时动态了解生产运行情况及组织情况。还有通过系统自动统计得到大量报表，解除了人工计算管理的繁重劳动。

参 考 文 献

[1] 周同心. 三种煤炭存储方式的比较 [J]. 油田、矿山、电力设备管理与技术，2014（12）：173.
[2] 陈君安，等. 炼焦煤粒度调整技术 [J]. 洁净煤技术，2012，18（5）：69~72.
[3] 狄红旗，解京选，等. 配型煤炼焦工艺研究报告 [J]. 广州化工，2011，39（21）：167.
[4] 谭绍东，张艾红，等. 配煤专家系统的开发与应用 [J]. 大众科技，2011（12）：12~15.

第3章 炼焦工艺技术

3.1 焦炭

焦炭作为一种固定燃料，是烟煤在隔绝空气条件下加热到 950~1050℃，在一定时间内经过干燥、热解、熔融、黏结、固化、收缩等过程干馏获得的。其主要成分为固定碳，其次为灰分，所含挥发分和硫分均甚少，呈银灰色，具有金属光泽，质硬而多孔，其发热量大多为 26380~31400kJ/kg。

3.1.1 焦炭结构

用于高炉冶炼的焦炭，在冶炼工艺中主要的作用包括，提供热源：焦炭燃烧提供的热量占高炉供热量的 75%~80%，是保证燃料状态良好的重要条件；作为还原剂：高炉冶炼主要是生铁中的铁和其他合金元素的还原及渗碳过程，而焦炭中所含的固定碳（C）及焦炭燃烧产生的一氧化碳（CO）都是生铁及其他氧化物进行化学反应的还原剂。高炉中矿石的还原是通过间接还原和直接还原完成；支撑骨架的作用：焦炭比较坚固，作为高炉料柱的骨架，起疏松料柱、保证料柱有良好透气性的作用；供碳作用：生铁中的碳全部来源于高炉焦，进入生铁的碳约占焦炭含碳量的 7%~9%。生铁最后的含碳量可达 5% 左右。

焦炭结构分级：

焦块：焦炭表面及至内部有明显的纵横裂纹，沿裂纹将焦炭分开即为焦块。焦块的大小除了受炭化室宽向不同部位的升温速度和温度梯度的影响外，主要取决于煤料的性质。

焦体：沿大裂纹裂开的焦块内还含有微裂纹，沿微裂纹分开即是焦炭的焦体，焦体是由气孔和气孔壁构成。焦体内的微裂纹、气孔结构和气孔壁厚度，直接影响焦炭的耐磨强度和高温反应性。

焦质：气孔壁是煤干馏所得到的固体产物，称为焦质，它是焦炭中实体部分，其主要成分是碳和矿物质。

3.1.2 工业分析

水分：包括全水分 $M_t(\%)$ 和空气干燥基（分析基）水分 $M_{ad}(\%)$，焦炭水分含量主要与炼焦生产的熄焦方式有关。我国规定大于 40mm 粒级的块焦全水分为 3%~5%，大于 25mm 粒级的块焦全水分为 3%~7%，碎焦和粉焦水分为 10%~ 14%，干熄焦焦炭在运输和储存过程中会吸附空气中的水分，水分控制一般小于 1.0%。

灰分：是焦炭分析试样在 (850±10)℃下灰化至恒重，其残留物占焦样的质量分数作为灰分含量。焦炭的灰分含量测定分空气干燥基（分析基）灰分 $A_{ad}(\%)$ 和干燥基灰分 $A_d(\%)$，我国冶金焦炭技术指标中常用干燥基灰分 $A_d(\%)$ 表示。灰分是焦炭中的有害杂质，主要成分是高熔点的 SiO_2 和 Al_2O_3。焦炭灰分在高炉冶炼中要用 CaO 等熔剂使之生产低熔点化合物，并以炉渣形式排出，灰分高，就要适当提高高炉炉渣碱度，不利于高炉生产。一般焦炭灰分每升高 1%，高炉熔剂消耗量增加约 4%，炉渣量增加约 3%，焦比增加 1.7%~2.0%，生铁产量降低约 2.2%~3.30%。大型高炉用焦灰分一般控制在 12% 以下。

挥发分：是焦炭分析试样在 (900±10)℃下隔绝空气快速加热 (7min) 后的失重占原焦样的百分率，并减去该试样的水分得到的数值。焦炭挥发分含量测定分空气干燥基（分析基）挥发分 $V_{ad}(\%)$ 和干燥无灰基挥发分 $V_{daf}(\%)$，我国冶金焦炭技术指标中用干燥无灰基挥发分 $V_{daf}(\%)$ 表示。挥发分是焦炭成熟度的标志，它与原料煤的煤化度和炼焦最终温度有关，一般大型高炉用焦炭的空气干燥基挥发分 V_{ad} 小于 1.5%。

固定碳：焦炭固定碳含量利用水分、灰分和挥发分的测定值进行计算得出：

$$FC_{ad} = 100 - (M_{ad} + A_{ad} + V_{ad})$$

式中　FC_{ad}——空气干燥煤样的固定碳含量，%；

　　　M_{ad}——空气干燥煤样的水分含量，%；

　　　A_{ad}——空气干燥煤样的灰分含量，%；

　　　V_{ad}——空气干燥煤样的挥发分含量，%。

3.1.3　元素分析

焦炭的元素分析主要包括 C、H、O、N、S、P 等化学元素的测定，焦炭的元素组成是进行燃烧计算和评定焦炭中有害元素的依据。国家标准（GB/T 2286—2008）规定了焦炭全硫含量的测定方法，其他元素分析沿用煤的元素分析（GB/T 476—2008）方法。

碳和氢焦炭中的有效元素，将焦炭试样在氧气流中燃烧，生成的水和 CO_2 分别用吸收剂吸收，由吸收剂的增量确定焦样中的碳和氢含量。碳是构成焦炭气孔壁的主要成分，氢则包含在焦炭的挥发分中。由不同煤化度的煤制取的焦炭，其含碳量基本相同，但碳结构和石墨化度则有差异，它们与 CO_2 反应的能力也不同。氢含量随炼焦温度的变化比挥发分随炼焦温度的变化明显，且测量误差较小，因此以焦炭的氢含量可以更可靠地判断焦炭的成熟程度。

氮：焦炭中的氮是焦炭燃烧时生成 NO_x 的来源，其测定方法常用化学法：焦炭试样中加入混合催化剂和硫酸，加热分解，使其中的氮转化为硫酸氢铵；加入适量的氢氧化钠后，把氨蒸发出并吸收到硼酸溶液中，再用硫酸溶液滴定。根据硫酸耗量计算出焦样的氮含量。焦炭中的氮在焦炭燃烧时会生成氮氧化物污染环境。

硫：硫是焦炭中的有害杂质，其在焦炭中的存在形式包括无机硫化物硫、硫酸盐硫、有机硫三种形态，这些硫的总和称全硫 S_t（%）。国家标准《冶金焦炭》（GB/T 1996—2017）中用干燥基全硫 $S_{t,d}$（%）表示。高炉焦中的硫约占整个高炉炉料中硫的 80%~95%，炉料中的硫仅 5%~20% 随高炉煤气逸出，其余的硫靠炉渣排出，因此增加溶剂，使炉渣的碱度和渣量提高。焦炭含硫每增加 0.1%，焦比将增加 1%~3%，生铁产量降低 2%~5%。全硫的测定方法有质量法（艾什卡法）、库仑滴定法和高温燃烧中和法，一般焦化企业全硫含量控制在 0.4%~0.6%。

氧：焦炭中氧含量（%）很少，常用减差法计算得到，其成分为 0.4%~0.7%，

$$w(O) = 100 - w(C) - w(H) - w(N) - S_t - M - A$$

式中　$w(O)$ ——氧含量，%；
　　　$w(C)$ ——碳含量，%；
　　　$w(H)$ ——氢含量，%；
　　　$w(N)$ ——氮含量，%；
　　　S_t ——全硫量，%；
　　　M ——水分含量，%；
　　　A ——灰分含量，%。

对于可燃基：　$O_{daf} = 100 - C_{daf} - H_{daf} - N_{daf} - S_{t,daf}$
式中，O_{daf}、C_{daf}、H_{daf}、N_{daf}、$S_{t,daf}$ 分别代表焦炭中各元素可燃基含量，%。

磷：也是焦炭中的有害元素，煤中的磷几乎全部残留在焦炭中，高炉炼铁时，焦炭中的磷全部转入生铁。转炉炼钢不易除磷，故一般要求生铁含磷低于0.01%~0.015%，同时采取转炉炉外脱磷技术降低钢种含磷，高炉焦一般对磷不作特殊要求。焦炭中的磷主要以无机盐类形式存在于矿物质中，因此可将焦样灰化后，从灰分中浸出磷酸盐，再用适当的方法测定磷酸盐溶液中的磷酸根含量，即可得出焦炭含磷量。

3.1.4　焦炭机械强度

焦炭强度通常用抗碎强度和耐磨强度两个指标来表示。焦炭无论在运输途中还是使用过程中，都会受摩擦力作用而磨损，受冲击力作用而碎裂。焦炭在常温

下进行转鼓试验可用来鉴别焦炭强度，因焦炭在一定转速的转鼓内运行，可以模仿其在运输和使用过程中的受力情况。

（1）耐磨强度 M_{10}：当焦炭表面承受的切向摩擦力超过气孔壁的强度时，会产生表面薄层分离现象形成碎屑或粉末，焦炭抵抗此种破坏的能力称耐磨性或耐磨强度，用 M_{10} 值表示。M_{10} 越低、耐磨性越高。

（2）抗碎强度 M_{40}：当焦炭承受冲击力时，焦炭沿结构的裂纹或缺陷处碎成小块，焦炭抵抗此种破坏的能力称焦炭的抗碎性或抗碎强度，用 M_{40} 表示。M_{40} 越高、抗碎性越强。

焦炭的孔孢结构影响耐磨强度 M_{10} 值，焦炭的裂纹度影响其抗碎强度 M_{40} 值。M_{40} 和 M_{10} 值的测定方法很多，我国多采用德国米库姆（Micum）转鼓试验方法进行测定，焦炭机械强度指标见表3-1。

表 3-1　焦炭机械强度指标（GB/T 1996—2017）

指　标		等级	粒度/mm		
			>40	>25	25~40
机械强度	抗碎强度 M_{40}/%	一级		≥82.0	按供需双方协议
		二级		≥78.0	
	耐磨强度 M_{10}/%	一级		≤7.0	
		二级		≤8.5	
	落下强度/%	一级		≥88.0	
		二级		≥84.0	

（3）焦炭落下强度 SI_4^{50}：表征焦炭在常温下抗碎裂能力的焦炭机械强度的指标。它是用一定块度以上一定数量的焦炭试样，按规定高度重复落下4次后，块度大于50mm（或大于25mm）的焦炭质量占焦炭试样总质量的百分比表示。落下强度仅检验焦炭经受冲击作用的抗破碎能力，由于铸造焦在溶铁炉内主要经受铁块的冲击力，故落下强度特别适用评定铸造焦的强度。

3.1.5　焦炭高温性能

焦炭与氧化性气体（CO_2、O_2、H_2O）在高温下反应的能力称焦炭的高温反应性，简称焦炭反应性，反应如下：

$$C + O_2 \longrightarrow CO_2 + 394kJ/mol \tag{3-1}$$

$$C + H_2O \longrightarrow H_2 + CO - 131110kJ/mol \tag{3-2}$$

$$C + CO_2 \longrightarrow 2CO - 173kJ/mol \tag{3-3}$$

由反应式（3-1）也称焦炭燃烧性，高炉内主要发生在风口区1600℃以上的部位。

　　反应式（3-2）也称水煤气反应。

　　反应式（3-3）是高炉内 900~1300℃的软融带和滴落带内发生的碳素溶损反应，由于它对焦炭在冶炼过程中具有重要意义，故通常反应性是用一定浓度的 CO_2 气体在一定温度下与焦炭发生的反应速度或经过一定反应时间后反应掉的碳来评定。反应性和反应后强度是评价焦炭反应性的两个指标。

　　反应性是指一定浓度的 CO_2 气体在（1100±5）℃温度下与焦炭发生反应 2h 后焦炭失重的质量分数，用 CRI 表示。焦炭与 CO_2 反应过程中，反应速度受多种因素的影响，如其他条件不变，在规范化的装置内按统一规定的条件，通过反应前后焦炭试样重量的变化率或气体中 CO_2 浓度的变化率，可以表示焦炭的反应速度。目前一些国家均采用块焦反应率这一指标，它是按取样规范采集一定量的、具有代表性的焦炭，破碎后筛分，取其中符合规定的粒级，从中随机取一定量作为试样。将一定量的焦炭试样在规定的条件下与纯 CO_2 气体反应一定时间，然后充氮气冷却、称重，反应前后焦炭试样重量差与焦炭试样重量之比的百分率称为块焦反应率（CRI）。

$$CRI = \frac{G_0 - G_1}{G_0} \times 100\%$$

式中　　G_0——参加反应的焦炭试样质量，kg；

　　　　G_1——反应后残存焦炭质量，kg。

　　也可以用化学反应后气体中 CO 浓度（相当于反应掉的碳）和（CO+CO_2）浓度之比的百分率表示块焦反应率，即：

$$CRI = \frac{\varphi(CO)}{\varphi(CO) + \varphi(CO_2)} \times 100\%$$

式中　　$\varphi(CO)$，$\varphi(CO_2)$——反应后气体中 CO、CO_2 气体的体积浓度，%。

　　焦炭反应性其他常用的测试方法还有粒焦测定法、X 射线衍射法、热重法。

　　经过 CO_2 反应的焦炭，充氮冷却后，全部装入转鼓，转鼓试验后粒度大于某规定值的焦炭重量（g_2）占装入转鼓的反应后焦炭重量（g_1）的百分率，称为反应后强度 CSR。

$$CSR = \frac{g_2}{g_1} \times 100\%$$

　　焦炭反应性和反应后强度试验有多种形式，我国鞍山热能研究所推荐的小型装置如图 3-1 所示。块状焦炭在一定尺寸的反应器中，在模拟生产的条件下进行的反应性实验。根据研究目的不同，在试样粒度大小、试样数量、反应温度、反应气组成和指标表示方式等方面各有不同。

　　此种测定法与日本新日铁相同，都是使实验条件更接近高炉情况，即在 1100℃温度下用纯 CO_2 与直径 23~25mm 焦块反应，反应时间为 120min，试样重

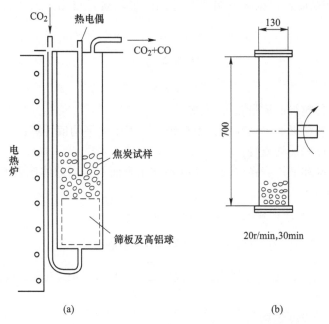

图 3-1 堆焦反应性和反应后强度实验装置示意图

(a) 反应器；(b) 转鼓

200g，反应后失重百分数作为反应性指数。考虑到焦炭受碳溶反应的破坏是不可逆的，故反应后强度的测定在常温下进行，从而大大简化了试验设备和操作。

3.1.6 焦炭筛分组成

焦炭是外形和尺寸不规则的物体，只能用统计的方法来表示其粒度，即用筛分试验获得的筛分组成计算其平均粒度。一般用一套具有标准规格和规定孔径的多级振动筛将焦炭筛分，然后分别称量各级筛上焦炭和最小筛孔的筛下焦炭质量，算出各级焦炭的质量百分率即焦炭的筛分组成。

《冶金焦炭的焦末含量及筛分组成的测定方法》（GB/T 2005—1994）规定，用 25mm、40mm、60mm、80mm 的一组标准方孔筛对块焦进行筛分后称量各个筛级的焦炭，以所得各筛级焦炭质量占试样总量的百分率表示焦炭的筛分组成。国际标准允许筛分试验用方孔筛（以边长 L 表示孔的大小）和圆孔筛（以直径 D 表示孔径的大小）。相同尺寸的两种筛，其实际大小不同，试验得出两者关系为：

$$D/L = 1.135 \pm 0.04$$

即圆孔直径为 60m 时，对应的方孔筛 $L = 60/1.135 = 52.86$mm，通过焦炭的筛分组成计算焦炭的平均粒度及粒度的均匀性，还可估算焦炭的比表面、堆积密度并由此得到评定焦炭透气性和强度的基础数据。

（1）平均粒度：根据筛分组成及筛孔的平均直径可由下式来计算焦炭的平均粒度，

$$d_{s} = \sum \frac{a_i}{d_i}$$

或　　　　　　　　　　　　$$d_{b} = (\sum a_i d_i)^{-1}$$

式中　a_i——各粒级的质量百分率，%；

　　　d_i——各粒级的平均粒度，由粒级上、下限的平均值计算；

　　　d_s——算术平均直径；

　　　d_b——调和平均直径（是以实际焦粒比表面与相当球体比表面相同的原则确定的平均粒度）。

（2）粒度均匀性：粒度均匀性可由下式计算，

$$K = \frac{a_{40 \sim 80}}{a_{>80} + a_{25 \sim 40}} \times 100\%$$

式中，$a_{25 \sim 40}$、$a_{40 \sim 80}$、$a_{>80}$ 分别表示焦炭中 25 ~ 40mm、40 ~ 80mm 和 >80mm 各粒级的百分含量。

K 值越大，粒度越均匀。

3.2　炼焦炉

3.2.1　焦炉结构与特点

现代大型焦炉炉体结构普遍采用双联火道、废气循环、分段加热、空气下喷、蓄热室分隔的复热式焦炉，部分采用单侧烟道设计，仅在焦侧设有废气盘和交换机构，进一步优化了加热系统与现场布置。

下面介绍焦炉结构组成。

3.2.1.1　炭化室

采用大容积炭化室技术，炭化室的宽度对焦炉的生产能力与焦炭质量均有影响。增加宽度虽然焦炉的容积增大，装煤量增多，但因煤料传热不良，结焦速率降低，结焦时间大为延长，因此炭化室宽度不宜过大，否则反而降低了生产能力。目前大型焦炉炭化室宽度一般在 450 ~ 550mm 之间，最大 590mm。炭化室最大长度为 19640mm（热态 19880mm），最大高度为 7650mm（热态时有效高度 7180mm），炭化室有效容积达到 80.7m³。

炭化室宽度与煤料的结焦性和焦炭的用途有关，黏结性强的煤料应采用宽炭化室为宜，黏结性差的煤料宜采用快速炼焦，故用窄炭化室为宜，炼铸造焦，要求结焦速度慢，焦块大，故应用宽炭化室为宜。

炭化室宽度与结焦时间的关系式为

$$\frac{t_1}{t_2} = \left(\frac{B_1}{B_2}\right)^n$$

式中　t_1，t_2——结焦时间；

　　B_1，B_2——炭化室宽度；

　　　　n——指数。

　　炭化室宽度、结焦时间及指数 n 之间的关系由试验数据得到，如图 3-2 所示。

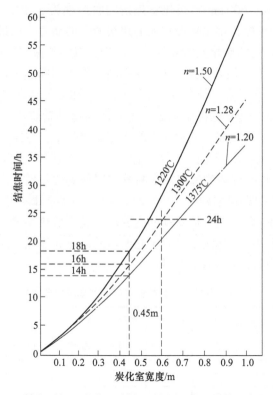

图 3-2　结焦时间、炭化室宽度、结焦温度和指数 n 之间关系

　　从图 3-2 可以看出，在火道温度 1200~1400℃ 的情况下，n 值为 1.2~1.5，火道温度为 1320~1350℃，n 值为 1.3~1.4。n 值取决于平均火道温度，温度越高，n 值越低，温度越低，n 值越高。实际宽炭化室焦炉的操作经验表明：600mm 宽的炭化室与 450mm 宽的炭化室相比，结焦时间延长指数（n）为 1.3~1.4 比较合适[1]。

　　宽炭化室利弊分析：

　　（1）配煤适应性。国外曾做试验，设计了一座 600mm 宽的活动墙试验炉，与炭化室宽 432mm 焦炉做试验比较，配合煤反射率为 1.10%、1.20%、1.28%、

1.38%，对应的配合煤挥发分为 29.74%、27.43%、25.70%、23.97%，432mm
和 600mm 宽的炭化室堆密度为 0.736t/m³ 和 0.80t/m³。试验结果显示，在 4 种配
煤比中，600mm 宽炭化室的焦炭稳定性和焦炭宽度均好于 432mm 炭化室，而且
炉墙压力较低。

（2）堆密度和焦饼收缩性。当入炉煤的细度、水分及炭化室高度为定值时，
入炉煤的堆密度随炭化室宽度的增加而升高。焦饼收缩性方面，德国曾针对炭化
室为 400mm 和 600mm 的焦炉做过试验，结果显示，结焦末期 400mm 宽炭化室焦
饼的收缩率为 3.1%，600mm 宽炭化室焦饼的收缩率为 5.8%。后者由于焦饼收
缩性和焦饼稳定性较好，推出重量较大的焦炭所需的动力，在最初加速度峰值之
后，甚至比 400mm 宽的炭化室所需的动力还少，有利于保护焦炉炉墙。

（3）化产品收率。从表 3-2 可知，在相同的煤质和炼焦条件下，炭化室增宽
后，焦油和苯的产率下降，煤气主要成分中 H_2 和 CO 的含量增加，而 CH_4 及
C_nH_m 含量下降，煤气热值也相应降低。我们认为这是荒煤气从冷侧逸出和从热
侧逸出的比率发生了明显变化所致。在非大型炼焦炉中，在结焦过程中被炭化室
两侧胶质层包围的煤层所产生的水蒸气有 75%～80% 从煤层即冷侧逸出，20%～
25% 突破胶质层从焦层即热侧逸出。在两胶质层外侧的焦层，产生的干荒煤气约
有 75%～80% 从焦层即热侧逸出，只有 20%～25% 从煤层即冷侧逸出。此时，胶
质层是气体流动的屏障，是气体流动的主要阻力层。从热侧逸出的气体，从立火
道给予煤料的热量中即炭化热中吸收了它所需的潜热和显热，从冷侧逸出的水汽
从炭化热中主要吸收了它所需要的潜热。

表 3-2　不同炭化室宽度化产品产率及成分比较

指标		产率/kg·t⁻¹		煤气主要成分/%				煤气热值/kJ·m⁻³
		焦油	苯	H_2	CH_4	C_nH_m	CO	
炭化室宽度	450mm	30	9	62.9	25.2	2.9	5.5	18242
	550mm	27.5	8.2	64	22.5	2.7	6.5	17639

在大型炼焦炉中，装炉煤的堆密度随着炉宽和炉高的逐渐增大而增大，并取
代胶质体成为炉体气体流动的主要阻力层。随着焦炉大型化，装炉煤堆密度提
高，从冷侧逸出的气体逐渐转由热侧逸出，吸收了炭化热作为显热，延缓了结焦
时间。水蒸气与赤热焦的反应、水蒸气与 CH_4 的反应、CH_4 的裂解反应、焦油的
裂解及粗苯侧链的断裂等都是吸热反应，吸收了炭化热，延长了结焦时间，并引
起如表 3-2 所述的煤气成分的变化和焦油、粗苯产率的变化。

双联下喷复热式焦炉如图 3-3 所示。

炉墙砖太厚从传热来说不经济，热阻大，结焦时间长。一般炉墙砖减薄 10mm，

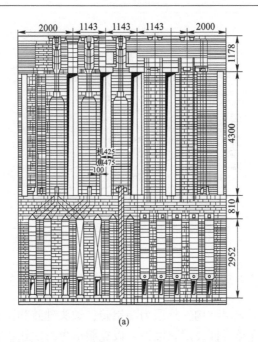

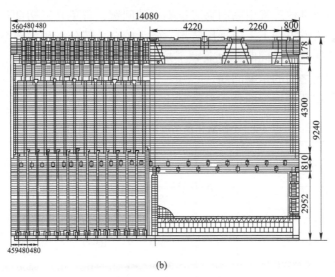

图 3-3 双联下喷复热式焦炉

（a）纵剖视图；（b）炭化室—燃烧室剖视图

结焦时间大约缩短 1h。受到砖本身的强度和炉体结构稳定性的限制，炉墙砖也不能太薄。目前大型焦炉炭化室墙壁普遍采用薄炉墙技术，厚度在 90~100mm，以提高炭化室结焦速度，降低立火道温度，进一步降低焦炉废气中 NO_x 的产生。单个炉墙砖承压力与弯曲力的负荷能力直接与其厚度有关，见图 3-4。

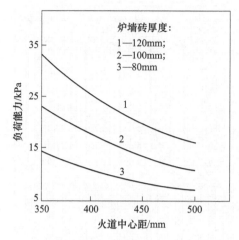

图 3-4　炉墙砖厚度及其负荷能力与火道中心距的关系

　　燃烧室炉头采用双层结构，外层为高铝砖，炉头硅砖和高铝砖之间采用部分咬合，提高炉头砖抗热震性及耐腐蚀性，以克服出焦时炭化室炉头墙面温度波动较大、易剥蚀及烘炉过程中高向膨胀量不一致问题，避免开工初期炉头窜漏。炭化室墙壁和立火道隔墙上下层采用砖沟、砖舌咬合，部分采用大错缝结构，在保证了燃烧室整体强度的同时，也兼顾了炉体强度和密封性，避免了立火道之间、燃烧室与炭化室之间的窜漏问题。

　　不同炭化室高度炉型的技术参数对比见表 3-3。

表 3-3　不同炭化室高度炉型的技术参数对比

序号	项　目	单位	6m	7m		7.63m
				JNX-70-2	JNX3-70-2	
1	炭化室平均宽	mm	450	450	530	590
2	炭化室高（冷/热）	mm	6000/6170	6980/7071	6980/7071	7540/7630
3	炭化室长	mm	15980	16960	18640	18560
4	每孔有效容积	m^3	38.5	48	63.7	76.25
5	炭化室中心距	mm	1300	1400	1500	1650
6	立火道中心距	mm	480	480	500	480
7	每孔装煤量（干）	t	28.5	36	47.78	57.19
8	加热水平高度	mm	1005	1050	1150	1110~1500
9	周转时间	h	19	19	23.8	25.2
10	每孔年产焦量	t	9855	12656	13188	15208

3.2.1.2 燃烧室

通常情况，燃烧室高度比炭化室高度低一些，两者顶盖之差称为焦炉加热水平高度。其值过大，焦饼上部温度低，不利于焦饼上下均匀成熟。过小，炉顶空间温度高，影响焦化产品的质量和产量，也使炉顶空间易结石墨，影响推焦，同时，由于炉顶空间温度高，导致炉顶面温度高，恶化炉顶操作环境。

加热水平高度 $H(\text{mm})$ 可按下列经验式确定：

$$H = h + \Delta h + (200 \sim 300)$$

式中 H ——加热水平，mm；

   h ——煤线距炭化室顶的距离（炭化室顶部空间高度），mm；

   Δh ——装炉煤炼焦时产生的垂直收缩量（一般为有效高度的 5% ~ 7%），mm；

$200 \sim 300$ ——考虑燃烧室的辐射热允许降低的高度，mm。

燃烧室高向采用分段加热技术，空气分别在立火道底部及隔墙内分段供入，目前 7.63m 焦炉采用三段加热的较多，即空气一段在立火道底部，二段在隔墙 1/3 处，三段在隔墙 2/3 处分别进入立火道。这样，加热煤气在立火道底部由于供入空气量不足，燃烧不完全，剩余的煤气在立火道中、上部分别与供入的二段、三段空气混合燃烧（见图 3-5）。该设计不但显著改善了立火道高向加热均匀性，也降低了立火道底部的燃烧温度。

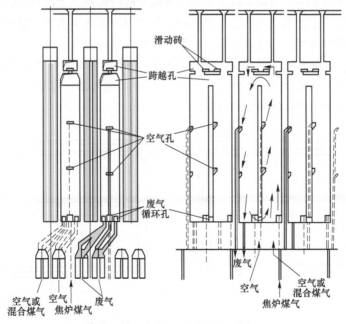

图 3-5   7.63m 焦炉加热系统各气体流向图

可调节废气量的废气循环设计，即在相邻
立火道之间的隔墙上部设有两个跨越孔，一个
为固定式，一个为可调式（见图3-6）。两个
跨越孔采用上下结构设计，上小下大，上部跨
越孔处设置两块可以左右滑动的调节砖，通过
改变调节砖的位置调节上部跨越孔的截面积。
上部跨越孔面积的大小，直接影响立火道气流
阻力与废气循环量，开孔截面越大，火焰越

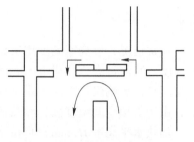

图 3-6　可调节跨越孔示意图

长，利于火道上部加热，开孔截面缩小，火焰相对变短。采用废气循环与分段加
热相结合的炉体结构和低氮燃烧技术，提高焦炉高向加热均匀性的同时，也可实
现降低燃烧废气中的 NO_x 含量。

3.2.1.3　蓄热室

现代大型蓄热室焦炉采用分格蓄热室结构设计，取消了机焦侧间的中心隔墙，
蓄热室沿炭化室长向贯通，设计为多个连续独立的蓄热室单元。每个蓄热室单元由
蓄热室隔墙隔开，取消了蓄热室顶部空间，实现了蓄热室高向的完全分隔，这样，
单个炉号加热气体流量的调节更加简单、准确。现代大型蓄热室焦炉为了避免蓄热
室墙体上下热膨胀不一致导致砖体撕裂问题，在蓄热室单墙、主墙高向接近 1/2 的
位置设置水平滑动层，滑动层以下为黏土砖或半硅砖砌筑，上部为硅砖砌筑。在小
烟道上部和蓄热室底部之间取消了箅子砖，对应于每个蓄热室单元安装了可自由抽
动的调节砖或调节板，用以调节各分格蓄热室的煤气和空气量。

蓄热室分格隔墙结构示意图如图 3-7 所示，其中"咬合"结构为分格隔墙与
单、主墙是承插配合关系；"独立"结构是分格隔墙与单、主墙之间设置缓冲纵
向膨胀和起密封作用的耐火纤维材料。

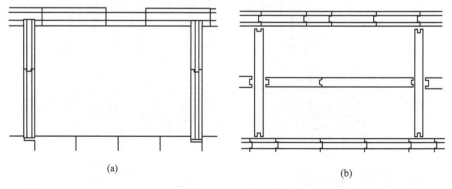

(a)　　　　　　　　　　　　　　　　　　(b)

图 3-7　蓄热室分格隔墙结构示意图

（a）"咬合"结构；（b）"独立"结构

3.2.1.4 非对称式烟道

非对称式烟道是相对于常规机焦侧对称式烟道而言的，根据加热设备在机焦侧的布置情况可分为单侧非对称式和双侧非对称式。德国伍德（Uhde）公司设计的单侧非对称式烟道，将贫煤气、空气供入装置及废气盘均布置在焦侧，且分别与焦侧小烟道、分烟道相通，机侧取消加热设备和废气、烟道设计。意大利保尔–沃特（PaulWurth）公司设计的双侧非对称式烟道，是将贫煤气、空气供入装置布置在机侧，废气盘及分烟道布置于焦侧。

3.2.2 大型焦炉用耐火材料

耐火材料是由多种不同的化学成分及不同结构的矿物组成的非均质体，是服务于高温技术的基础材料，与各种工业窑炉有着极为密切的关系。各种工业窑炉因用途和使用条件不同，对构成其主体的基本材料耐火砖的要求也就不同。而不同种类的耐火砖也由于化学矿物组成、显微结构的差异和生产工艺的不同，表现出不同的基本特性。焦化生产对耐火材料的基本要求体现在：

（1）荷重软化温度高于所在部位的最高温度；

（2）所在部位的最高温度变化范围内，具有抗温度急变性能；

（3）具有较高的化学稳定性，能抵抗所在部位可能遇到的各种介质的侵蚀；

（4）对需要强化传热的应用部位（如炭化室墙）具有良好的导热性能，对需要保温隔热的应用部位具有良好的绝热性能，对蓄热部位（如格子砖）具有良好的蓄热能力。

3.2.2.1 焦炉常用耐火材料分类

焦炉常用耐火材料基本上为 Al_2O_3-SiO_2 系耐火材料，按照成分大致可分为硅酸铝质耐火材料、氧化铝耐火材料和硅质耐火材料。

硅酸铝质耐火材料是以 Al_2O_3 和 SiO_2 为基本化学组成的耐火材料，氧化铝质耐火材料是 Al_2O_3 含量在95%以上的耐火材料，硅质耐火材料是 SiO_2 含量93%以上的耐火材料。

3.2.2.2 Al_2O_3-SiO_2 系相图组成

硅酸铝质耐火材料由高铝矾土、黏土、刚玉、莫来石、石英等原料制成，广泛应用于冶金、玻璃、水泥、石油化工等领域的热工设备上。

Al_2O_3-SiO_2 系耐火材料的相组成可由其化学组成及 Al_2O_3-SiO_2 系相图确定（见图3-8）。Al_2O_3-SiO_2 系统相图中 Al_2O_3 和 SiO_2 的熔点分别为2050℃和1723℃，其中唯一稳定晶相为莫来石（$3Al_2O_3$-SiO_2，缩写 A_3S_2），熔点为1850℃。

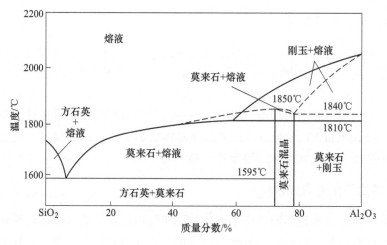

图 3-8　Al_2O_3-SiO_2 二元系相图

Al_2O_3-SiO_2 系统被分割为两个子系统：SiO_2-A_3S_2 和 Al_2O_3-A_3S_2。莫来石是硅酸铝质耐火材料的一条重要的分界线。Al_2O_3/SiO_2 大于莫来石组成的高铝砖（特等、一等和高二等高铝砖），其基本晶相组成对应为刚玉与莫来石。Al_2O_3/SiO_2 小于莫来石组成的高铝砖（低二等、三等高铝砖）、黏土砖和半硅砖，其基本晶相组成对应为莫来石与方石英。子系统 SiO_2-A_3S_2 的固化温度为 1595℃，共晶点组成靠近 SiO_2 一边，子系统 Al_2O_3-A_3S_2 的固化温度为 1840℃，比莫来石熔点只低 10℃，共晶点靠 Al_2O_3 一侧。

可根据 Al_2O_3-SiO_2 系统二元相图将 Al_2O_3-SiO_2 系耐火材料进行分类，如表 3-4 所列。

表 3-4　Al_2O_3-SiO_2 系耐火材料的分类和主要矿物组成

制品名称	Al_2O_3-SiO_2 含量/%	主要矿物组成
硅质砖	SiO_2>93	方石英、玻璃相
半硅质	Al_2O_3 15~30	方石英、莫来石、玻璃相
黏土质	Al_2O_3 30~45	莫来石、方石英、玻璃相
Ⅲ 等高铝砖	Al_2O_3 45~60	莫来石、玻璃相、方石英
Ⅱ 等高铝砖	Al_2O_3 60~75	莫来石、少量刚玉、玻璃相
Ⅰ 等高铝砖	Al_2O_3>75	莫来石、刚玉、玻璃相
刚玉砖（氧化铝质）	Al_2O_3>95	刚玉、少量玻璃相

其中高铝砖按晶相成分的不同可分为：刚玉-莫来石质、莫来石质、莫来石-石英质三类。

3.2.2.3 硅砖

硅砖的矿相组成主要为鳞石英和方石英，还有少量石英和玻璃质。鳞石英、方石英和残存石英在低温下因晶型变化，体积有较大变化，因此硅砖在低温下的热稳定性很差。使用过程中，在 800℃ 以下要缓慢加热和冷却，以免产生裂纹，所以不宜在 800℃ 以下有温度急变的窑炉上使用。

硅砖的性质和工艺过程同 SiO_2 的晶型转化有密切关系，因此，真密度是硅砖的一个重要质量指标，一般要求在 2.38 以下，优质硅砖应在 2.35 以下。真密度小，反映砖中鳞石英和方石英数量多，残余石英量小，因而残余线膨胀小，使用中强度下降也少。

SiO_2 有七个结晶型变体和一个非晶型变体。这些变体可分两大类：第一类变体是石英、鳞石英和方石英，它们的晶型结构极不相同，彼此间转化很慢；第二类变体是上述变体的亚种：α、β 和 γ 型，它们的结构相似，相互间转化较快。

制造硅砖的原料为硅石，硅石原料的 SiO_2 含量越高，耐火度也越高。最有害的杂质是 Al_2O_3、K_2O、Na_2O 等，它们严重地降低耐火制品的耐火度。硅砖以 SiO_2 含量不小于 96% 的硅石为原料，加入矿化剂（如铁鳞、石灰乳）和结合剂（如糖蜜、亚硫酸纸浆废液），经混练、成型、干燥、烧成等工序制得。

随着炼焦工业的发展，以及硅质耐火砖在焦炉里的应用逐渐扩大，炼焦炉对耐火材料的基本要求日益提高，特别是砌筑炭化室要求硅砖具有高密度、高导热性和良好的高温耐压强度等性能。根据焦炉炉体结构，我国已试制出高密度硅砖、高纯度高密度硅砖和高导热性高密度硅砖等新品种硅砖属酸性耐火材料，具有良好的抗酸性渣侵蚀的能力，荷重软化温度高达 1640~1670℃，在高温下长期使用体积比较稳定。

高密度硅砖与普通硅砖物理性能及化学成分对照见表 3-5 和表 3-6。

表 3-5 高密度硅砖与普通硅砖物理性能对照表

品种	物 理 性 能					
	气孔率/%	体积密度/g·cm⁻³	耐压强度/MPa	荷重软化点/℃	重烧线膨胀率/%	耐火度/℃
高密度硅砖	13~16	1.6~2.07	406.7~748.72	1650~1660	0.08~0.34	1710
普通焦炉硅砖	<23	真密度<2.37	>215.6	>1620	<0.5	>1690

表 3-6 高密度硅砖与普通硅砖化学成分对照表

硅砖类型	化学成分/%			
	SiO_2	Al_2O_3	Fe_2O_3	CaO
高密度硅砖	95.7~96.7	0.65~1.18	1.02~1.44	2.04~2.10
普通焦炉硅砖	>93			

3.2.2.4　零膨胀硅砖

零膨胀砖学名熔融石英砖，是以石英玻璃为主要成分，经电熔融而成的硅质耐火原料。熔融石英一般含二氧化硅质量分数在 99% 以上，另含少量的氧化铁、氧化钙、碱金属杂质，其制品的线膨胀率小，抗热震性强，化学性质稳定，不易黏着炭。

零膨胀砖克服了普通硅砖热稳定性差的缺点，能够满足快速升温的要求，无需长时间烘炉，砌炉完成后即可使用，其优势有：

（1）线膨胀率低，1000℃ 线膨胀率在 0.16%，高温体积稳定，实际使用过程中无需考虑因受热膨胀影响焦炉的结构稳定。

（2）制品无尺寸变化，不开裂，不变形，可在不停炉的高温情况下直接进行修补作业。

（3）高热震稳定性能，实际使用中产品置于 1600℃ 高温不断裂、不剥落，荷重软化温度高达 1650℃ 以上，耐压强度达到 30MPa 以上。

（4）二氧化硅质量分数在 99% 以上，铁、钙等杂质含量极低，无杂质污染，不发生侵蚀剥落现象，长期使用安全可靠。

零膨胀砖与硅砖性能指标与成分对比见表 3-7 和表 3-8。

表 3-7　零膨胀砖与硅砖性能指标对比

耐火砖类型	显气孔率/%	真密度/kg·m⁻³	常温耐压强度/MPa	荷重软化温度/℃	线膨胀率（1000℃）/%	热震稳定性（1100℃，水冷）/次
零膨胀砖	≤20	>1840	>30	1660	0.16	>30
硅砖	≤22	≥1850	19.6~29.4	≥1650	1.2~1.4	1~2

表 3-8　零膨胀砖与硅成分对比

耐火砖类型	化学成分/%				
	SiO_2	Al_2O_3	Fe_2O_3	CaO	K_2O+Na_2O
零膨胀砖	>99	<0.3	<0.2	<0.01	—
硅砖	95	1.5	1	3	0.35

由表 3-7 可以看出，零膨胀砖具有抗侵蚀性强、热震稳定性优异、热膨胀率低、荷重软化温度高等性能特点。目前焦炉炭化室墙都采用硅砖砌筑，受热膨胀，推焦时受损严重，容易造成炉墙窜漏，不仅影响焦炭产品质量，引发环保污染问题，而且严重影响炉体寿命，增加焦炉维护时间和费用。零膨胀砖用于炭化室炉墙，大幅降低热膨胀压力，实际修炉作业中不预留膨胀缝，可增加炉墙严密性，不易造成炉墙窜漏，长期使用安全可靠，完全可以替代硅砖用于焦炉。

3.2.2.5　黏土砖

黏土砖是由煅烧后的耐火黏土（熟料）与部分软质耐火黏土（结合黏土）经过粉碎、混合、成型、干燥、烧成等过程的制成品，是一种酸性耐火材料。黏土砖的主要矿物成分为高岭石，即耐火黏土和高岭土，其化学成分为 $Al_2O_3 \cdot 2SiO_2 \cdot 2H_2O$ 占90%以上，其余为 K_2O、Na_2O、CaO、MgO、TiO_2 及 Fe_2O_3 等杂质，占6%~7%。

炼焦炉用黏土砖的理论性能指标见表3-9。

表3-9　炼焦炉用黏土砖的理化性能指标

指标	气孔率/%	体积密度/g·cm⁻³	常温耐压强度/MPa	荷重软化点/℃	重烧线膨胀率/%	耐火度/℃
数值	<24	2.1	>20	>1300	<0.5	>1690
指标	SiO_2	Al_2O_3	MgO	抗热震次数/次	20~1000℃线膨胀率/%	
数值	—	>35	—	10~12	0.4~0.6	

炼焦炉用黏土砖的特性如下：

（1）耐火度，黏土质耐火材料制品的耐火度较低，而随制品中 Al_2O_3 含量的增加而提高，其耐火度一般为1580~1750℃。

（2）荷重软化温度，黏土质耐火材料制品的荷重软化温度比较低，通常都低于1300℃，从开始软化至变形（压缩）40%，其温度间隔在150~250℃之间。

（3）热稳定性，黏土质耐火材料制品的热稳定性较好，加热到1100℃时总的体积膨胀很小，而且变化均匀，所以抗温度剧变能力强。普通熟料黏土砖的水冷次数为10~20次，多熟料黏土砖的水冷次数一般在50次以上，有的高达100次以上。

（4）抗渣性，黏土质耐火材料制品的主要化学成分为 SiO_2 和 Al_2O_3，而 SiO_2 含量大于 Al_2O_3，故黏土砖呈弱酸性，因此抗酸性炉渣侵蚀的能力比抗碱性炉渣侵蚀的能力强。

（5）重烧线变化，黏土质耐火材料制品的制造以软质黏土为结合剂，由于在烧成过程中结合剂和熟料矿化不彻底，所以黏土砖在高温下长期使用会因再结晶而产生不可逆的体积收缩（残余收缩）或体积膨胀，此种现象称重烧线变化。对于黏土砖制品要求残余收缩率不超过1%。

由于黏土砖具有以上特点，对于现代大容积焦炉来说，黏土砖不适用于高温部位，而主要用于温度较低又波动较大的部位，如炉门、上升管衬砖、小烟道衬砖、炉顶、蓄热室封墙及格子砖等。因耐火砖原料来源广泛、制造容易、成本较低，所以有些小型焦炉，可采用黏土砖砌筑，但在操作中，应严格控制温度，以防止造成炉顶过早损坏。

3.2.2.6　高铝砖

高铝耐火砖是在硅酸铝质耐火材料中 Al_2O_3 含量在 48% 以上的一种耐火材料制品。根据制品中首要矿物的组成，将高铝质耐火材料制品分为莫来石-刚玉质、刚玉-莫来石质、莫来石质、刚玉质四类。

高铝耐火砖的耐火度和荷重软化温度均高于黏土砖，抗渣蚀功能（尤其是对酸性渣）较好，且这些功能跟着 Al_2O_3 含量的添加而进步，但热稳定性不如黏土砖。高铝砖的致密度高，气孔率低，机械强度高且耐磨。焦炉燃烧室炉头及炭化室铺底砖的炉头部位，用高铝砖砌筑作用较好，但不宜用于炭化室墙面，因为高铝耐火砖在高温下易产生卷边、翘角。

高铝耐火砖的耐火度在硅酸铝质耐火材料中是比较高的，随着制品中 Al_2O_3 含量的添加而耐火度提高，一般不低于 1750~1790℃。如 Al_2O_3 含量大于 95% 的刚玉制品，其耐火度可高达 1900~2000℃。高铝耐火砖的荷重软化温度，随制品中 SiO_2 和金属氧化物含量的添加而降低，一般高铝砖的荷重软化温度为 1420~1530℃，而 Al_2O_3 含量大于 95% 的刚玉制品，其荷重软化温度达 1600℃以上。

高铝耐火砖具有较好的化学稳定性，因在制品中 Al_2O_3 含量高且呈中性，故对酸性或碱性环境均有比较高的抗腐蚀能力。高铝耐火砖具有抗热震性，在其制品中有刚玉和莫来石两种晶体共存，而刚玉的线膨胀系数比莫来石的线膨胀系数大，故在温度变大时因为制品内膨胀差异而导致应力集中，所以以高铝砖的抗热震性较差，一般水冷次数只要 3~5 次。高铝耐火砖的重烧线改变，要根据制品的烧成程度而定。若烧成温度满足，烧成时间充足，则体积稳定，重烧线改变小；反之，因为制品内部发作再结晶，会导致发作残余缩短。

焦炉常用高铝砖性能见表 3-10。

表 3-10　焦炉常用高铝砖性能

项　　目		品　种　指　标		
		65 系列	55 系列	48 系列
$w(Al_2O_3)/\%$　≥		65	55	48
$w(Fe_2O_3)/\%$　≤		2		
耐火度/℃		1790	1770	1750
0.2MPa 荷重软化温度/℃　≥		1500	1480	1450
重烧线变化/%	1500℃，2h	0		—
		-0.2		
	1450℃，2h	—		0
				-0.2
显气孔率/%　≤		19		18
耐压强度/MPa　≥		58.8	49	

3.2.2.7 莫来石砖

莫来石砖是一种高铝砖。莫来石耐火砖及刚玉莫来石砖具有荷重软化温度高、高温蠕变率低、抗热震性好等优点，广泛应用于高炉热风炉、玻璃熔窑、干熄焦及加热炉等工业炉窑上。莫来石耐火砖在高温下容易被碱性耐火砖侵蚀，此外，在高温下莫来石可以与水蒸气反应生成 Al_2O_3 而受到损坏，因此，莫来石耐火砖不宜在高碱性渣及高水蒸气含量的环境下长期使用。

除了莫来石以及它与刚玉构成的复合耐火砖外，莫来石还可以与其他材料构成耐火砖以提高其性能，如锆莫来石耐火砖、莫来石-碳化硅耐火砖等。所谓锆莫来石耐火砖就是莫来石-氧化锆复合材料，但是由于氧化锆价格昂贵，在实际生产中常通过 Al_2O_3 或矾土与锆英石反应制得锆莫来石熟料或耐火砖。这类耐火砖及原料的制造方法包括电熔法与烧结法。将 Al_2O_3 与 $ZrSiO_4$ 配料煅烧制得锆莫来石熟料，再将其破碎、混练、成型与烧成制得锆莫来石耐火砖，即烧结AZS 砖。

以烧结或电熔莫来石为主要原料制得的耐火砖，可全部采用莫来石，也可以部分采用莫来石、部分采用刚玉为原料。前者称为莫来石耐火砖，后者称为刚玉—莫来石耐火砖或刚玉莫来石砖。莫来石耐火砖的生产工艺流程与高铝砖相同，配料经混料、成型、干燥与烧成等几个工序。烧成温度与配料组成、原料的纯度及对耐火砖性能的要求有关，通常为 1500~1700℃。

在焦化生产中，莫来石砖主要用于干熄焦炉；莫来石-碳化硅砖或莫来石-红柱石砖被应用于干熄焦炉中有剧烈温度变化的牛腿、炉口等位置。

3.2.2.8 堇青石

堇青石是一种硅酸盐矿物，通常具有浅蓝或浅紫色，玻璃光泽，透明至半透明。堇青石由于耐火性好、受热膨胀率低，人工可以合成镁堇青石，用于耐火材料。

堇青石是生产耐热震性优异的制品，常采用特种组成的坯料，由这种坯料可制得堇青石（MgO 13.8%、Al_2O_3 34.8%、SiO_2 51.4%）含量高的制品。堇青石耐火材料机械强度高和热膨胀系数低，抗折强度可达95MPa，线膨胀系数在20~800℃范围内为 $2.0×10^{-6}$/℃，多用于陶瓷工业的棚板、蓄棚板、垫板、多孔板、推板及支撑砖等。

堇青石制品耐热震性好，残余膨胀小，对于多孔的堇青石质制品，在20~100℃范围内线膨胀系数为 $(1~1.2)×10^{-6}$/℃，在 20~200℃范围内线膨胀系数为 $(1~1.5)×10^{-6}$/℃，而在 20~800℃范围内为 $2.0×10^{-6}$/℃。

以堇青石做结合剂、以莫来石作为骨料的大型耐火砖，目前被应用于焦炉炉门衬砖，具有化学稳定性高、抗腐蚀性好、抗热震性好，以及表面惰性不黏结焦油等优异性能。

3.2.2.9　焦炉用隔热保温材料

A　隔热保温材料的分类

隔热材料的分类方法很多，一般可按使用温度、体积密度和制造方法分类。使用最多的是按使用温度及体积密度分类。

按使用温度分为以下三种：

（1）低温隔热材料。使用温度低于 900℃，如硅藻土、石棉、水渣、矿棉、蛭石、珍珠岩等。

（2）中温隔热材料。使用温度为 900~1200℃，如硅藻土砖、轻质黏土砖等。

（3）高温隔热材料。使用温度高于 1200℃，如高铝质轻质隔热砖、漂珠砖、轻质硅砖等。

B　焦炉常用的隔热保温材料

常见的隔热保温材料及其使用温度范围如图 3-9 所示。

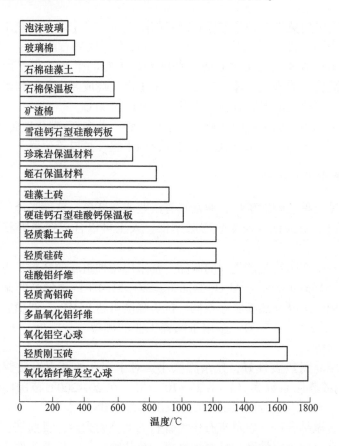

图 3-9　各种隔热保温材料的使用温度范围

a 硅藻土质隔热制品

硅藻土是一种生物成因的硅质沉积岩，主要由古代硅藻遗体组成，其化学成分主要是 SiO_2，还含有少量的 Al_2O_3、Fe_2O_3、CaO、MgO、K_2O、Na_2O、P_2O_5 和有机质，SiO_2 通常占80%以上，最高可达94%。优质硅藻土的 Fe_2O_3 含量一般为 1%~1.5%，Al_2O_3 含量为3%~6%。

硅藻土的矿物成分主要是蛋白石及其变种，其次是黏土矿物水云母、高岭石和矿物碎屑。矿物碎屑有石英、长石、黑云母及有机质等，有机物含量从微量到30%以上。硅藻土的颜色为白色、灰白色、灰色和浅灰褐色等，有细腻、松散、质轻、多孔、吸水性和渗透性强的物性。

硅藻土中的硅藻有许多不同的形状，如圆盘状、针状、筒状、羽状等。松散密度为 $0.3~0.5g/cm^3$，莫氏硬度为 $1~1.5$（硅藻骨骼微粒为 $4.5~5\mu m$），孔隙率达80%~90%，能吸收其本身重量 $1.5~4$ 倍的水，是热、电、声的不良导体。熔点为 $1650~1750℃$，化学稳定性高，除溶于氢氟酸以外，不溶于任何强酸，但能溶于强碱溶液中。

b 黏土质隔热耐火砖和高铝质隔热耐火砖

黏土质隔热耐火砖和高铝质隔热耐火砖结构都均匀，闭口气孔多，隔热性能好，热导率低，强度高。在使用中能保持炉温均衡，可减少散热损失，适用于各种工业窑炉及热工设备上的隔热层、保温层。其主要技术指标见表3-11。

表3-11 黏土质隔热耐火砖（GB/T 3994—2013）、高铝质隔热耐火砖
（GB/T 3995—2014）主要技术指标

牌号		高铝砖					黏土砖				
		LG-1.0	LG-0.9	LG-0.8	LG-0.7	LG-0.6	NG-1.3	NG-1.0	NG-0.8	NG-0.7	NG-0.6
化学成分/%	Al_2O_3	≥48					≥33				
	Fe_2O_3	≤2					≤2				
体积密度/g·cm⁻³		1.0	0.9	0.8	0.7	0.6	1.3	1.0	0.8	0.7	0.6
耐压强度/MPa		≥4.0	≥3.5	≥3.0	≥2.5	≥2.0	≥4.5	≥3.0	≥2.5	≥2.0	1.5
重烧线变化≤2%的实验温度/℃		1400	1400	1400	1350	1350	1400	1350	1250	≥1250	1200
热导率（250℃±25℃）/W·(m·K)⁻¹		≤0.50	≤0.45	≤0.35	≤0.35	≤0.30	0.55	0.5	0.35	0.35	0.25

c 漂珠砖

漂珠砖是精选优质漂珠，辅以高铝原料、耐火黏土、外加剂，经机压成形、高温烧结而成的高强度轻质漂珠隔热耐火砖，分为黏土质（PGN）和高铝质（PCL）两大系列。漂珠砖具有强度高，体积密度小，耐火度高，热导率小，保温隔热性能好等特点，使用温度在1400℃以下，可广泛应用于各类工业窑炉的隔

热层和热工管道的保温层。外观规则，表面平整，尺寸精确，可根据用户需要制成异型和特异型产品。漂珠砖主要技术指标见表 3-12 和表 3-13。

表 3-12 高强度轻质漂珠隔热耐火砖技术性能

牌号	PGN 系列					PGL 系列			
体积密度/g·cm⁻³	0.4	0.6	0.8	1.0	1.3	0.6	0.8	1.0	1.3
耐压强度/MPa	1.6	3.0	5.0	7.0	9.0	4.0	6.0	8.0	10.0
热导率（350℃±25℃)/W·(m·K)⁻¹	0.17	0.21	0.30	0.35	0.40	0.25	0.30	0.35	0.40
重烧线变化不大于 2%的试验温度/℃	1150	1200	1250	1350	1400	1350	1400	1400	1450

表 3-13 PG 系列轻质高强漂珠砖

牌号	PGN 系列					PGL 系列			
体积密度/g·cm⁻³	0.4	0.6	0.8	1.0	1.3	0.6	0.8	1.0	1.3
耐压强度/MPa	1.6	3.0	5.0	7.0	9.0	4.0	6.0	8.0	10.0
热导率（350℃±25℃)/W·(m·K)⁻¹	0.17	0.21	0.30	0.35	0.40	0.25	0.30	0.35	0.40
重烧线变化不大于 2%的试验温度/℃	1150	1200	1250	1350	1400	1350	1400	1400	1450

d 复合硅酸盐保温材料（涂料）

复合保温材料是由天然含铝镁硅酸盐的纤维状矿物，加入一定量的硅酸盐材料填充如膨胀珍珠岩、超细玻璃棉、硅酸铝纤维等，再加入一定量的黏结剂、添加剂经复合加工而成。它们的共同点是施工方便，具有较强的黏结力及可塑性，一般情况下不用铁丝网捆扎，可随意造型，分几次涂抹就可达到厚度要求。对人体无刺激，无毒、无污染。对被保温物体不腐蚀，耐酸、耐碱、耐盐、耐油性能好，还能起到隔音作用。焦炉上主要用于废气交换开闭器和蓄热室封墙外表面。

FBC、FBT 是两个系列复合保温材料，其主要技术性能见表 3-14。

表 3-14 复合保温材料 FBC、FBT 两种材料技术性能

检验项目	FBC（标准）	FBT（标准）	检验项目	FBC（标准）	FBT（标准）
浆体密度/kg·m⁻³	≤1000	≤1000	憎水度/%	≥98	≥98
干密度/kg·m⁻³	≤250	≤220	耐酸性（24h 无变化)	HCl(NaCl)无变化	30%盐酸浸泡无变化
pH 值	7~8	7~8			
稠度		11~12	耐碱性（24h)	NaOH 无变化	40% NaOH浸泡无变化
黏结力/N	≥1000	≥1000			
抗压强度/MPa	>0.3	>0.4	耐油性（24h)	变压器油无变化	机油浸泡无变化
最高使用温度/℃	400	800(1h)	热导率/W·(m·K)⁻¹	≤0.14	≤0.12
最低使用温度/℃	-25	-25（2h)			

e 陶瓷纤维布（带、绳、线等）

陶瓷纤维布（带、绳、线等）是以陶瓷纤维为主要原料，采用玻璃纤维或耐热钢丝作为增强材纱线，采用不同的纺织工艺和设备，编织成布、带、绳等陶瓷纤维织品。其可用于各种工业窑炉及烟道的隔热与密封。其产品技术性能见表3-15。

表3-15 陶瓷纤维布（带、绳、线等）技术性能

项 目	不锈钢丝增强陶瓷纤维	玻璃长丝增强陶瓷纤维
最高工作温度/℃	1050	650
熔点/℃	1760	1760
密度/kg·m^{-3}	350~600	350~600
热导率（ASTM C201，平均800℃）/W·(m·K)$^{-1}$	0.17	0.17

3.2.2.10 焦炉用耐火泥料

焦炉用耐火泥基本要求：在常温下以水和其他溶剂调和后应具有良好的黏结性和可填塞能力，以利砌筑；干燥后应有较小收缩性，以防砖缝干固时开裂；在使用温度下能发生烧结，以增加砌体的强度和严密性；为了砌筑方便，应有一定的保水能力，使砌筑时有较好的柔和性。

砌筑焦炉用耐火泥分为硅火泥和黏土火泥。硅火泥分高温（>1500℃）、中温（1350~1500℃）和低温（1000~1350℃）三种。中温硅火泥用于砌筑焦炉斜道区的中、上部和燃烧室；低温硅火泥用于砌筑蓄热室中部到斜道区下部区间。蓄热室下部则采用加8%~10%水玻璃的低温硅火泥砌筑，以降低火泥的烧结温度。黏土火泥用于砌筑黏土砖，砌筑焦炉顶面砖时，应在黏土火泥中加硅酸盐水泥和石英砂。

A 硅火泥

硅火泥是应用硅石、废硅砖和结合黏土配制成的，目前使用的硅质耐火泥浆技术性能（YB/T 384—2011）见表3-16。

表3-16 焦炉用硅质耐火泥浆技术性能（YB/T 384—2011）

项 目		指 标	
		JGN-92	JGN-85
耐火度，耐火锥号（WZ）		167	158
冷态抗折黏结强度/MPa	110℃干燥后	≥1.0	≥1.0
	1400℃×3h烧后	≥3.0	≥3.0
黏结时间/min		1~2	1~2

续表 3-16

项　目		指　标	
		JGN-92	JGN-85
粒度组成 /%	+1mm	≤3	≤3
	−0.074mm	≥50	≥50
化学成分/%	SiO_2	≥92	≥85
0.2MPa 荷重软化开始温度/℃		≥1500	≥1420

在硅质泥浆中配入部分硅砖粉，不但可以减小泥浆的线膨胀，而且能大大地改善硅砖之间在高温下的黏结性能。结合黏土可以调整泥浆的稳定性、烧结强度、化学成分、耐火性能，其使用量一般为 3% 左右。化学黏结剂可以调整泥浆的黏结时间、黏结力和烧结性能。为了改善硅火泥砌筑性能（可柔性）和烧结性能（剪切黏结强度），前者主要有糊精、膨润土粉料、羧甲基纤维素等，配加量 1%~3%，后者有硼砂（$Na_2B_4O_7 \cdot 10H_2O$）、氟硅酸钠、磷酸盐、碳酸钠和亚硫酸纸浆废液等。这些添加剂呈碱性，使 SiO_2 不易沉淀，水解后产生 NaOH，出现玻璃相，既改善泥浆结合力，又促进石英转化为鳞石英，配加量 0.5%~1%。

B　黏土火泥

黏土火泥一般用 60%~80% 的熟黏土粉和 20%~40% 的生黏土粉配制而成，其颗粒组成≤2mm 的占 100%，≤1.0mm 的不小于 97%，≤0.125mm 的不小于 25%。黏土火泥中 Al_2O_3 含量为 35%~48%，SiO_2 含量≤60%，耐火度应大于 1650℃。火泥越细，火泥与砖之间的抗剪强度越低。黏土火泥中，生黏土（又称结合火泥）是黏结剂，它可以提高火泥的可塑性，降低透气率，但其收缩性大，易产生裂纹。生黏土含量增多，将导致火泥的收缩性增加及抗剪强度下降，通常生黏土加入量不超过 22% 为佳。黏土火泥中的熟料可以增加火泥的强度，它的收缩性小，不易产生裂纹，但也不宜多加，否则泥料透气率高、黏结性小。现行的《黏土质耐火泥浆》理论指标（GB/T 14982—2008），见表 3-17。黏土火泥一般用于大型焦炉的炉顶、蓄热室封墙等部位的砌筑。

表 3-17　黏土质耐火泥浆理化指标（GB/T 14982—2008）

项　目		指　标				
		NN-30	NN-38	NN-42	NN-45A	NN-45B
耐火度/℃		≥1630	≥1690	≥1710	≥1730	≥1730
Al_2O_3 含量/%		≥30	≥38	≥42	≥45	≥45
冷态抗折黏结强度 /MPa	110℃ 干燥后	≥1.0	≥1.0	≥1.0	≥1.0	≥2.0
	1200℃×3h 烧后	≥3.0	≥3.0	≥3.0	≥3.0	≥6.0
0.2MPa 荷重软化温度/℃						≥1200

3.2.3 大型捣固焦炉

2006 年,中冶焦耐开发设计了 6.25m 捣固焦炉,并于 2009 年 3 月 3 日在河北唐山佳华工程成功投产,它使我国捣固炼焦大型化技术达到了世界先进水平。唐山佳华工程采用 4×46 孔炭化室高 6.25m 大型捣固焦炉,年产干全焦 220 万吨,捣固焦炉主要工艺参数见表 3-18。

表 3-18 JND625-06 型复热式捣固焦炉主要工艺参数

序号	项 目	单位	JND625-06
1	炭化室全长(冷)	mm	17000
2	炭化室全高(冷)	mm	6170
3	炭化室平均宽	mm	530
4	炭化室锥度	mm	40
5	炭化室中心距	mm	1500
6	立火道中心距	mm	480
7	炭化室墙体厚度	mm	100
8	炭化室有效容积	m^3	51.4
9	每孔炭化室装煤量(干)	t	45.6
10	焦炉周转时间	h	24.5
11	每孔年产焦量	t	12065
12	加热水平高度	mm	850
13	焦炉极限负荷(SUGA 值)	kPa	>11
14	焦饼高宽比		6000/470 = 12.77

3.2.3.1 炉体结构

6.25m 捣固焦炉为双联火道、废气循环、焦炉煤气下喷、高炉煤气和空气侧入的复热式焦炉,结构严密合理,加热均匀,热工效率高。

(1)立火道隔墙用沟舌异型砖砌筑,增强燃烧室结构强度和炉墙整体性;燃烧室盖顶大砖采用在单个火道或 1 对火道内设拱结构,可以有效地把炉顶的重量及负荷分散到立火道隔墙上,使砌体受力均匀;加大炭化室底以上第 1 层炉墙砖和炭化室铺底砖的厚度,以适应捣固炼焦操作特别是装煤操作的要求;燃烧室炉头采用高铝砖与硅砖组成直缝炉头结构,避免了烘炉时二者高向膨胀不一致和开工初期炉头荒煤气泄漏;蓄热室封墙采用硅砖-无石棉硅酸钙隔热板-隔热砖-新型保温材料抹面的结构,改善了严密性和炉头加热,减少了热损失。

(2)蓄热室主墙用带有三条沟舌的异型砖相互咬合砌筑,且蓄热室主墙砖煤气道管砖与蓄热室无直通缝，蓄热室单墙为单沟舌结构，用异型砖相互咬合砌筑，保证炉墙的整体性和严密性。

（3）为保证炭化室高向加热均匀，设计采用了加大废气循环和设置焦炉煤气高灯头等措施。设计上将斜道口阻力增加，减小蓄热室顶部的吸力，相对改小外界与炉头蓄热室的压力差，减少蓄热室的漏气率。

（4）将焦炉炉墙的极限侧负荷增大至 11kPa，提高了焦炉炉体强度，丙增加了炭化室铺底砖的厚度，提高铺底砖的耐磨性。导烟车轨道基础设计到燃烧室上，防止炭化室过顶砖被压断，同时便于炉顶排水。

（5）炉头单独加热技术，6.25m 捣固焦炉蓄热室内除设有中间隔墙外，还在机、焦侧炉头单独分格，通过下调方式独立于炉组中部单独调节炉头 1 对火道的供热量，避免炉头出现高温损坏砌体。

3.2.3.2　工艺装备

捣固焦炉的炉门及护炉铁件采用了弹性刀边、弹簧门栓、悬挂式及腹板可调的空冷炉门，炉门密封性好，对位重复性好且易于维护。采用工字形大保护板、箱型断面的厚炉框，且主要材质选用蠕墨铸铁，使炉框和保护板具有足够的热态强度，以满足捣固焦炉砌体需要施加足够保护力的要求。采用焊接"H"型钢炉柱，高向多线弹性力保护使得砌体受力更加均匀。

6.25m 捣固焦炉的工艺装备除具备上述特点外，还在以下方面进行了改进：

（1）吸气管调节阀侧面增设快速开闭调节系统，可以更好地控制装煤操作时集气管的压力。

（2）纵拉条和上、下部横拉条中的弹簧用能测力的液压装置进行调节，操作方便、省时快捷。

（3）设置事故煤槽及煤饼倒塌事故处理系统。

煤事故处理装置主要由事故煤槽、煤槽下余煤胶带运输机、炉前余煤溜槽和余煤胶带运输机组成。事故煤槽在生产中一是做煤饼实验用，当生产不稳定时，需要做实验来验证煤饼的稳定性，并分析煤饼倒塌原因；二是当装煤煤饼损坏，不能继续装入炭化室时，事故煤饼要在此处处理；三是车辆运行中可能会出现误差，托煤板的长度会因为某些原因发生变化，操作一段时间后可在此位置检修及效验。

3.2.3.3　焦炉机械

焦炉机械按一次对位、5-2 推焦串序操作，整机实现单人操作，同时可配备炉号识别、自动对位系统，实现了车辆内部及各车辆间的安全联锁[2]。

6.25m 捣固焦炉平面布置如图 3-10 所示。捣固装煤推焦车结构如图 3-11 所示。

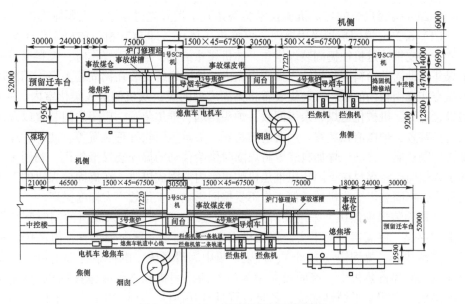

图 3-10 6.25m 捣固焦炉平面布置图

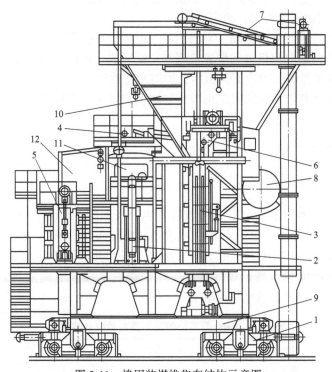

图 3-11 捣固装煤推焦车结构示意图

1—走行机构；2—推焦机构；3—捣固箱；4—煤料计量加料机构；5—摘门机；6—捣固机；
7—倒塌煤料输送机；8—压缩空气包；9—承重钢结构；10—煤斗；11—司机室；12—配电室

　　6.25m 捣固焦炉的焦炉机械技术装备达到了世界先进水平，主要体现在：

　　（1）6.25m 捣固焦炉采用捣固装煤推焦一体机，即 SCP 机，该机工作于焦炉机侧，由皮带输送机往捣固装煤推焦一体机煤斗给煤，当捣固操作时，煤料通过车上煤斗借助摇动给料器将煤输入捣固箱内。捣固系统安装在捣固箱上面，用落锤机械夯实捣固箱内的煤料，装煤装置将捣固成型的煤饼从机侧送入炭化室内。SCP 机设置走行、机械化送煤、余煤回收、炉头挡烟、推焦装置、启闭炉门装置以及炉门清扫装置、炉框清扫装置、炉台清扫装置、头尾焦回收处理装置等，此外，还有煤饼切割功能。移动运煤加料装置将煤随时供给移动的捣固装煤推焦机，利用多锤固定式捣固机将煤料在捣固装煤推焦机的煤箱内捣固成煤饼，在捣固成煤饼的工作过程中，捣固装煤推焦机的任何工作不受捣固影响，工作效率大幅度提高。

　　在捣固装煤推焦机上采用煤饼顶部表面处理装置，在装入煤饼的同时刮平煤饼上的浮煤，使煤饼顶面平实。捣固机由安全挡装置、导向辊装置、提锤传动装置、停锤装置、捣固锤（32 个）、机架、集中润滑系统、电控系统等组成，并安装在捣固装煤推焦机上。捣固设备由 4 组 6 锤捣固机和 2 组 4 锤捣固机组成，6 组捣固机之间用水平销轴连接，各自位置具有互换性。锤杆和摩擦轮上的摩擦材料使用寿命不小于 1.5 年。捣固 1 个煤饼时间 ≤7min，装煤煤饼密度达 1.0t/m³（干）以上，煤饼密度均匀，稳定性好。

　　（2）推焦杆采用变频驱动，有利于减小振动、平稳推焦。

　　（3）SCP 机的取门机具有位置检测和记忆功能，可以精确开闭炉门，且开闭炉门的位置重复性好，刀边不易损坏，炉门密封性好。

　　（4）SCP 机装煤装置设置了由液压缸驱动的支架，以缩短装煤时煤槽底板的悬臂长度。

3.2.4　代表炉型介绍

3.2.4.1　JN60 型焦炉

　　JN60 型焦炉是中冶焦耐在总结国内外焦炉技术的基础上，开发的一种砖型少、调节方便的大容积焦炉，具有技术成熟、投资低、占地小、操作管理方便等显著特点，推动了全国焦炉从中型向大型的发展。其常用炉型设计为双联火道、废气循环、单段加热、高炉煤气侧入、焦炉煤气下喷、下调复热式顶装焦炉。JN60 型焦炉主要技术参数见表 3-19。

表 3-19　JN60 型焦炉的主要技术参数（冷态）

序号	项　目	单　位	JN60
1	炭化室长	mm	15980
2	炭化室平均宽	mm	450
3	炭化室高	mm	6000

序号	项　目	单　位	JN60
4	炭化室有效容积	m³	38.5
5	炭化室中心距	mm	1300
6	立火道中心距	mm	480
7	每孔装煤量（干）	t	28.5
8	周转时间	h	19
9	每孔年产焦量	t	9855

3.2.4.2　7.63m焦炉

2003年，兖矿集团引进德国7.63m超大容积焦炉二手设备，并于2006年建成投产了我国第一座7.63m焦炉。其后又有太钢、马钢、武钢、首钢、沙钢等相继建设7.63m焦炉，7.63m焦炉的引进掀起了中国焦炉大型化的热潮。

A　7.63m焦炉工艺概述

超大型7.63m焦炉是德国伍德公司（UHDE）设计开发的既有废气循环又含燃烧空气分段供给的"组合火焰型"（COMBIFLAME）焦炉，为双联火道、分段加热、废气循环，焦炉煤气、低热值混合煤气、空气均下喷，蓄热室分格的复热式超大型焦炉，具有结构先进、严密、加热均匀、热工效率高、作业自动化程度高等特点。

B　7.63m焦炉炉体结构特点

（1）焦炉基础和烟道。与传统焦炉不同，7.63m焦炉操作走台的设置在蓄热室上部，与炭化室底部有一定距离，而且焦侧拦焦车的轨道不再设计在焦侧走台上，因此机焦侧操作走台边缘均设计有安全栏杆，该栏杆不会影响推焦车、推焦杆和拦焦车的正常运行。而且焦侧走台没有拦焦车行走时的振动，使焦侧走台更加严密。焦炉为单侧烟道设计，仅在焦侧设置废气盘，优化烟道环境。

（2）蓄热室。7.63m焦炉蓄热室为煤气蓄热室和空气蓄热室，上升气流时，分别只走煤气和空气，均为分格蓄热室。每个立火道独立对应2格蓄热室构成1个加热单元。蓄热室底部设有可调节孔口尺寸的喷嘴板，喷嘴板的开孔调节方便、准确，并使得加热煤气和空气在蓄热室长向上分布合理、均匀。蓄热室主墙和隔墙结构严密，用异型砖错缝砌筑，保证了各部分砌体之间不互相窜漏。由于蓄热室高向温度不同，蓄热室上、下部分别采用不同的耐火材料砌筑，从而保证了主墙和各分隔墙之间的紧密接合。在小烟道的上方和蓄热室下方，安装有喷嘴板代替传统的算子砖。

（3）燃烧室。7.63m焦炉每个燃烧室分成18对立火道，每对立火道构成1

个双联火道，立火道下部设有废气循环孔，上部设有跨越孔。焦炉设计成分 3 段加热，分别在立火道底部和隔墙内分段供给空气，即入炉空气分 3 段供应进入立火道为了适应不同收缩特性煤和结焦时间变化，减少炉顶空间过多生成石墨并消除因此造成的推焦阻力增大问题，同时保证炭化室上部焦饼能完全成熟，该焦炉采用了可调节的跨越孔，可以升高或降低炉顶空间温度。

（4）7.63m 焦炉的其他技术，如煤塔装煤称量装置、可控压力护炉铁件系统、弹性自封炉门（FLEXITDoor）、装煤车快速装煤技术等。7.63m 焦炉在我国的建设有许多经验，也有教训，7.63m 焦炉尚有亟待解决的技术难题，如炉顶空间温度高导致炉顶空间和上升管根部结石墨严重、炼焦耗热量高（平均比 6m 焦炉高 8% 左右）、化产品质量不稳定（焦油产率及轻苯产率明显降低。煤气成分也呈现一定幅度波动）、焦炉加热调节手段不畅、操作维护费用高等。因此，7.63m 焦炉在我国的使用与推广还有许多课题需要进一步深入研究。7.63m 焦炉的主要技术参数见表 3-20。

表 3-20　7.63m 焦炉的主要工艺技术参数

序号	项　　目	单位	兖矿	太钢	武钢、马钢	首钢	沙钢
1	炭化室全长（冷/热）	mm	18560/18800		18560/18800		
2	炭化室高（冷/热）	mm	7540/7630		7540/7630		
3	炭化室平均宽（冷/热）	mm	623/610		603/590		
4	炭化室有效容积（热）	m³	78.84		76.25		
5	炭化室中心距	mm	1650		1650		
6	立火道中心距	mm	480		480		
7	每孔炭化室装干煤量	t	59.13		57.19		
8	每孔年产量	t	15882		15208		
9	焦炉周转时间	h	25		25.2		
10	加热水平高度	mm	1210	1110	1210	1440	1500

3.2.4.3　JNX70 和 JNX3-70 型焦炉

为适应我国钢铁企业建设大型焦炉的需要和炼焦煤的资源情况，中冶焦耐在总结国内 JN 系列焦炉经验及 8m 实验炉实验数据的基础上，借鉴国外大型先进焦炉的长处，于 2005 年自行开发设计了炭化室高 6.98m、宽 450mm 的 JNX70-2 型焦炉。JNX70-2 型焦炉是双联火道、废气循环、焦炉煤气下喷、高炉煤气侧入、下调复热式焦炉，具有结构严密合理、热工效率高、投资省等优点。2008 年 2 月率先在河钢邯钢集团邯宝公司焦化厂建成投产，随后在鞍钢鲅鱼圈、本溪钢铁公司、天津天铁公司和河北峰煤集团共有 16 座 JNX70-2 型焦炉相继投产。

为适应国内外严格控制焦炉烟道废气中 NO_x 量的要求，中冶焦耐在总结国内外多段加热焦炉设计理念的基础上进行了创新，于 2007 年又开发设计了炭化室高 6.98m 的 JNX3-70-1 和 JNX3-70-2 型焦炉，其共同特点是双联火道、废气循环、多段加热、焦炉煤气下喷、贫煤气和空气侧入、下调复热式。JNX3-70-1 和 JNX3-70-2 型焦炉的最大特点是采用多段加热，即贫煤气加热时，贫煤气和空气分三段供给，焦炉煤气加热时，空气分三段供给。使燃烧过程基本在供氧不足的情况下进行，以降低燃烧强度，降低燃烧温度，从而减少 NO_x 的生成。此外，JNX3-70-1 和 JNX3-70-2 型焦炉还加大了废气循环量，焦炉煤气采用高灯头，既保证炭化室高向加热的均匀性，也可以进一步减少 NO_x 产生。经测算，JNX3-70-1 和 JNX3-70-2 型焦炉用焦炉煤气加热时，烟道废气中 NO_x 浓度低于 $500mg/m^3$，用贫煤气加热时，烟道废气中 NO_x 浓度低于 $350mg/m^3$，达到国际先进水平。

与 JNX70-2 型焦炉相比，JNX3-70-1 和 JNX3-70-2 型焦炉炭化室宽度分别加宽至 500mm 和 530mm，炭化室长度也分别加长至 17640mm 和 18640mm，使炭化室容积比 JNX70-2 型焦炉加大 15.8% 和 32.7%。炭化室容积的扩大增加了单孔炭化室的焦炭产量，在相同焦炭产量的情况下，减少了每天打开各炉口的次数，密封面长度也相应减小，从宏观上减少了污染物排放量。另外，炭化室加宽后，结焦时间延长，单孔炭化室操作时间也相应延长，有利于焦炉和干熄焦的稳定操作。

JNX70 和 JNX3-70 型焦炉在设计上充分吸收了 6m 焦炉和 7.63m 焦炉设计和生产上的经验和教训，在焦炉炉体、焦炉机械、焦炉工艺和环保水平等诸多方面已有了本质的提升，均已达到了国际先进水平且成熟可靠。JNX70 型焦炉主要技术参数见表 3-21。

表 3-21 JNX70 型焦炉主要技术参数

序号	项目	单位	JNX-70-2	JNX3-70-1	JNX3-70-2
1	炭化室平均宽	mm	450	500	530
2	炭化室（冷/热）	mm	6980/7071	6980/7071	6980/7071
3	炭化室长	mm	16960	17640	18640
4	每孔有效容积	m^3	48	55.6	63.7
5	炭化室中心距	mm	1400	1500	1500
6	立火道中心距	mm	480	500	500
7	每孔装煤量（干）	t	36	41.7	47.78
8	加热水平高度	mm	1050	1100	1150
9	周转时间	h	19	22	23.8
10	每孔年产焦量	t	12656	13265	13188

3.2.4.4 SWJ73-1 型焦炉

SWJ73-1 型焦炉是山东省冶金设计院与意大利 PW 公司在中国焦化行业采用独家合作的方式,将其智能、先进、环保焦炉技术及设计理念引入国内,共同研发的大容积焦炉,并首次在山钢集团日照精品基地 7.3m 焦炉项目上得到应用。SWJ73-1 型焦炉结构设计主要技术参数见表 3-22。

表 3-22　SWJ73-1 型焦炉主要技术参数 (热态)

序号	项　　目	单位	SWJ73-1 型焦炉
1	炭化室全高	mm	7305
2	炭化室有效高	mm	6895
3	炭化室全长	mm	19846
4	炭化室有效长	mm	18856
5	炭化室平均宽度	mm	550
6	焦侧	mm	585
7	机侧	mm	515
8	炭化室锥度	mm	70
9	炭化室有效容积	m³	71.5
10	炭化室中心距	mm	1650
11	炭化室墙厚	mm	90
12	立火道中心距	mm	520
13	立火道个数	个	36
14	装煤孔个数	个	4

SWJ73-1 焦炉特色技术有以下几个方面。

A　大容积宽炭化室技术

炭化室平均宽度为 550mm,全长 19846mm,单孔容积 71.5m³,同等高度系列焦炉单孔容积最大,同等规模焦炉所需炭化室孔数少,占地面积小。

B　低氮节能燃烧技术

SWJ73-1 型焦炉采用两段加热、双联火道、废气循环、蓄热室分格及薄炉墙等技术,并且采用 FAN 火焰分析系统 (焦炉加热系统数据库及仿真模拟系统)分析焦炉燃烧室燃烧情况,最优化焦炉炉体及加热系统设计,保证炉体高向加热均匀性,减少氮氧化物和上升管根部石墨的产生,且降低炼焦耗热量。

（1）两段加热技术。焦炉燃烧室分两段供给空气进行燃烧，相比加热煤气和空气均分段供给的焦炉，空气两段供给方式既达到了拉长立火道火焰的目的，又不至于使燃烧室各燃烧点温度和炉顶空间温度过高，有利于炉体高向加热的均匀性，且减少了焦炉氮氧化物和上升管根本石墨的产生。

（2）双联火道及废气循环技术。焦炉燃烧室由 36 个共 18 对双联火道组成，在每对立火道隔墙间上部设有跨越孔，下部设有废气循环孔，将下降火道的废气吸入上升火道的可燃气体中，起到拉长火焰的作用，有利于焦炉高向加热的均匀性，同时降低燃烧点温度，减少氮氧化物的产生。

（3）分格蓄热室技术。焦炉蓄热室分为煤气蓄热室和空气蓄热室，蓄热室沿焦炉机焦侧方向分为 18 格，每一格蓄热室下部设可调节孔口尺寸的调节板来控制单格蓄热室的气流分布，使加热混合煤气和空气在蓄热室长向分布更加均匀，有利于焦炉长向加热的均匀性。

（4）薄炉墙技术。炭化室炉墙厚度设计为 90mm，薄炉墙导热性好，热效率高，降低了焦炉加热的能耗及立火道温度，从源头上减少了氮氧化物的产生。

C 四段式保护板技术

通过护炉铁件系统有限模型分析焦炉炉体不同部位在煤干馏膨胀压力、推焦力等作用下的受力情况，最优化护炉铁件系统设计，保护板优化设计为四段式结构，有效消除机械应力和保护板的弯曲，最大限度地避免保护板的变形，使保护板始终与炉体紧密贴合，有效延长了炉体寿命，减少炉体冒烟冒火问题。

D 焦炉炉内脱硝技术

在蓄热室底部加设了一套氨水喷洒系统，氨水喷洒压力 500Pa 左右，由地下室顶板向各格蓄热室插入一根不锈钢管喷入氨水，氨气在 950~1050℃ 环境下与烟气反应生成 N_2 和 H_2O，钢管插入深度距离蓄热室底部约 4.5m。在两根氨水主管道上各安装一个气动控制阀，两个阀体的开闭与焦炉加热换向保持同步，确保氨水喷入下降蓄热室。焦炉炉内脱硝技术，不使用催化剂，无二次污染，一次投资和运行成本低，仅为炉外脱硝的 20%。

E SOPRECO 单孔调压技术

该型焦炉采用的 SOPRECO 单孔调压系统为半球型回转阀结构，与其他形式的单孔调压系统相比，结构简单，故障率低，运行稳定可靠。具体介绍见 3.2.4 节内容。

F 非对称式烟道技术

利用流体力学特性，根据焦炉机焦侧炭化室锥度的特点，从机侧到焦侧需要更多加热煤气量且相应产生更多废气量，废气开闭器及烟道布置在焦炉焦侧，混合煤气及空气导入装置布置在焦炉机侧。非对称式烟道技术便于调节从机侧到焦侧各立火道煤气流和空气流，且便于废气流的排出，有利于焦炉长向加热的均匀性。另外，单孔烟道的废气开闭器和混合煤气及空气导入装置减少一半，有利于节省设备投资。

G　SUPRACOK 焦炉二级自动化系统

该系统是一套焦炉燃烧模型控制与生产优化系统，系统集数学模型和监督指导功能于一体，具有焦炉自动加热调节与控制、结焦过程监控、装煤和推焦作业计划编排及协调，以及与一级自动化系统和其他计算机系统的数据通信等功能，可达到如下效果：

（1）提高焦炉操作稳定性、安全性和生产率；

（2）减少加热燃气消耗，降低炼焦耗热量；

（3）减少氮氧化物生产，易于达到环保要求；

（4）提高和稳定焦炭质量；

（5）延长焦炉炉体寿命；

（6）为操作者提供及时、准确和综合的信息。

3.2.5　焦炉大型化所面临的技术管理难题

（1）炉顶空间挂结石墨。武钢、马钢、太钢 7.63m 焦炉炉顶及上升管根部挂结石墨情况比较严重，主要原因是加热水平设计偏低导致炭化室炉顶空间温度过高。最初的 7.63m 焦炉加热水平设计为 1210mm，且设计了可调节的跨越孔，设计原意是通过调节跨越孔的高度来改善炉体的高向加热性。德国在设计 7.63m 焦炉时，加热系统的设计主要是侧重于富煤气加热的情况，但在国内尤其钢焦联合企业使用混合煤气加热比较普遍，由于贫煤气自身良好的高向加热性，再加上空气三段燃烧加热，导致炭化室顶部空间温度过高，可调节跨越孔的效果不理想。首钢京唐及沙钢投产的 7.63m 对加热水平进行了调整，分别为 1440mm、1500mm，国内典型钢铁公司 7.63m 焦炉加热水平设置情况见表 3-23。

表 3-23　国内典型钢铁公司 7.63m 焦炉炉顶空间温度情况

厂家	武钢	马钢	太钢	沙钢	首钢京唐	
					一期	二期
加热水平/mm	1210			1500	1440	1500
炉顶空间温度/℃	917	912	928	840	870	790

由表 3-23 数据可见，加热水平适当提高后在一定程度上降低了炉顶空间温度，但仍没有从根本上解决炉顶空间温度高的问题。

对于炭化室平均宽度为 590mm 的 7.63m 焦炉，一般要求黏结性和结焦性好且挥发分小于 25% 的配合煤，而国内煤的挥发分一般都偏高，在 25%~27% 左右, 这也是造成7.63m焦炉炉顶空间温度偏高的原因。为降低炉顶空间温度, 太钢采取堵塞立火道跨越孔, 武钢、沙钢采取适当降低标准温度等措施, 兖矿国际焦化把加热水平改为1650mm, 要彻底解决炉顶空间结石墨问题是一个系统工程, 需要业内同行进一步研究和探索。

(2) 部分热工及操作指标偏低。7.63m焦炉与6m焦炉炉体结构有很大差异, 如7.63m焦炉为高炉煤气和空气均侧入, 蓄热室分格、单侧烟道; 用低热值混合煤气加热时, 煤气和空气均用小烟道顶部的金属喷射板调节; 单侧小烟道; 3段供给空气进行分段燃烧、蓄热室顶部不设测温孔; 另外7.63m焦炉推焦作业采用2-1串序。正是由于上述原因, 使得7.63m焦炉的直行温度均匀系数、横墙温度系数、推焦作业系数较低。

1) 直行温度均匀系数: 我国焦炉从4.3m、6.0m再到7.63m, 推焦串序也随之由9-2、5-2再到2-1, 也就是说推焦炭化室与装满炭化室的距离间隔越来越小。沙钢在焦炉投产初期直行温度稳定性差, 采用加大暂停加热时间、减小烟道吸力的措施以改善直行温度的均匀性。

2) 横墙温度系数: 7.63m焦炉蓄热室顶部无测温孔, 蓄顶温度和吸力均无法测量, 机焦侧温差和进入各立火道煤气量的粗调节, 势必影响各火道的分配。为调节横墙温度, 太钢对高炉煤气孔板尺寸进行调整, 武钢将普通碳钢喷射板更换为不锈钢材质, 沙钢普遍加大煤气喷嘴板尺寸。

3) 推焦作业系数: 7.63m焦炉是机械化和自动化水平最高的焦炉之一, 程序复杂, 维护困难, 且装煤车故障较频繁, 影响按时推焦和装煤作业, 常使推焦作业系数失常。

(3) 炭化室压力单调 (PROven) 系统不稳定。PROven系统的应用从根本上解决了超大型焦炉炭化室压力波动过大的问题, 同时也解决了炉顶装煤阵发性烟尘的逸散问题, 取代了装煤除尘装置, 但是, 该技术在应用过程中也存在以下缺点:

1) 集气管负压操作使荒煤气的成分发生微妙变化, 引起了煤焦油及粗苯质量不稳, 含渣量大, 尤其系统发生故障、固定杯自动清洗过程中及其他原因可能造成炭化室出现负压状态, 导致煤气含氧量出现瞬时较大波动。

2) 系统设备相对复杂, 检修维护量大, 技术难度高。

3) 系统设备逐渐国产化后, 控制设备存在质量不过关的可能, 会导致系统的故障率偏高。

(4) 化产品收率较低。由于炉顶空间温度高导致化产品产率下降, 焦油产率和粗苯产率明显降低, 煤气成分也呈现一定幅度的波动。马钢、武钢等厂的数据说明, 焦油产率低于3.5%, 粗苯产率低于0.8%, 且焦油质量变差, 粉尘和甲苯不溶物明显增加。

3.3　大型焦炉工艺技术

3.3.1　焦炉炭化室压力调节系统

3.3.1.1　PROven 系统

PROven（Pressure Regulated Oven System）系统是与现代大容积焦炉相配套的炭化室压力单孔调节系统，是由伍德（Uhde）独立研发设计的。

A　PROven 系统设计思想

与负压为 300Pa 集气管相连的每个炭化室，从开始装煤至推焦的整个结焦时间内压力可随煤气发生量的变化而自动调节，从而实现在装煤和结焦初期负压操作的集气管对炭化室有足够的吸力，使炭化室内压力不致过大，以保证荒煤气不外逸，而在结焦末期又能保证炭化室内不出现负压。该系统从根本上要解决两大问题：一是装煤时产生的烟尘；二是随结焦过程的不断进行，炭化室始终保持稳定的微正压，从而有效解决炭化室压力过大导致冒烟及炭化室负压吸入空气导致焦炉窜漏甚至影响焦炉寿命的难题。该系统设计有手动和自动两种调节方式，可实现全自动无人化操作。

B　PROven 系统原理

a　系统控制原理

首先确定炭化室压力和集气管压力，由于固定杯大小一定，皇冠管沟槽面积一定，当固定杯中液位在一个确定值 H_1 时，就对应一个确定的皇冠管沟槽面积 S_1，而皇冠管沟槽面积也就是荒煤气的流通面积 S，于是就确定了荒煤气流通面积的函数 $S=f(H)$，控制液位的高低，也就控制了荒煤气的流通面积，也就控制了集气管的压力。

b　系统工作原理

在焦炉正常生产中，集气管内喷洒的氨水流入固定杯内，压力传感器将检测到的上升管部位压力信号及时传到执行机构控制器，控制器发出指令后执行机构控制活塞杆带动杯口塞升降，调节固定杯出口大小从而控制杯内的水位，也就是控制了荒煤气的流通面积，可使炭化室始终保持在微正压状态。

在装煤和结焦初期，炭化室产生大量荒煤气，压力增高，此时压力控制装置通过执行机构，活塞杆将杯口塞提升，使固定杯下口全开，桥管内喷洒的氨水全流入集气管，在杯内不形成任何水封，大量荒煤气以最小阻力导入集气管，防止炭化室内压力过大。而在结焦末期，压力控制装置通过执行机构带动活塞杆使杯口关闭，大量氨水迅速充满固定杯，形成阻断桥管与集气管的水封，以维持炭化室的正压。在结焦过程中则可通过压力控制装置自动调节固定杯内的水封高度，从而实现对炭化室内煤气压力的自动调节。

推焦时，炭化室需要与集气管隔绝，以免将空气吸入集气管，这时活塞达到最低位置，大量氨水迅速将固定杯充满，关闭皇冠管的沟槽，切断荒煤气的通道。为了减少充满固定杯的时间，或在风、电中断时达到完全隔绝的目的，可以打开快速注水阀，与此同时，上升管打开装置自动打开上升管盖，将多余荒煤气放散。

C　PROven 系统结构[3]

PROven 系统主要由皇冠管、固定杯、压力传感器、带杯口塞的活塞杆、快速注水管、氨水喷洒管 6 个部分组成。皇冠管和上升管相连，它的下部开有很多沟槽，荒煤气流经皇冠管时，沟槽为荒煤气提供可控面积的通道。固定杯通过 3 个呈 120°分布的拉杆悬挂在集气管中用来盛装液体，它的下部有一圆形开口。压力传感器用来检测上升管部位压力并传送到执行机构。带杯口塞的活塞杆用来执行传感器发送过来的指令，随着活塞杆的上升和下降，固定杯出口的大小改变，液位流量随之变化，液位也产生相应的变化，也就控制了荒煤气流通面积。快速注水管上有快速注水阀，当打开该阀时，大量氨水快速注满固定杯，使上升管和集气管迅速隔离。氨水喷洒主要是用来冷却荒煤气，将荒煤气从 800~900℃ 冷却到 80~100℃，并为固定杯充装液体。

PROven 系统工作状态如图 3-12 所示。

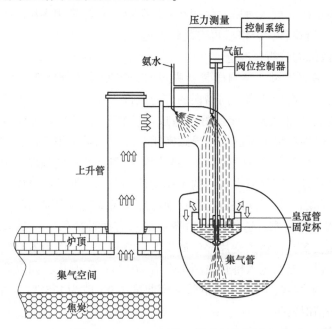

图 3-12　PROven 系统工作状态示意图

D　PROven 系统常见故障分析与诊断

根据日常生产操作的观察和分析，PROven 系统可能遇到一些故障，大致可以分为 3 类，一是因设备原因导致的故障，二是因安装不当带来的故障，三是因操作控制管理不当导致的故障。

a　设备安装问题

（1）固定杯固定拉杆的焊接不牢。在国内某焦化厂就发生过固定杯拉杆脱落的故障，由于固定杯长期在近 100℃ 的高温碱性环境下，并且不断有变化的冲击力，如果焊接不牢极容易发生脱落。

（2）固定杯安装高度不合理。固定杯的安装高度对于液位控制有着重要的意义。固定杯安装过高，皇冠槽底部和固定杯斜面在一个平面上，液位的氨水流量的微小变化都将导致荒煤气流通空间的变化，这样执行机构的执行频率将成倍增加。固定杯安装高度过低，不能形成完整的水封，上升管与集气管不能完全隔绝，影响调节效果。所以固定杯的安装高度对使用效果有着重要影响，一定要严格按照要求组装。

（3）安装过程中应保证固定杯水平度、气缸连杆的垂直度，使气缸、鹅颈管、固定杯在同一自由垂直中心线上。安装应在地面进行，然后整体吊装上去。

（4）固定杯与水封座连接应注意：用角铁焊一框架，将水封座放置在上方，连接固定 3 个吊杆螺丝，调好要求位置（丝杆露出 162mm），把锥型塞组件及连杆轻轻放入固定杯（放入时密封面接触精度较高，应注意用多层防潮膜进行保护安装），倒水进行检查，合格后再安装到管道上。

b　设备故障的分析及改进

（1）测压装置失灵。当测压装置失灵时，控制器不能将正确的控制信号反馈到执行机构，可能使活塞杆向错误的方向执行，导致炭化室压力极不稳定。

（2）活塞杆下部活塞密闭不好。造成活塞密封不严有多种原因，一是该活塞长期在高温碱性环境下不断腐蚀导致密闭不严；二是所用活塞材质不好；三是活塞安装与固定杯口不能完全吻合；四是固定杯与活塞相接触部位有焦油或其他杂物。可通过将杯口塞材质由普通的不锈钢改为 Ti316 不锈钢材质，设置自动冲洗，对固定杯间隔一段时间进行一次自动冲洗等措施改善上述问题。

（3）氨水喷嘴堵塞。造成氨水喷嘴易堵塞有两种原因，一是因为氨水质量较差，含焦油较多，在喷洒旋片部位最易发生堵塞；二是因为氨水喷洒管设计不合理。一般来说，氨水进入桥管喷洒都会有 90° 的角度变化，如果此部位设计为 90°，就极易发生堵塞，将氨水喷洒管的弯曲度由 90° 改为 135° 后，可减少因氨水喷洒管堵塞的情况发生。

c　操作管理不当

（1）炭化室长时间正压；

（2）炭化室长时间负压；

（3）执行机构执行频率过快；

（4）执行机构执行频率过慢；

（5）执行机构不执行。

操作控制管理不当的直接后果就是炭化室压力不稳定，从数据上来反映就是上升管部位会出现经常性的正压或负压。国内某焦化厂在投产 3 个月有近一半的装置压力处于大幅波动状态。另外，桥管部位容易长石墨，结焦油，使活塞杆不灵活，导致执行不灵，反馈调节滞后，通常表现为调节不及时，还有装煤过程中的烟尘，也附着在活塞杆上，如果不及时进行清扫，将极大地影响系统调节效果。

3.3.1.2 OPR 系统

OPR 系统（Oven Pressure Regulation）是由中冶焦耐开发设计的一套炭化室压力调节控制系统。系统是采用"集气管压力优化控制+高压氨水喷射+炭化室压力自动调节"的技术路线来实现焦炉无烟装煤以及整个结焦过程中各炭化室压力的精确调节。

A 系统原理

OPR 系统是在保留原焦炉设计高压氨水喷射装置基础上，配置集气管压力优化控制系统，新增了安装于桥管和集气管内的机械部件、带自动吹扫的压力测量装置、氨水快速注水阀以及由 DCS 系统 I/O 卡件和气控元件组成的现场控制柜等。其机械部件如图 3-13 所示。机械部件主要是由带溢流套管的调节杆和存水槽组成。在桥管连续喷洒氨水的条件下，调节杆在竖直方向上下移动，实现存水槽内的氨水放空、液位升降和溢流形成水封等不同工况，改变荒煤气流通截面，从而在初冷器前煤气总管吸力和集气管压力稳定的前提下，实现炭化室与集气管完全连通（装煤阶段）、炭化室内压力稳定调节（结焦过程）和炭化室与集气管通过水封隔离（推焦阶段）的自动控制。

图 3-13 OPR 系统结构图

OPR 系统正常自动运行时，集气管的压力通常为负压（-150~0Pa），OPR 系统在焦炉装煤阶段、结焦过程和推焦阶段的控制过程简述如下：

（1）装煤阶段工作模式。装煤时，OPR 系统的现场控制柜通过气动执行机构实现自动控制，关闭上升管盖、将高/低压氨水三通球阀切换至高压氨水状态，调节杆带动底塞完全提起，存水槽被放空，桥管与集气管完全导通。通过集气管负压与高压氨水引射形成的负压，配合快速密闭装煤技术，将装煤烟尘快速导入集气管并送往煤气净化系统处理，不仅可以取消装煤除尘地面站、减少投资和运行成本，而且完全避免了传统装煤除尘地面站方式在装煤操作过程中 SO_2 和烟尘等污染物的排放，减少荒煤气的损失。

（2）结焦过程工作模式。结焦过程中，OPR 系统进入压力自动调节模式。此时，底塞落下，氨水由高压切换至低压，溢流调节杆上下动作改变存水槽内氨水的液位，调节荒煤气流通面积，以达到控制炭化室内压力的目的。整个结焦周期内，OPR 系统会依据炭化室荒煤气发生量的变化曲线，采用其特有的调节控制方法，对每孔炭化室桥管处压力实现分时段的精确控制，保证炭化室底部在整个结焦周期过程中，都处于微正压状态（≥5Pa）。

（3）推焦阶段工作模式。推焦期间，OPR 系统进入推焦工作状态，系统通过控制气动执行机构，自动打开上升管盖，调节杆带动底塞完全落下，快速注水阀快速注水，保持存水槽注满氨水，完全切断炭化室与集气管的连通，保证推焦操作顺利进行，避免了空气因集气管负压过大而进入集气管的安全隐患。

B　系统功能

中冶焦耐 OPR 系统不仅具有单孔炭化室压力自动调节功能，还集成了上升管盖的自动开闭、高/低压氨水的自动切换功能，实现了上升管系统的全自动操作。

（1）上升管系统全自动装煤/推焦操作：配合车辆管理系统，完成上升管系统全自动装煤、推焦操作，大大减轻炉顶工人劳动强度，与焦炉机械配合，甚至可以实现炉顶无人操作。

（2）单体设备远程/本地操作：现场控制柜可实现远程/本地操作切换。本地手动状态下，可实现上升管盖、氨水切换用三通球阀和压力调节设备的一键式操作，增加了操作的后备手段。

（3）单孔桥管压力测量：在采用氮气保护法测压的基础上，增加定期的自动蒸汽吹扫，保证压力测量系统的长时间稳定运行，实现免维护。

（4）单孔炭化室压力调节：通过调节存水槽内液位，实现炭化室内压力的精确调节，保证各炭化室底部在全结焦周期内均处于微正压状态，避免炉门冒烟冒火及炭化室负压。

（5）集气管压力优化控制：集气管压力优化控制是焦炉炭化室压力调节系统稳定工作的前提条件，在 OPR 系统中可通过集气管压力优化控制软件对集气管压力进行精确控制，实现包括装煤推焦全周期在内的集气管压力稳定在设定值 ±30Pa 内的比例达到 90% 以上的控制指标。

（6）集气管负压操作：OPR 系统可以将炭化室与集气管完全隔离，实现集气管负压操作，减少焦炉烟尘和污染物排放，并可配合快速密闭装煤技术实现无烟装煤。

为确保焦炉炭化室压力调节系统故障时仍能正常装煤作业，需设置备用措施。通常有两种方式可供选择，一种是用高压氨水系统作为备用，另一种是用压力 1.3MPa 以上的中压蒸汽作为备用。采用高压氨水作为备用的优点如下：

（1）焦化厂常用蒸汽为 0.4~0.6MPa 低压蒸汽。采用中压蒸汽作备用，不仅需增设一套中压蒸汽管网，在无稳定的中压蒸汽来源的情况下，还可能造成干熄焦抽汽或减温减压系统复杂化。

（2）采用投资不大、有成熟经验的高压氨水做备用，不仅可以在炭化室压力调节系统调试初期及故障时，确保无烟装煤的顺利进行，更重要的是可使集气管的负压设定值不至过低，从而避免过多的煤粉或焦尘吸入集气管，有利于煤气净化装置的正常运行。我国 7m 以上超大型焦炉的操作经验表明，在无高压氨水喷射的条件下，要实现无烟装煤，集气管需保持-350~-300Pa 的负压。在如此高负压下，处在结焦初期的非装煤炭化室的装炉煤中的细粒煤极易被抽吸进入集气管，造成焦油渣量大，焦油氨水分离困难，回炉氨水杂质多易堵塞喷嘴，硫铵质量变差，煤气净化装置部分设备堵塞、阻力增大。我国焦化厂的装炉煤中的细粒（≤0.5mm）煤比例普遍偏高，过高的集气管负压导致上述问题更加突出。有鉴于此，OPR 系统采用高压氨水喷射+集气管微负压+密闭导套型装煤车的集成技术，在实现无烟装煤的同时，最大限度减少了被抽吸入集气管的煤粉量。

3.3.1.3 SOPRECO 系统

SOPRECO 系统是由意大利 PW 公司设计研发的一套炭化室压力控制程序，与 PROven 及 OPR 系统相比，SOPRECO 系统在设计上最大的不同在于炭化室与集气管的隔断方式。隔断方式虽然仍是焦炉普遍采用的水封承插式水封阀盘完成，但其采用结构更为简单、故障率更低的半球型回转阀结构。SOPRECO 单调阀为纯压力调节机械阀，通过外部气缸带动回转阀调节荒煤气的流通断面，从而调节炭化室压力，该设计可以省去高压氨水及装煤除尘设施。

炭化室单调系统性能比较见表 3-24。

表 3-24 炭化室单调系统性能比较

项目	PROven/OPR	SOPRECO
荒煤气系统组成	上升管+PROven+集气管	上升管+桥管+SOPRECO 阀+隔离阀+集气管
结构	皇冠管+固定杯结构	回转阀+气缸结构
安装要求	固定杯拉杆焊接质量、固定杯安装高度和水平度、气缸连杆垂直度、密封锥形体焊接质量及密封性等安装要求高	单独阀体，安装简便
自动化率	调节系统故障高，操作人员不能离开作业炉号	调节系统几乎全自动，操作人员巡检即可，稳定性好

项目	PROven/OPR	SOPRECO
现场环境	泄漏点较多	极少
对氨水品质要求	氨水品质要求极高，焦油、杂质含量高造成设备卡阻、精度降低	无要求，满足普通喷洒要求
运行可靠性	受氨水水质影响，连杆下部活塞易结焦油或杂物，密封不好，影响使用效果；必须采用高压氨水系统快速注水及定期清扫。设备为碳钢结构不耐高温。设备维护量大，2 座焦炉需配置维护人员约 15 人	调节精度高，结焦各区段可实现压力精确调节；不受氨水水质影响，采用自清洗结构，不存在结焦油、结石墨问题；设备为铸造结构，耐高温；无需单独配置维护人员；无需高压氨水
检修及更换	皇冠管和固定杯深入集气管内部，不利于检修及更换。着火的安全风险极大	免维护

3.3.1.4　CPS 系统

CPS（Chamber Pressure Stabilization System）系统是中冶焦耐根据我国焦炉技术装备的实际和焦炉生产的环保要求研发的炭化室压力调节技术。该系统采用"高压氨水喷射+炭化室压力自动调节+集气管压力优化控制"的技术路线，在集气管微正压的条件下，实现焦炉无烟装煤及结焦过程中各炭化室压力的稳定。中冶焦耐在原集气系统增设可调节桥管水封阀开度的气动执行机构、桥管荒煤气压力检测以及控制系统等，组成可在结焦全过程的各阶段调节、稳定炭化室压力的 CPS 系统，该系统与原装煤烟尘治理设施协同，实现无烟装煤和炭化室压力稳定的功能。

A　系统原理

CPS 的系统构成如图 3-14 所示。CPS 的系统构成与 PROven 类似，但完成煤气压力调节的核心工作部件及其工作原理不同。CPS 的核心工作部件是我国焦炉普遍采用的水封承插式桥管阀体和其内的水封阀盘，只是将原来通常手动操作、只能全开或全关的阀盘改为由控制系统通过气动执行机构操作、并可按需要调节开度的阀盘。

在每个炭化室的 1 个周转时间内，CPS 通过其控制系统实现 3 种工况所需的功能要求与 PROven 不完全相同。

装煤期间：装煤操作时，上升管盖关闭，水封阀全开，相关孔高压氨水依次开启，CPS 系统将集气管与炭化室完全导通，依靠高压氨水喷射产生的强大吸力，将装煤烟尘导入集气管并送往煤气净化系统，实现无烟装煤。

准备推焦前：上升管盖打开，水封阀盘全关，所喷洒的氨水在槽形阀盘形成隔离炭化室与集气管的水封，CPS 系统将集气管与炭化室的通道完全切断，此

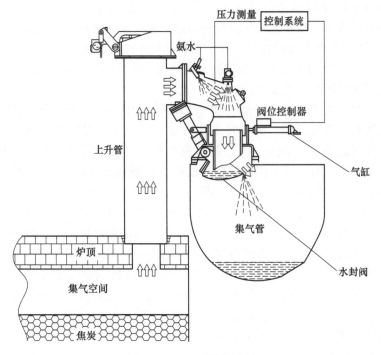

图 3-14 CPS 系统构成图

时，桥管压力与大气压基本相等，该工况与 PROven 类似。

结焦过程：上升管盖关闭，水封阀盘处于部分开启状态，CPS 系统依据煤气发生量曲线，根据桥管压力的实测值与其各阶段的设定值之差自动调节控制水封阀盘开度，使结焦过程中桥管压力的实测值尽量接近其各阶段的设定值，避免初期因压力过高致使炉门冒烟和后期因炭化室底部负压致使空气漏入。

B 技术思想

（1）装煤烟尘不外泄的要求并不是靠集气管的高负压实现。我国和日本的焦炉生产实践表明，采用装煤除尘地面站和桥管高压氨水喷射抽吸相结合的技术能很好地满足无烟装煤的要求。即使在集气管压力为+120Pa 的条件下，约 40% 的烟尘也能顺利导入集气管，其余约 60% 烟尘则被抽吸至地面站净化。因此，并不需要为无烟装煤而使集气管处在很高的负压下操作。

（2）采用 CPS 技术时，为避免结焦初期荒煤气从炉门泄漏，应适当减小集气管压力。因为装煤结束后，高压氨水关闭，使荒煤气导入集气管的抽吸力消失，而结焦初期的煤气发生量仍很大，如集气管压力仍保持为常规操作的+120Pa 以上，则炉门密封刀边后压力将高达+120Pa 以上，难以保证荒煤气不泄漏。试验和生产实践表明，由于采用了 CPS 技术，即使集气管压力降至−150～−100Pa，也能确保结焦过程的任何阶段炭化室底部压力不小于+5Pa。而集气管保持-100~-150Pa 的负压值已足以满足无荒煤气从炉门泄漏的要求。同时，试验表明，在此条件下，即使无装煤除尘地面站，采用球面密封导套的亨德森（Henderson）密闭型装煤车和桥管高压氨水喷射抽吸相结合技术，也能实现无烟装煤要求。因此，采用 CPS 技术，为满足无烟装煤和结焦初期炉门无煤气泄漏要求，集气管只需保持较小的负压值。

（3）在结焦过程中，CPS 是通过气缸操纵水封阀盘绕轴转动调节其开度，从而调节煤气的流通截面积。阀盘转角（开度）变化率与煤气流通截面积的变化率不是线性函数关系，即煤气流通截面积的变化率大于阀盘开度的变化率。因此，CPS 系统的压力调节工作部件本身的调节性能或可调精度不如 PROven。这种差异在结焦中后期煤气发生量小，即炭化室压力小时较明显。

（4）CPS 的压力调节基本原理与 PROven 类似，也是以表征炭化室内煤气压力的桥管测压点的压力为控制对象，根据炭化室在结焦过程中煤气发生规律，合理确定结焦各阶段的桥管压力的设定值，并对应不同阶段的煤气发生规律，采用最佳控制模式实现炭化室实际压力的稳定。为改善 CPS 系统在结焦中后期的调节性能，中冶焦耐通过对水封阀体和阀盘设计优化，提高了阀盘开度与煤气流通截面之间的线性相关度。同时，对结焦后期的控制阶段细分、优化控制算法，大大改善了系统的调节性能，实现了结焦全过程的压力稳定。

C CPS 系统功能说明

（1）上升管系统全自动装煤、出焦操作。自动状态下，CPS 系统依据焦炉车辆的装煤、出焦信号自动完成上升管水封盖开闭、高低压氨水自动切换和水封阀开闭等动作，大大减轻了炉顶工人的劳动强度，与焦炉机械配合，实现了炉顶无人操作。

（2）单体设备远程/本地操作。手动状态下，实现上升管盖、高低压氨水切换和水封阀的远程操作和现场联锁操作，加快反应速度，减轻劳动量。

（3）单孔炭化室压力调节。根据结焦过程各阶段桥管压力的设定值，分时段调节水封阀开度，通过优化控制算法控制桥管压力，实现炭化室底部在全结焦周期处于微正压状态。

（4）集气管微正压操作。CPS 系统以可控方式将炭化室与集气管隔离，实现集气管微正压操作，减少焦炉在结焦过程中的烟尘逸散和污染物排放。

（5）桥管测压免维护。即使采用 N_2 保护法，桥管上的测压导压管也会经常被荒煤气中的焦油堵塞，采用蒸汽自动吹扫可完全解决这一问题。

3.3.2 焦炉上升管余热回收技术

3.3.2.1 技术背景

从焦炭生产工艺过程中热量的损失分布来看，950~1050℃炽热红焦带出的显热（高温余热）占焦炉支出热的37%；650~800℃焦炉荒煤气带出热（中温余热）占焦炉支出热的36%；180~230℃焦炉烟道废气带出热（低温余热）占焦炉支出热的17%；炉体表面热损失占焦炉支出热的10%（见表3-25）。在占焦炉支出热最多的两项中，对红焦带出的显热，目前已有成熟可靠的干熄焦装置回收并发电，而对荒煤气带出的显热，虽然从20世纪70年代末期，国内就开始进行该方面的试验研究，发展至今，仍未形成成熟、可靠、有效的技术，工业化实际应用更是凤毛麟角。

表 3-25 炼焦过程中热量损失分布比例

项　目	比例/%	属　性
红焦所含显热	37	高温余热
荒煤气带走余热	36	中温余热
燃烧废气带走热量	17	低温余热
焦炉炉体散失热量	10	低温余热

近年来国内外焦炉荒煤气余热回收大部分研究集中在导热油夹套管、热管、锅炉和半导体温差发电等技术，主要采用"焦炉上升管汽化冷却装置"吸收荒煤气所携带的热量，产生蒸汽以实现热能的回收利用。国内该技术的研发已有较长时间，但在吸热介质、热交换装置材料、系统安全稳定性、运行成本、操作维护等方面存在一系列问题，尚未实现长期稳定可靠的工业化应用。

目前焦化厂冷却荒煤气普遍采用的方法是喷洒大量70~75℃的循环氨水，通过循环氨水吸热大量蒸发，使得荒煤气温度降低至75~85℃左右，进入后序煤化工产品回收加工工段。这样的结果是，荒煤气带出的热量被白白浪费掉，既流失了荒煤气热能，还增加了水、电资源的消耗。

3.3.2.2 上升管余热回收技术种类

A 上升管汽化冷却技术

上升管汽化冷却技术（简称JSQ）为中国技术，于20世纪70年代初首先在首钢、太钢的71孔、65孔单集气管焦炉上使用，经历了发展、改进、停滞及坚持的过程，并在武钢、马钢、鞍钢、涟钢、北京焦化厂、沈阳煤气二厂、本钢一铁和平顶山焦化厂等多家企业得到应用。但多数企业因种种原因在运行了一段时间后就拆除了，据悉国内运行时间最长的本钢一铁也由于2008年4.3m焦炉的拆除而中止了该技术的使用。

上升管汽化冷却技术为：在上升管外壁上焊接一环形夹套，由夹套下部通入软水，软水在夹套内与高温荒煤气进行换热，荒煤气温度由650~800℃降至

450~500℃，软水吸收热量后生产汽化混合物，由夹套上部的通道排出并通过管道送至汽包。在汽包内进行汽水分离后，低压饱和蒸汽（一般为 0.4~0.7MPa）外供，而饱和水通过管道自流送入上升管夹套下部供水孔循环使用，并按实际情况向汽包内补水和排污。汽化上升管先后经历了四种形式，如图 3-15 所示。

由于荒煤气的温度为 650~800℃，上升管换热器内介质温度较高，并且有一定的压力。上升管与炭化室相连通，当换热器不能承受换热介质的热应力就会造成换热介质泄漏，换热介质一旦泄漏，很容易进入炭化室，特别是上升管内壁破裂，换热介质必然会进入炭化室，直接损坏焦炉炉体，严重时甚至造成生产事故。

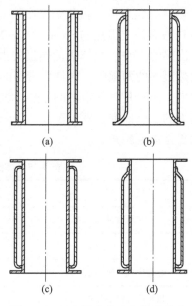

图 3-15　上升管汽化冷却装置形式

技术特点：结构简单，投资少，运行费用低，但存在挂结石墨严重的问题，而且管壁结垢后热传导率降低，有较大的渗漏隐患。

B　导热油夹套技术

日本新日铁公司于 1982 年开发了利用导热油—联苯醚回收焦炉荒煤气显热的技术，并利用回收的热量用于炼焦煤的干燥，形成了第一代炼焦煤调湿技术，在日本大分厂投入使用。上升管夹套结构与我国的汽化上升管相似，区别在于吸收上升管荒煤气显热的介质是导热油而不是水，导热油通过泵送循环使用。

2006 年，济钢和济南冶金设备公司在济钢 6m 焦炉的 5 个上升管上进行了导热油回收荒煤气热量的生产试验。利用新型结构的绕带式换热器，以导热油为热介质，回收上升管中的荒煤气热量，取得了较好的效果，为我国导热油回收荒煤气热量的技术开发迈出了开创性的第一步。回收荒煤气热量的上升管结构如图 3-16 所示。

技术特点：夹套受热均匀，热传导效果好，安全性高，回收热量可在一定范围内精确调整，上升管结石墨现象较轻，但导热油在使用过程中难免会发生热变质现象，从而影响系统的操作运行，投资和运行费用较高。

C　热管式换热技术

2008 年南京圣诺热管有限公司开发出了利用分离式热管回收上升管荒煤气热量的技术，并在上海梅山钢铁股份有限公司的 4.3m 焦炉一个上升管进行了连续性试验。其技术流程如图 3-17 所示，上联箱和下联箱分别将排列于上升管耐火层内壁上的一组分离式热管吸热端的上下两端汇集，并分别通过耐压管路与分离式热管放热端相联，构成了一密闭的循环通道。热管内抽真空注入一定数量的水作为传热介质，液态水在热管吸热端吸收荒煤气热量后变成蒸汽，沿管路上升送入汽包内的分离式热管放热端，与汽包内的水进行间接换热，在汽包内产生蒸汽。汽包可根据需要设定排气压力，产生的饱和蒸汽压力可调高至 1.6MPa 以上，热管放热端内的蒸汽与汽包内的水换热后凝结成水，送回下联箱，分配给各根热管吸热端循环使用，系统应根据实际循环水消耗情况向汽包内补水。

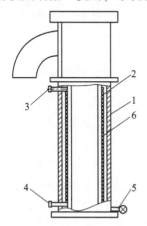

图 3-16　导热油夹套装置结构形式
1—夹套外层；2—夹套内层；
3—进油口；4—出油口；
5—泄油管；6—换热绕带

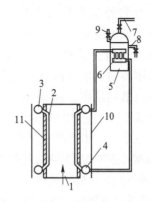

图 3-17　热管式换热器结构形式
1—上升管；2—分离式热管吸热端；3—上联箱；
4—下联箱；5—汽包；6—分离式热管放热端；
7—出汽管；8—补水管；9—安全阀；
10—上升管外壳；11—耐火砖层

技术特点：热管热传导率高，安全性高，即使热管破损，流出的水只有分离式热管内注入的水，其量很小，因而避免了汽化冷却工艺中汽包内的水进入炭化室损坏焦炉的现象发生；结石墨现象得到有效缓解，当外供蒸汽压力为 1.6MPa 时，回热管吸热端的水温超过 200℃，因而可避免汽化冷却工艺中荒煤气的聚冷现象。南京圣诺在梅钢的工业小试表明，当吸收 500℃ 以上荒煤气显热时，上升管内的结石墨现象轻微，结石墨周期长且石墨疏松易清理。但投资成本高，体积较大，热管材质不耐荒煤气高温腐蚀，易损坏。

D　余热锅炉技术

余热锅炉回收荒煤气热量技术由济钢公司和中冶焦耐公司合作研发，选取 5 号 4.3m 焦炉靠近炉端台处选取 5 个上升管作为试验对象。具体改造方案为：在上升管附近添加一台余热锅炉，并且在水封盖处设置三通导出管引出 750℃ 左右的荒煤气，由管道送入余热锅炉中。荒煤气加热余热锅炉给水，产生压力为 3.82MPa、温度 450℃ 的过热蒸汽，荒煤气温度降至 300~500℃，目前该研发试验正在进行中。

余热锅炉工艺配置如图 3-18 所示。

E　半导体温差发电技术

中冶焦耐、无锡焦化和无锡明惠通
科技有限公司合作研究，在无锡焦化有
限公司，利用 JN43-80 型 42 孔焦炉进行
了焦炉上升管荒煤气余热回收半导体温
差发电试验。对现有的上升管进行了改
造：去掉上升管外层内衬防火砖，在其
外壁上增设半导体温差发电模块。首先，
荒煤气流过上升管，其携带的高温热量

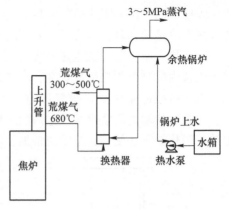

图 3-18　余热锅炉工艺配置

由上升管筒体传递到半导体温差发电模块的受热面，形成 320℃左右的热场。而
半导体的冷面散热器则采用循环水冷却降温，可降至 70℃左右。如此可在该冷
热面之间形成 250℃左右的温度差，在温度差的推动下，半导体发电模块的两端
将产生直流电压，输出电能，从而实现热能转变为电能。试验表明，单根上升管可
以在发电 500W 的同时提供 98℃的热水。后来，因该系统的冷却器故障，试验受挫。
综上所述，虽然焦炉荒煤气余热利用技术在我国经历了近 30 年的研究历程，但材料、
结构不满足要求、效率低、寿命短，至今关键技术没有突破，仍未有成熟、可靠、稳
定的工业化应用，全部的工业化试验装置在试验后都已拆除，至今该技术没有成功的
工业化应用。

F　荒煤气直接热裂解技术

20 世纪 90 年代和 21 世纪初，德国和日本分别开展了利用高温荒煤气热能将
荒煤气中煤焦油、粗苯、氨、萘等热裂解成以 CO 和 H_2 为主要成分的合成气的
研究工作，分别形成了催化热裂解和无催化氧化重整两种技术路线，国内也陆续
开展了相关课题的实验研究工作，为荒煤气的热能利用开辟了一条直接而且彻底
的利用途径。

技术特点：可充分回收荒煤气的显热甚至潜热也得以利用，荒煤气内所含宝
贵的化工产品如苯和焦油被分解掉了，造成了资源的极大浪费，若要人工合成同
样的物质其消耗必定要远远大于回收热量的价值。

G　氮气换热技术

目前利用氮气回收荒煤气余热技术正处于开发研究阶段，该技术以氮气为取
热介质，利用缠绕在上升管上的夹套式换热器进行换热，氮气可循环使用。该技
术可避免常规导热油泄漏带来的安全隐患，无污染，无腐蚀，既可作为已有的干
熄焦余热锅炉的备用补充热源，又可用在煤调湿、加热锅炉给水等方面，同时该
技术采用的夹套式换热器，节省空间，布置灵活。

3.3.2.3 上升管余热利用热力系统

A 余热利用系统组成

上升管余热利用热力系统按水循环方式分为自然循环和强制循环两种：

（1）强制循环热力系统：强制循环是利用循环水泵机械力的强制作用使炉水循环流动换热的方式。强制循环是通过强制循环水泵来实现动力供应，强制循环水泵的流量和压头与热力系统的循环倍率选择及锅筒高度、水循环回路阻力、蒸汽压力等因素有关。

强制循环热力系统由汽包、上升循环管、下降循环管、强制循环泵、汽包给水泵、除氧器、软水箱、除氧给水泵、取样冷却器、连续排污膨胀器、定期排污膨胀器等组成。

（2）自然循环热力系统：由于汽水混合物的密度比水小，利用这种密度差产生水和汽水混合物的循环流动，称为自然循环。

自然循环热力系统由汽包、上升循环管、下降循环管、汽包给水泵、除氧器、软水箱、除氧给水泵、取样冷却器、连续排污膨胀器、定期排污膨胀器等组成。

B 介质流程

a 强制循环热力系统介质流程

来自厂区的软水进入软水箱，经除氧给水泵加压送至热力除氧器，经热力除氧后的给水含氧量小于等于 0.1mg/L，再经汽包给水泵送入汽包，汽包内的炉水经下降管由强制循环泵加压进入焦炉上升管夹套，水在上升管夹套内被上升管内的荒煤气加热变成汽水混合物后返回汽包。汽水混合物在汽包内进行汽水分离，蒸汽由汽包上部的蒸汽出口管道送至厂区低压蒸汽管网，水再由下降管由强制循环泵加压送入焦炉上升管夹套继续被加热，进行周而复始的循环，此热力系统循环为强制循环。

强制循环系统特点：强制循环泵可以提供焦炉上升管夹套内较高的水流速，能迅速冷却受热面，可以保证所有负荷下焦炉上升管夹套内的水分配均匀，使系统稳定运行，系统的用电量高，增加了初投资和运行成本。

b 自然循环热力系统介质流程

来自厂区的软水进入软水箱，经除氧给水泵加压送至热力除氧器，经热力除氧后的给水含氧量小于等于 0.1mg/L，再经汽包给水泵送入汽包，汽包内的炉水经下降管进入焦炉上升管夹套，水在上升管夹套内被上升管内的荒煤气加热变成汽水混合物后返回汽包。汽水混合物在汽包内进行汽水分离，蒸汽由汽包上部的蒸汽出口管道送至厂区低压蒸汽管网，水再由下降管进入焦炉上升管夹套继续被加热，进行周而复始的循环，此热力系统循环为自然循环。

自然循环系统特点：没有强制循环泵，减少了系统用电量，节省了初投资和运行成本。低压蒸汽换热系统容积含汽率高，为保证水循环，需要将汽包架设在较高的位置，保证汽包与焦炉上升管夹套有较大的高度差，若高度差较小，则导致密度差较小会无法保证水循环。焦炉上升管夹套内的水流速低，如果换热速度不迅速，会造成焦炉上升管局部过热，继而过热爆管，导致整个系统安全性差。

3.3.2.4　邯钢 6m 焦炉上升管余热利用系统介绍

邯钢 5 号、6 号焦炉上升管余热回收是国内首家投产并大规模应用焦炉荒煤气余热回收技术的项目，该项目的成功投运引起国内焦化生产企业的广泛关注，经济效益和环保效果显著。

A　系统概述

邯钢 5 号、6 号焦炉荒煤气参数如表 3-26 所示。

表 3-26　邯钢 5 号、6 号焦炉荒煤气参数

参　数	数　值
荒煤气进口温度/℃	650~950，平均 750
荒煤气发生量（标态）/m³	320（干煤）
荒煤气比热容/kJ·(m³·℃)$^{-1}$	1.65
荒煤气密度/kg·m^{-3}	0.465

邯钢 5 号、6 号焦炉荒煤气管余热利用系统设计有汽包、除氧器、除氧泵、给水泵、强制循环泵、上升管换热器、钢支架、进出水管以及电仪设备等设施。利用 2 号干熄焦除盐水作为汽包进水，通过除氧泵把除盐水经除氧器、汽包给水泵送入汽包，汽包内的水由强制循环泵压入上升管换热器吸收高温荒煤气（约750℃）的显热，产生的气液混合物再返回汽包，汽包内产生的饱和蒸汽通过汽水分离器分离后并入焦化厂现有蒸汽管网。

B　余热回收工艺的设计与开发

为了回收上升管荒煤气带出的热量，设计了一套焦炉上升管荒煤气显热回收系统，主要分为换热强制循环系统和补水系统。换热强制循环系统包括饱和蒸汽换热器组、饱和蒸汽汽包、强制循环泵，补水系统包括缓冲水箱、除氧水泵、除氧器、除氧水箱、给水泵。饱和蒸汽换热器组包括若干个上升管换热器，是该系统的核心部件，主要流程如图 3-19 所示。

系统采用水—蒸汽—水封闭循环，通过利用上升管换热器及配套系统，吸收荒煤气显热后产生 0.6MPa（表压）的饱和蒸汽与现有的蒸汽管网并网。

工艺流程为：从 2 号干熄焦除盐水槽送来的除盐水由除氧泵送至除氧器进行除氧处理，经过补水泵送入缓冲水槽，再经锅炉给水泵送到汽包，进入汽包后的

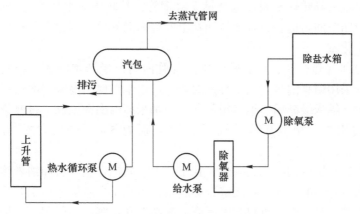

图 3-19　上升管余热回收工艺流程图

锅炉水通过强制循环泵进入 5 号、6 号焦炉 90 组上升管换热装置。换热装置利用焦炉荒煤气显热加热循环水，由上升管换热后产生的汽水混合物返回汽包进行汽水分离，蒸汽直接并入焦化现有低压蒸汽管网，冷凝液则通过热水循环泵返回焦炉上升管循环使用。为了保证系统的安全稳定运行，该系统还包括检测控制系统，可以有效检测控制系统运行参数，确保系统安全正常运行，降低事故发生率。

C　新型高效的上升管余热回收换热装置

作为余热回收系统的核心设备，上升管本体采用硅铝合金复合材料，上升管余热回收换热装置由内、中、外三部分组成，由内至外分别是内壁、套管换热器、外壁，如图 3-20 所示。

该余热回收换热系统采用的此结构形式不同于以往的任何换热装置，不但克服了以往换热装置的种种弊病，而且有效消除了周期性热应力的破坏问题。该装置与传统换热器相比，具有耐高温、耐磨、耐腐蚀、使用寿命长、换热效率高等优点，且能够满足余热资源节能回收利用周期短、效果好的要求。

（1）多层复合的装置结构，可有效解决换热器漏水问题。整个换热器为一个整体结构的无缝钢管，内筒内壁为纳米导热层，导热层耐磨耐热，是防止漏水的第一层保护。在纳米导热层的外侧是耐磨耐腐耐高温的合金材料，经过 2600℃ 以上高温熔化成型的一种无缝管结构形式，是防止漏水的第二层保护。在合金材料

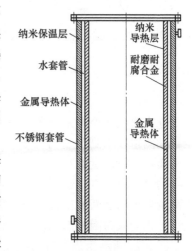

图 3-20　上升管余热回收换热装置结构图

层的外侧是金属导热体材料，也就是无缝钢管，是防止漏水的第三层保护。水-汽换热在封闭空间内进行，封闭空间在上升管内筒外侧，经过三层保护，水汽不会渗漏至炭化室。

（2）纳米导热材质，可有效解决上升管内筒过量结焦问题。新型上升管换热器的内壁采用耐高温进口纳米导热材料，该纳米防腐耐高温耐磨材料由单晶硅粉、硅酸铝、纳米级硅粉、纳米级氮化铝、纳米高温陶瓷微珠、过渡族元素氧化铬、氧化锆组成，相应成分的质量占比分别为 5%，65%，2%，8%，13%，4%，3%。

换热器的三层结构结合为一体，在工艺上，硅铝合金材料和纳米防腐耐高温耐磨材料通过合理的配比，在无缝钢金属管道内利用自蔓延燃烧工艺将这两种材质和无缝钢管烧制结合，可以起到耐磨、耐高温和耐腐蚀的作用，并加装空气助燃系统，一旦结焦通入高压空气，利用高压产生高速离心旋转，松动结焦层并利用高温将结焦燃烧掉。

D　技术优势

（1）余热回收技术工艺简单有效，技术参数与工艺操作上经过实践检验更具合理性与可靠性。

（2）对余热回收换热器进行结构与材质上的改进与创新，解决了常规换热器存在的换热效率低下、使用寿命短、故障率高、系统稳定性差等关键问题。

（3）开发了系统运行状态监测装置，能够对焦炉上升管换热器运行状态进行实时监测，可有效避免上升管换热器出现泄漏或断水干烧等事故。

（4）开发了焦炉上升管荒煤气显热回收自动控制系统，在系统的整体应用上实现长周期的稳定可靠运行。

3.3.3　火落温度与焦炉智能加热技术

3.3.3.1　焦炉立火道在线测温与自动加热系统

A　焦炉立火道在线测温

立火道在线测温是指在炉顶机焦侧标准看火孔盖上面安装红外测温仪，通过全自动测量技术测量直行温度，通过数据传输把测量到的温度数据传回到计算机，实现直行温度的在线测量。

测量位置：选择红外测温装置瞄准灯头砖与鼻梁砖的中间位置，与测温工人工测量火道温度面的位置一致。由于自动测温装置是固定安装的，测量点固定不变化，不受人为因素影响。

图 3-21 所示为焦炉自动测温系统。

B　自动加热系统

自动加热系统主要由光学系统、光纤、信号处理系统、防护系统等部分组

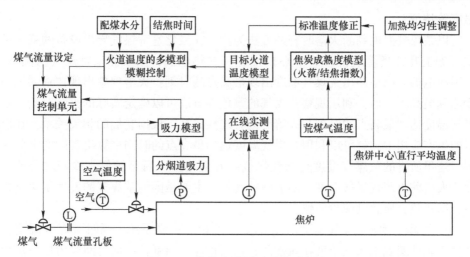

图 3-21 焦炉自动测温系统示意图

成，其原理是通过红外光纤温度传感器测量焦炉立火道温度，即人工测温标准火道（如 7m 焦炉为 8、28 立火道），自动测温相邻火道（9、27 立火道）。温度信号经光纤传到 4~20mA 的 DCS 控制系统，每 40min 计算 1 座焦炉机/焦侧所有测温点在交换后下降气流第 10min 的温度平均值，再与设定的标准温度进行比较。通过对比分析建立多模式模糊控制模型，进而实现自动调节加热煤气流量及分烟道吸力，控制原理见图 3-22。

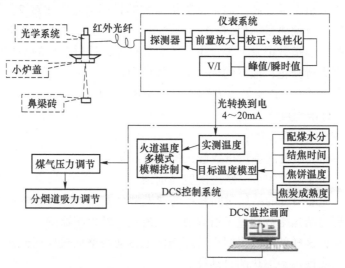

图 3-22 焦炉立火道在线监测直行温度与自动加热系统示意图

将火落时间作为焦炉加热的主要控制指标，可以直观定量地衡量焦饼的成熟度，目前对火落现象判定应用较为方便的方法有荒煤气的颜色、火焰、发生量及温度等特征。

以荒煤气温度判断火落时刻的方法为例，在炭化室荒煤气导出设备的某一部位（如上升管竖管或桥管的中心）设置一支热电偶，用于测量荒煤气的温度。利用热电偶可以检测出荒煤气温度出现最高点的时刻：火落现象出现在荒煤气温度达到最高点之后，利用观察荒煤气的颜色等方法可以确定实际的火落时刻。荒煤气温度达到最高点的时刻与火落时刻有线性关系，根据它们的相关关系，在以后的生产应用中，就可以利用荒煤气温度达到最高点的时刻推算出实际的火落时刻。这里所讲的荒煤气温度是指荒煤气离开炭化室以后至被氨水冷却之前的温度。火落前出现荒煤气温度急剧下降的现象，主要是因为荒煤气的发生量急剧减少，即传热介质急剧减少所致。

热电偶将所测荒煤气温度由光纤输入至 DCS 控制系统。通过荒煤气温度自动生成软件实现荒煤气温度在线检测，根据荒煤气温度在不同时间段内按一定规律变化的情形，可得出炼焦指数：

$$CI = T_c / T_m$$

式中　　CI ——炼焦指数；

　　　　T_c ——结焦周期；

　　　　T_m ——火落时间。

在结焦周期一定的情况下，若 CI 小，说明火落点的时间晚，焦炭成熟度不够，表明立火道温度偏低；反之，若 CI 大，则表明火落点的时间早，焦炭成熟过度，说明立火道温度过高。通常将炼焦指数的目标值定为 1 或 2，如果计算出炼焦指数连续 3 日偏离目标值 ±0.05，则需要对温度或吸力进行调节。并将每个炭化室对应的炼焦指数记录下来，生成历史数据库，通过全炉的平均炼焦指数可以对标准温度进行修正，最终的标准温度的模型是：

$$T_s = T_f + F_1(CI) + F_2(Mt) + F_3(t)$$

式中　　T_s ——标准温度；

　　　　T_f ——经验标准温度；

　$F_1(CI)$ ——标准温度的炼焦指数修正模型（反馈）；

　$F_2(Mt)$ ——标准温度的水分修正模型（前馈）；

　　$F_3(t)$ ——标准温度的结焦时间修正前馈模型（前馈）。

如果计算出结焦指数超过了适宜值，多模式模糊控制器则会对目标火道温度进行自动调整，这样就可以根据火落控制模型自动调整加热煤气流量，从而利用火落管理帮助实现焦炉加热的自动控制。

C　系统特点

(1) 提高炉温稳定性。对系统投入运行前后人工测温焦炉温度变化情况进行比较，平均直行温度和安定系统情况分别见图 3-23 和表 3-27。

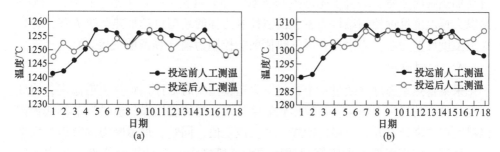

图 3-23　自动加热系统投运前后焦侧温度变化情况对比

（a）投运前后机侧人工测温趋势对比；（b）投运前后焦侧人工测温趋势对比

表 3-27　自动加热系统投运前后安定系数对比

情况	连续 3 天	1 号炉	2 号炉	3 号炉	4 号炉
投入前	1	0.88	0.81	0.83	0.80
	2	0.90	0.78	0.83	0.89
	3	0.77	0.86	0.73	0.91
投入后	1	1	0.98	0.96	1
	2	1	0.99	0.95	0.99
	3	0.99	0.93	0.98	0.97

由图 3-23 可知，立火道在线测温与自动加热系统未投入前的机焦侧人工测温波动较大，系统投入后的机焦侧人工测温波动较小，并且由表 3-27 可知焦炉的安定系数显著提高，从而说明采用该系统确实能提高炉温稳定性。

（2）减少交换过程中的煤气消耗。应用"消波峰"功能后，一组焦炉的某座焦炉交换时，另一座焦炉的煤气流量波动较小，消除了每次交换时煤气流量突增的问题，有效减少了交换过程中不必要的煤气消耗。

（3）快速确定高低温号。通过单个火落时间与平均火落时间的差值图，判断单个燃烧室是否是高温号或者低温号，比平均火落时间多 1h 的称为低温号，因为这个燃烧室温度较低，所以到达火落点的时间长，需要进行调节使温度提高到正常水平；反之，比平均火落时间少 1h 的称为高温号，因为这个燃烧室温度较高，所以到达火落点的时间短，需要进行调节使温度降至正常水平。火落判断系统通过这种方式在生产中起到监督作用，是调节各个燃烧室温度的重要依据，使各个炭化室的火落时间更均匀，且在调节均匀后可以适当降低标准温度，从而达到节能效果。

3.3.3.2　焦炉智能自适应加热系统[4]

焦炉智能自适应加热系统（简称 CIAHS），是一种基于反馈控制方式的新型

自动加热解决方案，综合了先进控制技术、计算机技术、数据通信技术。CIAHS
是以火道温度反馈控制结构为主、前馈控制为辅的新型自动加热解决方案，即以
火道温度反馈为主，煤水分和煤气热值前馈控制为辅（预留前馈接口）。

A　控制原理

采集蓄热室温度并通过一个自校正火道模型实时估计焦炉立火道温度，将此
温度与设定的目标火道温度比较得到温度偏差，智能容错煤气流量调节算法根据
该温度偏差来计算并修正最优的煤气流量设定值，同时，烟道吸力调节模型根据
最新计算出的煤气流量设定值和期望的烟道废气含氧量计算最优烟道吸力设定
值。最后，自动按照双交叉的方式改变煤气流量和烟道吸力设定值，实现焦炉加
热的优化控制。

CIAHS 由三个主要的模块组成：自校正火道模型、智能容错煤气流量调节算
法和基于模型的烟道吸力调节。

a　自校正火道模型

为了建立火道温度模型，实现火道温度的软测量，需要在焦炉机焦侧各选若
干个蓄热室，在其顶部安装热电偶，实现蓄热室温度的在线采集。采集蓄热室顶
部温度和直行平均温度，构造模型计算数据集合和模型校验数据集合，分别用于
模型计算和模型验证。同步采集蓄热室温度及立火道温度数据，通过最优化算法
建立火道温度与蓄热室温度之间火道温度模型。

$$T_h = a_0 + a_1 T_x + a_2 T_x^2 + \cdots + a_i T_x^i$$

式中　　　　　　　　T_h——校正火道温度；

T_x——蓄热室温度；

$a_i(i=0, 1, \cdots, n)$——多项式系数。

对于特定的数据模型集合，模型仅与阶次有关，这种关系可以表示为 $M_n = f(n)$。

焦炉是一个复杂的加热系统，许多因素会导致焦炉的温度特性不断发生改
变。另外，为了尽可能准确的观测火道温度，有必要将直接反映火道温度状况但
存在有人为干扰的红外测温数据，和热电偶测得能间接反映火道温度的蓄热室顶
部温度融合统一起来。为此，本系统利用火道模型自校正算法，采用远程数据访
问技术，将焦炉温度管理软件中的人工测量的火道温度自动读入 CIAHS 中，并
校正火道模型。本系统利用最佳多项式模型结构建立了火道温度模型，火道温度
模型和模型校正算法构成了自校正火道模型，从而跟踪焦炉特性改变，融合直接
和间接温度数据，提高火道温度的拟合精度。

b　智能容错煤气流量调节算法

煤气流量的调节基于目标火道温度与拟合火道温度间的偏差信号，但是拟合
火道温度不可避免地存在误差。因此如果采用当前许多自动加热方法中的常规控

制算法,就有可能导致控制作用与实际情况相反,即实际炉温偏低但却减少煤气流量,或者实际炉温偏高但却增加煤气流量的情况出现。这实际上是使控制变成了扰动,不仅未稳定炉温,反而起到了相反的作用,对炉温有严重的影响。本系统所采用的控制算法能够从本质上避免由于炉温估计误差导致的错误控制作用,进而避免错误调节所引发的干扰,极大增强自动加热的准确性和可靠性。调节算法可表示为:

$$G \propto \eta(T_{hg}, T_x, T_h)$$

式中 G ——需要的煤气流量;

η ——非线性关系。

c 基于神经网络的烟道吸力调节模型

CIAHS 通过数学模型(即神经网络模型)来实现烟道吸力的最优调节,改善煤气燃烧质量,节能降耗。烟道吸力调节数学模型的输入是煤气流量和期望的烟道废气含氧量,输出是烟道吸力的最佳设定值。该模型采用自主研究开发的神经网络技术建立的,可以根据焦炉工况自动校正,速度快、精度高,能够始终保持模型的最优性、可靠性和适应性。烟道吸力模型为:

$$P = \phi(G, \rho_{O_2})$$

式中 P ——烟道吸力;

ρ_{O_2} ——分烟道废气含氧;

G ——煤气流量。

该式的意义是在给定的煤气流量 G 下,使废气含氧达到期望的数值 ρ_{o2} 所需的烟道吸力为 P。通过 PLC 采集煤气流量、废气含氧量和烟道吸力三种历史数据构造数据集合,利用数据集合训练神经网络以获取隐含在这些数据中的三种变量间的非线性函数关系。

B 控制系统的组态软件及功能

CIAHS 是采用西门子 Wincc 上位机组态软件,通过 OPC 技术采集 ABB 工程师站的数据,它是一个独立的软件系统,可以在系统工程师站或操作员站以后台方式运行,也可以在独立的加热控制站(计算机)运行。CIAHS 从 OPC 服务器读入所需数据,将优化后的煤气流量和烟道吸力设定值送给 DCS 调节煤气流量和烟道吸力,完成焦炉加热的智能控制。

CIAHS 的组态软件功能:

(1) 系统组态:添加或删除变量,自动生成文件,打开组态文件等。

(2) 控制参数设置:包括机、焦侧煤气流量控制参数,机、焦侧烟道吸力控制参数,机、焦侧火道模型;以及自动加热的控制周期等。

(3) 账户管理:为操作分配不同的等级和权限,便于管理和维护。

(4) 事件记录:CIAHS 软件能够记录自动加热过程中各种相关操作,并作为事件进行记录和存储，为生产和管理提供详细资料。

（5）监控画面：后台运行的自动加热程序将优化计算结果数据发送到 DCS 控制系统，通过 DCS 实现温度的稳定控制。CIAHS 在系统操作员站或工程师站提供统一的监控画面，在该画面上完成 CIAHS 常规操作，使用非常方便。焦炉自动加热监控画面中，显示了当前设定的目标火道温度、煤气流量和烟道吸力优化设定值等数据，提供了查看火道温度趋势、设定加热参数和加热数据表格等按钮。

CIAHS 运行效果：

（1）自动加热系统具有自校正能力，能够适应焦炉正常生产情况下各种工况的改变，易于维护和使用。

（2）常生产情况下，班直行温度波动在 ±5℃ 以内，安定系数达到炼焦行业协会规定的特级炉标准。

（3）实现焦炉加热量优化控制，正常生产情况下，自动加热正常运行过程中同比吨焦耗热量可实现降低 2%～4% 或者达到炼焦行业协会规定的特级炉标准。

（4）CS 操作站上实现自动加热方式和人工加热方式的切换，启动自动加热后，自动给定煤气流量和分烟道吸力，自动实现双交叉操作，同时通过火道模型实时估计直行温度；停止自动加热后，所有操作改为常规人工操作方式。

（5）炉温调节自动化，降低工人劳动强度，提高炉温调节的及时性和可靠性，提高劳动生产效益，改善操作环境，减少环境污染。

（6）支持分布式远程数据访问技术的自动加热控制软件。

3.3.3.3　荒煤气火落时间管理技术[5]

A　火落管理概念

"火落"是炼焦生产过程中客观存在的一种现象，它是焦饼基本成熟的标志。利用配合煤在炭化室干馏过程中的某些固有特征，可以判定出火落现象发生的时刻，这个时刻称为"火落时刻"，自装煤时刻至火落时刻所经过的时间就是"火落时间"。当焦炉的结焦时间确定以后，就必须确定焦炉加热的"目标火落时间"，它是焦炉热工管理的基础。自火落时刻至推焦时刻所经过的时间称为"置时间"，焦饼在置时间阶段，焦炉的加热制度保持不变，主要是让焦饼各点的受热进一步均匀化，并使焦饼中心温度逐步升高至成焦的终了温度。火落时间与置时间的关系如图 3-24 所示。

B　火落现象的特征

（1）焦饼各点的温度比较一致，均达到 900～950℃，如图 3-25 所示。

（2）荒煤气的颜色由黄色变为蓝白色。

图 3-24 火落时间与置时间的关系图

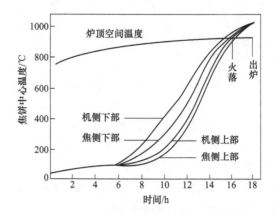

图 3-25 结焦时间与焦饼中心温度关系图

（3）荒煤气燃烧后的火焰呈透明的稻黄色。

（4）荒煤气的组分中 CH_4 急剧减少，H_2 迅速增加，如图 3-26 所示。

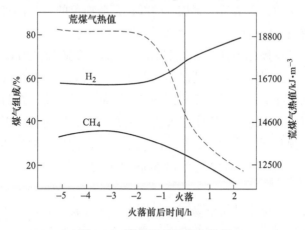

图 3-26 荒煤气的组分和热值

（5）荒煤气的热值明显降低，见图 3-26。

（6）荒煤气温度在火落前一定的时间明显地上升后急剧下降，如图 3-27 所示。

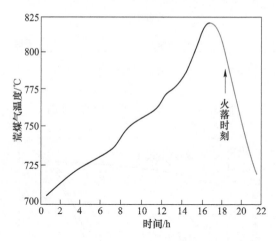

图 3-27　结焦时间与荒煤气温度

C　火落的判定方法

利用上述火落现象的 6 个特征中的任何一个均可对火落进行判定，目前应用较方便、较成熟的是第 2、第 3 和第 6 个特征。

（1）根据荒煤气的颜色判定火落。在各炭化室荒煤气导出系统的同一部位（如上升管的竖管）预留一个带盖的火落判定孔。进行火落判定时，揭盖逸出少量的荒煤气，背光用肉眼观察荒煤气颜色的变化。火落前，荒煤气的颜色是由浓浓的黄色逐渐变淡的；火落后，荒煤气的颜色是蓝白色的。我们将荒煤气的颜色由黄色转变成蓝白色的一瞬间定为"火落时刻"。

火落判定的具体操作方法是：在目标火落时刻的前 1h，通过火落判定孔进行第一次判定，若此时距实际火落时刻尚差 30min 以上时，荒煤气的颜色应呈浓浓的黄色，在此条件下，暂时还无法预测其实际的火落时刻。在目标火落时刻的前 30min 进行第二次判定，若距实际火落时刻在 30min 以内时，根据荒煤气颜色的浓淡可以初步预测到火落时刻。第三次判定一般在初步预测到的火落时刻的前 10min 进行，这一次就可以较精确（以 5min 为计量单位）地确定实际的火落时刻了。

这种判定方法的优点是简单易行，且用人不多（每 200 孔炭化室每班 1 人）。对于判定结果，各判定人员之间会存在一定的差异，通常每隔一定的时间，要召集各判定人员校对一次判定结果，一般要求相互间的误差小于 10min。

（2）根据荒煤气燃烧的火焰判定火落。在夜间及无法看清荒煤气的颜色时，也可以将上升管内的荒煤气引燃，透过火落判定孔观察荒煤气燃烧时的火焰颜色，火焰转为透明的稻黄色的时刻即是"火落时刻"。

(3) 根据荒煤气的温度判定火落。在炭化室荒煤气导出设备的某一部位 (如上升管竖管或桥管的中心) 设置一支热电偶，用于测量荒煤气的温度。荒煤气的温度在每个结焦周期都会出现如图 3-28 所示的有规律的变化，利用热电偶可以检测出荒煤气温度出现最高点的时刻：火落现象出现在荒煤气温度达到最高点之后，利用观察荒煤气的颜色等方法可以确定实际的火落时刻。荒煤气温度达到最高点的时刻与火落时刻有线性关系，根据它们的相关关系，在以后的生产应用中，就可以利用荒煤气温度达到最高点的时刻推算出实际的火落时刻。

这里所讲的荒煤气温度是指荒煤气离开炭化室以后至被氨水冷却之前的温度。火落前出现荒煤气温度急剧下降的现象，主要是因为荒煤气的发生量急剧减少，即传热介质急剧减少所致。

D 火落管理的主要控制指标

火落管理的主要控制指标见表 3-28。

表 3-28 火落管理的主要控制指标

项目	指标名称	控制值
时间	火落时间	目标值±10min
	班火落时间	≤60min
炉温	火落温度	目标值±10℃
	横排温度梯度	~70℃
	$C-E$	80~120℃
	$C-F$	90~130℃
	日间炉温	≤7℃
	列间炉温	≤30℃

火落管理的主要控制指标意义：

(1) 火落时间：班内发生火落的各炭化室的平均火落时间，是焦炉加热的主要控制指标。

(2) 班火落时间：在班内发生火落的各炭化室中，最长的火落时间与最短的火落时间的差值，用于检查沿焦炉长向各炭化室结焦速率的均匀性。

(3) 火落温度：焦炉加热的辅助指标。

(4) 横排温度梯度：炉头各去除一对火道后，机侧与焦侧温度的差值，用于确定横排温度的标准线，以检查燃烧室温度横向分布的合理性。

(5) $C-E$：C 是指火落温度，E 是指焦侧边火道温度，$C-E$ 即为焦侧边火道温度与火落温度的差值。

(6) $C-F$：C 是指火落温度，F 是指机侧边火道温度，$C-F$ 即为机侧边火道温度与火落温度的差值。

（7）日间炉温：相邻两日火落温度的差值，用于检查全炉温度的安定性。

（8）列间炉温：同一笺号各燃烧室的平均温度中，最高与最低温度的差值，用于检查沿焦炉长向炉温的均匀性。

E　火落温度的测量

测温的路线从大号边燃烧室的焦侧开始，至小号边燃烧室结束。考虑到边燃烧室的温度变化比较大，为了加强对边燃烧室的检查，不论是测哪一笺号，每次都要附带测量边燃烧室的温度。于交换后 5min 开始，测量下降气流的立火道温度，每次只测量一个交换。

火落温度的测量频度为每炉每天 1 次，以 5-2 串序 3 号笺为例，测温的路线如图 3-28 所示。

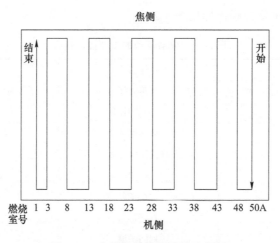

图 3-28　火落温度测量路线示意图

3.3.3.4　焦饼温度间接测量技术

A　工作原理

在拦焦车导焦栅单侧的上、中、下 3 个位置开孔并各安装 1 套红外测温仪，导焦栅开孔位置下部距底 600mm，中部距底 2725mm，上部距底 4825mm，红外测温探头与导焦栅开孔位置在 3000mm 范围内，焦饼中心温度测量系统见图 3-29。

在焦炉出焦过程中，焦炭通过导焦栅时，测温仪按照设定的测温频率测量焦炭表面上、中、下 3 点的温度，测量数据通过 RS485 接口连接到数传电台上，数传电台将测量数据以无线电波的形式发往中控室电台，在中控室计算机实现温度数据的采集、显示、记录、统计、处理等。

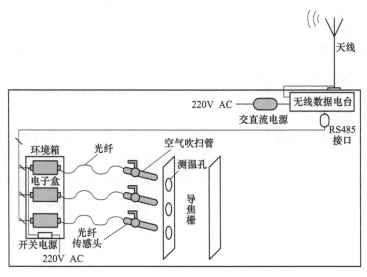

图 3-29 焦饼中心温度测量系统简图

B 测温系统的组成

焦饼中心温度测量系统主要由红外测温系统、无线传输系统、仪表分析系统组成。

（1）测温系统包括红外测温仪、温度仪冷却保护吹扫装置（测温头保护装置）、环境保护箱、室内电气箱及必要的辅件。加装冷却保护装置后，测温系统的稳定性、可靠性非常好。

1）采用双色红外测温仪测量焦炭温度，并输出温度信号。双色红外测温仪由小巧的光纤定焦光学头、带有柔性的不锈钢保护套的光缆、隔热的电子盒组成。测温探头及光缆能适应 200℃ 的环境温度，安装在导焦栅的防护罩外侧，测温探头加有冷却吹扫装置及瞄准防护筒，具有可靠的防高温及防尘性能。

2）测温头保护装置主要由无油空气泵、不锈钢气管、管接头及光纤空气吹扫器组成。空气泵为红外探头提供压缩气源对光纤探头进行吹扫冷却，保证镜头清洁。

3）环境保护箱为红外测温仪电子处理部件提供安全适宜的环境，并为电子盒提供 24V DC 电源。每个环境保护箱内安装有 3 个光纤电子处理器，环境箱内壁装有保温层进行隔热，环境保护箱安装在离导焦栅较远的位置，箱体环境温度不会超过 60℃。

4）室内电气箱安装在拦焦车电气室内，为安装在室外的红外测温仪提供电源，并将测量温度信号传送到数传电台。

（2）无线传输系统。采用无线数传电台进行数据传输，将红外测温仪的输出数据传送到控制室，采用无线数传方式可保证拦焦车的自由运行。

在拦焦车上安装 1 套发射端电台，拦焦车上测温仪的温度数据通过 RS485 接口接到数据采集通信单元上，数据采集通信单元依次将各测温仪的温度信号传送到数传电台上，以无线电波的形式发射出去。在控制室安装 1 台无线接收电台作为主站，接收拦焦车的数据，无线数传电台使用合适的频段保持通讯的连续性，不会出现中断。

（3）分析系统。分析系统包括数据转换、计算机、软件设计及打印机，对温度数据进行实时采集、存储记录、显示、查询分析、报表统计及打印等。每台拦焦车按对应炉号显示上、中、下 3 个测温头的温度测量值，显示方式有数字式及三色温度曲线式，显示内容有当前温度、峰值温度、平均温度。

3.3.4　焦炉机械

3.3.4.1　装煤车

装煤车在焦炉炉顶上的轨道上运行，采用预定的串序对焦炉进行一系列操作。其主要作用是从煤塔取煤经计量后按作业计划将煤装入炭化室内，同时对在装煤过程中从装煤孔逸出的烟气进行收集并混入适量的空气导入固定的集尘干管中，由地面除尘站进行除尘处理并排入大气中。

A　煤斗

煤是通过被法兰固定在每个煤斗下面的螺旋给煤机来进行卸料的。当装煤车在煤塔下对好位后，通过装煤车上的受煤闸板打开小车（通过液压控制）开始向煤斗里装煤。在从煤塔（煤仓）取煤后，按预先设定好的顺序通过煤斗将煤装入焦炉的炭化室内。

装煤车有四个煤斗安装在平台上（平台的中心部位），煤斗用耐磨和耐腐蚀的材料制作。煤斗上的受料口安装高度可调以用来调整装煤量，受料口上的隔栅可防止水平卸料螺旋被粗糙的外来杂物所破坏。装煤车煤斗如图 3-30 所示。

B　煤塔闸门操作机构

装煤车在煤塔下向煤斗装煤时，煤塔的滑动闸板可以由装煤车的煤塔闸门操作机构自动打开和关闭，在所有四个煤斗已装满煤后，最大量的传感器响应动作，煤塔出口再次自动关闭。

C　炉盖泥封系统

炉盖泥封设备是用来密封装煤孔盖和装煤孔座之间的环缝区域。炉盖泥封系统包括一个固定的储浆罐和两个安装在装煤车上的储浆槽。固定储浆罐及其相关的阀、管、搅拌器等安装在煤塔里，与称重煤斗高度位置相当。其工作就是把泥封粉

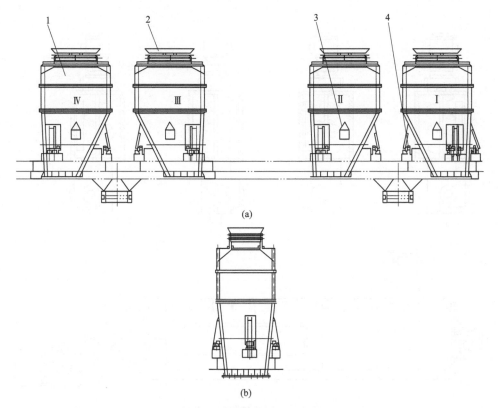

图 3-30 装煤车煤斗示意图

（a）布置图；（b）侧视图

1—煤斗；2—受煤口；3—分料器；4—称重传感器

末和水混合在一起进行搅拌并将准备好的混合泥浆输送到装煤车上的储浆槽里。装煤车上的储浆槽（存储通道）及其相关的阀、管、搅拌器等安装在装煤车的主平台上。此储浆槽（存储通道）是用来存储准备好的泥封化合物。

当装煤车在煤塔下适当位置受煤时，固定储浆罐内的泥浆可根据需要（最小指示器位置）经由接浆嘴输送到装煤车上的储浆槽里。当装煤车定位到要装煤的炭化室顶而且取盖机在前进位置时，泥浆沿着取盖机下部的输送管道流入每个装煤孔盖的密封区域。

D 螺旋给料器

螺旋给料器包括壳体、进给螺旋和一个由变频器进行控制的电动机（见图3-31）。这个驱动电机安装在螺旋给料器轴的一端，并由法兰固定在螺旋给料器外壳上。螺旋给料器槽的端板在轴的出口有密封垫并设有检测和清扫叶片的活门，如果有任何堵塞，螺旋给料器由于电流限制而停机。

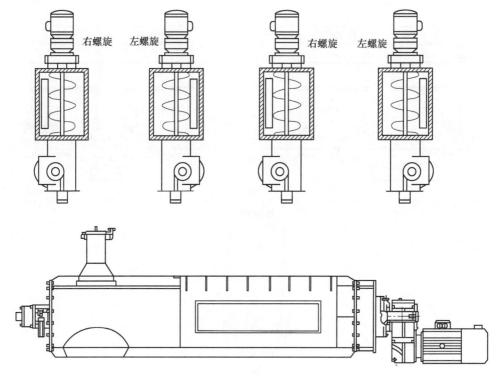

右螺旋　左螺旋　　　　　　右螺旋　左螺旋

图 3-31　螺旋给料器示意图

煤斗里的煤通过每个煤斗下部的水平螺旋给料器来完成卸煤。螺旋给料器是由控制器在半自动和自动模式下启动和停止的，在检修和手动模式下，螺旋给料器通过按一个按钮就可以启动和停止。

E　导套

导套为不锈钢套筒，由用法兰连接到螺旋给料器槽的给料管（见图 3-32）。上部套筒有膨胀节连接到给料管和提升柱，以及万向接头的底部套筒和提升柱。装煤孔打开时，上下套筒都降低，下套筒在 80Pa 的压力下压进装煤孔座，整个装煤过程中保持这个压力。上套筒升起卡住下套筒，保持压力，这样保证装煤过程中套筒紧压。

F　炉盖提升设备

炉盖提升设备安装在主平台的下部（平台的中心部分），与在焦炉的纵轴上的装煤孔是同心的。炉盖提升设备包括可升降的揭盖机（起落臂）、万向悬挂架，链条，弧形轨道等（见图 3-33）。炉盖提升装置主要是在装煤时打开炉盖，并且装完煤后必须把炉盖放在以前的位置，并且进行密封。

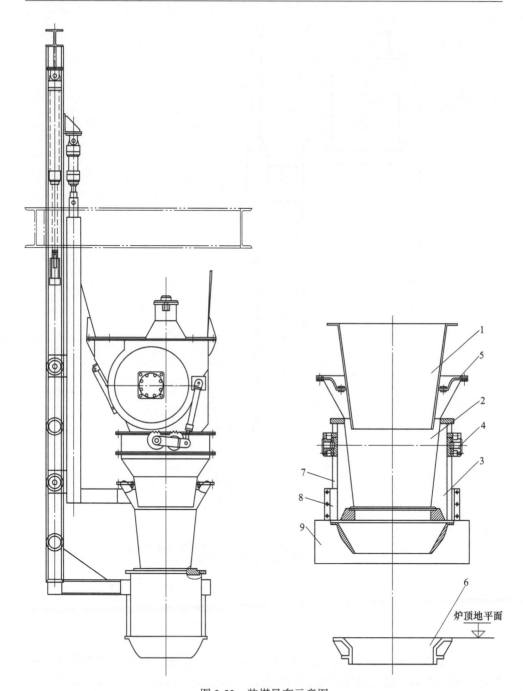

图 3-32 装煤导套示意图

1—上套；2—中套；3—下滑套；4—连接座；5—柔性密封带；
6—焦炉受煤口；7—滑轨；8—安装座；9—防尘罩

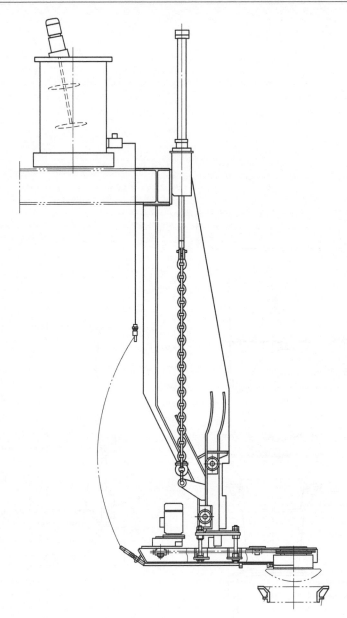

图 3-33　炉盖提升设备示意图

　　当"取盖"指令发出后,所有四个炉盖提升设备同时由原始位置移至工作位置。到位之后,磁铁线圈通电,同时磁铁开始旋转,达到预设旋转时间后,带减速机的电动机停止,这时炉盖提升设备携带炉盖被提起至原始位置以便导套落下。装煤孔盖的插入过程基本与上述是反序的,但是按从炉盖 1 到 4 的顺序依次进行的。在自动模式下,上述提到的工艺流程是全自动发生的。在手动模式下,必须按一个按钮来启动这些工艺流程。

G 炉孔清扫设备

装煤孔座清扫器安装在主平台的下部（平台的中心部分），与在焦炉的纵轴上的装煤孔同心，包括可升降的台车、炉孔座清扫器、万向悬挂架、连杆、弧形轨道等（见图3-34）。当装煤孔盖被移开时，装煤孔座清扫器移动到清扫位置，

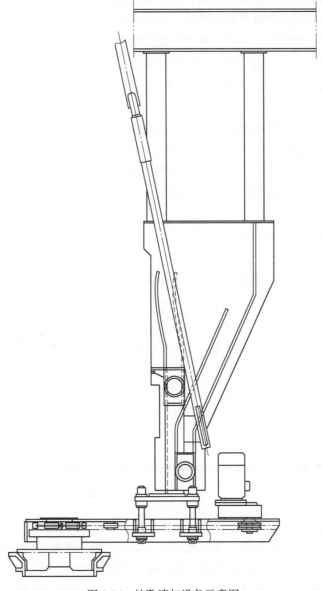

图 3-34 炉孔清扫设备示意图

清扫头上的清扫刮刀由耐磨材料制作成，其尺寸
及外形与装煤孔座相符合。清扫头的旋转依靠带
减速机的电动机来完成，升降是由液压装置来完
成，清扫掉的残渣通常掉入打开的炭化室里。

　　H　炉盖清扫设备

　　炉盖清扫设备自动地摆向炉盖，与装煤孔盖
外形匹配的清扫刮刀在提升设备旋转时可以移除
任何装煤孔盖上的结块。装煤孔座和孔盖的清扫
是在装煤过程进行的，为了防止在装煤孔盖发生
的泄漏，炉盖必须在每一个装煤操作后进行
清扫。

　　当"清扫炉盖"指令发出时，这些装煤孔盖
清扫器摆至清扫位置，在预定时间过去后，炉盖
在清扫器里旋转。在清扫结束后，清扫器再次摆
至原位，炉盖提升设备与炉盖一起提升至上部终
端位置。

　　炉盖清扫设备如图 3-35 所示。

　　I　炉顶清扫系统

　　炉顶清扫系统用于除去在装煤过程中产生的
煤、灰尘和其他杂质，保证装煤车在最简的状态
运行。两个清扫装置串联在一起工作，从机侧开
始清扫，两个清扫装置的行程都大于整个行程的
一半，两个清扫装置都经过机车的中间位置。在
清扫的过程中，吸尘管道将颗粒从炉顶吸入到过
滤系统中，在清扫装置经过轨道时，他们都将被
提升。

3.3.4.2　拦焦车

　　A　导焦装置

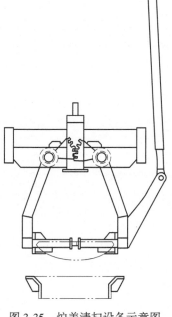

图 3-35　炉盖清扫设备示意图

　　导焦装置的作用是连接焦炉和熄焦车。推焦车把焦炭从炭化室推出后经过该
装置，在其尾侧，焦炭急停、落入熄焦车。在出焦侧、导焦栅两侧有分开固定的
垂直密封条，当导焦栅向前运动时，其可移动到炉腔前约 10mm 的位置，以至留
下一个小的缝隙。在推焦过程中，为防止烟尘逸出，在导焦栅两侧的前部装有垂
直的弹性密封条。在导焦栅的上部，两轨道之间，有一个旋转罩和一个熄焦装

置，出现的任何粉尘都可在这吸收掉。为了迅速熄焦，导焦栅左右两侧可连接 C
型喷水管，水来自其上部，可使槽钢冷却。导焦装置左右两侧的两个液压缸可将
其向前/后推动，并且，在推焦的过程中，其中一个液压缸可将导焦栅锁住。

B　取门装置

取门装置位于导焦装置旁的结构上，由导轨、移动台车、摆动架、取门头组
成（见图 3-36）。取门装置的功能包括锁住炉门、取炉门，将其转放到清扫炉门
的位置，然后再放回炉门。当移动台车沿着位于摆动架下方的钢结构上行走时，
带有取门头的摆动架被强制转入、转出。取门装置装有自动开启和封锁门（弹簧
封锁）、转入/出旋转架、提升及落下炉门（当炉门倾斜时）的设备。取门装置
所有行走，旋转和取装炉门的动作是通过带有行程检测系统的液压缸来完成的。

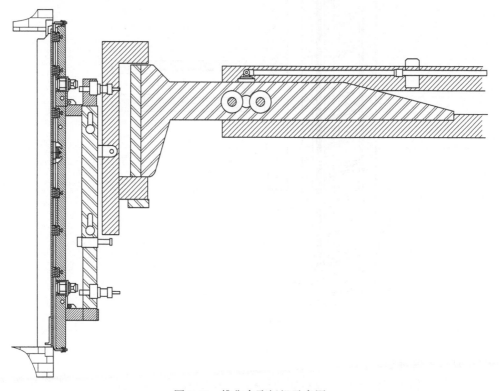

图 3-36　推焦车取门机示意图

C　炉门清扫装置

炉门清扫装置的任务是清扫炉门刀边沟槽、门销，带有交叉门销的还要清扫
炉门刀边管路。当炉门悬挂于清扫装置时，通过刮刀完成上述任务。在取门装置
取完门并到达它的最终位置后，门旋转 90°与焦炉轴心重合。炉门被提到清扫位

置，放在垂直的位置。清扫机头提升，并且清扫机向炉门的急停限位开关移动。接着机头下降，上部清扫器清扫上部平面之后清扫机头再次抬升，下部交叉清扫器清扫炉门下部底面炉门的刀边沟槽堵塞物，刮刀必须在清扫之前到达该处。

炉门清扫装置如图 3-37 所示。

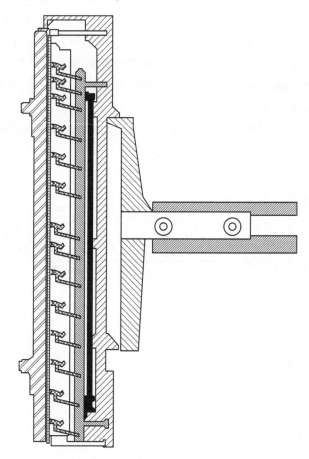

图 3-37　推焦车炉门清扫装置示意图

　　D　炉框清扫装置

炉框清扫装置位于导焦栅右侧的结构上，由轨道支撑移动台车、位于台车架头部的上下旋转轴承支撑的旋转架及垂直悬挂在旋转架（又称万向节）上的清扫机头组成（见图 3-38）。炉框清扫装置的作用是清扫炉框的密封面和炉框内侧，主要靠可弹性伸缩的清扫刮板完成。清扫机头嵌固在两个导辊支座上，支座可沿焦炉轴心移动位置，因此可适应炉框的不同位置。用空气压缩机清扫炉底，为了机械化清扫炉底在清扫机头的底部还装有一个可弹性伸缩的刮刀。

液压缸可带动炉框清扫装置完成行走和提升动作，为了避免对炉框的密封表

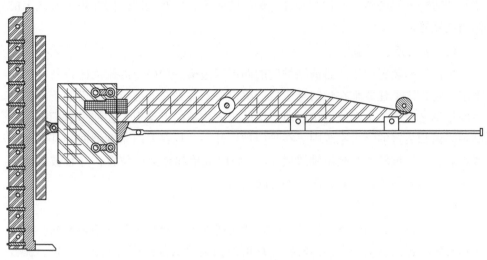

图 3-38 推焦车炉框清扫装置示意图

面造成损伤, 刮刀上配有弹簧。行走油缸启动, 炉框清扫装置离开初始位置, 同时升降油缸开启, 清扫机头被提升。在焦炉机已到达焦炉位置, 清扫机头的导向机构已经接触到炉门挂钩, 机头已经完成了炉框的旋转。炉框清扫装置移到上部清扫炉门的密封面, 进入炉腔内清扫炉框内侧, 炉框清扫装置到达炉框底部的同时, 炉底的吹气嘴开启。

E 除尘皮带小车

除尘皮带小车位于拦焦车背对焦炉的一侧, 固定集尘管路的上方。皮带小车的作用是提升覆盖在吸气管上方的皮带, 以便吸入粉尘。集尘装置收集的粉尘和烟雾在皮带小车的协助下直接进入吸气管内。集尘管上覆盖的皮带在侧面滑轮的作用下打开, 随之在导向滑轮的作用下移动到皮带小车内侧, 之后又在原偏向滑轮和附加 2 个偏向更大的滑轮的作用下复原。

3.3.4.3 推焦车

A 取门机

取门机的作用是锁定炉门、拉出炉门, 并将炉门置于清扫位置以进行清扫操作, 然后将炉门放回原位。取门机位于推焦机头部 (推杆) 旁边的一个钢结构上。它由一个带有导辊的坚固的台车 (导向辊安置在轨道的支架上)、旋转臂 (旋转臂被安置在台车头部的回转轴承上) 和取门机头部组成 (取门机的头部是悬挂在旋转臂的万向接头上还是呈摆动状态, 取决于取门机的类型) (参见图 3-36)。取门机配备有能够自动松开和压紧炉门的装置 (弹簧锁定)、旋进和旋出锁扣装置的横梁的器具、抬升和降低炉门的装置，以及检测炉门在炉子轴线上的倾角的装置。

B　炉门清扫装置

炉门清扫装置的作用是清洁炉门的四周刀边槽、炉门上的耐火砖以及在炉门上烟气道，这个任务是在炉门悬于取门机设备上并处在清洁位置时借助于清扫刮刀的帮助来完成。由于清洁炉门所产生的排放物被向上导引，在那里它们被导入到炉门清扫装置的除尘系统中。在炉门被拉开，并且在取门装置缩回到其末端位置以后，炉门被转动与机组轴线成 90°，炉门被抬起至清洁位置，并且被移动成竖直方向。炉门清扫装置如图 3-37 所示。

C　炉框清扫装置

炉框清扫装置的任务是清理炉门框架的镜面区域及其炉门框架内侧面。炉框清扫装置配置由移动台车、旋转臂和炉框清扫装置头部组成（见图 3-38）。在台车被台车油缸带动前进或后退的时候，炉框清扫装置下面的一个曲线轨道强迫其内外旋转。液压缸带动清框头作上下升降动作。为了避免刮刀对炉门框架镜面的破坏，清扫用的刮刀都配备有弹簧。在清扫装置上有止动架，止动架与炉门框架的防脱钩外侧相接触，从而为前面的起落提供限制。

D　推焦装置

推焦杆的主传动位于机器平台上，推焦杆的主传动由一个电动机、联轴器和螺旋伞齿轮减速机组成（见图 3-39）。推焦杆安放在具有轮缘的支撑辊上，为了更好地导向推焦杆的运动，在推焦杆的中部两侧的立柱上和齿轮轴承座的支架上安置了导辊。推焦头上配备有一个机械式的石墨刮刀和除石墨喷嘴，它们的设置使得炭化室内不会有固态的石墨形成。在推焦杆前端的下面设有一个滑靴，在高度上它能够进行调节，并且其耐磨板能被更换，它用于支撑在炉子内的推焦杆。推焦头为整体焊接结构，在它的上半部分，在其侧面装备了一个导架，在推焦杆的下面装有一个所谓的犁形，它是用来清洁炉底较小的焦炭残渣的。

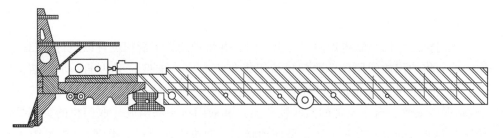

图 3-39　推焦杆示意图

E 平煤装置

平煤装置包括支承辊、导辊、钢绳滑轮以及平煤杆。在装煤期间所形成的锥形煤堆,可通过平煤杆伸进到炉子中将其推平,在炉子的上面区域形成了一个气道,在炼焦过程中所产生的气体将能够无阻碍地被引入到煤气聚集总管。

钢绳用来驱动平煤杆,电动机、联轴器和螺旋伞齿轮减速机驱动平煤机的钢绳卷筒,盘式制动器起到制动的作用。必需的支承辊和钢绳滑轮位于平煤杆的支撑装置上,后部的滑轮被设计成钢绳张紧滑轮,它可以通过配重的张紧力来进行自动的调节。紧急停止极限开关用于控制进退的极限,安装在卷筒轴上的绝对型编码器控制操作行程。在平煤装置的末端有一个电动的应急绞盘,它是用来在平煤装置的钢绳或者平煤机的驱动发生故障的时候将平煤杆从炉子拉出。

F 集尘罩和除尘器装置

过滤设备(软管喷气过滤)安装在推焦车上,用来搜集当炉门开启、推焦、清理炉门及在平煤的过程中所产生的排放物。过滤设备由一个预分离器、袋式过滤器、轴流风机、管道系统和粉尘运输系统组成。

在袋式过滤器中,未经处理的气体被导入到位于传送装置的出口方向的过滤器分室中,然后从过滤介质的外侧到内侧通过。灰尘残留在过滤器的表面,而清洁的空气离开过滤袋到达上部,并通过纯净气体管道导入到风机中。通过反吹压缩空气来完成清洁工作,将压缩空气从纯净气一侧注入到过滤袋中,造成一个短时间的气流在运行方向上的逆转。通过这个过程,成块的粉尘掉出过滤袋,并进入到过滤器的灰尘搜集小室,在那里它们被传送装置排出。排出气体的流动是通过一个轴流风机进行输送的,它被定位在过滤器的纯净气源一侧。烟尘通过一个位于过滤器下方与之联结成为一体的螺旋送料机排出过滤器。过滤设备通过一个回转阀将捕集到的灰尘运送到下方的储槽内。这个分室小闸装置将过滤设备的低压系统与周围的环境隔离开来,目的是阻止外界空气通过烟尘传送系统进入系统内部。清洁装置依靠压力差来控制过滤器,当超过一个预定的压力差就开动清洁处理装置,并且只要过滤袋测量到的压力差保持在低于预定值的状态,清洁操作就继续进行。

3.3.4.4 焦罐车

A 焦罐

焦罐通常位于焦罐车的焦罐导承框内,它的横截面为圆形,且有一定的深度,它可以在一点接收一孔焦炭,侧壁和焦炭翻板由耐磨材质制成。热焦罐车受系统控制走行到特定的炉孔,接收焦炭,简短停留后(在集尘罩下静止的过程),走行到熄焦塔。热焦罐车通过 APS 系统定位到入口后,焦罐和焦罐保持框架通过天车脱离焦罐车，并定位到干熄焦装入顶杆上方，当焦罐下降与干熄槽接触，焦炭翻板打开，焦炭落入干熄槽。然后热焦罐车受系统控制走行到另一个特定的炉孔下。

"熄焦"功能时序：焦罐车位于干熄焦下，通过粗、精对位来完成定位，它通过带电磁制动器的轮组支撑。

B 旋转台驱动

驱动装置由电机、挠性连轴节和锥齿轮组成，位于底盘之上，动力由齿轮马达产生通过万向连轴节传递给行星齿轮。在旋转台的外缘有两个定位凸轮，用以保证当焦罐降下时被放到正确的位置。在放置焦罐时保持住焦罐，并在推焦过程中旋转接收焦炭以保证焦罐内的焦炭分布均匀。焦罐旋转台驱动如图 3-40 所示。

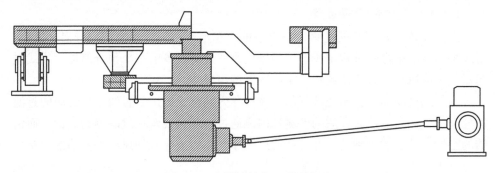

图 3-40   焦罐旋转台驱动示意图

当推焦车推焦时，热焦罐车通过粗精对位与推焦车成一列排列，并通过轮组上的刹车制动器保持原地不动。焦罐定位装置开启，并释放定位销。电磁铁释放弹簧执行器，关闭制动器。焦罐旋转台加速，使焦罐旋转并接收焦炭，在推焦过程中，热焦罐可以一次性接收全部焦炭。当一个炉孔被完全推出后，焦罐旋转台驱动制动进入静止状态。然后焦罐通过限位开关预粗对位使焦罐到提升位置。焦罐旋转驱动的闭合制动的运行电流被关闭，并且刹车关闭（弹簧执行），焦罐定位装置关闭，焦管精确的定位在焦罐保持框架的提升位置。

3.3.5 焦炉四车联锁自动化控制技术

为了保证焦炉高效、稳定和安全生产，提高焦炉的整体操作水平，解决炼焦过程中推焦车、拦焦车、熄焦车、装煤车与中央控制室之间的相互通信、地址检测、推焦联锁、摘门联锁、机车自动走行定位、自动操作、机车防碰撞等一系列问题，实现炼焦生产全过程计算机集中管理控制，采用四车联锁控制系统是十分必要和关键的。其对焦炉的安全生产和提高生产管理水平，提高产品质量和经济效益有着十分重要的意义。

3.3.5.1 四车联锁定位系统设计

四车联锁定位系统主要由中控室部分、车载部分、编码电缆部分构成，如图3-41所示。

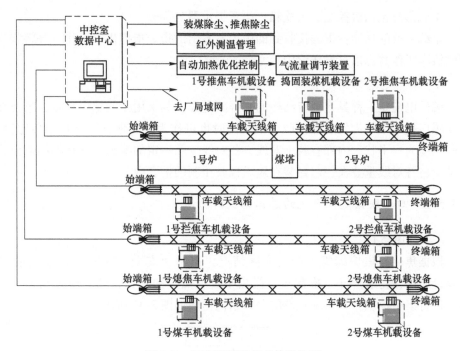

图3-41 四车联锁系统总体结构图

A 中控室部分

中控室设置在焦炉中央控制室，是系统的控制中心，通过收集各机车信息，形成各种控制命令指挥各机车工作。中控室部分主要有主控计算机和中控柜组成。

主控计算机主要功能为：

（1）自动编排生产计划。

（2）收集各种信息。

（3）对各种信息进行分析并结合生产计划，形成各种控制命令，下达给各机车并与 EI 进行实时数据交换（通过中控 PLC）。

（4）对焦炉生产情况进行记录，统计，形成日、月报表。

（5）能动态显示焦炉生产全过程、推焦截面图、炭化室结焦状况、推焦和平煤电流曲线、焦饼出焦即时的一条即时温度曲线、模拟显示车上显示屏的内容。

　　中控柜采用标准电气柜，安装在中控室中控柜内，分别对应推焦车、拦焦车、熄焦车、装煤车四种车，它的主要功能是检测移动机车所处的位置及自动走行定位控制。

　　B　车载部分

　　车载部分包括机控柜、天线箱、语音提示器三部分。

　　车载部分的功能：根据接收到的中控室发出的指令指挥机车工作，并将收集到的机车工作状态信息发送给中控室。

　　C　编码电缆部分

　　编码电缆是一种具有独特结构的非屏蔽电缆，其采用无线感应技术，电缆在无线感应技术中作为发射和接收天线，同时也可作为检测地址的标尺与传感器。编码电缆为扁平状，内部有若干对线，各对线按照一定的编码规则在不同的位置交叉，将各对线重叠在一起封装在氯丁橡胶压制的护套内。

3.3.5.2　四车联锁定位系统的总体结构与功能

　　A　总体结构

　　根据焦化厂焦炉编组生产的实际情况，遵循"安全、可靠、先进、便捷"的设计原则，将装煤车、推焦车、拦焦车及熄焦车的联锁自动对位控制集于一体，进行集中控制，其系统软件的总体结构框图如图 3-42 所示。

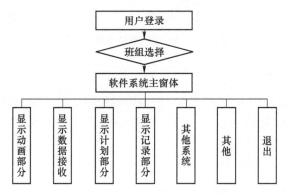

图 3-42　四车联锁系统软件总体结构框图

　　B　系统功能

　　(1) 显示动画部分：

　　1) 实时跟踪各机车的移动状况及所处炉号，推焦杆、平煤杆、导焦槽工作状态以及推焦、熄焦过程。

　　2) 显示推焦过程的二维横向图及红焦从各炉孔通过并流入熄焦车的过程。

3) 以颜色显示各炭化室焦炭的成熟程度。

4) 显示推焦及平煤电流的动态曲线。

5) 模拟显示各机车的数字显示屏。

（2）显示数据接收：显示推焦车、拦焦车、熄焦车和装煤车地址和各机车的实际工作状态，同时显示机车报文。

（3）显示计划部分：可以自动编排推焦计划，同时也可手工编排并修改推焦计划。

（4）显示记录部分：

1) 可随时查询每一个炭化室在推焦结束后自动形成的记录。

2) 自动计算生产序数值 K_1、K_2、K_3。

3) 自动生成班组统计报表。

4) 打印上述报表。

（5）其他系统：包括推焦统计、焦炉状态、数据输出、操作日志和数据储存。

1) 推焦统计：显示各种记录的日、月、年推焦统计记录，并进行打印。

2) 焦炉状态：主要设置的是各焦炉的平煤时间和装煤重量，这些时间将会随着系统的运行和推焦的进行自动更新，但由于可能是第一次运行，或者由于某些原因而使平煤时间没有保存则可以通过这里进行修改。

3) 数据输出：将推焦数据导出（文本与 Excel 表格两种格式），用于与其他软件的数据交换或用于数据的备份。

4) 操作日志：记录某一时间段对推焦联锁控制系统操作的记录。

5) 数据储存：将数据库进行备份。

（6）退出：通过密码验证全面退出控制系统。

3.4 熄焦工艺

3.4.1 低水分熄焦技术

低水分熄焦技术是对常规湿法熄焦技术的改进和完善，一般采用定点接焦，只要操作得当，可以保证熄焦车内的焦炭堆积形状基本不变，因此，熄焦塔内喷洒管的喷嘴排列要与熄焦车内焦炭的堆积形状相适应。熄焦时，采取高压力、大水流快速熄焦方法，以保证均匀快速的熄焦和熄后焦炭的水分低且均匀。低水分熄焦技术采用高置槽间接熄焦方式，其熄焦水的启闭由电动或气动的控制阀门控制。

低水分熄焦工艺流程如图 3-43 所示。

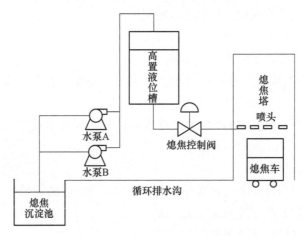

图 3-43　低水分熄焦工艺流程图

接焦完毕后，熄焦车快速开到熄焦塔下，确认高置槽水位满足熄焦条件（一般用红绿灯指示，绿灯指示可以进入熄焦塔内熄焦，红灯指示不可以进入熄焦塔内熄焦）并准确对位后，由熄焦车司机操纵或自动启动熄焦控制阀门进行熄焦。熄焦过程中无需移车。为了避免熄焦初期大量水蒸气使熄焦车内表面焦炭向车外迸溅，熄焦过程分前后两段进行，前段为小水流，后段为大水流，这样，在大水流熄焦前设置一段小水流熄焦，可使熄焦车内表面焦炭变成"盖在车厢内焦炭上的一层被"，小水流大致是大水流量的 1/3 左右。各段时间长短和水流量的具体大小可以根据现场实际熄焦情况任意调节。熄焦洒水及耗水情况见表 3-29。

表 3-29　低水分熄焦洒水及耗水情况

洒水时间/s	70~90
小水流/s	10~20
大水流/s	60~70
熄焦喷洒水量/m·t⁻¹	3

低水分熄焦的喷洒水量比常规湿法熄焦高 50% 左右，但熄焦水的消耗量两者相差无几。由于低水分熄焦熄后焦炭水分比常规湿法熄焦低几个百分点，所以，低水分熄焦的熄焦水消耗量还会略低一点。焦炭水分在很大程度取决于焦炭粒度分布、温度等因素，在正常条件下，低水分熄焦与常规熄焦相比，焦炭水分可减少 20%~40%，水分可控制在 2%~4% 且均匀。虽然低水分熄焦工艺取样为全焦，可其含水在粗调阶段也比传统熄焦工艺的冶金焦含水还低约 0.65%~1%，而在细调后，低水分熄焦的全焦含水，比传统熄焦的冶金焦含水要低 2.5%~2.9%，

可见其降低焦炭水分效果是很明显的。

采用低水分熄焦工艺后,冶金焦水分明显降低,直接给炼铁高炉的操作和节能带来非常好的效益,按焦炭含水分每降低1%,可降低炼铁焦比1%~1.50%来计算,该工艺生产的焦炭可降低焦比3%~4.5%。由于低水分熄焦时产生大量水蒸气,熄焦车内焦炭处于"沸腾"状态,焦炭相互之间摩擦碰撞,飞溅出来的焦块和焦末较多,因此,沉积在回水沟和沉淀池中的焦块和焦末也就较多,其量要超过常规湿法熄焦的量,要注意及时清扫这些焦块和焦末,以免熄焦后回水溢出。

3.4.2 干法熄焦技术

3.4.2.1 干熄焦工艺简介

干法熄焦(Coke Dry Quenching,CDQ)是目前国外较广泛应用的一项节能技术,是相对于湿熄焦而言的采用惰性气体熄灭赤热焦炭的一种熄焦方法。干熄焦能回收利用红焦的显热,改善焦炭质量,减轻熄焦操作对环境的污染。

干熄焦是利用惰性气体作为循环气体在干熄炉中与炽热红焦炭换热从而熄灭红焦的工艺过程,其工艺流程是:装满红焦的焦罐车由自驱式焦罐运载车牵引至提升井架底部。提升机将焦罐直接提升并送至干熄炉炉顶,通过带布料器的装入装置将焦炭装入干熄炉内。在干熄炉中焦炭与惰性气体直接进行热交换,焦炭被冷却至平均200℃以下,经排出装置卸到带式输送机上,然后送往焦处理系统。

冷却焦炭的惰性气体由循环风机通过干熄炉底的供气装置鼓入干熄炉内,与红热焦炭逆流换热。自干熄炉排出的热循环气体的温度为900~980℃,经一次除尘器除尘后进入干熄焦锅炉换热,温度降至160~180℃。由干熄焦锅炉出来的冷循环气体经二次除尘器除尘后,由循环风机加压,再经径向换热管式给水预热装置冷却至130℃左右进入干熄炉循环使用。二次除尘器分离出的焦粉,由专门的输送设备将其收集在贮槽内,以备外运。

干熄焦的装焦、排焦、预存室放散及风机后放散等处产生的烟尘均进入干熄焦地面站除尘系统,进行除尘后放散。

干熄焦工艺流程图如图3-44所示。

干熄焦技术作为一项新型的节能技术,是重大节能项目,适用于大、中型焦化厂,具有回收红焦显热、减少环境污染、改善焦炭质量三大优点。

出炉的红焦显热约占焦炉能耗的35%~40%,这部分能量相当于炼焦煤能量的5%,如将其回收和利用,可大大降低冶金产品成本,起到节能降耗的作用。采用干熄焦可回收80%的红焦显热,以140t/h干熄焦装置配套中温中压锅炉为例,平均每熄1t焦炭可回收3.9MPa、450℃的蒸汽0.45~0.6t。

干法熄焦是在密闭系统内完成熄焦过程,与通常湿熄焦相比,可基本消除

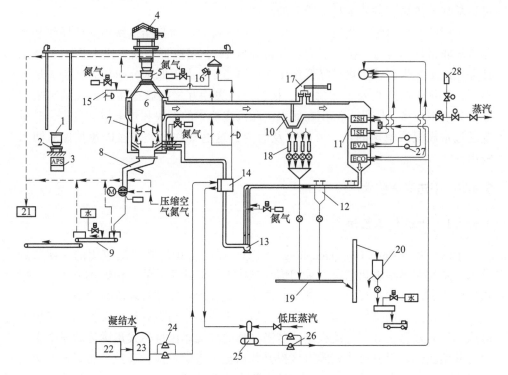

图 3-44　干熄焦工艺流程图

1—焦罐；2—运载车；3—对位装置；4—起重机；5—装入装置；6—干熄炉；

7—供气装置；8—排出装置；9—运焦带式输送机；10——次除尘器；11—干熄焦锅炉；

12—二次除尘器；13—循环风机；14—热管换热器（或气体冷却器）；15—空气导入装置；

16—预存室气体放散装置；17——次除尘器放散装置；18—焦粉冷却装置；19—焦粉收集装置；

20—焦粉储仓；21—干熄焦环境除尘地面站；22—除盐水站；23—除盐水箱；

24—除氧给水泵；25—除氧器；26—锅炉给水泵；27—强制循环泵；28—消声器

酚、HCN、H_2S、NH_3 的排放，减少焦尘排放，且节省熄焦用水。传统的水湿法熄焦，热量全部损失，同时会产生大量含尘和有害物质的蒸汽，污染环境，腐蚀周围的金属构筑物。由于干熄焦能够产生蒸汽（5~6t 蒸汽需要 1t 动力煤），并可用于发电，可以避免生产相同数量蒸汽的锅炉燃煤对大气的污染，尤其减少了 SO_2、CO_2 向大气的排放。

干熄焦与湿熄焦相比，避免了湿熄焦急剧冷却对焦炭结构的不利影响，其机械强度、耐磨性、真密度都有所提高。M_{40} 提高 3%~6%，M_{10} 降低 0.3%~0.8%，反应性指数 *CRI* 明显降低。冶金焦炭质量的改善，对降低炼铁成本、提高生铁产量、高炉操作顺行极为有利，尤其对采用喷煤技术的大型高炉效果更加明显。苏联大高炉冶炼表明，采用干熄焦炭可使焦比降低 2.3%，高炉生产能力提高 1%~1.5%。同时在保持原焦炭质量不变的条件下，采用干熄焦可扩大弱黏结性煤在炼焦用煤中的用量，降低炼焦成本。

干熄焦工艺和湿熄焦工艺焦炭质量对比见表 3-30。

表 3-30 干熄焦工艺和湿熄焦工艺焦炭质量对比

焦炭质量指标		湿熄焦	干熄焦
水分/%		2~5	0.1~0.3
灰分（干基）/%		10.5	10.4
挥发分/%		0.5	0.41
M_{40}/%		干熄焦比湿熄焦提高 3%~6%	
M_{10}/%		干熄焦比湿熄焦改善 0.3%~0.8%	
筛分组成/%	>80mm	11.8	8.5
	80~60mm	36	34.9
	60~40mm	41.1	44.8
	40~25mm	8.7	9.5
	<25mm	2.4	2.3
平均粒度/mm		65	55
CSR/%		干熄焦比湿熄焦提高 4%左右	
真密度/g·cm^{-3}		1.897	1.908

国际上公认，大型高炉采用干熄焦焦炭可使其焦比降低 2%，使高炉生产能力提高 1%。在保持原焦炭质量不变的条件下，采用干熄焦可以降低强黏结性的焦、肥煤配入量 10%~20%，有利于保护资源和降低焦炭成本。

常规的湿熄焦，以规模为年产焦炭 100 万吨焦化厂为例，酚、氰化物、硫化氢、氨等有毒气体的排放量超过 600t，严重污染大气和周边环境。干熄焦则由于采用惰性气体在密闭的干熄槽内冷却红焦，并配备良好有效的除尘设施，基本上不污染环境。另一方面，干熄焦产生的生产用汽，可避免生产相同数量蒸汽的锅炉烟气对大气的污染，减少 SO_2、CO_2 排放，具有良好的社会效益。

3.4.2.2 干熄焦工艺流程

A 红焦输送装入系统

干熄焦装置的红焦装入设备简称装入系统或装入装置。装入装置安装在干熄炉炉顶的操作平台上，主要由炉盖台车和带布料器的装入料斗台车组成，两个台车连在一起，由一台电动缸驱动。装焦时能自动打开干熄炉水封盖，同时移动带布料器的装入料斗至干熄炉炉口，配合起重机将红焦装入干熄炉内，装完焦后复位。

装入装置的结构形式及结构尺寸主要受驱动方式、焦罐下口尺寸及干熄炉炉口尺寸的影响。其驱动方式有电动缸和液压缸两种。焦罐下口尺寸与焦炉炉型有关，干熄炉炉口尺寸与干熄焦装置的处理能力有关。装入装置主要由炉盖、装入料斗、台车、传动机构、轨道框架、焦罐支座和导向模板等组成。装入装置具有耐磨、耐高温性好、传动平稳、对位准确等特性。

装入装置在不装焦时，炉盖覆盖在干熄炉炉口上，炉盖上的水封罩插入水封槽中，可防止干熄炉内的气体、火焰和粉尘逸出，也可防止炉外空气吸入炉内。接到装焦指令后电动缸开始动作，先是提起炉盖，再驱动整个台车走行，直到走行台车上的装入料斗对准干熄炉炉口为止。最后，装入料斗下料口处的水封罩落入水封槽内，防止装料时干熄炉口的粉尘外逸。在装入装置开始动作打开炉盖时，装入料斗集尘管道上的阀门自动打开。装入料斗对位结束后，向起重机发出可装入信号，起重机开始放下焦罐，焦罐下降落在料斗的滑动支座上，并继续下降落在固定支座上。此时，焦罐底部的密封裙边与装入料斗上口接触。起重机继续放下焦罐，焦罐底门开始打开，排放焦炭，完成装料的动作。

装料的时间和粉尘沉静的时间由延时器决定，延时器发出装料、粉尘沉静结束指令，起重机开始卷上空焦罐。起重机卷上到位后，装入装置就开始进行与上述相反的动作，移开装入料斗，将炉盖覆盖在干熄炉炉口上，完成一次装入动作。装入装置关闭炉盖后，装入料斗集尘管道上的阀门自动关闭，停止集尘。整个装置大约7~10min进行一次工作循环。装入装置动作曲线如图3-45所示。

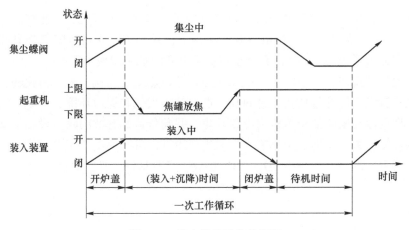

图3-45 装入装置动作曲线图

B 冷焦排出系统

干熄焦冷焦排出设备由排焦装置及运焦带式输送机组成。排焦装置包括检修用平板闸门、电磁振动给料器、旋转密封阀、排焦溜槽等设备（见图3-46）。

冷却后的焦炭由电磁振动给料器定量排出，送入旋转密封阀，通过旋转密封阀的旋转在封住干熄炉内循环气体不向炉外泄漏的情况下，把焦炭连续地排出。

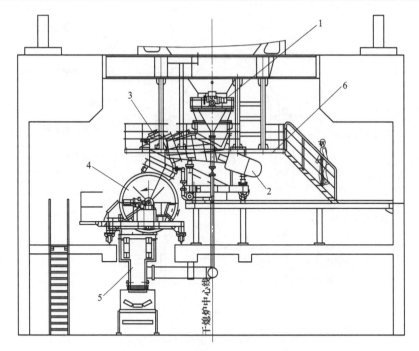

图 3-46 排出装置装配图
1—平板闸门；2—电磁振动给料器；3—中间连接溜槽；
4—旋转密封阀；5—排焦溜槽；6—平板闸门操作平台

连续定量排出的焦炭通过排焦溜槽送到带式输送机上输出。

C 干熄炉系统

干熄炉为干熄焦装置中冷却红焦的核心设备。在干熄炉内，从顶部装入的红热焦炭与从底部鼓入的冷循环气体逆向换热，将焦炭从（1000±50）℃冷却至平均200℃以下。干熄炉结构按其断面形状可划分为圆形干熄炉和方形干熄炉。方形断面的干熄炉因其结构复杂，运行效果不理想并未得到大面积推广。目前国内外干熄焦装置大多采用圆形断面的干熄炉，圆形截面的干熄炉为竖式槽体，外壳用钢板制作，内衬耐磨耐火材料。干熄炉上部为预存室，中间为斜道区，下部为冷却室。其结构如图3-47所示。

设置在预存室外的环形气道通过各斜道与冷却室相通，环形气道的出口与一次除尘器的进口相连。预存室内设有料位检测装置，还设有温度、压力测量装置和放散装置。环形气道内设有空气导入装置，冷却室内设有温度、压力测量装置及人孔、烘炉孔等，冷却室下部壳体上设有2个进气口，冷却室底部安装有供气装置。

干熄炉预存室的有效容积应根据焦炉中断供焦时间的长短确定。除此之外，一般在上料位以上留出1炉焦炭的容积，以防本炉装入的焦炭达到上料位时同一时间推出的1炉焦炭无法装入干熄炉。一般预存室的有效容积按能储存焦炉1~

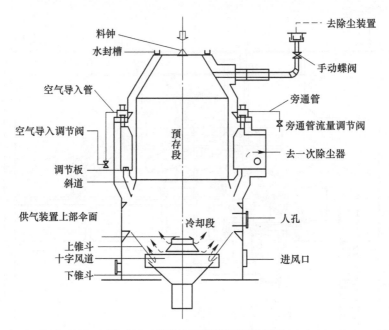

图 3-47　干熄炉及附属结构示意图

1.5h 的产焦量来进行设计。

在冷却室，红焦与循环气体逆流换热。干熄炉冷却室的容积以及冷却风量是影响焦炭冷却效果的基本参数，同时也是影响干熄焦装置建设成本及运行费用的最重要参数。冷却室容积的大小取决于干熄焦装置的最大处理能力、将红焦冷却至规定温度所需要的干熄时间以及焦炭的堆积密度等，而干熄时间主要取决于气体与焦炭间的综合传热系数。在气体与焦炭间综合传热系数的多种影响因素中，最重要的是气体的流速，而气体流过焦炭层的阻力也与循环气体的流速有关。影响综合传热系数及气体压力降的因素较多且极其复杂，主要包括：床层孔隙率、流体黏度、流体流速、流体密度及焦炭颗粒直径，还包括焦炭在干熄炉内布料的均匀性、焦炭下降的均匀性，以及冷却气体在干熄炉中分配的合理性和均匀性，循环气体上升的均匀性以及进入干熄炉冷循环气体的温度等。

为提高干熄炉的冷却性能，现代大型干熄焦装置一般都全部或部分采用了如下技术：采用圆形旋转焦罐和装入布料装置改善干熄炉内布料的均匀性；采用电磁振动给料、分格式旋转密封的连续排焦装置，优化供气装置中风帽的形状、高度、中央风道的布置和调整中央风帽与周边风环的送风比例等技术，实现炉内焦炭的均匀下降和循环气流的均匀上升；在循环风机后设置热管换热器（或气体冷却器）降低入炉循环气体的温度，从而强化干熄炉的冷却效果等。

干熄炉冷却室容积有总容积和有效容积两种计算方式。其总容积包括冷却室直段容积、斜道区总容积以及供气装置上锥斗总容积，而有效容积除包括冷却室直段容积外，斜道区和供气装置上锥斗仅计算有效容积，后者以扣除风帽体积后的有效容积为准。

在干熄焦装置大型化设计中，必须克服斜道区焦炭上浮现象。随着干熄焦装置处理能力的增大，冷却气量增加，斜道口气体流动速度增大，可能达到或超过能使焦块浮动起来的速度。特别是在斜道口处，焦堆上部的高速气流可将焦块吹动，使堆积状态恶化，局部堵塞斜道口，使得系统阻力增大及系统磨损加剧，严重时高速气流夹带碎焦，可将斜道、环形气道等堵塞，造成干熄焦装置无法运转。

干熄炉主要技术规格见表 3-31。

表 3-31 干熄炉主要技术规格

序号	干熄焦装置处理能力/t·h⁻¹	75		125	140		160	190
1	预存室容许中断供焦的最长时间/h	1	1.5	约1.5	约1.5	1	1.5	1.1
2	预存室直径/mm	6060		7640	8040	7700	7800	9500
3	预存室直段高度/mm	6534	9036	8872	8960	7790	10664	7668
4	干熄炉口直径/mm	1500	2700	2900	3100	3035	3000	3600
5	冷却室总容积/m³	304		483	550	596	656	855
6	冷却室直径/mm	6800		8600	9000	9100	9300	11100
7	冷却室直段高度/mm	6153		5358	5515	6100	6138	6030
8	斜道区高度/mm	1186		1768	1846	2000	2286	2300
9	斜道结构形式	单		单	单	双	双	双
10	斜道口数量/个	32		36	30	20	20	24
11	干熄炉砌体总高度/mm	18263	20773	20420	20622	20250	24084	21236

日本原 NKK 福山钢铁公司开发出两段式斜道，即在高向将斜道口分成上下两格，俗称"双斜道"技术。这种技术在超大型干熄焦装置中应用效果较为理想。对斜道口气体流速分布的计算表明：采用两段式斜道可使斜道内气流速度降至同样条件下单斜道内气流速度的 70%，防止焦炭上浮的最大处理能力提高约 40%，且降低了粗粒焦粉对环形气道的磨损。

供气装置安装在干熄炉底部，将冷循环气体均匀地供入冷却室，并可使炉内焦炭均匀下落。它主要由锥体、风帽、气道和周边风环组成。中央风帽为伞形结构，风帽的供气道由十字气道组成。底锥段的外围是气体分配室，分上下两层，上层以周边风环的形式向锥斗的中部供气，下层向伸入炉内的水平十字风道供气。为了减少焦炭流动时对锥斗壁、十字风道和风帽的磨损，壁面衬铸铁板。在干熄炉底锥段出口处设置挡棒装置，可调节周向焦炭的下落速度，使其均匀冷却。

3.4.2.3　耐火材料

干熄焦砌体属于竖窑式结构，是正压状态的圆桶形直立砌体，炉体自上而下可分为预存室、斜道区和冷却室。

预存室的上部是锥顶，其装焦口因装焦前后温度波动大，且磨损严重，应采用热稳定性极好并抗磨损的砖。中部是桶形结构，下部是环形气道。环形气道是由内墙及环形道外墙组成的两重圆环砌体。内墙既要承受焦炭侧压力、强烈的摩擦以及装入焦炭时的冲击力，又要防止预存室与环形气道的压差窜漏，因而采用带沟舌的高强度砖。

斜道区的砖逐层悬挑，承托上部砌体的荷重，并逐层改变气体流通通道的尺寸。与焦炭换热后的循环气体从各斜道开口进入环形气道，在环形气道汇集后进入一次除尘器。因该区域气流和焦炭尘粒激烈冲刷，砌体容易损坏且损坏后极难更换。因此，对内层砌体用砖的热震性、抗磨损性和抗折强度等要求都很高。从近年来实际使用效果看，干熄炉斜道区砌体因结构复杂、工况条件恶劣，成为整个干熄焦系统中最容易损坏的地方，对干熄炉使用寿命产生很大的影响。

圆桶形的冷却室虽然结构较简单，但它的内壁要承受焦炭强烈的磨损和较大的侧压力，是最易受损害的部位之一。一次除尘器槽体体积庞大，槽顶部及挡墙底部均采用砖拱结构，结构简单，强度大。

根据干熄炉及一次除尘器各部位不同的操作环境和结构特点，国内干熄焦砌体用耐火材料一般选用以下几种：干熄炉装焦口、斜道区应选用耐冲刷、耐磨、耐急冷急热性能极好，且抗折强度极大的莫来石-碳化硅砖砌筑；预存室下部直段和一次除尘器拱顶内侧及上拱墙应选用耐冲刷、耐磨、耐急冷急热性能好的 A 级莫来石砖砌筑；冷却室应选用高强耐磨、耐急冷急热性能好的 B 级莫来石砖砌筑；耐火泥浆除应选用与耐火砖的化学组分相近、物理指标满足达到工况要求，还应并具有足够的冷态抗折黏结强度。

干熄炉内各部位所使用的主要耐火材料见表 3-32。

表 3-32　干熄炉内各部位所使用的主要耐火材料

部　位		内　墙	中　墙	外　墙	备　注
干熄炉	预存室顶锥段	BN 黏土砖		QB 隔热砖	浇注料和耐火纤维毡
	预存室直段	AN 黏土砖	BN 黏土砖	QB 隔热砖	
	预存室环形气道	A 级莫来石	BN 黏土砖	QB 隔热砖	
	斜道区	莫来石-碳化硅砖	BN 黏土砖	QB 隔热砖	
	冷却室直段	B 级莫来石	BN 黏土砖	QB 隔热砖	纤维毡
一次除尘器	拱顶	A 级莫来石		QB 隔热砖	
	其余	AN 黏土砖		QB 隔热砖	

3.4.2.4 气体循环系统

干熄焦砌体循环系统布置在干熄炉中部环形气道出口与干熄炉下部供气装置入口之间，主要设备有一次除尘器、二次除尘器、循环风机及热管换热器等。此外，在干熄炉与一次除尘器之间以及一次除尘器与干熄焦锅炉之间设有内衬耐火材料的高温补偿器，在循环气体管路的直管段上也设有多个补偿器。在风机入口侧的循环气体管路上设有温度、压力、流量的测量装置以及补充氮气装置、防爆装置。在风机出口侧循环气体管路上设有压力测量、流量调节装置以及补充氮气装置、循环气体成分自动分析仪。在干熄炉入口的循环气体管路上设有带涡轮减速机的手动翻板，以调节供气装置中央风帽和周边风环的送风比例。除上述设备外，气体循环系统还有空气导入系统、剩余气体放散系统、干熄炉旁通管、焦粉冷却装置及焦粉排出系统等。气体循环系统各设备应具有气密性好、耐磨性高、隔热性好、使用寿命长等特点。

A 一次除尘器

一次除尘器安装在干熄炉出口与干熄焦锅炉入口之间，是一个大型重力沉降槽式除尘装置，它可分为无挡墙的一次除尘器和有挡墙的一次除尘器两类。国内建设的大型干熄焦装置，一般均选用除尘效率高的带挡墙的一次除尘器。

一次除尘器主要由钢板制成的壳体、外部金属支撑构架和内部衬隔热性、耐磨性好的耐火材料砌体等组成。一次除尘器的前后通过高温补偿器分别与干熄炉出口和干熄焦锅炉的入口相连。除尘器下部底锥段出口被分隔成漏斗状，并与焦粉冷却装置相连接。一次除尘器上设有检修用人孔、温度测量装置、压力测量装置及放散装置等。一次除尘器及其附属结构的示意图如图 3-48 所示。

一次除尘器放散装置可作为气体循环系统事故状态下，特别是系统内氢气含量异常升高时的紧急放散口，也可作为烘炉时的空气吸入口，还可作为锅炉检修时的通风口。

焦粉冷却装置有两种结构形式：一种为水冷套管式；另一种为管壳换热器式。

水冷套管式焦粉冷却装置由 4 根水冷套管组成，通过溜槽与一次除尘器底部出口相连。每根套管内部分为三层：内层和外层筒通循环冷却水，中间层走焦粉，逆流换热。考虑到热膨胀，焦粉冷却套管一般倾斜布置，其下部设有由电机驱动的格式排灰阀、检修用手动插板、焦粉料斗和料位检测装置等组成的焦粉排出装置。也有部分中型干熄焦装置采用上、下 2 个电动球阀，中间夹 1 个中间鼓的结构代替格式排灰阀的焦粉排出装置。

管壳换热器式焦粉冷却装置一般由 2 个管壳换热器组成，每个换热器通过补

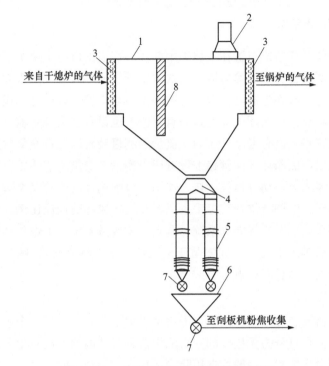

图 3-48　一次除尘器及其附属结构示意图

1——次除尘器；2——次除尘器放散装置；3—高温补偿器；4—叉形溜槽；

5—焦粉冷却装置（水冷套管式）；6—焦粉斗；7—电动格式排灰阀；8—一次除尘器挡墙

偿器与一次除尘器底部出口相连。每个换热器内设有多个带夹套的小管，管内走焦粉，管外夹套内走冷却水，逆流换热。带夹套的小管之间充以氮气。

国内几种干熄焦装置中一次除尘器主要技术规格见表 3-33。

表 3-33　国内几种干熄焦装置一次除尘器主要技术规格

序号	干熄焦装置处理能力/t·h⁻¹		75	125	140	160	190
1	工艺参数	最大气量/m³·h⁻¹	107000~125000	127800~177500	198800~213000	227200	290000
		入口含尘量/g·m⁻³	11~13	12~18	12~18	12~18	12~18
		出口含尘量/g·m⁻³	≤8	≤10	≤10	≤10	≤10
2	尺寸	内部流通通道（宽×全高）/mm	5300×2288	5900×3824	6100×4136	6100×4760	7000×4338
		外形尺寸（长×宽×高）/mm	14950×6828×11878	10300×7528×14437	10310×7728×15185	10310×7728×17975	14561×8944×19819

续表 3-33

序号		干熄焦装置处理能力/t·h⁻¹	75	125	140	160	190
3	结构及材质	挡墙	有	有	有	有	有
		下部底锥段小隔墙	有	无	无	无	无
		下部焦粉冷却装置的结构形式	4根带三层夹套的冷却套管		4根带三层夹套的冷却套管或多根套管组成的焦粉冷却装置	4根带三层夹套的冷却套管	多根套管组成的焦粉冷却装置
		主要材质	外壳及支架：Q235-B；托砖板：0Cr19Ni9 及 0Cr25Ni20				
		质量/t	87	90.6	92.7~94	98.8	193

B 二次除尘器

二次除尘器安装在干熄焦锅炉之后、循环风机之前的循环气体管路上，用以降低循环气体中焦粗含量，减少对设备的磨损，延长后续设备如循环风机和换热器的使用寿命。二次除尘器采用单管或多管旋风分离方式，将循环气体中的焦粉含量降至 $1g/m^3$ 以下（其中焦粉 ≤0.25mm 的占 95% 以上）。小型干熄焦装置多采用单管旋风式除尘器，两台对称布置于一次除尘器两侧，而大型干熄焦装置则采用效率更高的多管旋除尘器。

单管旋风式除尘器是细高型的，主要由附带进气口的上部圆筒外壳、下部的圆锥体灰斗及中央排气管等组成。外壳及下部锥体由钢板制成，内衬铸石板。基于施工方便及提高二次除尘器严密性的考虑，下部灰斗的铸石衬板采用在内外两层钢板间整体浇注，以提高其内壁的光滑程度，并可避免砌筑铸石板灰浆不耐磨，从而影响除尘器整体严密性。单管旋风二次除尘器的结构，如图 3-49 所示。

多管旋风式二次除尘器主要由多个单体旋风器、单体旋风器的固定板（包括下部旋风子固定板及上部导气管固定板）、除尘器外壳、下部灰斗及附属设备（主要包括防爆装置、入口变径异形管含气流分布板、出口变径异形管、除尘器支撑框架及除尘器本体检修用平台、梯子、栏杆等，还设有人孔、料位检测装置及掏灰孔等）构成。二次除尘器的下部设有焦粉排出装置，多管旋风二次除尘器的结构，如图 3-50 所示。

国内干熄焦装置中二次除尘器所使用的单体旋风器多为具有极高耐磨性的合金铸铁式单体旋风器，它主要由完全独立的三部分——旋风子、导气管及导向器组成，单体质量小，便于安装和更换。各部分间采用楔式固定的组合式装配，易于拆卸，可换性强。单体旋风器中的核心部件——旋风子及导向器，因采用含铬、钼、镍的耐磨合金铸铁制成，其硬度高，耐磨性好，并增加了易损部件的壁

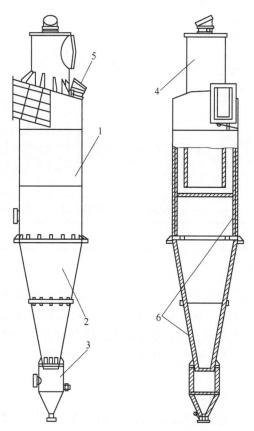

图 3-49　单管旋风二次除尘器结构图
1—上部圆筒外壳（带进气口）；2—下部锥斗；3—底部灰斗；
4—内筒（有排气口的中央排气管）；5—防爆装置；6—铸石板

厚，故使用寿命长。为了延长二次除尘器整体寿命，还在除尘器入口几排导气管的外壁（或迎风面）、入口气流分布板以及入口变径异形管的顶部弯头以及除尘器的外壳内壁均采取了耐磨措施，以增强其耐磨性。

　　C　循环风机

　　循环风机安装在二次除尘器与热管换热器之间，循环风机主要由风机本体、电机、调速系统、入口电动挡板及检测系统等组成。为了节能，以及开工、停炉时的调节方便，循环风机一般采用变频调速或液力耦合器等速度调节装置来调节流量。

　　风机本体是由外壳及衬板、转子、轴承等组成的。风机壳体采用水平剖分的焊接结构，便于转子及内部衬板的维修与更换。壳体上设有人孔，底部设有排水口，壳体外壁设有隔音材料。风机转子采用单级双吸口式，叶片多采用后弯式，

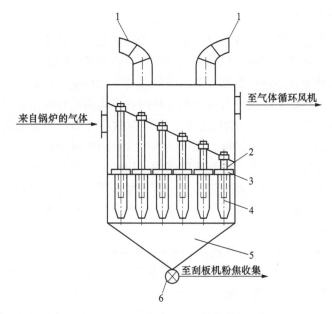

图 3-50　多管旋风式二次除尘器结构示意图
1—防爆装置；2—导气管；3—导向器；4—旋风子；5—储灰斗；6—格式排灰阀

叶片上堆焊耐磨层。风机轴承设有空冷或水冷冷却系统，还设有温度及振动检测元件。风机轴承多采用油池润滑，也有采用油站集中润滑方式，风机轴头采用充氮密封。国内集中干熄焦装置循环风机的主要技术规格见表 3-34。

表 3-34　国内集中干熄焦装置循环风机的主要技术规格

序号	干熄焦装置处理能力/t·h⁻¹	75		125	140	160	190
1	形式	双吸双支撑单级离心风机					
2	风机风量/m³·h⁻¹	107000	125000（早期宝钢）	178000	199000	227200	290000
3	入口气体温度/℃	155~175				150~170	
4	风机总升压/Pa	9.7	9	11	11	13.5	14
5	吸入口压力/Pa	-3.6	-3.5	-4.1	-4.1	-4.8	-5.3
6	吐出口压力/Pa	6.1	5.5	6.9	6.9	8.7	8.7
7	风机本体耐热温度/℃	250					
8	风机转速/r·min⁻¹	1500	1480	1495	1500	1495	1500
9	风机流量调节方式	变频调速或液力耦合器（流量调节范围 25%~100%）；风机入口挡板或前导向					
10	调速方式	变频调速或液力耦合器调速					
11	风机用电动机功率/kW	600~750	780~990	1250	1400~1500	1930	2700

D　热管换热器

国内外的大型干熄焦装置为强化干熄炉的换热效果，措施之一是用低温的锅炉给水与循环气体进行换热，以降低干熄炉入口的循环气体温度。同时用从循环气体中回收的热量加热锅炉给水，节约除氧器的蒸汽耗量，从而节约整个干熄焦装置的能耗。锅炉给水与循环气体间的这种换热多采用蛇管间壁式结构的锅炉给水预热器（或气体冷却器）：管内走水，管外为循环气体。因通常锅炉给水的温度较低，在换热管外壁容易结露，循环气体中含有的少量硫化物及氯化物将对换热管形成露点腐蚀，从而大大缩短换热器的使用寿命。为此，需在该入换热器的外部设置一台水—水式换热器或者设置一套自身水循环系统，以确保进入气体冷却器的锅炉给水的温度高于露点温度，这势必影响换热器的换热效果，并使其体积较大，且额外增加投资。

为避免换热器内换热管的外壁发生腐蚀，影响换热器的使用寿命，国内自主开发出应用于干熄焦工艺的高效热管换热器。热管换热器内设有多个热管，热管传热的原理是：热管的一端为蒸发段，置于高温侧一流动的循环气体中，另一端为冷凝段，置于低温侧一流动的锅炉给水中。当热管的蒸发段从循环气体中吸热时，热量经管壁传到管内工质中，工质便迅速汽化、蒸发。再借助压差，使工质蒸汽经热管的中心通道迅速传到冷凝段，在此蒸汽凝缩成液体，释放出潜能，并通过管壁将热量传递给外部的锅炉给水，在重力作用下，液态工质回流到蒸发段。通过这种"蒸发—传输—冷凝"的反复循环，将热量从循环气体中传输至锅炉给水。因为热管的这种特殊结构，使得低温的锅炉给水与高温的循环气体不存在间壁式接触，可完全避免上述露点腐蚀的发生，并可取消气体冷却器外的水—水式换热器或者自身水循环系统，从而提高了换热器的效率，并节省了建设投资。

热管换热器主要由内部热管（多个）、热管套管、外壳及其加强筋、人孔、支座急水侧管路上的管件等组成。

3.4.2.5　干熄焦锅炉系统

干熄焦锅炉是整个干熄焦系统的重要组成部分，也是整个余热回收工艺的核心设备之一，目前国内投入使用的干熄焦锅炉，其锅炉四壁全部采用膜式水冷壁结构，而锅炉本体的支承形式则分为两种：一种是悬吊式构架形式，锅炉本体支吊在锅炉顶部钢结构的大板梁上，其整体可以自由往下膨胀。循环气体从上部水平引入锅炉，然后垂直向下先后流经二级过热器、一级过热器、光管蒸发器、鳍片蒸发器、省煤器，最后从锅炉底部排出。另一种是支承式构架形式，它是以支承方式来支承锅炉各主要部件的，整体膨胀向上，循环气体流向等同于悬吊式构架形式。

干熄焦中温中压锅炉结构如图 3-51 所示。

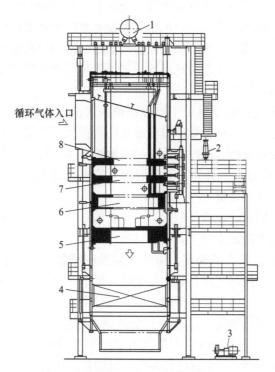

图 3-51 干熄焦中温中压锅炉结构示意图

1—锅筒；2—减温器；3—强制循环泵；4—省煤器；
5—鳍片管蒸发器；6—光管蒸发器；7—一次过热器；8—二次过热器

A 干熄焦锅炉设计的特殊要求

（1）密封性。要保证干熄焦系统正常安全的运行，必须有效地控制循环气体中可燃成分的浓度。由于干熄焦锅炉完全处于循环气体系统中的负压段运行，很容易漏入空气而导致可燃气体在实际运行中逐步增加，给系统的安全运行带来影响，同时还会造成焦炭的烧损。因此应提高对锅炉密封性的要求，一般要求其漏风系数不超过1%。要达到这一标准，锅炉内外护板处、锅炉穿墙管处及锅炉本体各门、孔处，在其结构设计中均应采取有效的密封措施。实际操作运行过程中也应注意使其处于完好的密封状态。

（2）耐磨性。干熄焦锅炉入口的循环气体含尘浓度一般为 $8 \sim 12 g/m^3$，焦尘粒度组成参见表3-35。

表 3-35 焦尘粒度组成

粒度/mm	<0.063	0.063~0.125	0.125~0.25	0.25~0.5	0.5~1.0	1.0~2.83
比例/%	20.22	23.00	33.20	20.50	2.80	0.50

含有上述焦尘粒子的循环气体气流，会对干熄焦锅炉的烟气进口处膜式水冷壁迎风面、二次过热器的上部位、吊顶管束及管束转弯处等部位产生较严重的磨损，因此在锅炉的结构设计中必须采取防磨措施。如用耐高温不锈钢包住水冷壁烟气进口、二次过热器采用超声速喷涂、吊顶管采用夹套管及超声速喷涂、管束弯头采用防磨挡板等措施。

（3）膨胀合理性。由于组成干熄焦锅炉的大部分主要构件均直接与高温循环气体接触，因此，保证锅炉整体设计膨胀的合理性，不仅是对干熄焦锅炉密封性能要求的重要保证条件，同时，也是防止锅炉各主要构件及与之相连接的管道（如过热器进出口管道、上升管、下降管等）在热态运行时管系应力产生变化，导致爆管等事故发生的关键。

目前，干熄传锅炉的制造厂根据自身锅炉的结构特点，均采取加装本体膨胀节及管道悬吊装置等措施来解决其膨胀问题。

（4）安全阀整定压力的确定。由于焦炭是间歇装入干熄炉预存段的，故会使进入干熄焦锅炉的循环气体参数产生变化，因而会导致干熄焦锅炉出口的蒸汽压力产生波动。因此，适当提高干熄焦锅炉过热器出口的主蒸汽压力，并按此对安全阀的工作压力进行整定，是避免安全阀频繁起跳的重要措施。一般情况下，对中压干熄焦锅炉是以锅炉出口主蒸汽调节阀的阀后压力（实际供气压力）作为基准压力，加 0.5MPa 后作为过热器安全阀的整定压力。如中压干熄焦锅炉主蒸汽调节阀的阀后实际供气压力为 3.82MPa，则过热器安全阀的整定压力为4.32MPa，干熄焦锅炉额定工作压力（过热器出口）则为 4.14MPa。对高压干熄焦锅炉，则直接加 0.5MPa 作为调节阀前即干熄焦锅炉的额定工作压力，按此推算安全阀的整定压力。

B　干熄焦锅炉的循环方式

一般余热锅炉的锅水循环方式有自然循环、强制循环和自然循环与强制循环相结合三种循环方式。

我国目前已实施的干熄焦项目的干熄焦锅炉普遍采用自然循环与强制循环相结合的循环方式。此种循环方式在干熄焦锅炉的锅筒和蒸发器之间装有强制循环水泵，一部分炉水由下降管经强制循环水泵提高循环回路的压头打入蒸发器，饱和水在蒸发器内加热汽化，汽水混合物在热压和强制循环水泵的压力作用下进入锅筒；另一部分炉水仍由下降管进入膜式水冷壁吸热后在热压的作用下进入锅筒。与自然循环方式相比较，该循环方式具有锅炉汽包容积较小，水冷壁管径小，循环系统质量轻、循环倍率低，水动力安全可靠，启动和停炉速度快，适应能力强，锅炉体积显著减小等明显的优点。采用强制循环与自然循环相结合的方式，干熄焦锅炉循环气体入口标高与一次除尘器出口标高较为一致，易于调整，可保证循环气体流通顺畅，特别适于干熄焦装置的实际应用。其缺点是强制循环水泵需耗电。以140t/h干熄焦装置所配中压干熄焦锅炉为例，其强制循环水泵电机功率为75kW，使运行成本增加，而且强制循环水泵目前普遍采用进口设备，其价格较为昂贵。

自然循环方式虽有运行节电的明显优点，但由于锅炉结构尺寸相对较大，受工艺布置等方面的条件限制，实施起来困难，故目前国内外采用较少。但随着干熄焦装置的进一步大型化，可考虑此种循环方式的采用。单一的强制循环方式因耗电大、运行费用高，目前国内外尚无采用此种运行方式的实例。

C　干熄焦锅炉额定蒸汽参数的选择

a　额定蒸汽压力与温度的选择

目前国内外已投产运行的干熄焦装置的干熄焦锅炉所产蒸汽普遍用于供汽轮机发电。基于国产化的原则，干熄焦锅炉的额定蒸汽压力与温度，一般情况下与我国中小电站锅炉的出口参数和为之配套的国产汽轮机进口参数相吻合。我国中小电站锅炉的出口蒸汽参数与汽轮机进口蒸汽参数关系见表3-36。

表3-36　中小电站锅炉的出口蒸汽参数与汽轮机进口蒸汽参数

压力等级	锅炉额定参数		汽轮机额定初参数		汽轮机初参数波动值	
	压力/MPa	温度/℃	压力/MPa	温度/℃	压力/MPa	温度/℃
次中压	2.45	400	2.35	390	2.15~2.55	370~400
中压	3.82	450	3.43	435	3.14~3.63	420~445
次高压	5.29~6.27	450~485	4.9~5.88	435~470	4.6~6.08	420~480
高压	9.81	540	8.83	535	8.34~9.32	525~540

我国在建和已投产的干熄焦装置所配套的干熄焦锅炉大多数为中压参数，少数为次高压和高压参数。其原因主要是对应于次高压和高压参数国产化系列，锅炉的产汽量和汽轮机的进汽量均较大，而中小型干熄焦装置配套的干熄焦锅炉相对产汽量较少。当锅炉采用次高压和高压参数时，造成配套设备及附属设备选择困难，同时工程的一次性投资也相对较高。但是，选择的压力等级越高，其经济性就越好。因此，有条件的企业，如当干熄焦锅炉产汽可以送临近的电厂发电，且电厂汽轮机的进汽就是次高压和高压参数时，干熄焦锅炉的压力等级就可以确定为次高压和高压参数。同时相对于较大型的干熄焦项目也可以考虑高参数炉机的采用。总之，应针对具体项目，结合企业自身的情况，近期、远期建设统一规划，并经技术经济比较后确定。

b　干熄焦锅炉额定蒸发量的确定

在干法熄焦惰性循环气体的循环过程中，经一次除尘器进入干熄焦锅炉入口的循环气体温度约900~980℃，其热量被锅炉吸收后，锅炉给水转化为蒸汽，循环气体温度降至约160~180℃，排出锅炉。然后通过二次除尘器、循环风机、热管换热器降至 130℃，再次进入干熄炉冷却赤热焦炭，如此周而复始地进行循环。在完成此循环的过程中，人们习惯上以焦汽比衡量锅炉的产汽能力，并认为焦汽比在 0.5~0.6t（汽/焦）的范围内产汽量越多越好。而实际上在给定的循环气体参数（气量、温度、成分）和蒸汽参数（温度、压力）条件下，完全可以计算出锅炉的产汽量。若实际操作干熄焦系统漏入空气量过大，焦炭烧损，导致焦汽比上升，显然是不正常的。因此，干熄焦锅炉的蒸发量应经详细计算并验证后，作为工厂管理制定考核条件的依据。干熄焦锅炉蒸发量的具体计算方法和步骤，可按干熄焦工艺系统给定的已知条件或实测条件，参照《余热锅炉设计与运行》等有关资料进行。现将常用的三种不同干熄炉所配干熄焦锅炉蒸发量的计算结果列入表 3-37，供参考。

表 3-37　干熄焦锅炉蒸发量

干熄焦锅炉所产蒸汽的压力和温度值	125t/h 干熄炉所配置的干熄焦锅炉蒸发量/t·h⁻¹		140t/h 干熄炉所配置的干熄焦锅炉蒸发量/t·h⁻¹	
	正常值	最大值	正常值	最大值
3.82MPa，450℃	65	72	73	80
5.29MPa，485℃	63	70	72	79
9.81MPa，540℃	62	68	70	77

3.4.2.6　干熄焦除尘

A　干熄焦环境除尘原理

干熄焦环境除尘站的工作原理是：利用除尘风机产生吸力，在管式冷却器内对高温烟气进行冷却，利用百叶式预除尘器将整个排焦系统的低温烟气进行预除尘。上述两种烟气在脉冲布袋除尘器内汇合，对粉尘进行过滤后向大气排放。

B　环境除尘工艺流程

环境除尘工艺是将含尘烟气净化并对粉尘进行回收的过程，其流程可以分为以下三个系统。

a　含尘烟气流程

含尘烟气主要分为高温和低温烟气两种。高温烟气主要来源于干熄炉顶装焦系统以及部分分散点；低温烟气主要来自于排焦部位、炉前焦库以及运焦系统各转运站，如图 3-52 所示。

在干熄焦进行装焦时，炉顶集尘管道上的集尘电动阀自动打开，联锁除尘风机液力耦合器调速执行器，提高风机转速，增加风量，炉顶约 95% 的含尘烟气被吸收。在炉前焦库的各个仓分别安装有电动控制阀，依靠程序进行联锁控制其工

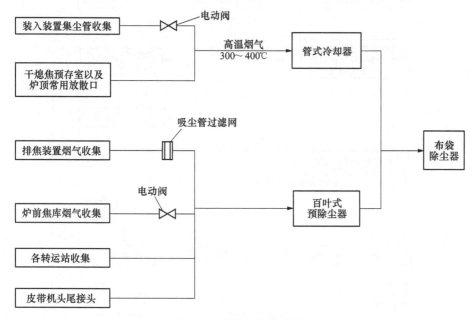

图 3-52　集尘系统示意图

作，不仅节约了运行成本，又保证了除尘效率。

b　环境除尘站工艺流程

环境除尘站通过除尘风机产生的吸力推动整个系统的气体流动，将干熄炉顶部装焦处、干熄炉顶部预存室放散口、惰性气体循环风机后放散口产生的高温且含易燃易爆气体成分及火星的烟气导入管式冷却器进行冷却（见图 3-53）。将干熄炉底部排焦处及焦炭在转运站转运过程中产生的含高浓度焦粉尘烟气导入百叶式除尘器进行粗分离处理，然后将此温度低于 110℃ 的烟气汇合（含尘浓度约为 $30g/m^3$），一并进入布袋除尘器净化。除尘器采用离线脉冲清灰方式，滤料采用防静电材质。由脉冲袋式除尘器净化后的气体经风机排至大气，净化后气体的粉尘排放浓度低于现行国家排放标准。脉冲布袋式除尘器、高温烟气预处理装置（管式冷却器）、百叶式除尘器收集的粉尘及布袋除尘收集的粉尘由刮板输送机送入粉尘储仓，再经加湿搅拌机加湿后，采用专用自卸式汽车定期外运。环境除尘站工艺流程如图 3-54 所示。

c　粉尘系统工艺流程

当环境除尘系统除尘完毕后，灰斗收集的焦粉通过闸板、排灰格式阀、刮板输送机和斗式提升机运送到灰仓，经过排灰闸门和格式排灰阀进入到加湿搅拌机，经振动绞龙工作装车外运，年均外运近 2 万吨（干熄焦装置能力 100t/h），如图 3-55 所示。

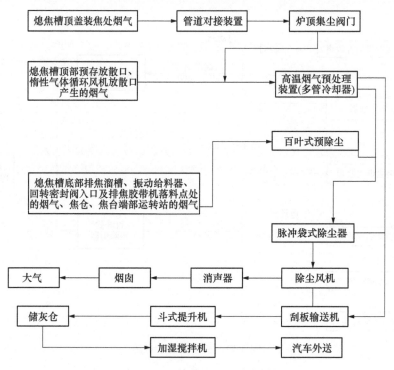

图 3-53　环境除尘工艺流程图

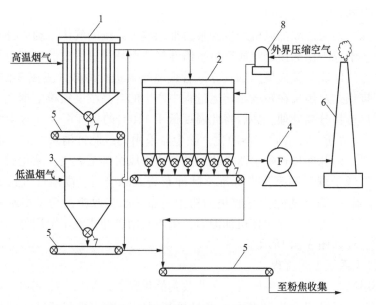

图 3-54　环境除尘站工艺流程图

1—管式冷却器；2—脉冲布袋除尘器；3—百叶式预除尘器；4—除尘风机；
5—刮板机；6—烟囱；7—格式排灰阀；8—压缩空气储罐

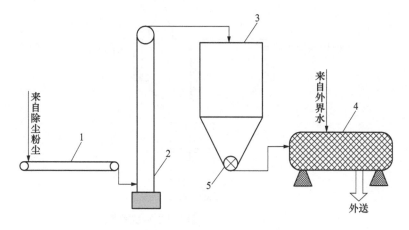

图 3-55 焦粉收集系统工艺流程图

1—刮板运输机；2—斗式提升机；3—焦粉仓；4—加湿搅拌机；5—格式排灰阀

C 循环气体除尘流程

循环气体除尘包括一次除尘器和二次除尘器。一次除尘器通过高温膨胀节与锅炉和干熄炉相连，采用重力沉降的原理进行除尘，一次除尘器进口粉尘浓度为 $12\sim14g/m^3$，出口粉尘浓度不大于 $10g/m^3$。二次除尘器与锅炉和循环风机相连，与循环风机连接分为两条气道。二次除尘器为多管（或单管）旋风分离除尘器，二次除尘器出口粉尘浓度不大于 $1g/m^3$，如图 3-56 所示。

3.4.2.7 干熄焦焦炭烧损率

A 干熄焦焦炭烧损率测定方法[6]

干熄焦焦炭烧损率的测定方法主要有灰分测定法、碳平衡测定法、理论产耗平衡法、热平衡计算法等几种。

（1）灰分测定法。理论上可认为原料煤灰分全部进入焦炭，根据焦炭进入干熄炉前后灰分的变化，测算焦炭在干熄炉中的烧损率。此方法受灰分、挥发分的化验误差影响，数据波动较大，烧损率甚至出现负值，在工业生产中不具备适用性。

（2）碳平衡测定法。焦炭的烧损主要发生以下化学反应：

$$C + O_2 =\!\!= CO_2$$
$$CO_2 + C =\!\!= 2CO$$

利用自动化系统实时计算烧损率，主要原理是通过在线采集空气导入量、循环气体中氧含量和二氧化碳含量，计算参与反应的碳消耗量，再结合排焦量和焦炭灰分测算焦炭烧损率。碳平衡测定法受生产稳定性影响较大，在各参数控制稳

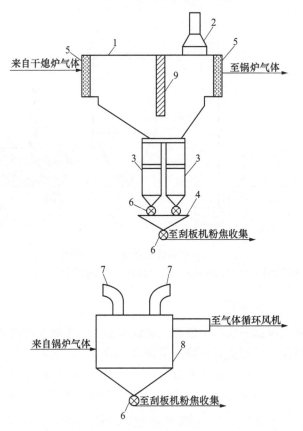

图 3-56 循环砌体除尘流程图

1—1DC；2—紧急气体放散口；3—水冷却套管（4 个）；4—灰斗；5—高温膨胀节；
6—格式排灰阀；7—防爆口；8—2DC；9—重力除尘挡板

定的情况下能较好反映焦炭烧损情况，若数据波动，用于统计计算的参数代表性
较差。

（3）理论产耗平衡法。通过理论成焦率和干熄焦实际成焦率之间的差异粗
略估算焦炭烧损率。采用此统计方法局限性较大，受炼焦用煤品种和结构影响。

（4）热平衡计算法。利用能量守恒定律，存在如下热平衡关系

$$(Q_显 + Q_烧)\eta = Q_汽 + Q_散$$

式中　$Q_显$——红焦带入干熄炉的显热，kJ/kg；

　　　$Q_烧$——焦炭烧损产生的热量，kJ/kg；

　　　η——传热效率，取 83%；

　　　$Q_汽$——产生蒸汽所用的热量，kJ/kg；

　　　$Q_散$——散热损失，kJ/kg。

B 干熄焦焦炭烧损的因素[7]

(1) 负压段漏入空气。干熄焦循环气体系统被零压区隔成了正压区和负压区，若负压区密闭性不好，空气从负压区泄漏进来后，通过周边风道和中央风帽进入干熄炉内。漏入的氧气、水蒸气和红焦剧烈反应，生成大量可燃性气体。为降低可燃性气体浓度，系统需要导入更多的空气才能烧掉这部分可燃性气体，从而导致焦炭烧损率提高。

(2) 炭融反应。循环气体中 CO_2 在斜道口、环形烟道、一次除尘、锅炉入口与红焦剧烈反应，生成大量 CO。这个反应是表面反应，大块焦炭表面被侵蚀后变得蓬松，达到一定程度时被循环风吹走变成焦粉。

(3) 盖吸进空气。干熄炉装焦时，需要频繁打开炉盖，开炉盖后一部分空气通过炉口进入循环气体系统，这部分空气在预存段与红焦剧烈反应产生大量热，在提高锅炉入口温度的同时，也增加了焦炭烧损。

(4) 环形烟道处导入空气。此处导入空气的目的是降低循环系统内的可燃气体浓度，通常控制 CO 在 6%以下，H_2 在 3%以下，O_2 在 1%以下。若导入量大，表面看可燃成分控制很好，但实际增大了焦炭烧损。

(5) 导入氮气中含氧气。干熄炉排焦装置有冲氮点，冲进去的氮气中含有一定氧气，这部分氧气也能与焦炭反应。

(6) 风料比的影响。风料比偏小，排焦温度升高，不利于安全，风料比偏大，焦炭烧损率增加。

C 降低烧损率的措施

(1) 增加循环气体系统气密性。增加气密性可以减少负压段漏入空气，也可以防止正压段漏出循环气体。负压段特别是低温段的泄漏易导致吸入空气（高温段 600℃时会直接燃烧焦粉），从而造成进入干熄炉的低温循环气体中含有氧气，增加焦炭在冷却区和斜道区的烧损量。对此可加强干熄焦循环系统负压段和一次除尘器下部 4 个锥斗的密封处理，避免吸入大量空气。一次除尘水冷套管在排灰过程中，法兰连接处由于热胀冷缩经常会出现松动，大量空气从此处漏入干熄焦循环系统，造成焦炭烧损。另外叉形溜槽处也经常出现漏气。采用水泥及高温密封胶对其进行处理取得了良好效果，平时还要对循环气体负压区低温段加强点检巡检力度，发现漏气及时处理。

(2) 适当减少空气导入量。空气导入量是根据循环气体中的可燃组分 CO 和 H_2 调控的，而循环气体中的 CO 和 H_2 又和焦炭的成熟度密切相关。根据现场操作经验，冒黑烟的红焦装入干熄炉后 CO 和 H_2 增加迅速，不得已就需要加大空气导入量。保证红焦的成熟度可降低 CO 和 H_2 的浓度，从而减少空气导入量。空气导入量的多少以循环气体降到安全浓度以下为标准，实际生产中 CO 浓度一般控制在 4%～5%，通过焦炉调火系统严格控制焦炭成熟，不能过火也不能产生生焦。

（3）降低循环气体中 CO_2 浓度。循环气体中 CO_2 浓度越高，炭融反应越剧烈，大块焦炭的表面侵蚀越严重，将 CO 浓度维持在一定程度可降低 CO_2 浓度。实际生产中通常将 CO_2 浓度标定在 9% 左右，焦炭烧损较低。

（4）控制预存段压力。预存段压力维持在-50Pa 左右，能保证吸入的空气不过多，同时也能使吸进部分空气烧掉预存段积聚的挥发性气体。

（5）合理控制风料比。风料比过大会造成锅炉入口温度过低，而且容易造成锅炉入口压力偏负，引起焦炭浮起；风料比过低则排焦温度过高，焦炭烧损率增大。因此，经过现场实际标定，将风料比控制在 $1050m^3/t$ 左右比较合理。

3.4.3 高温高压锅炉干熄焦技术

3.4.3.1 高温高压锅炉结构

高温高压锅炉与中温中压锅炉从结构上看基本相同，整个锅炉炉壁由前后左右的膜式水冷壁组成，炉内受热面从上至下由二次过热器、一次过热器、光管蒸发器、鳍片管蒸发器及鳍片管省煤器组成，一次、二次过热器之间设置有用于控制出口过热蒸汽温度的减温器。

3.4.3.2 干熄焦高温高压锅炉汽水系统工艺流程

经过除氧的精脱盐水，首先进入省煤器，经省煤器换热使水温升至约 260℃进入干熄焦锅炉汽包，汽包压力约为 11MPa，汽包内水的饱和温度约为 319℃，炉水由下降管进入膜式水冷壁及各蒸发器，吸热后逐渐汽化，在热压的作用下进入汽包。

汽水混合物在汽包内经汽水分离装置分离，产生饱和蒸汽，饱和蒸汽通过汇流管进入一次过热器，在一次过热器内与高温循环气体换热，使蒸汽温度上升到约450℃，经过喷水式减温器将蒸汽温度调整至约 395℃，再进入二次过热器，经换热升温最终使蒸汽达到 540℃。在二次过热器出口至主蒸汽切断阀之间的主蒸汽管道上设有过热蒸汽压力自动调节，确保干熄焦锅炉供出的蒸汽压力满足要求。

每台干熄焦锅炉设置有锅炉给水流量自动调节、过热蒸汽温度自动调节、过热蒸汽压力自动调节。

干熄焦高温高压锅炉汽水流程示意图见图 3-57。

3.4.3.3 高温高压和中温中压干熄焦锅炉比较

A 锅炉用水水质指标

由于汽轮机对发电蒸汽品质（带水量及含盐浓度）有要求，而蒸汽带水和

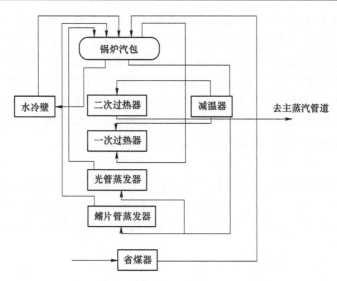

图 3-57 干熄焦高压锅炉的工艺流程图

蒸汽溶盐能力随压力的升高而增强，因此不同蒸汽参数的锅炉对其锅炉水质有不同的要求。在《锅炉水处理监督管理规则》中，对高温高压锅炉水质要求较高，中温中压锅炉的水质管理标准可适当放低，故干熄焦高温高压锅炉的水质要求要高于中温中压锅炉的水质要求，特别是在溶解氧、炉水磷酸根等指标上。表 3-38 为高温高压锅炉和中温中压锅炉水质对比表。

表 3-38 高温高压锅炉和中温中压锅炉水质对比

部位	控制项目	中温中压锅炉指标	高温高压锅炉指标
锅炉给水	pH 值（25℃）	8.8~9.3	8.8~9.3
	硬度/$\mu mol \cdot L^{-1}$	≤1	约 0
	含氧量/$\mu g \cdot L^{-1}$	≤15	≤7
	全铁/$\mu g \cdot L^{-1}$	≤50	≤30
	全铜/$\mu g \cdot L^{-1}$	≤10	≤5
	电导率/$\mu S \cdot cm^{-1}$	≤10	≤3
炉水	pH 值（25℃）	9~11	9~10
	电导率/$\mu S \cdot cm^{-1}$	<150	<150
	磷酸根/$mg \cdot L^{-1}$	2~6	2~6
	二氧化硅（SiO_2）含量/$mg \cdot L^{-1}$	≤2	≤2
蒸汽	二氧化硅（SiO_2）含量/$mg \cdot L^{-1}$	≤0.02	≤0.02
	铁含量/$\mu g \cdot L^{-1}$	≤20	≤15
	钠含量/$\mu g \cdot L^{-1}$	≤15	≤5
	铜含量/$\mu g \cdot L^{-1}$	≤3	≤5

在同等的熄焦条件下，高温高压自然循环锅炉的热效率要略低于中温中压联合循环锅炉，而且其受热面的钢材消耗量也比后者多，锅炉的产汽量也比后者略低。这主要是由于循环方式的不同以及高温高压蒸汽的焓值比中温中压蒸汽的焓值高的原因造成的。尽管如此，由于高温高压蒸汽的可用能高于中温中压蒸汽的可用能，最终导致在同等熄焦条件下高温高压锅炉所产蒸汽的发电量比中温中压锅炉所产蒸汽的发电量高出约 15%。再综合 2 种炉型所需要投入的电力需求进行比较，在能源利用方面，高温高压自然循环锅炉要略占优势。

B　锅炉参数结构

高温高压和中温中压干熄焦锅炉从结构上看，整个锅炉炉壁由前后左右的膜式水冷壁组成，炉内受热面从上至下由二次过热器、一次过热器、蒸发器及省煤器组成，二次过热器之间设置有用于控制出口过热蒸汽温度的减温器，锅炉汽水流程见图 3-58。

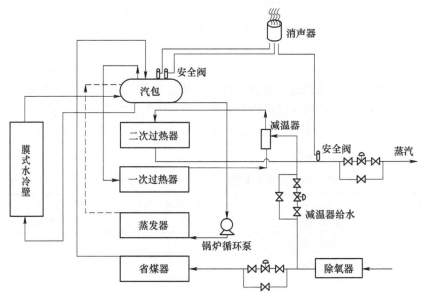

图 3-58　锅炉汽水流程示意图

高温高压与中温中压干熄焦锅炉材质对比见表 3-39。

表 3-39　高温高压与中温中压锅炉材质对比

部　位	高温高压锅炉	中温中压锅炉
汽包	19Mn6 全钢 BQB32089 DIN17155/1951	P3553GH（19Mn6 全钢 BQB32089DIN17155/1951）
二级过热器受热管	下部 2 层 12Cr2MoWVTiB 上部 2 层 07Cr19Ni11Ti（321H）	12Cr1MoVG

部 位	高温高压锅炉	中温中压锅炉
二级过热器进出口集箱	12Cr1MoVG	12Cr1MoVG
一次过热器受热管	12Cr1MoVG	12Cr1MoVG
主蒸汽管	12Cr1MoVG	15Cr1MoG
蒸发器、省煤器、水冷壁	ST45.8/Ⅲ（20G）	ST45.8/Ⅲ（20G）

从锅炉各部位材质对比看，高温高压干熄焦锅炉在过热器受热管、主蒸汽管上与中温中压干熄焦锅炉有较大区别，其他部位的材质基本相同。因为高温高压锅炉要承受 10.5MPa 的压力，所以相比中温中压锅炉，炉管管壁厚度增加了 30%~40%，最高温区的二次过热器管壁厚度更是增加了 50%，受热面炉管重量增加了约 10%。

其炉管参数对比见表 3-40。

表 3-40　高温高压锅炉和中温中压锅炉管束对比表　　（mm）

锅炉类型	水冷壁	二过	一过	光管	鳍片	省煤器
中温中压	$\phi57\times4$	$\phi38\times3.5$	$\phi38\times3.5$	$\phi38\times3.5$	$\phi38\times3.5$	$\phi38\times3.5$
高温高压	$\phi76\times6$	$\phi42\times6$	$\phi38\times5$	$\phi45\times4.5$	$\phi45\times4.5$	$\phi45\times4.5$

C　锅炉操作运行指标

高温高压干熄焦锅炉与中温中压干熄焦锅炉由于其锅炉材质和蒸汽品质的差异，在锅炉入口温度、排焦温度和气化率等运行指标上有较大区别，见表 3-41。

表 3-41　锅炉运行参数指标

项 目	高温高压锅炉	中温中压锅炉
锅炉入口温度/℃	895	812.1
排焦温度/℃	82.7	96.1
风料比/$m^3\cdot t^{-1}$	1425	1485
气化率/$kg\cdot t^{-1}$	480	540

由表 3-41 可以看出，在锅炉负荷基本相同的情况下，高温高压干熄焦锅炉入口温度较中温中压干熄焦锅炉高约 80℃，但其排焦温度则较中温中压锅炉低约 14℃。高温高压干熄焦锅炉的汽化率略低于中温中压干熄焦锅炉，这是由于高温高压干熄焦锅炉蒸汽的焓值比中温中压干熄焦锅炉高，但高温高压干熄焦锅炉蒸汽的可用能高于中温中压干熄焦锅炉，在相同的生产运行条件下，高温高压干熄焦锅炉所产生蒸汽的发电量比中温中压干熄焦锅炉要高。两者风料比相差 60m^3/t，但由于高温高压干熄焦锅炉没有废气循环导入，主要依靠空气导入来控制可燃气体的成分，造成其循环气体中的氧含量远大于中温中压干熄焦锅炉，两者循环气体组成对比见表 3-42。

表 3-42　　高温高压与中温中压锅炉循环气体成分　　　　（%）

项目	高温高压锅炉	中温中压锅炉
CO_2	16.23	15.24
CO	0.64	0.73
H_2	0	0.8
O_2	2.78	0.1

高温高压干熄焦锅炉因导入较多的空气，造成其循环气体氧含量较高，其锅炉入口温度虽然在控制范围内，但由于空气导入多导致其相应的汽化率升高，氧含量超出目标值，应在汽化率和气体成分控制上寻找平衡点。

D　开工操作差异

目前国内干熄焦锅炉多为联合式锅炉，在锅炉启动阶段将烘炉蒸汽通过锅炉汽包上的低压蒸汽管道接至锅炉汽包，同时开启锅炉强制循环水泵。将锅炉内部的水系统循环，来加热循环气体，从而达到对干熄炉和锅炉同时烘炉的目的，低压蒸汽所起到的作用就是将炉水加热。高温高压自然循环锅炉的烘炉过程与之不同，因自然循环锅炉的汽水系统没有强制循环泵，其低压蒸汽分为 2 个分支，一个分支接至上部汽包上的低压蒸汽管道，将蒸汽直接通入汽包内；另一个分支接至底部蒸发器集箱的出口，通过引射进入上升管从而推动水循环达到启动的目的。加入低压辅助蒸汽能加快炉水的循环、增加热风的温升速度。

高温高压锅炉在温风干燥期间锅炉的循环倍率（约20~30）比强制循环的锅炉小很多，不容易将通到汽包中蒸汽的热量带到炉水中来提高循环气体温度，所以除汽包外，在光管蒸发器和鳍片蒸发器上升管上设置低压辅助蒸汽管。产生一个足够的动力推动炉水的循环，使整个蒸发器到汽包中的炉水开始自然循环，促进蒸汽的热量传递到炉水中，达到按计划除去干熄炉及一次除尘器砌体中水分的目的。自然循环的锅炉在温风干燥期要使干熄炉入口温度 T_2 达到160℃，所用的时间比较长，所以打开光管蒸发器上升管、鳍片管蒸发器上升管及汽包处的低压蒸汽阀，调节蒸汽的用量及循环风量，让炉水自然循环起来。随着低压蒸汽的吹入，锅炉的压力逐渐升高，直到煤气点火或投入红焦后，汽包压力升至与低压汽压力相当时，低压蒸汽停止使用。简言之汽包泵就是在光管蒸发器、鳍片管蒸发器的上升管通入低压蒸汽的方法，借助低压蒸汽的引射和加热作用，在锅炉的上升管和下降管之间形成良好的水循环。在锅炉启动过程中，自然循环锅炉较联合循环锅炉在启动日创操作上要复杂些，启动时间较长。

E　高温高压余热锅炉能效分析

采用自然循环方式的高温高压锅炉，通过增加蒸发器的换热面积和上升管管径等方式，增大锅炉压头，建立适宜的汽水循环参数，实现吨焦产蒸汽 550kg，蒸汽温度 540℃，蒸汽压力 9.81MPa 的高水平工艺指标，较中温中压锅炉产生蒸汽品质大幅提高。采用高温高压锅炉可以显著提高蒸汽品质，进而提高干熄焦余热利用效率，实现吨焦发电量 130kWh，原有中温中压锅炉发电量吨焦 115kWh，设计产能 150 万吨焦化企业，年可增加发电量 2250 万千瓦时。

采用自然循环的方式，这样有简化操作、节约能源、降低成本等优点。由于在汽包工作压力时，高温高压锅炉汽包内的水温比中温中压高 50~60℃，温度很高（约 310℃），若采用强制循环，不仅对泵的要求很高，而且当强制循环泵出现故障不能及时恢复时，造成蒸发器及其上升管内缺水、超温损坏管束，对整个干熄焦系统造成非常大的影响。高温高压自然循环锅炉由于没有强制循环泵，其操作和维护较联合循环锅炉简单，因为减少了锅炉系统的强制循环泵，减轻了维修的工作量。另外，高温高压自然循环锅炉对干熄焦系统负荷变化的适应能力较强，能满足目前干熄焦系统负荷波动的要求。

3.4.4 干熄焦特殊操作

3.4.4.1 干熄炉斜道口焦炭浮起

当循环风量过大，循环气体流经干熄炉冷却段从斜道口进入环形烟道时，会吹起斜道口一部分焦炭，即出现所谓干熄炉斜道口焦炭浮起现象，如图 3-59 所示。

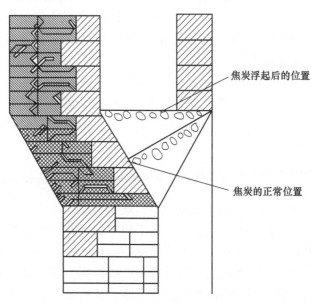

焦炭浮起后的位置

焦炭的正常位置

图 3-59 干熄炉斜道口焦炭浮起示意图

当干熄炉斜道口焦炭浮起时，斜道口阻力会变大，循环风量减少，锅炉入口温度以及排焦温度都会升高。如果未能及时发现并进行处理，而进一步增加循环风量，则会加剧焦炭进一步浮起，影响整个气体循环系统的压力和温度的平衡。

当出现下列情况时，可初步判断发生了干熄炉斜道口焦炭浮起的现象：锅炉入口循环气体压力比正常生产时的压力低 500~1000Pa（如 140t/h 干熄焦）；循环风机转速不变而循环风量大幅度下降；排焦温度、锅炉入口温度上升，速率变大；一次除尘器下部的水冷套管格式排灰阀不能正常排灰等。

一旦确认发生了斜道口焦炭浮起现象，应停止向干熄炉装入红焦，减少循环风量，并连续排焦以降低干熄炉焦炭的料位，但要注意控制好排焦温度。必要时可在斜道口上部观察孔用铁杆往下捅，使斜道口浮起的焦炭下降，但要保证铁杆绝对不能掉入斜道。

3.4.4.2　红焦从干熄炉炉口中溢出

正常情况下，干熄炉预存段焦炭料位与提升机存在联锁关系，当焦炭料位达到上上限时，干熄炉内不能再装焦。自动状态下，提升机在上升到提升井架上限位置时会自动停止不动，直到干熄炉预存段焦炭上上限料位信号清除。但当此时如果上上限时料位联锁不起作用，提升机未收到中控室计算机发出的停止装焦指令，或当预存段焦炭料位长时间保持在高料位，没有进行校正时，上上限料位计均会发生故障而不起作用，造成红焦溢出干熄炉口。

当提升机或装入装置极限装置发生故障时，装入装置并没有对准干熄炉口，或者提升机并没有正对准装焦漏斗，而中控室计算机仍然会根据收到的装入装置与提升机停止位的极限信号向提升机发出下一步动作指令，会发生红焦装偏、溢出装入装置装焦漏斗的现象。

在干熄焦正常装焦时，装满红焦的焦罐落在装入装置的装焦漏斗上应停留25s。有时计算机程序出现故障，造成装焦时间过短，焦罐内红焦没有放空时就提起焦罐，此时红焦还在继续下落，当装入装置往关闭的方向移动时，会将一部分红焦刮到干熄炉口以外。

一旦发现红焦溢出干熄炉的现象，装入装置不能往关闭方向动作时，应立即停止干熄焦的装焦操作，迅速通知焦炉停止往另一个焦罐推入红焦，通知电机车停止作业。在排焦温度允许的范围内，适当增加排焦量，尽快降低干熄炉内焦炭的料位。但要注意此时的操作是在干熄炉炉盖打开的情况下进行的，要充分注意气体循环系统各部位的压力和温度的变化，采相应的调节措施。为了避免溢出的红焦对装入装置以及周围的设备造成损坏，需要对红焦进行洒水冷却，然后将装入装置周围冷却的焦炭清理干净，特别要注意不要将水洒进干熄炉内。

3.4.4.3 干熄焦锅炉炉管破损

当炉管破损后，漏出的水或汽随循环气体进入干熄炉，与红焦发生水煤气反应，造成循环气体中氢气和一氧化碳含量急剧上升。炉管的破损可从以下几种现象来判断：循环气体中氢气含量突然急剧升高；锅炉蒸汽发生量明显下降或锅炉给水流量明显上升；预存段压力调节放散管的出口有明显的蒸汽冒出；锅炉底部、循环风机底部有明显的积水现象；气体循环系统内阻力明显变大，系统内各点压差发生明显变化，循环风量明显降低。

锅炉炉管破损后，在气体循环系统内会存在大量蒸汽，造成气体循环系统阻力大幅度增加，可适当打开干熄炉炉顶放散阀进行控制。当炉管破损造成锅炉底部积水时，应打开锅炉底部排水口阀门进行排水。对锅炉进行全方位的检查处理，如果检查确认锅炉炉管破损部位在集箱处，此时可以不将干熄炉内红焦完全熄灭，只是将锅炉入口温度降到300℃以下，停止循环风机运转，将炉水排空，在锅炉外部对破损的炉管进行焊补。

如果判断锅炉管破损发生在锅炉内部，必须进入锅炉内做进一步的检查和处理，此时则应将干熄炉内红焦完全熄灭，打开锅炉各入孔处检查漏点。如要进入锅炉内检查确认炉管损坏部位，必须降低锅炉压力，检测确认锅炉内部一氧化碳及氧气的浓度对人体没有危害，并采取可靠的安全措施后再进行。

3.4.4.4 干熄焦保温保压操作

当干熄焦因红焦装入设备发生故障，在短时间内不能装焦时，或因冷焦排出设备发生故障而无法排时，应对干熄焦装置进行保温保压操作。干熄焦锅炉的保温保压是指尽量维持干熄炉的温度和锅炉锅筒（汽包）的压力，或者尽量延缓干熄炉及锅筒（汽包）压力下降的速度。

当干熄焦系统停止排焦时，由于干熄炉冷却段内与循环气体进行热交换的焦炭的热量逐渐减少，则锅炉入口温度下降较快，主蒸汽流量及压力下降也较快。如果在短时间内不能恢复排焦，应通知干熄焦发电机停止发电或通知蒸汽用户进行倒汽作业。待发电机停止运行或蒸汽用户采取相应措施后关闭主蒸汽切断阀，开始进行锅炉的保温保压特殊操作。

在干熄焦系统的保温保压过程中，当锅炉主蒸汽温度低于420℃时，应关闭减温水流量调节阀及手动阀，并将一次过热器及二次过热器疏水阀微开，防止过热器内进水。当锅炉入口温度低于600℃时，根据实际情况可停止循环风机的运行，并往气体循环系统内冲入氮气，以控制循环气体中氢气、一氧化碳等可燃成分的浓度。尤其要将干熄炉底部的氮气充入阀打开，以防止冷却段的焦炭慢慢燃烧。

参 考 文 献

[1] 于振东，郑文华. 现代焦化生产技术手册 [M]. 北京：冶金工业出版社，2010.

[2] 戴成武，陈海文，张长青. 6.25m 捣固焦炉的技术特点及工艺分析 [J]. 燃烧与化工，2010，41 (1)：6~8.

[3] 余刚强，李超. 7.63m 焦炉 PROven 系统故障分析及改进 [J]. 武钢技术，2008，46 (3)：10~11.

[4] 郝元林. 焦炉智能自适应加热控制系统 [J]. 信息周刊，2019 (34)：0269.

[5] 于振东，郑文华. 现代焦化生产技术手册 [M]. 北京：冶金工业出版社，2010.

[6] 杨亚飞，戎小军. 干熄焦焦炭烧损率的几种测定方法 [J]. 燃料与化工，2013，44 (6)：15~16.

[7] 谭啸，李昌胤，等. 降低干熄焦焦炭烧损率的研究 [J]. 燃料与化工，2015，46 (2)：39~40.

第4章　煤气净化工艺技术

≪≪

从焦炉炭化室逸出的荒煤气温度达 700℃ 以上，其中含水蒸气 250～450g/m³，焦油气 80～120g/m³；苯族烃 30～45g/m³；氨 8～16g/m³；硫化氢 6～30g/m³；氰化物 1～2.5g/m³；萘 8～12g/m³，必须将其净化回收，得到化产品及净煤气。

4.1　煤气冷凝工艺

煤气初步冷却传统工艺分为两步，第一步是在集气管及桥管中用大量循环氨水喷洒，使煤气从 700～800℃ 冷却到 80～90℃，荒煤气里的焦油气 60% 被冷凝下来；第二步再在煤气初冷器中冷却，使煤气从 80～90℃ 冷却到约 22℃，40% 的焦油气在初冷器中被冷凝下来。现代焦化企业充分考虑了能源有效利用问题，因此在新建焦炉中，煤气的冷却分为三步，第一步是在上升管中通过导热油、水等介质将煤气从 700～800℃ 冷却到 500℃ 左右；第二步是在集气管及桥管中用大量循环氨水喷洒，使煤气从 500℃ 冷却到 80～90℃；第三步在煤气初冷器中冷却。下面就利用热能的三段冷却进行介绍。

4.1.1　煤气在上升管内的冷却

煤在焦炉高温干馏过程中产生大量高温荒煤气，温度在 700～800℃，现在国内焦化企业一般采用的方法是喷洒大量氨水，使荒煤气冷却至 85℃ 左右。采取合理技术措施，充分回收并利用这部分热源，既能增加企业的经济效益，节约能源，提升企业的社会效益，也符合国家相关节能减排政策。此外，还可以降低上升管外表温度，改善炉顶操作环境，降低集气管温度，减少初冷器用水量。

现以水为换热介质为例（如图 4-1），介绍荒煤气在上升管中的冷却。

除盐水进入除盐水箱，经除氧给水泵加压送至海绵铁除氧器，除氧后含氧量 ≤0.05mg/L，再经汽包给水泵加压送入 2 个汽包，2 个汽包内的炉水经下降循环管进入对应强制循环水泵，加压送至焦炉区域。

由汽包送来的除盐水（温度 150℃）经下降循环管进入上升管汽化冷却装置的水夹套下部入口，上升管内荒煤气带出的显热通过上升管换热器内壁传热给换热器，换热器吸收热量并与水夹套内的软水换热，水夹套内产生的汽水混合物

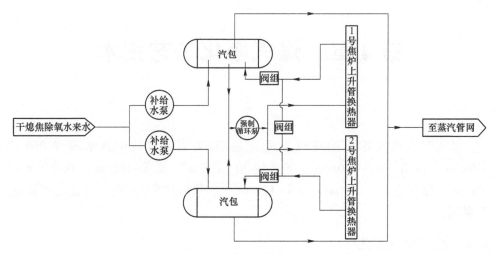

图 4-1　上升管余热回收流程

（温度约 170℃，0.6MPa），沿上升循环管进入对应汽包，经过汽水分离，蒸汽进入分汽缸，送入外部热力管网；汽包内的水与给水混合后继续沿下降循环管进入上升管汽化冷却装置的水夹套继续被加热，进行周而复始的强制循环。图 4-2 所示为带余热回收装置的上升管结构图。

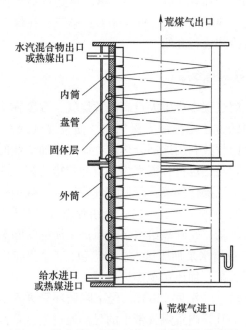

图 4-2　带余热回收装置的上升管结构示意图

汽包产生的蒸汽接至 0.4~0.6MPa 蒸汽管网。

上升管汽化冷却装置汽包的连续排污水和定期排污水均排入定期排污膨胀器，再由定期排污膨胀器引入排污井降温后排入全厂排水管网。

上升管内 700~800℃ 的荒煤气经水夹套冷却之后能降到 500℃ 左右，再经氨水喷洒进一步冷却之后经集气管、吸煤气管道送往煤气净化装置。

以导热油为换热介质时，分为两种情况，一种是生产蒸汽用于生产，另一种直接利用导热油为需要加热的工序提供热量，如蒸氨、脱苯等。生产蒸汽时，在上述工艺的基础上需要增加一套导热油系统。

4.1.2 煤气在集气管内的冷却

4.1.2.1 冷却原理

煤气在桥管和集气管内的冷却是用表压为 150~200kPa 的循环氨水通过喷头强烈喷洒进行的（如图 4-3 所示）。当细雾状的氨水与煤气充分接触时，由于煤气温度高而湿度低，故煤气放出大量显热，氨水大量蒸发快速进行着传热和传质过程。传热过程推动力是煤气与氨水的温度差，所传递的热量为显热，是高温的煤气将热量传给低温的循环氨水。传质过程的推动力是循环氨水液面上的水汽分压与煤气中水汽分压之差，氨水部分蒸发，煤气温度急剧降低，以供给氨水蒸发所需的潜热，此部分热量约占煤气冷却所放出总热量的 75%~80%，另有约占所放出总热量 10% 的热量由集气管表面散失。

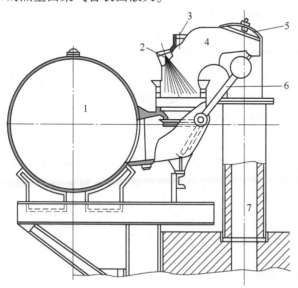

图 4-3 上升管、桥管和集气管

1—集气管；2—氨水喷洒；3—无烟装煤用蒸汽入口；4—桥管；5—上升管盖；6—水封阀翻板；7—上升管

4.1.2.2　冷却工艺流程

由冷凝工序来的循环氨水通过安装在焦炉桥管上的喷头形成细雾吸收荒煤气的热量而蒸发,煤气温度由 500～550℃降至 80～85℃,煤气、焦油氨水混合物流入集气管,煤气通过吸煤气管道送煤气净化工序。集气管在正常操作过程中用氨水而不用冷水喷洒,因为氨水具有润滑性,便于煤焦油流动,可以防止煤气冷却过程中煤粉、焦粒、煤焦油混合形成的煤焦油渣因积聚而堵塞煤气管道;氨水是碱性,能中和煤油酸,保护了煤气管道。而冷水存在温度低不易蒸发,使煤气冷却效果不好,所带入的矿物杂质会增加沥青的灰分等缺点。此外由于水温很低,使集气管底部剧烈冷却、冷凝的煤焦油黏度增大,易使集气管堵塞。

在煤焦油气被冷凝下来的同时,含在煤气中的粉尘也被冲洗下来,有煤焦油渣产生。在集气管冷却煤气主要是靠氨水蒸发吸收需要的相变热、使煤气显热减少温度降低,所以煤气温度冷却至高于其最终达到的露点温度 1～3℃。煤气的露点温度就是煤气被水汽饱和的温度,也是煤气在集气管中冷却的极限。

煤气的冷却及所达到的露点温度同下列因素有关:煤料的水分、进集气管前煤气的温度、循环氨水量、进出口温度以及集气管压强、氨水喷洒效果等。其中以煤料水分影响最大,在一般生产条件下,煤料水分每降低 1%,露点温度可降低 0.6～0.7℃。显然,降低煤料水分,对煤气的冷却很重要。煤气露点与煤气中水汽含量之间的关系如图 4-4 所示。

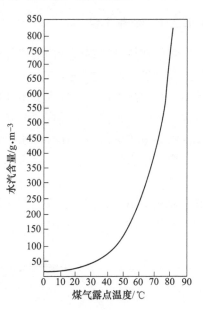

图 4-4　煤气露点与煤气中
水汽含量的关系

由于煤气的冷却主要是靠氨水的蒸发,所以,氨水喷洒的雾化程度越好,循环氨水的温度较高(氨水液面上水汽分压较大),氨水蒸发量越大,煤气即冷却得较好,反之越差[1]。

4.1.2.3　煤气在集气管内冷却的技术要求

A　集气管技术操作指标

集气管技术操作的主要数据如下:

集气管前煤气温度　　　　　　500～550℃(无上升管冷却时,650～750℃)

煤气露点	79~83℃
离开集气管得煤气温度	80~85℃
循环氨水温度	72~78℃
离开集气管得氨水温度	74~80℃

B 工艺控制

（1）在集气管内高温煤气经过大幅降温，并且由于氨水蒸发，使煤气中水分增加后煤气仍未达到水蒸气饱和状态，煤气温度仍高于煤气的露点温度。为保证氨水蒸发的推动力，进口水温应高于煤气露点温度 5~10℃，所以采用 72~78℃的循环氨水喷洒煤气。

（2）进入集气管前的煤气露点温度主要与装入煤的水分含量有关，煤料中水分（化合水及配煤水分约占干煤质量的 10%）形成的水汽在冷却时放出的显热约占总放出热量的 23%，所以降低煤料水分，会显著影响煤气在集气管冷却的程度。当装入煤全部水分为 8%~11%时，相应的露点温度为 65~70℃。

（3）对不同形式的焦炉所需的循环氨水量也有所不同，生产实践经验确定的定额数据为：对单集气管的焦炉，每吨干煤需 5m³循环氨水，对双集气管焦炉需 6m³的循环氨水。在焦炉集气管上采用高压氨水代替蒸汽喷射进行无烟装煤的同时，近年来国内外焦炉不仅发展了煤调湿技术，调节入炉煤水分含量，而且发展了荒煤气余热利用-上升管余热回收技术，因此增设了这些工艺的系统，所使用的循环氨水量又各不相同。

（4）集气管冷却操作中，应经常对设备进行检查，保持循环氨水喷洒系统畅通；对集气管进行清扫，保证底部不发生焦油渣等杂质的聚集；保证氨水压力、温度、循环量力求稳定。

4.1.3 煤气在初冷器的冷却

4.1.3.1 工艺流程

出炭化室的荒煤气在桥管、集气管用循环氨水喷洒冷却后的温度仍高达 80~85℃，且包含有大量煤焦油气和水蒸气及其他物质。由于煤焦油气和水蒸气很容易用冷却法使其冷凝下来从煤气中除去，对回收其他化学产品减少煤气体积节省输送煤气所需动力，都是有利的。所以让煤气由集气管沿荒煤气主管流向煤气初冷器进一步冷却，煤气在沿吸煤气主管流向初冷器过程中吸煤气主管还起着空气冷却器的作用，煤气可降温 1~3℃。

煤气冷却的流程可分为间接冷却、直接冷却和间冷-直冷混合冷却三种，工艺流程取决于煤气的初冷方式。目前，初冷方式应用最广泛的是间接冷却，并在此基础上进行了改进和创新，因此对直接冷却和间直混合两种初冷方式不再详细介绍。

　　来自焦炉的约 82℃荒煤气与焦油、氨水混合液沿吸煤气管道至气液分离器，经气液分离器分离焦油和氨水后，进入初冷器（如图 4-5 所示）。间接冷却的初冷器分立管式和横管式，根据焦炉建设规模不同，可以选择多台并联形式，也可以选择先并联再串联形式，初冷器可以使两段式结构也可以是三段式结构，初冷器无论工艺方面还是设备结构方面选择较多，以下以三段式横管式初冷器多台并联的工艺为例进行工艺介绍。

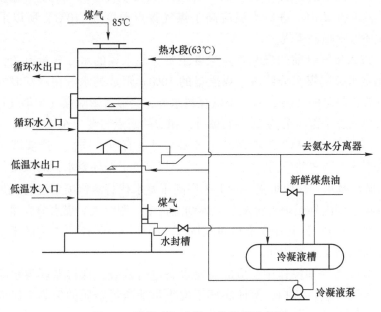

图 4-5　横管式初冷器工艺流程示意图

　　在初冷器内，从上至下，分三段对煤气进行冷却：

　　上段（热水换热段），煤气与热水泵来的 60~65℃热水进行换热，在冷却煤气的同时，换热后的 70~75℃余热水夏季回到热力制冷系统，冬季可以作为采暖人员使用，实现了回收能源的目的；

　　中段（循环水段），使用约 32℃的循环冷却水对煤气进行冷却；

　　下段（低温水段），使用约 16℃的低温水对煤气进行冷却，最终将煤气温度冷却至 20~21℃，根据初冷器后煤气温度调节低温水流量。

　　冷却后的煤气从横管初冷器下部排出，进入电捕焦油器，煤气中的焦油雾降到 20mg/m³（标态）以下后由鼓风机送入下一单元。为保证初冷器的冷却及脱萘效果，从初冷器中段向初冷器内连续喷洒焦油氨水乳化液，以洗涤管壁积萘并提高对煤气的净化除萘效果。为防止煤粉、萘对设备、管道及喷洒管造成的堵塞，初冷器各段均设有热氨水定期喷洒冲洗装置。初冷器中段和下段间设置断塔盘，从初冷器中段排出的冷凝液及喷洒液自流到焦油氨水分离单元。从初冷器下段排出的冷凝液及喷洒液流入冷凝液槽，再用冷凝液泵抽出送往下段连续喷洒，多余的冷凝液经调节阀送往焦油氨水分离单元。初冷器下段补充的焦油氨水乳化液经乳化液换热器冷却至约37℃后接入冷凝液泵后喷洒管道内，降低低温水耗量，同时下段不易堵塞。如果备煤工序设置有煤调湿装置或余热煤炼焦装置时，入炉煤水分较低时，为了保证后续设备的连续稳定运行，可以在荒煤气初冷器前增设洗涤塔，与塔顶喷淋下来的氨水逆流接触以脱除煤气中的焦粉等杂质。

4.1.3.2 初冷器的余热利用

由于生产成本的要求，节能降耗一直是企业发展的目标。初冷器中的冷却介质主要是水，由于冷却水出水温度较高，且与建筑供热温度相近，将循环冷却水用于供热一直是初冷器余热利用的重点。

从初冷器的传热过程来看，煤气温度从82℃降到25℃，冷却水温度则从23℃上升到74℃，冷却水循环使用，冷却水在凉水架（或冷却塔）中完成降温后重新进入初冷器。大量的热量散失到空气中，得不到有效利用。为了解决热能浪费问题，可以采取将初冷器进行分段冷却。根据工艺流程及余热利用方式的不同，目前常见的有两段和三段冷却，高温段余热利用。

有关规范建议的散热器集中供暖系统的供回水温度为75℃/50℃，且供水温度不宜大于85℃，初冷器高温冷却水出水温度正好与之匹配。由于供暖系统的供回水温差不宜小于20℃，通常采用25℃，因此初冷器必须采用多段冷却工艺，各段的工作温度范围根据热媒的温度需求来调整。只有高温段冷却水才能用于供热，中温段和低温段余热仍然需要通过凉水架排掉。在非供热季无法利用余热，所有的热量通过凉水架排掉，仍然造成大量热量和水量的浪费。

随着低温热水型溴化锂制冷技术的发展，在夏季可以采用初冷器高温段热水作为驱动力对冷却水进行冷却，既满足了冷却水制备的需求，又回收了高温余热。这样，就可以实现高温段热水余热的充分利用，冬季进行供热，夏季则用于冷却水降温。中温段的热量也是可以回收的，可以通过第一类吸收式热泵，即增热型热泵来实现。利用少量的高温热源（如蒸汽、燃气等）作为驱动力，可以从低温热源中提取热量，产生大量的中温有用热能，扩大了供暖面积，提高了热能的利用效率。以济钢为例，单纯高温段余热的供暖面积为$9 \times 10^4 \text{m}^2$，采用吸收式热泵改造后系统最大供暖面积提高为$25 \times 10^4 \text{m}^2$。

海水冷却初冷器的余热利用在沿海地区非常便利。海水资源比较丰富，作为海水直接利用的方式，利用海水作为冷却水已有多年的历史。对煤气初冷器而言，采用海水冷却可以极大地简化工艺流程，以海水作为冷却介质，海水温度从25℃升到70℃，粗煤气温度从82℃降到25℃，采用一段式冷却即可满足要求。

由于夏季海水平均温度在 25℃左右，也不需要进行额外的降温处理。由于采用的是直流式系统，升温后的海水直接排入大海，热量不回收，仍然造成热量的浪费，而厂区办公及生产厂房一直采用锅炉房产生的蒸汽热。从节约煤炭、解决厂区供热问题出发，对初冷器进行分段冷却改造，上段改为循环水，对厂区供暖，下段继续采用海水冷却。

4.1.4　电捕焦油器

煤气氨水喷洒急速冷却过程形成焦油雾，以内充煤气的焦油气泡和 $1\sim17\mu m$ 的极细的焦油滴形式存在，由于它的沉降速度小于煤气的速度而被煤气带走，在硫铵饱和器凝结会使酸焦油的量增大，硫铵质量变差；带到洗苯塔，使洗油黏度增大，质量变差，洗苯效率降低；带到脱硫工序，易引起设备堵塞，影响脱出效率。为了防止对后序的影响，必须设置电捕焦油器，清除焦油雾。

4.1.4.1　工作原理

电捕焦油器的沉降级作为正极，中心悬挂的电晕线作为负极，当在两极间通入高压直流电时，便形成了不均匀电场，两极间的中性气体分子电离为带正电的离子和电子。电子因能量小，很快被气体分子俘获而成为负离子。在电晕导线附近的电场强度大，此处的离子以高速运动使煤气分子发生碰撞电离，而离电晕导线较远处，电场强度小，离子的速度和动能不能使相遇的分子离子化，所以整个不均匀电场不会被击穿，只在电晕导线附近形成了大量的正离子和负离子。当含焦油雾滴等杂质的煤气通过该电场时，吸附了负离子和电子的杂质在电场库仑力的作用下，移动到沉淀极后释放出所带电荷，并吸附于沉淀极上，从而达到净化气体的目的，通常称为荷电现象。当吸附于沉淀极上的杂质量增加到大于其附着力时，会自动向下流淌，从电捕焦油器底部排出，焦油含量小于 $20mg/m^3$ 的净煤气从电捕焦油器上部离开，通过鼓风机送入下一工序。

4.1.4.2　设备构造

电捕焦油器按结构可以分为三类：同心圆电捕焦油器、管式电捕焦油器和蜂窝式电捕焦油器，三种结构的电捕焦油器均由壳体、沉淀极、电晕极、上下吊架、气体再分布板、蒸汽吹洗管、绝缘箱和馈电箱等部件组成，其主要区别是沉淀极的形式、电晕极的排布方式、绝缘箱和馈电箱。目前行业中应用最普遍的为蜂窝式电捕焦油器，其结构见图 4-6。

蜂窝式电捕焦油器是将通道截面由圆形改为正六边形。两个相邻正六边形共用一条边，即靠中间的正六边形的六条边均被包围它的六个正六边形所共用。用 $2\sim3mm$ 的钢板制成的蜂窝板即可满足工艺和机械强度的要求。由于蜂窝式电捕焦油器具有结构紧凑合理、没有电场空穴、有效空间利用率高、重量轻、耗钢材少和捕集特性好等优点。

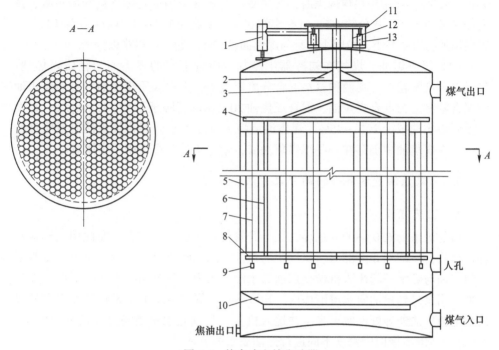

图 4-6 蜂窝式电捕焦油器
1—馈电箱；2—阻气帽；3—上吊柱；4—上吊架；5—沉淀极；6—下吊杆；7—电晕极；
8—下吊架；9—重锤；10—再分布板；11—绝缘箱；12—绝缘缸；13—支柱绝缘子

4.1.5 焦油氨水的分离

　　荒煤气里的焦油气 60% 在集气管及桥管中被冷凝下来；第二步再在煤气初冷器中冷却，使煤气温从 80~90℃ 冷却到约 22℃，其余 40% 的焦油气在初冷器中被冷凝下来。冷凝下来的焦油与氨水一起流入焦油氨水澄清槽内。初冷器后随煤气带走的少量焦油相继在鼓风机和电捕焦油器等处回收下来，并送入机械化焦油澄清槽内，焦油在此被分离出来。近年来，对煤焦油氨水的分离质量引起了重视，一方面是由于采用预热煤、煤调湿炼焦和实行无烟装煤等技术给这一分离过程带来了新问题，另一方面是因为要求高质量无油氨水和无渣低水分煤焦油，以满足氨水和煤焦油的后续加工质量要求。

4.1.5.1 焦油的组成

　　（1）重质焦油。重质焦油是指集气管、桥管内冷凝下来的煤焦油。其相对密度（20℃）为1.22kg/L左右，黏度较大，其中混有一定数量的煤焦油渣。煤焦油渣量一般为煤焦油量的0.15%~0.3%，当实行蒸汽喷射无烟装煤时其量可达0.4%~1.0%，在用预热煤炼焦时，其量更高。焦油渣内固定碳含量约为60%，挥发分含量约33%，灰分约4%，气孔率约63%，密度为1.27~1.3kg/L。因其与集气管煤焦油的密度差小，粒度小，易与煤焦油黏附在一起，所以难以分离。

（2）轻质焦油。煤气在初冷器中冷却，冷凝下来的煤焦油为轻质煤焦油，其轻组分含量较多。在两种氨水混合分离流程中，上述轻质煤焦油和重质煤焦油的混合物称之为混合煤焦油。混合煤焦油20℃密度可降至1.15~1.19kg/L。黏度比重质煤焦油减少20%~45%，煤焦油渣易于沉淀下来，混合煤焦油质量明显改善，但在煤焦油中仍存在一些浮煤焦油渣，给煤焦油分离带来一定困难。

4.1.5.2　煤焦油氨水混合物的分离方法和流程

A　工艺流程

由焦炉来的650~800℃荒煤气经上升管桥管然后到集气管，在此用循环氨水进行喷洒，冷却到80~85℃，煤气中的焦油气约60%在此处被冷凝下来，冷凝下来的焦油与氨水一起流入机械化焦油氨水澄清槽内，其余40%在初冷器中被冷凝下来，用泵打到焦油氨水澄清槽内。初冷器后随煤气带走的少量焦油相继在鼓风机和电捕焦油器等处回收下来，并送入机械化焦油氨水澄清槽内（流程如图4-7所示），在澄清槽内因密度不同进行焦油氨水的分离。

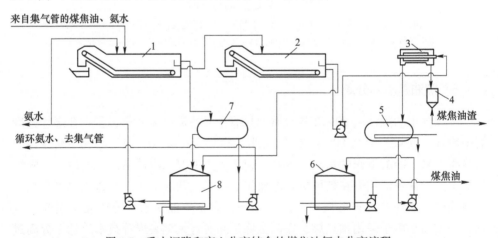

图4-7　重力沉降和离心分离结合的煤焦油氨水分离流程
1—机械化焦油氨水澄清槽；2—煤焦油脱水澄清槽；3—卧式连续离心沉降分离机；4—煤焦油渣收集槽；5—煤焦油中间槽；6—煤焦油储槽；7—氨水中间槽；8—氨水槽

机械化焦油氨水澄清槽是利用重力沉降原理将焦油氨水焦油渣分离的设备，构造如图4-8所示，是一端为斜底的断面为钢板的焊制容器，由槽内纵向隔板分

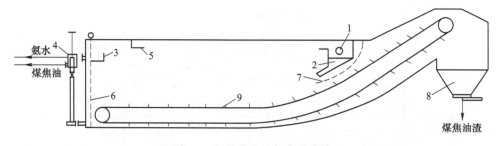

图 4-8　机械化焦油氨水澄清槽

1—入口管；2—承受隔室；3—氨水溢流槽；4—液面调节器；5—浮煤焦油渣挡板；
6—活动筛板；7—煤焦油渣挡板；8—放渣漏斗；9—刮板输送机

成平行两格，每格底部设有传送链带动的刮板输送机，根据密度不同，氨水分布在槽上部，中部焦油，底部焦油渣。保持一定的澄清分离时间后，上部氨水自流到循环氨水槽去集气管桥管喷洒循环使用，中部的焦油经液面调节器均匀的引出，进入焦油中间槽，底部焦油渣被刮板机刮出清除。

近年来，焦化行业为改善煤焦油质量，对焦油分离工艺提出了许多改进方法，现阶段焦油生产工艺以机械化焦油刮槽和焦油氨水分离器相结合的方法应用较为先进和应用广泛。

由气液分离器分离下来的焦油和氨水首先进入到机械刮渣槽，利用自动刮板机将其中的焦油渣连续刮至焦油渣箱。从机械刮渣槽出来的焦油氨水混合液进入焦油氨水分离器（见图 4-9）。在氨水分离器内利用密度差，进行氨水和焦油的分离。焦油氨水分离器分出的氨水进入到下部的循环氨水中间槽，再由循环氨水泵抽出，送往焦炉集气管喷洒、冷却煤气。剩余氨水从循环氨水中间槽流入剩余氨水槽，经气浮净化机去除焦油后再用剩余氨水泵抽出，经剩余氨水过滤器过滤后，送往下一处理工序，即剩余氨水蒸氨单元。

焦油氨水分离器分离出的焦油汇入到内层锥形槽底部，由焦油中间泵连续抽出，送至焦油超级离心机离心分离，脱除焦油中的焦油渣并进一步脱除焦油中的水分。由焦油离心机分离的焦油流入焦油中间槽，为保证焦油质量，严格控制温度在 80~90℃，保证静置时间在两昼夜以上。同时应按时放水，送往油库单元焦油贮槽时应用焦油泵连续抽出，且保持槽内有一定的库存量。

焦油离心机分出的焦油渣排至焦油渣箱，定期用叉车输送至备煤系统的焦油渣添加装置。整套排渣系统为全密封结构，放散气通过压力平衡系统进入负压煤气管道，无放散气外排。焦油渣箱设有备品，当渣箱装满时，切断安装在设备下料管处的插板阀与大气隔断，更换渣箱。焦油氨水分离槽的界面处含焦油 30%~50% 的焦油氨水乳化液，连续送至横管初冷器喷洒，以增强煤气洗萘效果。用离心式分离方法处理煤焦油，分离效率很高，可使煤焦油除渣率达 90% 左右。

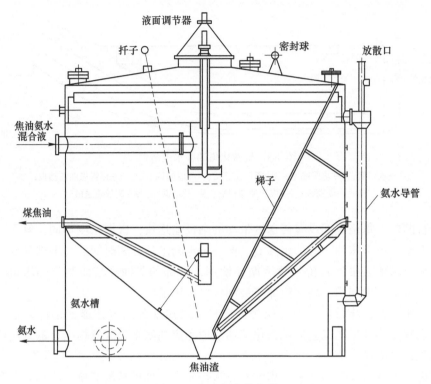

图 4-9　焦油氨水分离器

B　产品质量控制

我国煤焦油质量标准见表 4-1。

表 4-1　煤焦油质量标准

项　目	指　标	
	1 号	2 号
密度（20℃）/g·cm^{-3}	1.15~1.21	1.13~1.22
甲苯不溶物（无水基）/%	3.5~7	≤9.0
灰分/%	≤0.13	≤0.13
水分/%	≤3.0	≤4.0
黏度（E_{80}）	≤4	≤4.2
萘含量（无水基）/%	≥7.0	≥7.0

a　焦油含渣量控制

现阶段大型焦化厂一般采用预热煤或经煤调湿系统的装炉煤进行炼焦。为不使煤焦油质量变坏，在焦炉上可设两套集气管装置，将装炉时发生的煤气抽到专用集气管内，并设置较简易的专用氨水煤焦油分离及氨水喷洒循环系统得到粗制煤焦油。由装炉集气管所得到的煤焦油（约占煤焦油总量的 1%）含有大量煤尘，这部分煤焦油一般只供筑路或作燃料用，也可与集气管下来的氨水在混合搅拌槽内混合，再经离心分离以回收煤焦油。可以减少重质焦油的含渣量。

b　焦油的灰分控制

需要合理地制定配合煤的配比，降低装炉煤的挥发分。同时，生产过程中严格控制焦炉炉顶空间温度的波动，炉顶空间温度是导致焦油中甲苯不溶物偏高的主要因素，炉顶空间温度控制在 850℃ 以下。初冷器后的集合温度符合工艺要求，避免因增大鼓风机吸力而增加煤粉和焦粉的带入量。另外，焦炉操作应力求稳定。

c　焦油含水量控制

对于焦油水分的控制，稳定焦油氨水分离的操作温度，增大焦油氨水的分离时间。此外，还可采用在压力下分离煤焦油中水分的装置。将经过澄清仍然含水的煤焦油，泵入一卧式压力分离槽内进行分离，槽内保持 81～152kPa，并保持温度为 70～80℃。在此条件下，可防止溶于煤焦油中的气体逸出及因之引起的混合液上下窜动，从而改善了分离效果，煤焦油水分可降至 2% 左右。焦油贮槽内设置保温设施，并在贮槽内要保证静置 36h 以上，并经常放水。

4.1.6　剩余氨水的处理

在焦炉煤气初冷过程中形成了大量氨水，其中大部分用作循环氨水喷洒冷却集气管的煤气，多余部分称为剩余氨水。这部分氨水含氨量约为 2.5～4g/L，氨水量一般为装炉煤量的 15% 左右，是焦化废水的主要来源，此部分废水必须加以处理才能外排。因此蒸氨工序是焦化企业不可或缺的生产工序，传统的方法是用 0.3～0.5MPa 的饱和蒸汽直接把废水加热，利用氨和水的沸点不同将其再分离。近几年来，蒸氨工艺也有了新的变化，直接蒸氨工艺几近淘汰。间接加热蒸氨工艺以其节约蒸汽资源，减少废水外排的优点，陆续被多数焦化厂采用。间接蒸氨包括导热油蒸氨工艺技术和热泵蒸氨技术。

4.1.6.1　导热油间接蒸氨工艺

导热油是一种石化产品，它是一种良好的有机热载体，所以用它来作为传热介质——热媒，它具有热熔大、耐温高、抗氧化、无腐蚀、导热性能好等诸多优点而被广泛应用。导热油无蒸汽蒸氨工艺流程见图 4-10。

采用导热油技术，就是用 250℃ 左右的导热油，把蒸氨废水直接加热，使其变成饱和蒸汽，用这些蒸汽进入蒸氨塔进行蒸氨，分离出来的部分高温废水再进行加热、汽化，如此闭路循环，达到蒸氨的目的。放热后的导热油再进入加热炉

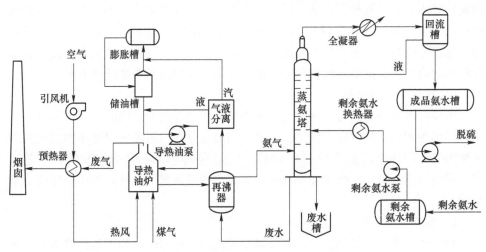

图 4-10　导热油无蒸汽蒸氨工艺流程图

加热，而加热炉则是利用炼焦的副产品—焦炉煤气或炼铁的副产品—高炉煤气燃烧的热量进行加热。由于蒸氨过程不再需要外来蒸汽蒸氨，故也可以称为零蒸汽蒸氨。

　　A　主要工艺流程

　　在蒸氨塔的塔底间接通入高温导热油作为蒸馏热源，不与剩余氨水接触，利用塔底再沸器将废水加热至泡点进料。剩余氨水经泵送至一、二级剩余氨水换热器，先与废水进行换热，然后进入剩余氨水预热器再与导热油换热，最后进入蒸氨塔。蒸氨塔底少部分热废水用泵打入再沸器，用导热油加热后返回蒸氨塔内蒸氨。塔顶氨气进入塔顶全凝器，冷却后形成浓氨水进入下一个工序。

　　常温空气被鼓风机送入空气预热器，空气预热器对其进行预热，预热到 140℃，进入导热油炉，在燃烧器中与焦炉煤气一起混合燃烧，提供用于导热油蒸氨系统蒸氨所需的热源。燃烧废气在排入大气前，需进入空气预热器与常温空气进行热交换，直到降到小于 170℃后再进入烟囱排放。导热油在再沸器内进行换热后，需进行微孔过滤器过滤，经过过滤后导热油才被循环送入导热油炉，这一过程是由导热油循环泵提供循环压力的。导热油炉进口处，导热油温度 220℃；导热油炉出口处，导热油温度 245℃。导热油经过导热油炉加热后，又被送至再沸器与蒸氨废水进行热交换。经过再沸器蒸氨换热，导热油温度下降，接着被送至油气分离器进行气液分离，液体导热油分离出来，经过滤器进行过滤、被循环泵再次送入导热油炉，完成一个工作循环。

　　B　应用导热油系统的优点

　　(1) 可以在较低压力下获得较高的工艺温度，运行安全。

（2）传热性能好，热效率高。

（3）节能降耗，利用工艺过程中的余热、废热，有利于促进循环经济的发展。

导热油无蒸汽蒸氨工艺已成功应用于济钢焦化厂等，增加了导热油工艺，不利用蒸汽蒸氨，而利用导热油加热剩余氨水蒸氨，这样节约了蒸汽资源。

4.1.6.2 热泵间接蒸氨技术

由焦油氨水分离单元来的剩余氨水进入氨水换热器，与蒸氨塔底出来的蒸氨废水换热后，进入蒸氨塔蒸氨。蒸氨塔底的部分蒸氨废水经热泵过热水再沸器，用来自热泵机组的热水加热后产生的蒸汽作为蒸氨塔部分热源；蒸氨塔底的部分蒸氨废水经蒸汽再沸器与直接蒸汽进行换热后，产生的蒸汽作为蒸氨塔部分热源。蒸氨塔顶蒸出的氨气经热泵机组冷凝后，自流至气液分离器静置分离，再用氨水回流泵将冷凝出的液相稀氨水送至蒸氨塔顶作为回流，从气液分离器顶部出来的气相部分进入氨冷凝冷却器，生产的浓氨水进入脱硫单元。蒸氨塔底另一部分蒸氨废水由蒸氨废水泵送经氨水换热器，同进塔蒸氨的剩余氨水换热后，进入废水冷却器，用循环冷却水冷却至40℃后，去焦化污水处理站。

该工艺主要特点是蒸氨采用热泵工艺，减少了系统的蒸汽和循环水耗量，节省能源。

4.1.6.3 蒸氨工艺主要设备

A 蒸氨塔

蒸氨工段的关键设备就是蒸氨塔。传统的蒸氨塔多为泡罩或栅板的铸铁塔，需要建造混凝土框架，投资大、工期长；铸铁塔不仅设备笨重，设备法兰连接处易泄漏，而且泡罩、栅板塔盘处理量小、塔板效率低，蒸汽消耗大，运行成本高，塔底的蒸氨废水中的含氨量常常超标，满足不了生化处理的要求。又由于氨水中含有焦油渣等物质，传统的鼓泡型传质塔盘易堵塞，不能保证设备的长周期稳定运行，所以蒸氨塔通常为一开一备，大大增加了设备的投资。现阶段，这种老式的泡罩或栅板的铸铁塔大多已被淘汰。目前大型焦化厂的剩余氨水蒸氨塔采用一种高效不锈钢板整体结构蒸氨塔，内设专利塔盘 CJST（径向侧导喷射塔盘），可以完全克服传统蒸氨塔的缺点。整体结构省去了混凝土框架，同时杜绝塔体的泄漏。CJST 塔盘是立式筛板塔盘的改进型，其塔盘上的气液相流动是三维的，传质空间利用率较传统的平面传质塔盘有了突破性改进，独特的传质机理为其高效传质奠定了基础。CJST 塔盘具有通量大、传质效率高、操作弹性大、抗堵塞和自清洗性能好，可保证蒸氨塔长周期稳定运行。

B 导热油供热系统设备

导热油供热系统由导热油系统、燃烧系统和电器控制系统三部分组成。导热油系统由导热油炉、膨胀槽、贮油槽、热油循环泵、注油泵、油过滤器和油气分离器等组成。燃烧系统由鼓风机、引风机、除尘器、调速箱和空气预热器等组成。电器控制系统由电器控制柜、检测、显示及控制仪表等组成。其中导热油系统是整个供热系统的关键。导热油系统主要是导热油炉的选型。对导热油炉的主要要求是炉内油温稳定,无局部过热现象。导热油炉炉管主要有两种形式,即盘管式及锅壳式,现一般都选用盘管式,其优点是流速合理、无死角、无局部过热。

4.2　煤气净化工艺

4.2.1　焦炉煤气脱硫

4.2.1.1　工艺介绍

焦炉煤气中 H_2S 的含量随着含硫量的变化而变。硫化氢在煤气中的质量浓度一般波动在 $3 \sim 15g/m^3$。煤气中所含的硫化氢是极为有害的物质,因而煤气脱硫就有十分重要的意义:一是可以防止设备的腐蚀,减少设备维修费用,降低生产成本,提高回收产品的质量和产量。二是提高焦炉煤气的品质,可以有效降低煤气燃烧后产生的二氧化硫等有害物质,保护周围的环境。三是降低钢铁企业用煤气中硫化氢的含量可以使钢铁企业生产出优质钢材。四是回收后的硫黄可用于医药、化工等领域,随着行业的发展,需求量会进一步加大。

焦炉煤气脱硫分为干法脱硫和湿法脱硫两种。干法脱硫是利用固体脱硫剂将煤气中的 H_2S 脱除。选择的脱硫剂为固体物质,常用的脱硫剂主要有活性炭,氢氧化铁以及氧化锌。干法脱硫工艺和设备比较简单,操作容易,净化程度高,但装置笨重,占地面积大,间歇更换和再生脱硫剂劳动强度大。通常用于城市煤气的深度脱硫或某些工艺的二次脱硫。湿法脱硫是利用液体脱硫剂将煤气中的 H_2S 和 HCN 同时脱除。湿法脱硫处理量大,脱硫及再生均能连续化,劳动强度小,但工艺复杂,投资大。从 20 世纪 80 年代初迄今,国内焦炉煤气脱硫脱氰工艺不断进步和发展,尤其是湿式氧化法脱硫工艺以其处理量大,生产条件容易控制,发展更快,在现代化的大型焦化行业应用极为广泛。但湿法脱硫工艺中,脱硫液脱硫过程中往往会伴随生成硫代硫酸盐、硫氰酸盐等副产物,使得脱硫液复盐产量增加,影响脱硫效率。

湿法工艺按溶液的吸收和再生性质又分为湿式氧化法、湿式吸收法。湿式氧化法是利用碱液吸收硫化氢和氰化氢,在载氧体的催化作用下,将吸收的硫化氢氧化成单质硫,同时吸收液得到再生,是焦炉煤气脱硫脱氰比较普遍使用的方法,因其使用的催化剂的不同,湿式氧化法有改良 ADA 法、萘醌法、胶法、FRC 法、TH 法、HPF 法、PDS 法、OPT 法、络合铁法、氨水催化法等;湿式吸收的方法主要有氨水循环洗涤法、真空碳酸钠(钾)法、醇胺法等。湿式吸收法主要用于天然气和炼油厂的煤气脱硫，不能直接回收硫黄，较少在焦炉煤气脱硫脱氰中使用[2]。

4.2.1.2 脱硫工艺

由于湿法脱硫具有处理量大，生产条件容易控制，在现代化的大型焦化行业中被采用，以下几种为焦化厂现阶段比较常见的脱硫工艺。

A 改良 ADA 法

改良 ADA 法为湿式氧化法脱硫的一种。ADA 法也称蒽醌法，ADA 是蒽醌二磺酸钠的英文缩写。该法在 20 世纪 50 年代由英国开发，后经改进在脱硫液中增加了添加剂，对 H_2S 的化学吸收活性提高，称为改良 ADA 法。该工艺，吸收剂是碳酸钠，活性剂蒽醌二磺酸适量添加偏钒酸钠、酒石酸钾钠（或少量三氯化铁及乙二胺四乙酸）。ADA 法脱硫工艺由脱硫和废液处理两部分组成，多数焦化厂、煤气厂的 ADA 脱硫单元均配置在洗苯后，废液处理采用蒸发、结晶法制取 $Na_2S_2O_3$ 和 NaSCN 产品。此工艺国内应用比较普遍。改良 ADA 法脱硫工艺流程见图 4-11。

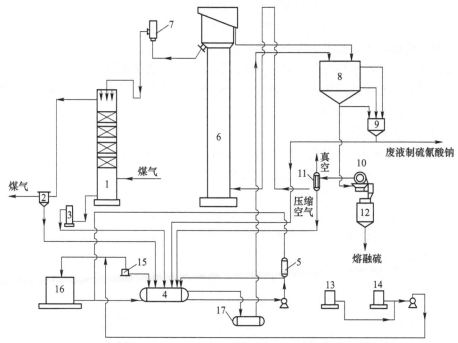

图 4-11 改良 ADA 法脱硫工艺流程

1—脱硫塔；2—液沫分离器；3—液封槽；4—循环槽；5—加热器；6—再生塔；
7—液位调节器；8—硫泡沫槽；9—放液器；10—真空过滤器；11—真空除沫器；12—熔硫釜；
13—含 ADA 碱液槽；14—偏钒酸钠溶液槽；15—吸收液高位槽；16—事故槽；17—泡沫收集槽

焦炉煤气进入脱硫吸收塔，回收苯族烃后的煤气进入脱硫塔的下部，与从塔顶喷洒的脱硫液逆流接触，脱出 H_2S、HCN 的煤气从塔顶排出。吸收了 H_2S、HCN 的循环脱硫液从塔底经液封槽流入循环槽，再用泵送入加热器控制温度 40℃后进入再生塔下部与压缩空气并流上升，进行再生。再生后的循环脱硫液经液位调节器自流入脱硫塔顶部循环喷洒使用。主要化学反应方程式：

吸收：　　　　　　$NaCO_3 + H_2S \longrightarrow NaHCO_3 + NaHS$

$$NaHCO_3 + H_2S \longrightarrow NaHS + CO_2 + H_2O$$

$$NaCO_3 + 2HCN \longrightarrow 2NaCN + CO_2 + H_2O$$

$$NaHCO_3 + HCN \longrightarrow NaCN + CO_2 + H_2O$$

催化再生：$4NaVO_3 + NaHS + H_2O \longrightarrow Na_2V_4O_9 + 4NaOH + 2S\downarrow$

$$Na_2V_4O_9 + ADA(氧化态) + 2NaOH + H_2O \longrightarrow 4NaVO_3 + ADA(还原态)$$

$$ADA(还原态) + O_2 \longrightarrow ADA(氧化态)$$

脱硫液吸收 H_2S 的过程还伴随以下副反应，产生复盐硫氰酸钠、硫代硫酸钠、氰化钠，这些副产物是脱硫废液的主要组成。

$$NaHS + 2O_2 \longrightarrow Na_2S_2O_3 + H_2O$$

$$NaCN + S \longrightarrow NaCNS$$

$$NaCO_3 + 2HCN \longrightarrow 2NaCN + CO_2 + H_2O$$

大量的硫泡沫是在再生塔中生成的，并浮于再生塔顶部扩大部分，利用位差自流入泡沫槽，经加热搅拌、澄清分离，硫泡沫至熔硫釜加热熔融，再经冷却即为硫黄产品。泡沫槽的清液一部分流入反应槽，一部分送至废液处理部分，采用蒸发、结晶法制取 $Na_2S_2O_3$ 和 NaSCN 产品。

ADA 法脱硫工艺具有如下优点：

(1) 脱硫脱氰效率较高，塔后煤气含 H_2S 可降至 $20mg/m^3$ 以下；

(2) 工艺流程简单、占地小、投资低。

ADA 法脱硫工艺的缺点：

(1) 以钠为碱源，碱耗量大；硫黄质量差，收率低；

(2) ADA 脱硫单元位于洗苯后即煤气净化流程末端，不能缓解煤气净化装置的设备和管道的腐蚀；

(3) 废液难处理，必须设提盐单元。提盐单元操作环境恶劣，而且生产的 NaCNS 和 $Na_2S_2O_3$ 产品市场容量有限，销售困难。

B　栲胶法

栲胶法是我国特有的脱硫技术，在改良 ADA 法的基础上改进的一种方法，是目前国内使用较多的脱硫方法之一，有地域的限制。该法主要用栲胶代替改良 ADA 催化剂酒石酸钾钠。栲胶是由植物的果皮、叶和干的水淬液熬制而成，主要成分是丹宁。由于来源不同，丹宁组分也不同，但都是由化学结构十分复杂的多羟基芳香烃化合物组成, 具有酚式或醌式结构。栲胶法有如下特点: 栲胶资源丰富, 价廉易得, 运行费用比改良 ADA 低; 栲胶既是氧化剂又是钒的配合剂, 溶液的组成比改良 ADA 的简单; 栲胶脱硫腐蚀性小; 栲胶需要熟化预处理, 栲胶质量及其配制方法得当与否是决定栲胶法使用效果的主要因素。栲胶法的工艺流程和脱出硫化氢原理与改良 ADA 法基本一致, 不再过多赘述。

C HPF 法

HPF 脱硫工艺是在 PDS 可以和改良 ADA 基础上改进的新方法。采用 HPF 复合催化剂, 它是以氨为碱源液相催化氧化脱硫工艺, 与其他催化剂相比, 它对脱硫和再生过程均有催化作用 (脱硫过程为全过程控制)。因此, HPF 较其他催化剂相比具有较高的活性和较好的流动性。图 4-12 为 HPF 脱硫工艺流程。

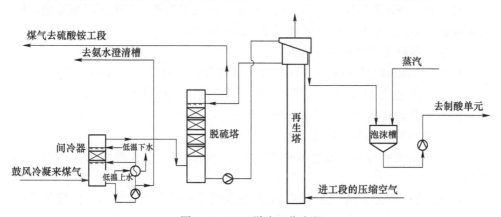

图 4-12 HPF 脱硫工艺流程

鼓风机后的煤气进入间冷器, 用低温水将煤气冷却至约 25℃ 然后进入脱硫塔, 与塔顶喷淋下来的脱硫液逆流接触以吸收煤气中的硫化氢, 同时吸收煤气中的氨, 以补充脱硫液中的碱源, 以保证脱硫后煤气中 H_2S 含量达到指标要求 $\leqslant 0.02g/m^3$。脱硫后煤气进入下一道工序。

主要化学反应方程式:

吸收:
$$NH_3 + H_2O \Longrightarrow NH_3 \cdot H_2O$$
$$NH_3 \cdot H_2O + H_2S \Longrightarrow NH_4HS + H_2O$$
$$2NH_3 \cdot H_2O + H_2S \Longrightarrow (NH_4)_2S + 2H_2O$$
$$NH_3 \cdot H_2O + HCN \Longrightarrow NH_4CN + H_2O$$

催化:
$$NH_3 \cdot H_2O + NH_4HS + (x-1)S + HPF \Longrightarrow (NH_4)_2S_x + H_2O$$
$$NH_4CN + (NH_4)_2S_x + HPF \Longrightarrow NH_4CNS + (NH_4)_2S_{(x-1)}$$

在吸收液中的脱硫剂 HPF 即可脱出无机硫, 也可脱出有机硫, 吸收了 H_2S、HCN 的脱硫液从塔底流出, 用脱硫液循环泵送入再生塔, 同时自再生塔底部通入压缩空气，使溶液在塔内得以氧化再生。再生后的溶液从塔顶经液位调节器自流回脱硫塔循环使用。所发生的基本化学反应如下：

$$NH_4HS + 1/2O_2 + HPF \longrightarrow NH_4OH + S \downarrow$$
$$(NH_4)_2S + 1/2O_2 + H_2O + HPF \longrightarrow 2NH_4OH + S \downarrow$$
$$(NH_4)_2S_x + 1/2O_2 + H_2O + HPF \longrightarrow 2NH_4OH + S \downarrow$$

脱硫液吸收 H_2S 的过程还伴随以下副反应，产生复盐硫氰酸铵、硫代硫酸铵、硫酸铵。

$$NH_4HS + 2O_2 \longrightarrow (NH_4)_2S_2O_3 + H_2O$$
$$NH_4CN + S \longrightarrow NH_4CNS$$
$$(NH_4)_2S_2O_3 + O_2 \longrightarrow 2(NH_4)_2SO_4 + S \downarrow$$

浮于再生塔顶部的硫黄泡沫，利用位差自流入泡沫槽，硫泡沫经泡沫槽内搅拌器搅拌、蒸汽加热后由泡沫泵送至副产品处理工序。

HPF 法脱硫工艺具有如下优点：

(1) 脱硫脱氰效率较高，三级脱硫后煤气含 H_2S 可降至 $20mg/m^3$ 以下。

(2) 该工艺比 ADA 法废液积累缓慢，因而废液量相对较少。

(3) 工艺流程简单、占地小、投资低。

(4) 原材料和动力消耗低。

(5) 脱硫废液与低品质硫黄制成浆液生产硫酸，产品硫酸作为硫铵单元的原料。

HPF 法脱硫工艺的缺点：虽然 HPF 法脱硫单元操作比较容易，但硫黄及脱硫废液处理难度大，现阶段比较先进的方法是工艺后序接脱硫废液制酸系统可以解决此问题。

D　PDS 法

PDS 是脱硫催化剂的商品名称，是酞菁钴磺酸盐系化合物的混合物，主要成分是双核酞菁钴磺酸盐，由国内自主开发。PDS 催化剂活性好，用量小，无毒。其工艺特点：脱硫脱氰能力优于 ADA 溶液；抗中毒能力强，对设备的腐蚀性小；易再生，再生时浮出的硫泡沫颗粒大，易分离，硫黄回收率高，还能脱除部分有机硫；催化剂可单独使用，不加钒，无废液排出；脱硫成本只有 ADA 法的 30% 左右，有显著的经济效益。

PDS 法经过不断改进和完善，PDS 可以和 ADA、栲胶联合使用，效果很好；催化剂也已由最初的原型，开发到目前的 P-400、888 型等，形成诸如 HPF 法等新方法。

PDS 法的脱硫原理及工艺流程与 HPF 法类同，不再详细介绍。

E　真空碳酸盐脱硫后配接干法脱硫工艺

真空碳酸盐法脱硫是以碳酸钠或碳酸钾溶液作为吸收剂直接吸收煤气中的

H_2S 和 HCN，属于湿式吸收法范畴。真空碳酸钾法脱硫单元在粗苯回收单元后，位于焦炉煤气净化流程的末端。它是在常温常压下用吸收剂吸收煤气中的 H_2S 和 HCN 等的酸性气体，脱硫液的再生在负压条件下进行，故称真空碳酸盐法（如图 4-13 所示）。

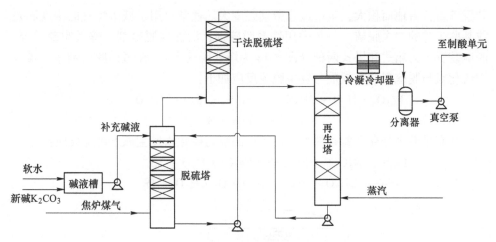

图 4-13　真空碳酸钾脱硫工艺流程

　　来自上一工序的焦炉煤气通过脱硫塔与贫液（碳酸钾溶液）逆流接触，吸收煤气中的酸性气体 H_2S、HCN，富液在再生塔进行再生。再生塔在真空和低温下运行，富液与再生塔底上升的水蒸气逆流接触，使酸性气体从富液中解析出来。再生后的贫液循环使用。再生塔顶逸出的酸气经冷凝冷却进入分离器，由真空泵抽出可以用接触法生产硫酸。脱硫系统需补充软水和新碱，以平衡外排废液（排到蒸氨系统）及酸气带走引起的水与碱的消耗。

　　为了使净化后煤气中 H_2S 含量达到 $20mg/m^3$（标态），需要在碳酸钾脱硫后配套干法脱硫。

　　真空碳酸钾法脱硫工艺具有如下优点：

　　（1）富液再生采用了真空解析法，操作温度低，再加上操作系统中氧含量较少，故副反应的速度慢，生成的废液少，降低了碱的消耗。由于整个系统在低温低压下操作，对设备材质的要求也随之降低。

　　（2）因系统为低温操作，所以吸收液再生用热源可由集气管来的煤气供给，使用炼焦工程系统本身的能源，极大地降低了生产成本。

　　（3）从再生塔顶逸出的酸性气体，经多次冷凝冷却并脱水后，浓度高，不仅减少了设备负荷，而且有利于酸性气体处理单元的稳定操作。

　　真空碳酸钾法脱硫工艺的缺点：

　　（1）由于该法位于洗苯单元后即煤气净化流程末端，不能缓解洗苯单元前

H_2S 对煤气净化装置的设备和管道的腐蚀。

（2）真空碳酸钾少量废液排入蒸氨，影响废水含氰指标。增大水处理难度。

F　干法脱硫

干法脱硫是利用固体脱硫剂将煤气中的 H_2S 脱除。工艺和设备比较简单，但装置笨重，占地面积大，生产过程劳动强度大。通常只用于城市煤气的深度脱硫或某些工艺的二次脱硫。一般采用铁系脱硫剂、活性炭脱硫剂、锌系脱硫剂等。脱硫装置分为箱式和塔式两种（图 4-14 为塔式脱硫塔）。在碱性脱硫剂中，煤气中硫化氢与脱硫剂的有效成分发生脱硫反应如下：

$$Fe_2O_3 \cdot H_2O + 3H_2S \longrightarrow Fe_2S_3 \cdot H_2O + 3H_2O$$
$$Fe_2S_3 \longrightarrow FeS + S$$

在有足够水分存在的条件下，空气中的氧与硫化铁发生如下再生反应：

$$Fe_2S_3 \cdot H_2O + 3/2O_2 \longrightarrow Fe_2O_3 \cdot H_2O + 3S$$
$$4FeS + 2H_2O + 3O_2 \longrightarrow 2Fe_2O_3 \cdot H_2O + 4S$$

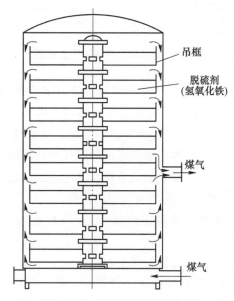

图 4-14　多层填料干法脱硫塔

脱硫剂经过反复的脱硫和再生使用后，在脱硫剂中硫黄堆积，逐渐包裹活性微粒，使其脱硫效率降低，需经常更换脱硫剂。

4.2.1.3　煤气脱硫废液处理

目前，由于湿法脱硫处理量大，生产条件容易控制，在现代化的大型焦化行业中被采用。但同时，湿法脱硫工艺中，脱硫液脱硫过程中往往会伴随生成硫代硫酸盐、硫氰酸盐等副产物,使得脱硫液复盐产量增加,影响脱硫效率。同时,此类脱硫废液具有高毒、高腐蚀性特征,若直接排放到环境中会破坏生态环境且造成资源浪费。如能找到一条有效的变废为宝途径,既回收资源、降低生产成本又满足环保生产要求。因此,脱硫废液的处理技术对焦化企业的发展有着重要意义。

目前,脱硫废液处理是焦化行业的难题,方法有脱硫废液制酸工艺、湿式氧化法(希罗哈克斯法)、分步结晶法、膜法及氧化法处理、硫酸分解法、溶剂萃取法、阴离子交换树脂法、酚类法、氨化压热处理法等。其中以脱硫废液制酸、蒸发结晶法最为常用。以下以 HPF 法脱硫废液处理工艺进行说明。

A 脱硫废液分步结晶法提盐工艺

一般来说,焦化厂采用的湿式氧化法脱硫,会利用焦炉煤气中的 NH_3 做碱源与 H_2S 进行酸碱中和,产生的废液以硫氰酸盐、硫代硫酸盐和 $(NH_4)_2SO_4$ 为主。不同物质在水中的溶解度存在差异,因此可以利用物质溶解度的差异将有机废液中的不同物质逐步结晶分离出来,此方法称为分步结晶法。

结晶过程中,首先升高温度使 $(NH_4)_2S_2O_3$ 析出,加热停止并保温一定时间,过滤得到 $(NH_4)_2S_2O_3$ 晶体;然后将废液冷却降温处理得到硫氰酸盐结晶;最后将废液进一步冷却降温处理得到 $(NH_4)_2SO_4$ 结晶。最终得到产品,同时净化脱硫废液。溶液返回到脱硫系统,回收碱源和催化剂。

分步结晶法提盐工艺的主要工序有:脱色、浓缩、压滤(热过滤)、降温结晶、一次离心、再溶解、二次离心、干燥(见图4-15)。

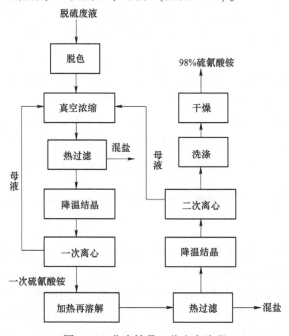

图 4-15 分步结晶工艺生产流程

此工艺依据（NH$_4$）$_2$SO$_4$、NH$_4$SCN 和（NH$_4$）$_2$S$_2$O$_3$ 三种盐在溶液中溶解度不同而进行分步结晶分离。

首先进行活性炭脱色。操作中，脱色泵将脱硫液打入脱色釜中与活性炭混合，加热脱色完毕，用泵将其打入压滤机，将活性炭与脱硫液分离，进入脱色液贮罐备用。过滤掉废活性炭，送至配煤工序配入炼焦煤中。

然后进行浓缩，操作中，采用负压蒸馏浓缩技术，将蒸馏釜温度控制在 60～90℃，此温度范围内复盐不会分解，但废液中的氨能够有效蒸出，并打回至脱硫系统。为增加一次压滤的量且避免因液位过低，浓缩釜内的温度计不能准确测量液体温度，因此在浓缩过程中还需要不断地进行补液。硫氰、硫代的共饱和点即为浓缩终点，由于在 70～90℃范围内必须有晶体析出，因此浓缩终点的可操作范围较大。

经过 70～75℃下压滤，进行降温结晶。压滤液中晶体析出的最高温度为结晶点。一般情况下，晶体的析出量会随结晶点温度升高而增加，因此结晶体可作为出料温度的粗略参考。实验中，需要不断抽取不同温度下的废液或母液样品观察是否有晶体析出，以此确定结晶点温度。再经过一次离心，硫氰的纯度可以达到90%以上。

离心分离后的晶体表面含有 5%～10%的母液，这使得产品纯度下降，为此，应利用"水"对粗产品进行洗涤。洗涤晶体的"水"是用硫氰的合格产品在一定温度下配置硫氰的饱和溶液，其中溶液中的硫代、硫铵含量可以忽略不计。结晶洗涤基本原理：将硫氰结晶粗产品倒入硫氰饱和液中，由于溶液中硫氰含量已饱和，不能继续溶解该物质，但饱和液中硫代和硫铵含量较低，可以继续溶解，故可将硫代和硫铵从结晶表面分离，溶解进入饱和液中，达到净化晶体目的。结晶洗涤的具体操作步骤：一次分离后得到的硫氰粗产品，倾倒入硫氰饱和溶液中进行搅拌洗涤，得到合适的晶比后进行二次分离。

为提高产品纯度和质量，需进行二次离心和二次分离操作。实践表明，93%的粗产品进行洗涤和二次分离操作后，得到的硫氰产品纯度可达 99.4%。

离心分离后，晶体产品表面仍含有 5%～10%的水分，需要烘干除去水分。

B　脱硫废液回收硫黄制酸工艺

HPF 法脱硫回收硫黄制酸工艺分为湿法、干法制酸。

a　湿法制酸

采用液-固混合相进料焚烧，与固相进料相比，工艺流程短，投资占地少、生产操作安全、稳定和环保。

脱硫单元硫泡沫槽来的硫泡沫液送至预处理工序浆液槽，再由浆液泵送入离心机。经固、液两相离心分离后，滤液进入滤液槽，然后用滤液泵抽出，一部分送往浓缩塔，其余送脱硫单元脱硫塔。从离心机分出的硫膏进入浆液槽，与来自浓缩塔的盐类浓缩液混合后送浆液贮槽，然后由浆液移送泵送往制酸单元。浆液槽及浆液贮槽均设有机械搅拌器，以防止硫黄沉积，堵塞设备及管道。浆液贮槽的贮存容量不小于 30d，供每年制酸单元检修时贮存硫黄浆液使用。

焚烧工序 由预处理单元送来的硫浆在废液喷枪内经压缩空气雾化后送入焚烧炉，在高温条件下燃烧分解生成温度约为 1100℃的 SO_2 过程气。焚烧炉分两段，主燃烧室和二次燃烧室，各自引入富氧空气，通过调节富氧空气中氧气的含量来控制过程气中的 NO_x 含量。富氧空气经过冷空气预热气和热空气加热器换热升温后，送入焚烧炉内。焚烧炉内的主要化学反应如下：

$$S + O_2 \longrightarrow SO_2$$
$$NH_4SCN + 3O_2 \longrightarrow N_2 + CO_2 + SO_2 + 2H_2O$$
$$(NH_4)_2S_2O_3 + 5/2O_2 \longrightarrow N_2 + 2SO_2 + 4H_2O$$
$$(NH_4)_2SO_4 + O_2 \longrightarrow N_2 + SO_2 + 4H_2O$$
$$(NH_4)_2S_6 + 8O_2 \longrightarrow N_2 + 6SO_2 + 4H_2O$$
$$(NH_4)_2CO_3 + 3/2O_2 \longrightarrow N_2 + CO_2 + 4H_2O$$
$$4NH_3 + 3O_2 \longrightarrow 2N_2 + 6H_2O$$

燃烧后生成的主要产物为 SO_2，还有少量 SO_3 生成。

从焚烧炉出来的温度约为 1100℃含有 SO_2 的高温过程气进入废热锅炉，对高温过程气的余热进行回收，回收的热量产生 4.3MPa 的饱和蒸汽，经减压至 0.7MPa，并入蒸汽管网使用。废热锅炉出口过程气被冷却至 350~400℃，进入净化工序。

净化工序 烟气净化的原理主要是根据气体自身的热运动规律及杂质在烟气中的不同状态，通过循环稀酸洗涤及高压电场除雾等方式实现的。

从废热锅炉出来的 350~400℃的过程气，依次通过增湿塔、冷却塔、洗净塔及电除雾器，用稀硫酸分别对过程气进行增湿降温、气体冷却、洗净，以脱除过程气中含有的大量的水、矿尘、酸雾以及砷、硒、氟、氯等易使后续转化工序催化剂中毒的有害杂质。从电除雾器出来的工艺过程气温度降至约 48℃后，进入干燥塔，进一步脱除其中夹带的水分后去催化转化工序。

增湿塔采用动力波洗涤器，在动力波洗涤器逆喷管内，过程气和稀硫酸逆流接触，绝热增湿，饱和温度约为 85℃，然后进入填料冷却塔冷却。动力波洗涤器洗涤酸循环使用，一部分进入动力波洗涤器逆喷管喷洒循环使用，另一部分送至稀硫酸脱气塔，靠空气脱除稀酸中溶解的 SO_2 后，自流至稀酸放空槽，稀硫酸送往硫铵单元配硫铵母液用，稀硫酸约为 3t/h，亦可送往再生尾气处理部分调节循环母液酸度。稀硫酸脱气塔出口气体送至冷却塔入口过程气管道中。

冷却塔采用填料塔，塔槽一体化结构，主要用于冷却过程气。出增湿器的过程气由冷却塔下部进入，在填料层内与淋洒下来的循环酸逆流接触换热，将温度降至

48~62℃后，进入洗净塔。冷凝下来的稀硫酸自流至增湿塔，保持液位平衡。

洗净塔也采用动力波洗涤器，将过程气温度降为约 48℃，同时脱除残余的不溶性颗粒尘及部分酸雾。冷凝下来的稀硫酸自流至冷却塔，保持液位平衡。

出洗净塔的过程气进入电除雾器。电除雾器主要用于捕集过程气中夹带的酸雾，塔底排出的少量稀酸自流至洗净塔。

在生产过程中，采用两级动力波洗涤器和一级电除雾组成的净化装置不仅降温脱水和除砷、硒、氟、尘的效率高，而且除雾效率也高于传统净化系统，净化彻底，可有效保证转化工序催化剂活性及使用寿命。

生产过程如果突然停电，会导致过程气温度过高，缩短净化设备的使用寿命。该工艺在动力波洗涤器上方设置了非常用水槽，喷淋应急液，防止动力波洗涤器出口过程气温度过高，保护下游玻璃钢设备和管道。为保护净化工序的玻璃钢设备和管道的安全，在电除雾器出口管道上还设置了安全水封。

干吸工序　矿尘、砷、硒和酸雾清除后，还要清除过程气中的气态水分。浓硫酸具有强烈的吸水性，常用于气体水分干燥。炉气的干燥就是将气体与浓硫酸进行接触来实现。

吸收即指使用浓硫酸吸收转化器中 SO_3 的过程。SO_2 转化为 SO_3 之后，过程气进入吸收塔用浓硫酸吸收 SO_3，制成不同规格的产品硫酸。吸收原理可用下列方程表示：

$$SO_3(g)+H_2O(l)\longrightarrow H_2SO_4(l)$$

过程气的干燥和 SO_3 的吸收，尽管是硫酸生产中两个不相连贯的步骤，但是，由于这两个步骤都是使用浓硫酸作吸收剂，采用的设备和操作方法也基本相同，而且由于系统水平衡的需要，干燥酸和吸收酸之间进行必要的相互串酸，故在生产管理上干燥和吸收过程归于一个工序，即干吸工序。

由净化工序来的含 SO_2 过程气进入干燥塔清除水分，出干燥塔的过程气含水分（标态）$w \leqslant 0.1 g/m^3$，然后经过 SO_2 风机加压后送至转化工序。干燥塔为填料塔，塔顶装有纤维除雾器，可以减少干吸塔酸沫的带出。塔内用 94.3% 硫酸循环喷洒，喷洒酸吸水稀释后浓度为 94%，自塔底流入干燥酸循环槽。干燥酸循环槽串入吸收酸冷却器出口 98% 硫酸，以维持干燥循环酸的浓度。然后经干燥塔循环泵加压后送入干燥塔冷却器冷却，冷却后的循环酸送干燥塔循环喷洒使用。多余的 94.3% 干燥酸经液位自调送至浓硫酸脱气塔，脱吸后的浓硫酸自流至第一吸收塔酸循环槽。

一次转化后的过程气，温度约为 180℃，自塔底进入第一吸收塔，与塔顶喷淋下来的吸收酸逆流接触，脱除过程气中的 SO_3，然后经塔顶的纤维除雾器除雾后，返回转化系统进行二次转化。

二次转化后的过程气，温度约为160℃，自塔底进入第二吸收塔，与塔顶喷淋下来的吸收酸逆流接触，脱除过程气中的SO_3，然后经塔顶的纤维除雾器除雾后，送入尾吸工序。

第一和第二吸收塔均为填料塔。第一吸收塔喷洒酸浓度为98%，吸收一次转化的SO_3后浓度为98.3%，由塔底自流至吸收硫酸缓冲槽。吸收硫酸缓冲槽内串入94%干燥酸，维持吸收酸的浓度为98%，然后经第一吸收塔循环泵加压后送至第一吸收塔冷却器冷却，冷却后送入第一吸收塔循环喷洒使用。多余的98%硫酸，一部分串入干燥塔的硫酸缓冲槽，另一部分作为成品酸经冷却器后送入成品酸中间槽。

第二吸收塔喷洒酸浓度为98%，吸收二次转化的SO_3后浓度为98.3%，由塔底自流至吸收硫酸缓冲槽。吸收硫酸缓冲槽内串入一级除盐水或净化工序产生的稀硫酸，维持吸收酸的浓度为98%，然后经第二吸收塔循环泵加压后送至第二吸收塔冷却器冷却，冷却后送入第二吸收塔循环喷洒使用。多余的98%硫酸自流至第一吸收塔的硫酸缓冲槽。

成品酸中间槽设置自动加水装置，调节和控制酸的浓度。

为了开车时加入母酸和方便设备维修，将第一吸收塔循环酸槽作为地下酸槽。

转化工序 过程气中的有害杂质除去后，进入转化工序以SO_2的催化氧化制取SO_3气体。

来自干吸工序干燥塔的过程气进入SO_2鼓风机，经风机加压后，进入SO_2工艺气换热器，与从SO_2转化器各段催化床层出来的高温工艺气换热至420~450℃后进入SO_2转化器，在V_2O_5催化剂作用下，经干接触法催化氧化，将SO_2转化为SO_3。SO_2催化氧化反应如下：

$$SO_2(g) + \frac{1}{2}O_2(g) \longrightarrow SO_3(g) + 100.32kJ/mol$$

转化器内总计填充4层SO_2转化催化剂，采用3+1两转两吸转化工艺，SO_2转化率高，总转化率超过99.9%。进入SO_2转化器的SO_2工艺气首先经1至3段催化床层进行一次转化，然后经干吸工序第一吸收塔吸收转化生成的SO_3后再返回第4催化床层，经过二次转化，使SO_2最总转化率达到99.9%以上。对应每段催化剂床层均设有工艺气外换热器，通过与冷SO_2工艺气换热，及时移走反应放出的热量，提高每段转化率。

设置2台始动电加热器，为开工时过程气升温或转化器前过程气中SO_2浓度偏低时为系统补充热量。为调节和控制SO_2转化工序的温度，设置了必要的工艺旁通管线和调节阀。

尾吸工序 经过转化和吸收的过程气，除含有大量无害的N_2、O_2外，还含

有有害的 SO_2 和 SO_3（酸雾）。必须经过进一步处理后才可以放空。

从第二吸收塔来的尾气进入尾气洗净塔，用蒸氨单元来的蒸氨废水吸收其中的少量 SO_2、NO_x 和硫酸雾，吸收后的蒸氨废水用泵送至生化处理系统。尾气洗净塔出来的尾气进入电除雾器，进一步捕集尾气中夹带的酸雾。电除雾器出来的尾气，送焦炉烟气脱硫脱硝单元进一步处理。

系统内的放空液集中回收，返回系统，不外排。泵类机械密封冲洗水、地坪冲洗水等，外排至给排水系统。

b　干法制酸

将焦化煤气脱硫过程中产生的脱硫废液和硫泡沫通过过滤浓缩，采用调湿器、将脱硫废液和硫泡沫直接固化制成含盐、硫盐固体，采用固体直接焚烧技术、制得 SO_2 炉气，然后通过余热回收、洗涤净化、两转两吸工艺生产硫酸，同时尾气经吸收处理工艺达标排放。

采用干法制酸，焚烧炉气中水分含量低，SO_2 浓度相较湿法喷浆要高，可以抑制 NO_x 的生成，产品硫酸为无色透明，品质很高；焚烧炉气水分含量低，还有利于防止设备管道腐蚀和提高热能的利用效率，降低制酸系统设备检修率。

干法制酸工艺在系统含硫量有波动或需要提高硫酸产量时，可以直接外购固体硫黄补充，不需要对生产设备进行调整改造，生产管理和操作均极为方便，适应性强。

干法制酸工艺将硫泡沫和脱硫废液的固化干燥（也可以称为预处理）和制酸分成互不干扰的两个部分，当前段脱硫系统含硫量有波动时，只影响固化干燥部分的干粉产量，制酸部分只需要调整投料量维持后续硫酸产量稳定，不会因为前段脱硫系统波动，造成整条制酸生产线的停车；同样当制酸部分进行检修，固化干燥部分可以继续进行，将液体脱硫废液固化干燥为干粉存储起来，可以消耗掉脱硫工段排出的脱硫废液，并大大缩小了存储体积，制酸部分开车之后，适当调大投料量，即可消耗掉前面检修时间内存储的干粉。生产管理和操作相对灵活。

原料预处理工序　原料预处理工序的主要任务是将脱硫装置产生的脱硫废液和硫泡沫一起进行干燥处理、回收含盐、硫盐固体作为制酸装置的生产原料，将脱硫废液无害化。

焦化脱硫装置产生的稀硫泡沫用泵送到预处理工序稀硫泡沫槽中，通过稀硫泡沫泵送入过滤器，经过微孔过滤器浓缩后得到浓浆液，过滤器产生的部分滤液（剩余部分滤液返回脱硫系统）经过单效蒸发器浓缩处理得到浓缩液。浓浆液和浓缩液进入缓冲槽并加入克硫剂处理后，经给料泵送到调湿器。

调湿器采用两级调湿形式，一级调湿器使用低压蒸汽，将浆料调湿到 20% 左右。二级调湿器前段使用低压蒸汽调湿到含水 $w \leqslant 4\%$，后段使用 30℃ 左右冷却水将调湿后的物料冷却松散方便输送及破碎，出料粉料温度 $t \leqslant 40℃$。因此，浓浆液中的水分得到加热、蒸发，固体物质则被调湿固化、冷却，成为含硫、硫盐固体，用密封式运输设备直接输送至焚硫工序或装袋暂时贮存。

中间仓库中设置斗提机、料斗、振动筛和破碎机等，暂时装袋堆存在仓库中的含硫、硫盐固体通过斗提机加入到料斗，再经过筛分、破碎后经封闭式的充入氮气保持微正压，防止干粉吸潮的管链运输设备，输送到焚硫工序的炉前料斗中。为了防止在加料过程中粉尘外溢，设置了除尘风机。

调湿器出口的尾气在引风机的抽送下进入尾气净化装置，净化后尾气达到《炼焦化学工业污染物排放标准》排放要求。

焚硫工序　炉前料斗中的含硫、硫盐固体，通过密封式螺旋推料机送入到立式焚烧炉中，该焚烧炉设置一次、二次风，以便调节和控制焚烧炉的操作温度；固体密封式螺旋推料机采用变频器调节控制，用氧分析仪测定出口炉气中的氧含量，反馈自动调节焚烧炉的加料量，实现自动化控制。

含硫、硫盐固体与空气鼓风机来的空气一起在立式焚烧炉中沸腾燃烧，产生约 $1050℃$ 的高温 SO_2 炉气，经过余热锅炉回收热量后炉气温度降到 $350℃$ 左右，进入净化工序。

炉气净化工序　净化系统设计采用负压操作，防止净化过程中 SO_2 等有毒有害气体泄漏污染环境，并在电除雾器出口管道设置安全水封。

出余热锅炉的约 $350℃$ 的炉气首先进入动力波洗涤器中，通过绝热蒸发，使炉气冷却、增湿、降温和初步洗涤净化。洗涤器出口的湿炉气经过气液分离后，进入填料洗涤塔，与塔顶喷淋的冷却循环稀酸逆流接触再次洗涤净化，然后进入电除雾器中除去酸雾，送去干吸工段。

动力波洗涤器将炉气中的杂质通过洗涤进入到循环液中，少量多余的稀酸从循环泵出口引出，送到干燥尾气酸洗塔循环槽。洗涤塔采用填料塔，塔槽一体化结构，稀酸循环洗涤。循环泵出口的稀酸通过稀酸板式换热器用循环水冷却后，送往塔顶喷淋洗涤炉气。多余的稀酸串入动力波洗涤器循环槽中，保持水量平衡。电除雾器中排出的少量稀酸串至洗涤塔的循环槽。

干吸及成品工序　干吸工序采用三塔三槽流程，酸循环吸收系统采用两种酸循环，干燥塔采用 $93\% H_2SO_4$ 循环，吸收塔采用 $98\% H_2SO_4$ 循环。由两台吸收塔酸冷却器和一台干燥塔酸冷却器组成循环酸冷却系统。酸冷却循环系统基本设置为：槽→泵→酸冷却器→塔→槽。

来自净化工段的炉气，补充适量的空气后，控制进入转化工段的炉气中 SO_2 含量为 8.5%，由底部进气口进入干燥塔，经自塔顶喷淋的 93% 浓硫酸吸收炉气中水分，使出塔空气中水分（标态）$w \leqslant 0.1 g/m^3$，吸收水分后的干燥酸自塔底流入干燥塔酸循环槽，用来自第一吸收塔酸循环泵串酸混合至 93% 浓度，由干燥塔酸循环泵送至干燥塔酸冷却器进行冷却，冷却后的浓酸进入干燥塔进行循环喷淋。

来自转化器第三段的气体，经第Ⅲ换热器降温后进入第一吸收塔，经自塔顶喷淋的98%浓硫酸吸收炉气中的 SO_3，吸收后的酸自塔底流入一吸塔酸循环槽，由一吸酸循环泵送至酸冷却器进行冷却，冷却后的浓酸进入第一吸收塔进行循环喷淋。

来自转化器第五段的气体，经第Ⅴ换热器降温后进入第二吸收塔，经自塔顶喷淋的98%浓硫酸吸收炉气中的 SO_3，吸收后的酸自塔底流入二吸酸循环槽，由二吸酸循环泵送至酸冷却器进行冷却，冷却后的浓酸进入第二吸收塔进行循环喷淋。吸收酸循环槽设置自动加水器加入工艺水，调节和控制吸收酸的浓度。当生产98%酸时，吸收循环槽多余的酸作为产品，从吸收酸冷却器出口排出，经过电磁流量计计量后，送到浓硫酸中间罐贮存，最终输送至现有焦化装置浓硫酸储罐自用。为了装置开车时加入母酸和方便设备、管道维修，设计地下酸槽和酸泵。

转化工序　经干燥塔干燥并经塔顶金属丝网除雾器除雾后的冷气体由 SO_2 鼓风机升压后依次进入第Ⅲ、Ⅰ换热器加热后，温度达到420℃进入转化器的第一段进行转化。经反应后炉气温度升高到约585℃进入第Ⅰ换热器与来自 SO_2 鼓风机的冷气体换热降温，冷却后的炉气进入转化器第二段催化剂床层进行催化反应，然后出转化器进入第Ⅱ换热器降温后进入转化器第三段催化剂床层进一步反应。

从转化器第三段出口的气体，进入第Ⅲ换热器管程，温度降至约180℃后进入第一吸收塔，用98%浓硫酸循环吸收气体中的 SO_3，并经过塔顶的丝网除雾器除去气体中的酸雾后，依次进入第Ⅴ、Ⅳ、Ⅱ换热器，气体被加热后进入转化器第四段催化剂床层进行第二次转化反应。出第四段床层的气体进入第Ⅳ换热器冷却到415℃后，进入转化器第五段催化剂层进行反应，五段出口气体经第Ⅴ换热器管程与冷炉气进行换热冷却，温度降低到约165℃进入第二吸收塔，吸收气体中的少量 SO_3，然后经过尾气吸收塔净化后放空。

通过采用先进的两转两吸制酸工艺，五段转化，提高硫的利用率，使总转化率≥99.8%。

工艺尾气处理工序　将二吸出口的工艺尾气通过活性炭脱硫剂吸附吸收尾气的二氧化硫，并催化转化成5%～10%稀硫酸，稀硫酸进干吸工序稀释浓硫酸使用，制酸尾气经活性炭净化后尾气与干燥尾气洗涤净化后尾气。尾气送焦炉烟道气脱硫脱硝装置处理。达标后排放。达到《炼焦化学工业污染物排放标准》和《硫酸工业污染物排放标准》排放要求。某钢厂制酸尾气量见表4-2，合并后总尾气量见表4-3。

表 4-2 某钢厂制酸（1.5 万吨/年）尾气量

类别	气量（标态）/m³·h⁻¹	成分	控制指标（标态）/mg·m⁻³	温度/℃	压力/kPa
干燥尾气	9000	硫酸雾	≤5	40	2~3
		颗粒物	≤15		
		氨	≤10		
		SO_2	≤30		
制酸尾气	5000	硫酸雾	≤5	70	3
		颗粒物	≤15		
		氮氧化物	≤150		

表 4-3 合并后总尾气量

气量（标态）/m³·h⁻¹	成分	控制指标（标态）/mg·m⁻³	温度/℃	压力/kPa
14000	硫酸雾	≤5	50~60	2~3
	SO_2	≤30		
	颗粒物	≤15		
	氮氧化物	≤150		

4.2.2 焦炉煤气脱氨

炼焦煤在焦炉干馏过程中，煤中的元素氮大部分与氢化合生成氨，小部分转化为吡啶等含氮化合物，氨的生成量相当于装入煤量的 0.25%~0.35%，粗煤气中的含氨量一般为 6~9g/m³。煤气里的氨，在回收系统会造成设备和管道腐蚀，燃烧生成氮氧化物，污染环境，必须脱除。煤气氨脱除工艺包括生产硫酸铵和生产浓氨水、无水氨等工艺，主要有以下几种：浸没式饱和器法生产硫酸铵工艺、喷淋式饱和器法生产硫酸铵工艺、酸洗塔法生产硫酸铵工艺、水洗氨—蒸氨生产浓氨水工艺、（磷酸吸收）生产无水氨工艺、水洗氨—蒸氨—氨分解工艺等。

4.2.2.1 硫酸铵生产工艺

随着焦化行业的发展，浸没式饱和器已逐渐被淘汰，现阶段国内焦化厂一般采用喷淋式饱和器生产硫酸铵，但仍有少数焦化厂采用酸洗塔法（无饱和器法）生产硫酸铵。

A 酸洗塔法生产硫酸铵工艺（无饱和器法）

a 工艺流程

酸洗法硫酸铵生产工艺由氨的回收、蒸发结晶与分离干燥等 3 部分组成（见

图 4-16）。煤气自下而上经过酸洗塔，在酸洗塔分上下两段，均用含游离酸 2%~3% 的硫酸铵母液进行喷洒，煤气与氨蒸气中大部分氨在此被吸收下来，得到的是硫酸铵浓度约 40% 的不饱和硫酸铵母液，从酸洗塔顶逸出煤气经除酸器分离出酸雾后送入煤气总管进入下一工序。

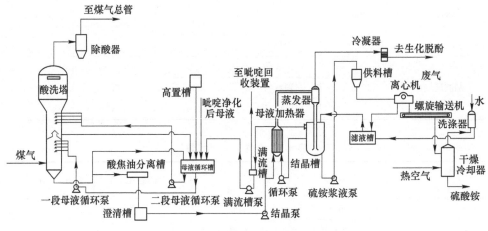

图 4-16　酸洗塔法生产硫酸铵工艺

　　酸洗塔的两段都有独立的母液循环系统。下段来的部分母液先进入酸焦油分离槽，经分离后去澄清槽。另一部分母液满流进入母液循环槽，由此用泵送往酸洗塔下段循环喷洒，母液循环量一般为 $3.5 m^3/km^3$ 煤气。由酸洗塔上段引出的母液经循环槽用于上段喷洒，其循环喷洒量约为 $2.6 m^3/km^3$ 煤气。循环母液中需要补充的酸由酸高置槽补充。

　　澄清槽内的母液用结晶泵送至加热器，连同由结晶槽来的母液一起加热至60℃左右，然后进入真空蒸发器。蒸发器内由两级蒸汽喷射器造成的 87kPa 的真空度，母液沸点降至 55~60℃。在此，母液因水分蒸发而得到浓缩，浓缩后的过饱和硫酸铵母液流入结晶槽，结晶长大并沉到结晶槽下部，仅含少量细小结晶的母液用循环泵送至加热器进行循环加热，而由结晶槽顶溢流的母液则经满流槽泵回循环母液槽。由蒸发器顶部引出的蒸汽于冷凝器冷凝后去生化脱酚装置处理。

　　结晶槽内形成含硫酸铵达 70% 以上的硫酸铵浆液，用泵送至供料槽后排入离心机进行分离。分离母液经滤液槽返回结晶槽，结晶由螺旋输送机送至干燥冷却器，在此用热空气使之沸腾干燥并冷却至常温，然后由皮带运输机送往仓库。由干燥冷却器排出的气体于洗净塔用水洗涤，部分洗涤液送入滤液槽，以补充母液蒸发所失去的水。满流槽上部引出来的部分母液送往吡啶回收装置，已经脱除了吡啶并经净化后的母液又送回结晶母液循环系统。中和硫酸吡啶的氨气可由氨水蒸馏系统供给。

b 主要生产设备

无饱和器法生产硫酸铵,除饱和器法生产时的有关设备外,主要有空喷酸洗塔和真空蒸发器等。

空喷酸洗塔 空喷酸洗塔为一直立中空塔,塔壁用钢板焊制而成,内衬铅板,再衬以耐酸砖。也有全部用不锈钢材焊制的。空喷酸洗塔由中部的断塔板分为上下两段。下段除了煤气入口处设有母液喷嘴外,另设有多层不锈钢制螺旋形喷嘴,喷洒游离酸为2%~3%的循环母液。在下段喷洒的液滴较细,与以3~4m/s流速上升的煤气密切接触而将煤气中大部分氨吸收。

在酸洗塔下段的上部设有带捕液挡板的断塔板,以捕集煤气所挟带的液滴,并由此集聚由上段喷洒下来的母液,再由带U形液封导管引出。在酸洗塔上段设有多层喷嘴,喷洒硫酸浓度为4%~5%左右的循环母液,所喷洒的液滴较大,以减少带入除酸器的母液。在上段顶部设有扩大部分,在此煤气减速为1.6m/s左右,并设有洗涤喷洒管,以使煤气所挟带的液滴显著减少,而后从塔顶排出。在酸洗塔上段和中段均设有洗涤水喷洒管,以定期进行清洗。

在酸洗塔下段喷洒下来的母液聚集于锥形底部,并由带液封的导管引出。

真空蒸发器 真空蒸发器为用不锈钢板焊制的带锥底的容器,在真空蒸发器中部设有锥筒形的布液器,经过加热的母液从布液器下面的筒形部分以切线方向进入器内后,沿器壁旋转,形成一定的蒸发面积。所以母液中的大部分水分可迅速蒸出。蒸出的水汽经布液器上升并经顶部的液滴分离器分离出液滴后,由器顶逸出,浓缩结晶母液由锥底出口排入结晶槽。在蒸发器顶部装有水喷洒装置,用来喷洒液滴分离器和布液器。

酸洗法硫铵与老式饱和器硫铵工艺相比,有以下优点:酸洗法工艺采用空喷塔,煤气系统阻力小,为老式饱和器法的1/5~1/4,使风机电耗降低;酸洗法工艺在酸洗塔内母液始终控制在不饱和状态,结晶颗粒是在真空蒸发结晶系统内形成,采用大流量的母液循环,控制晶核的形式,并使结晶有足够的成长时间,因而,可以获得大颗粒的优质硫铵结晶。酸洗法硫铵的设备与管道均采用了超低碳不锈钢(OOCr17Ni14Mo2),较好地解决了稀硫酸的腐蚀问题,酸洗塔可不设备品,大大减少了设备的维修工作量。

酸洗塔法生产硫酸铵工艺设备较多,煤气阻力大,工艺复杂,现阶段已被一体式喷淋式饱和器取代很少有生产厂采用。

B 喷淋式饱和器法硫铵工艺

a 工艺流程

喷淋式饱和器是将饱和器和结晶器连为一体,流程更为简化(见图4-17)。由脱硫单元来的煤气进入喷淋式硫铵饱和器。煤气在饱和器的上段分两股进入环形室,与母液加热器加热后的循环母液逆流接触,其中的氨被母液中的硫酸吸

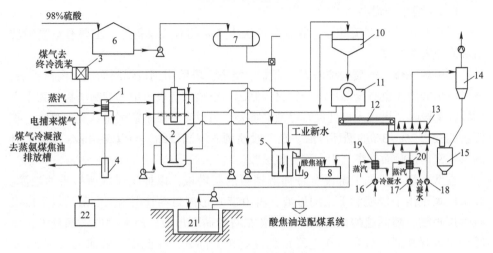

图 4-17　喷淋式饱和器法硫铵工艺

1—煤气预热器；2—喷淋式饱和器；3—捕雾器；4—煤气水封；5—满流槽；6—硫酸储槽；
7—硫酸高位槽；8—母液储槽；9—渣箱；10—结晶槽；11—离心机；12—胶带输送机；
13—流化床干燥器；14—除尘器；15—硫酸铵储斗；16，17—空气热风机；
18—空气冷风机；19，20—空气热风器；21—母液放空槽；22—煤气水封

收，生成硫酸铵。脱氨后的煤气在饱和器的后室合并成一股，经小母液循环泵连续喷洒洗涤后，沿切线方向进入饱和器内旋风式除酸器，分离出煤气中所夹带的酸雾后，送至终冷洗苯单元。饱和器后的煤气含氨达到 30~50mg/m³。

饱和器下段上部的母液经大母液循环泵连续抽出送至饱和器上段环形喷洒室循环喷洒，喷洒后的循环母液经中心降液管流至饱和器的下段。在饱和器的下段，晶核通过饱和介质向上运动，使晶体长大，并引起晶粒分级。当饱和器下段硫铵母液中晶比达到 25%~40%（体积分数）时，用结晶泵将其底部的浆液抽送至室内结晶槽。饱和器满流口溢出的母液自流至满流槽，再用小母液循环泵连续抽送至饱和器的后室循环喷洒，以进一步脱出煤气中的氨。

饱和器定期加酸加水冲洗时，多余母液经满流槽满流到母液贮槽。加酸加水冲洗完毕后，再用小母液循环泵逐渐抽出，回补到饱和器系统。

结晶槽中的硫铵结晶积累到一定程度时，将结晶槽底部的硫铵浆液排放到硫铵离心机，经离心分离后，硫铵结晶从硫铵母液中分离出来。从离心机分出的硫铵结晶经溜槽排放到振动流化床干燥器，经干燥、冷却后进入硫铵贮斗。经全自动称量、包装后送入成品库。

离心机滤出的母液与结晶槽满流出来的母液一同自流回饱和器的下段。

由振动流化床干燥器出来的干燥尾气在排入大气前设有两级除尘。首先经两组干式旋风除尘器除去尾气中夹带的大部分硫铵粉尘，再由尾气引风机抽送至尾

气洗净塔，在此用硫铵母液对尾气进行连续循环喷洒，以进一步除去尾气中夹带的残留硫铵粉尘，最后尾气经捕雾器除去夹带的液滴后排入大气。

b 主要设备

喷淋式饱和器的结构特点：

（1）采用喷淋式饱和器，集酸洗、除酸、结晶为一体，设备体积小，脱氨效率高。喷淋室由本体、外套筒和内套筒组成，煤气进入本体后向下在本体与外套筒的环形室内流动，然后由上出喷淋室，再沿切线方向进入外套筒与内套筒间旋转向下进入内套筒，由顶部出去。外套筒与内套筒间形成旋风分离作用，以除去煤气夹带的液滴，起到除酸器的作用。

（2）在喷淋室的下部设置母液满流管，控制喷淋室下部的液面，促使煤气由入口向出口在环形室内流动。

（3）在煤气入口和煤气出口间分隔成两个弧形分配箱，在弧形分配箱配置多组喷嘴，喷嘴方向朝向煤气流，形成良好的气液接触面。

（4）喷淋室的下部为结晶槽，用降液管与结晶槽连通，循环母液通过降液管从结晶槽的底部向上返，不断生成的硫铵晶核，穿过向上运动的悬浮硫铵母液，促使晶体长大，并引起颗粒分级，小颗粒升向顶部，从上部出口接到循环泵，结晶从下部抽出。

（5）在煤气出口配置有母液喷洒装置。煤气入口和出口均设有温水喷洒装置，可以较彻底清洗喷淋室。

（6）饱和器材质，硫铵母液系统设备及管道均采用超低碳不锈钢材质，使用寿命长，可保证装置长期连续稳定操作，减少维护费用。

综上所述，喷淋式饱和器工艺综合了旧式饱和器法流程简单，酸洗法有大流量母液循环搅拌，结晶颗粒大的优点，又解决了旧式饱和器法煤气系统阻力大，酸洗法工艺流程长，设备多的缺点。其工艺流程和操作条件易于掌握，不但可以在新建厂采用，而且更适于老厂的大修改造。

4.2.2.2 生产无水氨的工艺

煤气另一种可供选择的脱氨方法是弗萨姆法生产无水氨。该法是美国钢铁公司20世纪60年代开发的。1988年后，我国焦化厂相继采用此法。无水氨为无色液体，也称液氨，密度0.771g/cm³。无水氨主要用于制造氮肥和复合肥料。还可以用于制造硝酸、各种含氮的无机盐、磺胺药、聚氨酯聚酰胺纤维及丁腈橡胶等。

弗萨姆法生产无水氨吸收氨的原理是用磷酸的一铵盐和二铵盐的水溶液从焦炉煤气中选择性吸收氨，吸收了氨的磷铵母液在再生工序的压力下用蒸汽汽提，得到含氨约20%的氨气，再生后的磷铵母液返回吸收部分循环使用。含氨20%的

氨汽经精馏得到 99.98% 的无水氨。这种方法由吸收、解析、精馏三个部分组成
其工艺流程（见图 4-18）。

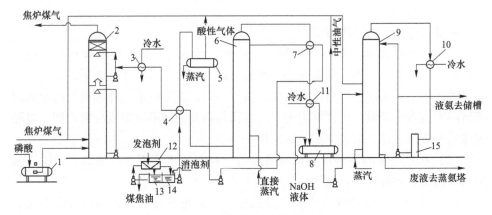

图 4-18　无水氨的工艺流程图

1—磷酸槽；2—空喷吸收塔；3—贫液冷却器；4—贫富液换热器；5—蒸发器；6—解吸塔；
7—部分冷凝器；8—精馏塔给料槽；9—精馏塔；10—精馏塔冷凝器；11—氨气冷凝冷却器；
12—泡沫浮选除煤焦油器；13—煤焦油槽；14—溶液槽；15—活性炭吸附器

A　氨的吸收

焦炉煤气从吸收塔底进入，吸收塔为上下两段空喷塔，吸收液与煤气逆流接
触，分上下两段单独循环喷洒吸收液，上段吸收液 NH_3/H_3PO_4 分子数比为 1.25，
在自身循环过程中吸收了煤气中的氨，循环液的分子数比上升为 1.35，上段循环
液的一部分从塔内溢流到下段作为下段吸收液的补充。下段吸收液循环吸收氨以
后，分子数比达到 1.85，抽出循环量的 3% 送往再生工序。塔的操作温度为
55℃，塔后煤气含氨可达 0.1g/m³。吸收塔的阻力为 1.0~1.5kPa。

B　磷铵母液的再生

吸收了氨的磷铵母液进入解析塔，先要经过预处理除油，再与解析塔底贫液
换热至 104℃ 后进入接触器。富液除油的方式采用泡沫浮选除焦油器。由于磷铵
母液在吸收氨的过程中吸收了微量酸性气体（H_2S、HCN、CO_2 等）与吸收液中
的氨反应生成的铵盐，易在后工序精馏塔内造成堆积而堵塔，所以酸性气体就必
须从吸收液中蒸出，这就是接触器的目的。104℃ 的富液在接触器中靠精馏工序
来的废蒸汽加热至沸点，将溶解在吸收液中的酸性气体蒸出，这些含氨的酸性气
体由接触器排出返回吸收塔。富液经接触器后用泵经气液换热器与解析塔顶的浓
氨气换热，然后再经加热器加热至 187℃ 后进入解析塔顶部，塔底通入直接蒸
汽，塔的操作压力约为 1.4MPa。含氨气体以 184℃ 离开塔顶，经过换热、冷却调
节至 131℃ 后进入接受槽作为精馏塔的原料。脱氨后 195℃ 的贫液其分子数比为
1.25，从塔底引出，经换热和冷却至 55℃ 后送至吸收塔上段循环使用。

整个吸收、再生形成完整系统，系统中的磷酸保有量是一定的，系统的水分必须保持平衡，吸收液中的部分水分在吸收过程中蒸发到煤气中，部分水分由解析塔顶随浓氨气带走，保持系统水分平衡的关键是控制解析塔底的再生液（分子数比1.25）中磷酸浓度为31%（质量分数）。

C 氨的精馏

由解析塔接受槽来的131℃、含氨20%左右的氨液送入精馏塔中部精馏。塔顶得99.98%纯氨气，经冷却后部分作为回流送往塔顶，控制塔顶温度在33～34℃，其余部分作为产品。精馏塔操作压力1.7MPa，冷凝冷却水温为30℃，精馏塔底排出的废水含氨<0.1%（质量分数），塔底通入直接蒸汽，操作温度约为194℃。在精馏塔进料层附近送入20%（质量分数）NaOH水溶液，将进料中微量的CO_2，H_2S等酸性组分进一步除去。另外，在精馏塔进料层附近可能会积聚油分，必须在适当高度从侧线引出，返回到吸收塔煤气中去。

4.2.2.3 水洗氨—蒸氨—氨分解工艺

一些焦化厂，在氨产品滞销的情况下，采用水洗氨—蒸氨—氨分解工艺，利用废热锅炉回收的氨分解生成的高温低热值尾气的余热生产蒸汽自用，冷却后尾气返回煤气系统。这样既增加了煤气量，又避免了大气污染。该工艺缺点是没有氨产品，产值低。氨分解用的镍催化剂使用寿命短，操作费用高。

A 水洗氨

焦炉煤气经过鼓风机后，温度为45℃左右，在洗氨前必须冷却到最佳的洗涤温度。用水吸收煤气中的氨，是物理吸收过程，氨在水中的溶解度随着温度的升高而大大降低。当氨水浓度一定时，温度越高，液面上氨的蒸气压越大，吸收推动力越小，吸收速率越低。一般控制操作温度要求25℃，冷却是在洗氨塔底部的冷却段进行。冷却后的煤气进入洗氨塔与塔顶下来的洗涤水逆向接触进行氨的吸收。在洗氨塔内，为了保证气液两相之间的充分接触，必须有足够的喷淋量。冷却后的剩余氨水进入洗氨塔的下一层。由于氨的吸收为放热反应，为了保持洗氨的等温状态，要设置中段循环将反应热用冷却水除去。离开洗氨塔的富氨水中除氨外，还有H_2S、HCN、CO_2等酸性气体，塔后煤气含氨应达到<0.1g/m³（见图4-19）。

B 蒸氨

富氨水经换热后送到蒸氨塔，在这里挥发氨从液体中汽提出去。汽提后的蒸氨废水返回洗氨塔顶部。多余的废水送到固定铵蒸氨塔，在此塔内通入蒸汽，在较高的pH值下（约10.5）除去固定铵，固定铵塔的蒸氨废水送往生化污水处理站。从两个蒸氨塔来的氨气合并后在分缩器中部分冷凝，除去大部分水蒸气，得到的浓氨气需进一步处理。它可以采用硫酸吸收氨制成硫铵，也可以采用弗萨

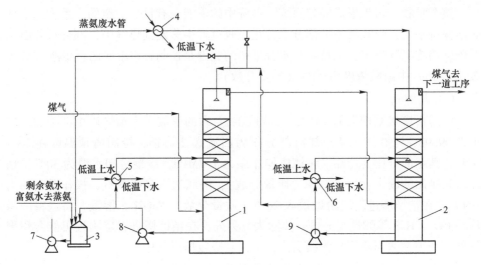

图 4-19　水洗氨工艺流程

1—1 号洗氨塔；2—2 号洗氨塔；3—富氨水槽；4—蒸氨废水冷却器；5—终冷循环冷却器；
6—半富氨水冷却器；7—富氨水泵；8—终冷循环水泵；9—半富氨水泵

姆法生产无水氨，还可通过氨气的部分冷凝生产浓氨水，生产出来的浓氨水贮存起来，作为备用装置。除了上述处理方法外，氨分解也是一项值得重视的处理氨气的方法。蒸氨-氨分解工艺流程如图 4-20 所示。

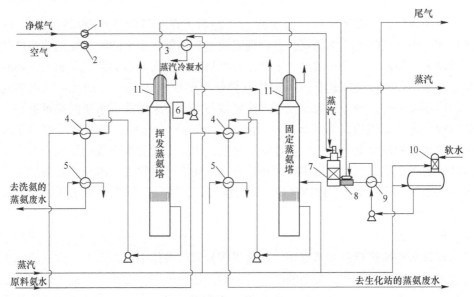

图 4-20　蒸氨-氨分解工艺流程

1—煤气增压机；2—空气鼓风机；3—空气预热器；4—富氨水/氨水废水换热器；5—氨水废水换热器；
6—碱液槽；7—氨分解炉；8—废热锅炉；9—锅炉供水预热器；10—锅炉供水处理槽；11—氨分缩器

C 氨分解

氨分解是处理氨气的热催化技术。氨气在 1000~200℃通过催化剂床层，发生如下分解反应：
$$2NH_3 \longrightarrow N_2 + 3H_2$$
$$2HCN + H_2O \longrightarrow 2CO + N_2 + 3H_2$$

氨分解炉是分解氨气的设备，其结构如图 4-21 所示。

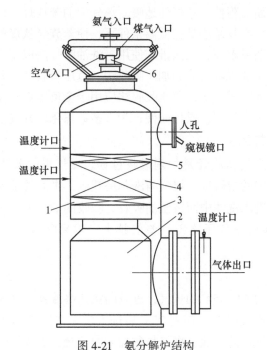

图 4-21 氨分解炉结构

1, 5—惰性球；2—炉体；3—内衬；4—催化剂；6—燃烧器

氨分解炉用焦炉煤气加热，维持炉温 1100~1200℃。氨气通过专用的混合室进入反应器，在进入反应区前，先在混合室内与参加反应的空气和补充用的焦炉煤气混合。在反应器顶部空间内，温度达 1000℃时，分解反应立即开始，在底部大约 900℃的催化床内反应结束。影响氨分解的因素主要有：（1）分解炉的炉温。炉温过低，氨分解不完全易产生铵盐堵塞催化剂或发生催化剂中毒。炉温过高，会造成催化剂熔融，降低催化剂的寿命，影响氨的分解率。（2）燃料气用量。用量过少，炉温降低，氨分解不完全。用量过大，炉温过高，降低催化剂寿命。氨气经过催化剂床层发生分解反应，产生的高温气可以用废热锅炉回收余热生产蒸汽，或用冷却水冷却送至煤气管道。

现阶段，一种氨分解制氢新工艺，即由浓氨气氨分解后可得到75%的氢气和25%的氮气，氢气进入纯化器作进一步提纯处理，生产纯氢。

4.2.3　焦炉煤气洗脱苯

4.2.3.1　洗苯工艺

苯族烃是宝贵的化工原料，焦炉煤气一般含苯族烃 $25\sim40g/m^3$。从焦炉煤气中回收苯族烃的方法有洗油吸收法、活性炭吸附法和深冷凝结法。活性炭吸附法是利用活性炭的表面吸附性，选择性地吸附煤气中的苯族烃，该法成本太高，只在实验室中使用。深冷凝结法是在低温条件下，使苯族烃从煤气中凝结出来得到回收，该法操作复杂成本高，无法推广使用。洗油吸收法以工艺简单、经济可靠而得到广泛推广。洗油吸收法分为加压吸收法、负压吸收法、常压吸收法。加压吸收法应用于煤气远距离输送，负压吸收法应用于全负压煤气净化系统，常压吸收法操作压力稍高于大气压，操作简便，为大多数焦化厂普遍采用。

A　洗苯的工艺原理

洗油吸收煤气中的苯族烃是物理吸收过程。煤气里的苯族烃易溶解在洗油中，在洗油中有一定的溶解度。煤气与洗苯塔喷洒下来的洗油逆流接触过程，煤气中的苯族烃分子进入洗油中而被洗油吸收。吸收的推动力是煤气中苯族烃的分压与洗油液面苯族烃蒸气压之差，差值越大，越易吸收。洗苯塔一般采用填料塔。

B　工艺流程

从硫铵单元来的 $53\sim55℃$ 的煤气，进入间接式终冷器。在终冷器内，对煤气进行冷却，最终将煤气温度冷却到 $25℃$ 后进入洗苯塔。洗苯塔为填料塔，塔顶喷洒粗苯蒸馏单元送来的贫油，煤气与贫油逆向接触，吸收煤气中的苯。塔底富油由富油泵抽出，送往粗苯蒸馏单元，富油脱苯后称为贫油，经冷却后去洗苯塔循环使用。洗苯后的煤气经塔顶捕雾器脱除油雾液滴后去用户。

系统消耗的洗油，定期从油库送至洗苯塔下部补入系统。洗苯用的洗油应当具有对苯族烃有良好的吸收能力，在加热时又能使苯族烃很好地分离出来。有较好的流动性，易与水分离不生成乳化物。洗油的质量规定（见表4-4）。

表4-4　洗油质量规定（GB/T 24217—2009）（一等品）

	密度（20℃）/g·cm⁻³	1.03~1.06
馏程 （大气压101.3kPa）	230℃前馏出量（体积分数）/%	≤3.0
	270℃前馏出量（体积分数）/%	≥70
	300℃前馏出量（体积分数）/%	≥90
	酚含量（体积分数）/%	≤0.5
	萘含量（质量分数）/%	≤15.0

续表4-4

水分（质量分数)/%	≤1.0
黏度（E_{50}）	≤1.5
15℃结晶物	无

洗油在循环使用中质量会变差，必须进行再生处理。生产中将循环洗油量的1%~5%的富油，从富油入脱苯塔前引出，进入再生器进行再生。再生过程就是经管式炉的蒸汽直接蒸吹，是洗油的轻组分完全蒸吹出来，最终回到循环洗油中，相对分子量较大的聚合物由再生器底部排出，以保证洗油的质量（如图4-22所示）。

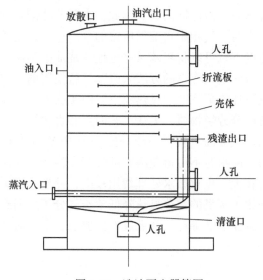

图4-22 洗油再生器简图

洗苯塔一般为填料塔和孔板塔。目前，新建焦化厂的洗苯塔大多采用一种新型内填充不锈钢孔板波纹填料，冷却效率高，重量轻，投资省。

4.2.3.2 脱苯工艺

工作原理：采用一般的热载体过热蒸汽作为加热剂，使洗油液面上粗苯的平衡蒸气压大于热载体中粗苯的分压，汽液两相逆流接触，进行传质传热，从而使粗苯逐渐从富油中释放出来，在脱苯塔顶得到苯蒸气与蒸汽的混合物，在塔底得到较纯净的贫油。

脱苯工艺按产品种类和设置塔数可分为：一塔式生产粗苯的工艺、一塔式生产轻苯、重苯和萘溶剂油的工艺、两塔式生产轻苯和重苯的工艺、两塔式生产轻苯、重苯和萘溶剂油的工艺。一塔式生产粗苯的工艺以其具有的流程短，设备少，占地小，能耗低等优点被大多数焦化厂采用。根据各厂自身的工艺不同，目前焦化厂有采取生产粗苯一种产品的工艺，也有生产轻苯、重苯和萘溶剂油三种产品的工艺。

富油按脱苯过程一般分为常压脱苯和负压脱苯。目前大多数焦化厂采用管式炉负压脱苯。而蒸汽式代替管式炉进行的负压脱苯，作为一种可以节能减排的新技术，被一些新建焦化厂采用。

A　常压脱苯

常压脱苯工艺是在常压操作条件进行，富油通过管式炉（或预热器）加热到 180~190℃然后送脱苯塔中进行脱苯。从富油中脱苯是根据洗油和粗苯的沸点不同，用蒸馏的方法加以分离。当加热互不相溶的液体混合物时，若各组分的蒸汽压力和达到塔内总压时，液体即沸腾。因此，在脱苯蒸馏过程中通入大量直接蒸汽，当塔内总压一定时，气相中水蒸气所占的分压愈高，则粗苯和洗油的分压愈低，即在较低的温度下就可以将粗苯较完全地从洗油中蒸出。为了达到工艺要求的回收率必须采用蒸汽吹脱汽提的方法来脱苯，所使用的主要设备管式炉，辐射段加热富油，对流段加热蒸汽产生过热蒸汽，由于吹入蒸汽在塔顶冷凝变为冷凝水时不可避免溶解部分芳烃物质，无法工艺回用和直接排放，必须将其送入废水系统。因此，采用蒸汽提馏过程，一般每生产 1t 粗苯消耗 1.5t 蒸汽，吹入的蒸汽在塔顶冷凝变为冷凝水时不可避免溶解部分芳烃物质，无法工艺回收和直接排放，废水的产生量较大，焦化废水处理费用较高，处理难度大。同时，蒸汽热量利用率太低。只利用了蒸氨的部分显热降低苯蒸气分压，而热值大的蒸汽潜热没被利用。随着焦化企业节能降耗，降低成本的要求，常压脱苯正逐步被负压脱苯所取代。

B　负压脱苯工艺

采用负压脱苯的工艺原理是依靠减压操作条件，降低富油沸点并提高苯类物质的相对挥发度，在低于常压操作温度的条件下将苯类物质从富油中蒸脱。由于此过程未引入水蒸气，因此，具有明显地减排作用。同时，负压操作提高了组分间的相对挥发度，也具有较好的节能效果。

（1）管式炉加热的负压脱苯。根据压力和温度对应关系，工艺采用全塔负压运行的工艺流程（见图 4-23），塔顶压力达到-80kPa，运行效率高。利用真空泵将脱苯塔（包括脱苯段和再生段）系统抽成负压状态，富油经换热后进入负压脱苯塔内蒸馏脱除其中的苯族烃。负压脱苯塔顶逸出轻苯蒸气与富油换热后进入冷凝冷却器，冷凝液流入粗苯油水分离器。分离器的粗苯部分送至塔顶作为回流，其余作为产品采出。负压脱苯塔底部抽出的部分热贫油经塔底循环贫油泵送往脱苯塔管式炉加热后返回脱苯塔底部作为热源；另一部分热贫油冷却后去终冷洗苯工段循环利用。为了保持循环洗油质量，将部分热贫油送再生段进行再生。

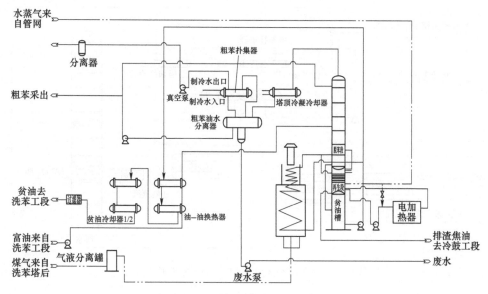

图 4-23 负压脱苯工艺流程

其中大部分洗油被蒸发并直接进入脱苯塔。残留于再生段底部的高温残渣油，经泵一部分送往再生塔管式炉加热后返回再生塔作为热源，另一部分送至鼓冷工段循环利用。

（2）蒸汽式（无管式炉）负压脱苯。作为一种节能减排的新技术，一些新建焦化厂开始采用蒸汽代替管式炉提供热源。脱苯塔底采用蒸汽间接加热取代传统的管式炉加热，不仅解决了管式炉烟气环保达标排放的问题，更主要的是减少了产生废水量，缩短了工艺，降低了投资。

蒸汽式负压脱苯工艺流程如图 4-24 所示。

蒸汽法负压脱苯工艺过程是：从终冷洗苯单元送来的富油经贫富油换热器，与脱苯塔底排出的热贫油换热后进入富油加热器，用热力送来的 4.0MPa、450℃的过热蒸汽加热至 190℃后进入脱苯塔，用再生器来的直接蒸汽在负压脱苯塔内进行汽提和蒸馏。

塔顶逸出的粗苯蒸气经粗苯冷凝冷却器后，进入分离器，分离出来的不凝气体进入真空泵，送入终冷前的煤气管道，分离出来的液体进入油水分离器，分出的粗苯进入粗苯回流槽，部分用粗苯回流泵送至塔顶作为回流，其余作为产品进入粗苯中间槽，再用产品泵送至油库单元粗苯贮槽。

脱苯塔底排出的热贫油用热贫油泵抽出，经换热器与富油换热后，再经冷却器，冷却至 27~29℃后，送洗苯塔用于吸收煤气中的苯。

为了保证循环洗油质量，从热贫油泵后引出 1%~1.5% 的热贫油，送入再生器内，用 450℃过热蒸汽蒸吹再生，塔顶蒸汽一并进入脱苯塔作为气源。再生残

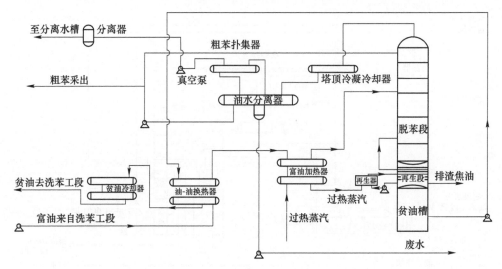

图 4-24　蒸汽式（无管式炉）负压脱苯工艺流程

渣排入残渣槽（卧式密闭贮槽），定期用泵送往油库单元焦油贮槽。

　　脱苯塔效率的高低直接影响粗苯的质量、收率和蒸汽消耗。垂直筛板泡罩塔盘作为一种比较新颖的塔盘技术以其效率高，处理能力大，产品质量稳定，而被广泛应用。

参 考 文 献

[1] 杨建华，王永林，沈立嵩. 焦炉煤气净化 [M]. 北京：化学工业出版社，2006.
[2] 李晓飞，刘彦. 焦炉煤气湿法脱硫工艺及进展 [J]. 煤炭与化工，2018（2）：26~28.

第5章 化产品深加工技术

5.1 煤气深加工技术

5.1.1 净化焦炉煤气的组成

焦炉煤气随着炼焦配比和操作工艺参数不同，组成略有变化。焦炉煤气经净化后的组成见表5-1。

表5-1 净化后的焦炉煤气组成

组分	H_2	CH_4	CO	C_mH_n	CO_2	N_2	焦油	粗苯	氰	硫化氢	氰化氢	萘
体积分数/%	55~60	23~28	5~8	2~4	1.5~3	3~5	微量	1~4	0.05	0.5~1	0.5	1

由表5-1煤气组成成分可以看出，煤气的成分是由最简单的碳氢化合物、游离氢、氧、氮以及一氧化碳等组成。这说明煤气是复杂的煤质分解的最终产品。

净化后的焦炉煤气可用作燃料，提取 H_2，用于苯加氢，直接还原炼铁，制造甲醇、合成氨等，其中制造甲醇的技术成熟、实用性强、效益显著的节能减排技术[1~3]。

5.1.2 焦炉煤气深度净化

作为原料气的焦炉煤气，经过焦化厂净化工序后，大部分的杂质及含硫化合物得到了去除，但是作为用于煤气深加工原料气，为防止后续工艺中各种催化剂中毒、工艺设备腐蚀等问题，必须经过进一步的深度净化[4,5]。图5-1所示为一种常见的焦炉煤气压缩及深度净化工艺。

由焦化厂输送的经过湿法脱硫初步净化的焦炉气首先进入气液分离器中进行分液脱水和部分焦油，然后进行粗脱硫，脱硫机可以采用氧化锌，也可以用廉价的氧化铁脱硫剂，初步将焦炉气中的 H_2S 脱到小于 $1mg/m^3$（标态），送入吸附净化系统，通常可以设置两台氧化铁脱硫槽，生产时可串可并，任何一个都可以作为第一个槽，这样可以提高脱硫剂的有效硫容，也可以单独使用一个槽，另外一个槽更换脱硫剂。

吸附系统由多个脱萘塔组成，在此除去焦炉气中的萘及焦油，塔内装有特种

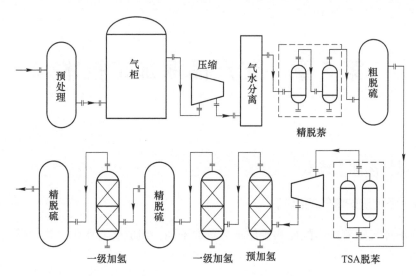

图 5-1　一种常见的焦炉煤气压缩及深度净化工艺

吸附剂组成的复合吸附床。多个塔工作的同时，有一个塔处于再生状态，再生气源为 3.8MPa 的中压蒸汽经减压后进入脱萘器，解吸出的废液，进入污水槽，用污水泵定时送往外界。吸附净化处理后的焦炉气中的萘 $\leqslant 5mg/m^3$（标态），焦油、尘 $\leqslant 1mg/m^3$（标态）经过二级压缩后送净化焦炉煤气精脱硫。

精脱硫是指焦炉煤气的精制过程，是将粗脱硫及杂质分离后的焦炉煤气中的剩余有机硫与不饱和烃先经铁钼催化剂或镍钼催化剂加氢转化，变成 H_2S 与饱和烃，然后经氧化铁、氧化锌处理，将硫化物脱除到 $0.1mg/m^3$，最终达到深度净化要求，为下游生产提供原料气产品气。

对于焦炉煤气的利用，更为重要的是脱除焦炉煤气中的硫元素，包括以脱除无机硫为主要目的的粗脱硫、以脱除有机硫为主要目的的精脱硫。常用的脱除无机硫的工艺是采用氧化锌（ZnO）作为脱硫剂的干法脱硫工艺，ZnO 是目前国内外公认的脱硫精度最好的脱硫剂，与 H_2S 反应的平衡常数比较大，可以将出口处的 H_2S 摩尔分数降低到 10^{-5} 以下。

对于精脱硫，当前主要的工艺有加氢变换脱硫工艺。对于加氢变换脱硫工艺，主要的工艺是在催化剂的作用下，羰基硫、二硫化碳、硫醇、硫醚等都会在反应温度下发生转化生成 H_2S，生成的 H_2S 通过氧化锌等精脱硫剂脱除。

ZnO 脱硫剂的硫容对温度很敏感，当温度升高时，硫容会增大；一般使用的温度要求在 200℃ 以上，在 600～700℃ 范围内反应迅速且彻底；但在高温（约 600℃ 以上）时，ZnO 易被还原成为单质 Zn 而挥发损失；在再生过程中，当操作温度低时，有可能生成硫酸盐而失去活性，温度过高了又会脱硫剂发生烧结。

5.1.3 焦炉煤气制 LNG 及副产品制氢

焦炉煤气中最主要的成分是氢气，其次是甲烷气体，通常可以用分离的工艺将氢气和甲烷提取利用，也可以针对焦炉煤气中的 CO、CO_2 等气体进行甲烷化处理，提高煤气的利用率，进而提升甲烷的产量，同时减少弛放气体[6]。

LNG 是由天然气转变的另一种能源形式，其主要组分是甲烷（CH_4），占80%~99%，其次还含有乙烷、丙烷、总丁烷、总戊烷，以及二氧化碳、一氧化碳、硫化氢、总硫和水分等。

LNG 临界温度为-82.3℃，沸点为-161.25℃，着火点为650℃，液态密度为 $0.420~0.46t/m^3$，气态密度为 $0.68~0.75kg/m^3$，气态热值 $38MJ/m^3$，液态热值 50MJ/kg，爆炸范围：上限为 15%，下限为 5%，辛烷值 ASTM：130，无色、无味、无毒且无腐蚀性，体积约为同量气态天然气体积的 1/625。

氢气是焦炉煤气制 LNG 的一种重要副产品，是主要的工业原料，也是最重要的工业气体和特种气体，用作合成氨、合成甲醇、合成盐酸的原料，冶金工业中用还原剂，石油炼制中加氢脱硫剂等，另外氢也是一种理想的二次能源。

焦炉煤气制天然气、氢气主要有三种工艺：直接提纯、甲烷化合成和补碳甲烷化合成[7]。三种工艺对比见表 5-2。

表 5-2 焦炉煤气制天然气、氢气工艺对比

工艺	直接提纯	甲烷化合成	补碳甲烷化合成
产品	甲烷、氢气	甲烷、氢气	甲烷
优势	工艺简单成熟 氢气副产量较高	可增产甲烷 甲烷化后有利于 后续气体分离	最大量产甲烷
劣势	甲烷产量较低； 分离工艺复杂	产品甲烷中仍 有少量氢气剩余	碳源来源不易 无氢气副产品
推荐度	★	★★★	★★

下面着重介绍直接提纯和甲烷化合成工艺。

5.1.3.1 直接提纯甲烷制取 LNG 及氢气工艺

焦炉煤气制取液化天然气工艺流程多种多样，大致包括焦炉煤气压缩、脱油脱水、粗脱硫、脱苯脱萘、脱碳、精脱硫、预分离、低温精馏、液化存储等工序。

脱硫、脱碳工序可以采用低温甲醇洗同时完成，也可以采用甲基二乙醇胺（MDEA）吸附同时脱除，还可以针对二氧化碳采用单独的变压、变温吸附、膜分离等分离工艺脱除。

A 氢气预分离

预分离的目的主要是预先将焦炉煤气中的氢气预先分离，以减少后续低温精

馏制甲烷的难度，可以采取膜分离、变压、变温吸附等分离技术。由于变压吸附技术投资少、运行费用低、产品纯度高、操作简单、灵活、环境污染小、原料气源适应范围宽，因此，进入 70 年代后，这项技术被广泛应用于石油化工、冶金、轻工及环保等领域。变压吸附分离过程具有操作简单，自动化程度高，设备不需要特殊材料等优点。吸附分离技术最广泛的应用是工业气体的分离提纯，氢气在吸附剂上的吸附能力远远低于 CH_2、N_2、CO 和 CO_2 等常见的其他组分，所以变压吸附技术被广泛应用于氢气的提纯和回收领域。为了使得产品氢气具有较高的纯度，选用变压吸附技术进行氢气的提纯。在变压吸附系统中，每台吸附器在不同时间依次经历吸附（A）、多级压力均衡降（EiD）、顺放（PP）、逆放（D）、冲洗（P）、多级压力均衡升（EiR）、最终升压（FR）。逆放步骤排出吸附器中吸留的部分杂质组分，剩余的杂质通过冲洗步骤进一步完全解吸。在逆放前期压力较高阶段的气体进入缓冲罐，在装置无逆放或冲洗气较少时送入混合罐，以保证混合罐中任何时候进气均匀，以减小混合罐的压力波动；在逆放后期压力较低部分的气体和冲洗部分的气体进入解吸气混合罐。解吸气经过解吸气缓冲罐和混合罐稳压后送出界区。经过变压吸附可得到的 99.999% 纯氢气。

预分离也可以采用气体膜分离技术。气体膜分离技术是气指在压力差为推动力的作用下，利用气体混合物中各组分在气体分离膜中渗透速率的不同而使各组分分离的过程。气体分离膜是选择性膜，不同的高分子膜对不同种类的气体分子的透过率和选择性不同，因而可以从气体混合物中选择分离某种气体。对于气体渗透膜，渗透通量大，其机械强度应能保证承受一定的压差。工业上应用较多的是非对称性膜和复合膜。

气体膜分离技术的机理是两种或两种以上的气体混合物通过高分子膜时，由于各种气体在膜中的溶解和扩散系数的不同，导致气体在膜中的相对渗透速率有差异。在驱动力-膜两侧压力差作用下，渗透速率相对较快的气体，如水蒸气（H_2O）、氢气（H_2）、二氧化碳（CO_2）和氧气（O_2）等优先透过膜而被富集；而渗透速率相对较慢的气体，如甲烷（CH_4）、氮气（N_2）和一氧化碳（CO）等气体则是在膜的滞留侧被富集，从而达到混合气体分离的目的。选择分离富集的气体则与膜材料相关，工业上用于分离氢气/甲烷体系的气体分离膜主要有以下几种：

（1）纤维素酯类膜：由于纤维素类聚合物来源广、易加工，是重要的商业化 H_2/CH_4 分离膜，最重要的纤维素包括醋酸纤维素、乙基纤维素及它们的衍生物，纤维素膜主要不足是它的耐温性比较差。

（2）聚酰亚胺类膜：它是一种抗化学性、耐高温和机械性能均佳的高分子，几乎不溶于所有溶剂，而仅与一种特殊溶剂混溶，可得到成膜性能良好的料液。聚酰亚胺膜材料本身的特点是对气体高分离系数和低透过系数。为了克服这一缺点，在制膜技术上纺织的中空丝不对称膜无缺陷的活性层厚度必须在 $0.1\mu m$ 以下，这是该膜走向实用化的关键。

（3）聚砜膜：它是由玻璃态的聚砜多孔型中空纤维为基膜，表面涂上橡胶态渗透能力强的有机硅氧烷以堵塞膜表面的孔成为阻力型复合膜，并选用一系列的渗透改性基团加入聚二甲基硅氧烷改善膜性能，最后用路易斯酸三氟化硼后处理聚砜膜，也选用了卤化氢，特别是溴化氢。对玻璃态聚合物存在一个总趋势，即具有高选择性的聚合物通常渗透系数低，反过来也是如此；而橡胶态聚合物的渗透系数一般都较高，但分离系数低。

针对膜分离过程，溶解-扩散模型指出气体由高分压侧到低分压侧需要经过三个步骤：（1）气体溶解在高压侧膜表面；（2）在压力差的作用下，溶解在高压侧膜表面的气体在膜中向低压侧膜表面扩散；（3）气体在低压侧膜表面解吸，气体在膜表面的溶解和解吸均能快速达到平衡，而在渗透扩散作用下通过膜的速度较慢，因此气体在膜中的扩散是膜分离过程的控速步骤。

气体膜分离流程如图5-2所示，气体膜分离组件如图5-3所示。

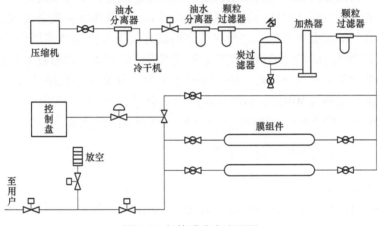

图 5-2　气体膜分离流程图

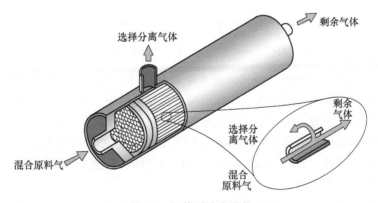

图 5-3　气体膜分离组件

B　MDEA 脱碳

二氧化碳的存在，会给后续的深冷分离造成难度，所以需要率先脱除，一般的采用甲基二乙醇胺（MDEA）脱碳工艺。

MDEA 为无色或微黄色黏性液体，毒性很小，沸点 247℃，易溶于水和醇，微溶于醚，在一定条件下，对二氧化碳等酸性气体有很强的吸收能力，反应热小、解吸温度低、化学性质稳定，是一种性能优良的选择性脱硫、脱碳新型溶剂，具有选择性高、溶剂消耗少、节能效果显著、不易降解等优点。

水溶液（贫液）吸收来自变脱工段水煤气中所含的二氧化碳气体，使焦炉煤气中的二氧化碳得到大部分脱除。吸收二氧化碳后的 MDEA 水溶液（富液）经过加热、减压在再生塔中得到汽提、再生，经再生后的贫液冷却换热后循环使用。

C　深冷分离工艺

深冷分离法亦可以称之为低温精馏法，实际上就是将待分离的混合气体通过压缩降温的方法将混合气体的温度降至沸点以下，使其相态由气态变成液态，此时液态混合气的温度非常低，之后将液态的混合气通入低温精馏塔内进行精馏，利用液态混合气内的组分的沸点差异来实现混合气的分离。目前较为普及的天然气液化制取液化天然气（LNG）的深冷技术主要有复叠式液化循环（CRC）、混合制冷剂液化循环（MRC）、预冷混合制冷剂循环（PMR）、双混合制冷剂制冷循环（DMP）、带膨胀机的制冷循环及三段混合制冷液化技术。

5.1.3.2　焦炉煤气甲烷化制 LNG 及氢气工艺

A　甲烷化工艺

甲烷化反应是整个工艺的核心，指气体 CO 和 CO_2 在催化剂作用下，与氢气发生反应，生成甲烷的强放热化学反应。甲烷化反应属于催化加氢反应，其反应方程为：

$$CO+3H_2 \longrightarrow CH_4+H_2O \quad \Delta H=-206kJ/mol$$

$$CO_2+4H_2 \longrightarrow CH_4+2H_2O \quad \Delta H=-178kJ/mol$$

经过深度净化后的焦炉煤气，进入甲烷化工序，在此将大部分 CO、CO_2 与氢气经过甲烷化反应生成甲烷。烷化反应是强放热反应，通过副产中压蒸汽的方式移出反应热并回收。由于焦炉煤气中氢含量较高，甲烷化反应后还有较多剩余氢气，可补加适量 CO 或 CO_2，以增加 LNG 产量，也可分离出 H_2，作为副产品销售或建加氢项目。最终甲烷化后的混合产品气体，经除水脱碳等净化后进入低温液化工序，制取产品 LNG。

从工艺角度，甲烷化存在多种技术，包括多种基于固定床的甲烷化技术、流化床甲烷化技术以及悬浮床技术等，由于其区别仅在于反应器的类型，工艺大同小异，这里仅介绍几种基于固定床的甲烷化技术。

a 外循环绝热多段固定床甲烷化工艺

工艺的特点是采用三段绝热固定床反应器方案，并且在二段和一段之间采用工艺气外循环达到低温运行的目的。外循环绝热多段固定床甲烷化工艺流程如图5-4所示。

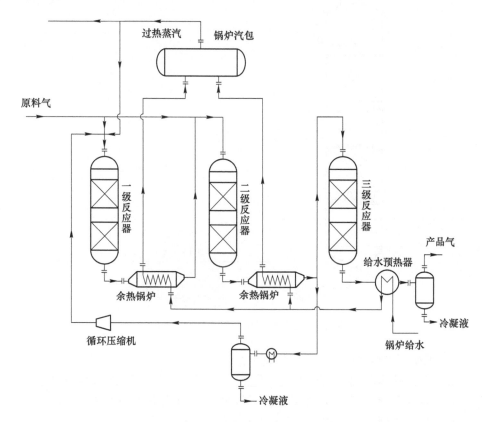

图5-4 外循环绝热多段固定床甲烷化流程

将40~60℃的净化气分成两部分，其中一部分的净化后焦炉煤气与来自二段反应器的部分气体混合后通入一段反应器进行甲烷化反应，反应器出口温度675℃，实现了反应气的循环，二段反应器出口气体温度低于一段反应器温度，一般在450~500℃，循环的混合气通入一段反应器后起到降低温度的作用。另一部分净化后焦炉煤气与来自一段反应器的反应气混合后通入二段反应器内进行反应，二段反应器反应后的气体一部分循环至一段反应器，另一部分通入三段反应器内，三端反应器出口温度在350℃左右，将剩余的一氧化碳、二氧化碳继续进行甲烷化反应，原料气中的少量的氧气，可以与氢气发生反应生成水。系统采用高压运行，运行压力在 8.0MPa 左右，减少了设备尺寸，提高了生产效率。

工艺气余热采用余热锅炉回收发生过热蒸汽，用于生产。绝热固定床反应器与余热锅炉如图 5-5 所示。

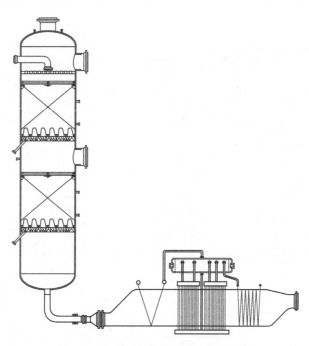

图 5-5　绝热固定床反应器与余热锅炉

b　无循环绝热多段固定床甲烷化工艺

无循环绝热多段固定床甲烷化工艺特点是采用三级甲烷化绝热固定床反应器，各个反应器之间无工艺气循环，系统处于相对高温，均处于 650℃ 左右运行，操作压力控制在 6~7MPa，其工艺流程如图 5-6 所示。

经过净化的原料气分别进入一段反应器和二段反应器，其中一段反应器的产气汇入到二段反应器的进口，二段反应器的产气直接进入到三段反应器内，将剩余的一氧化碳、二氧化碳继续进行甲烷化反应，产气经过换热冷凝脱去冷凝液，得到产品气。

c　等温列管加绝热固定床甲烷化工艺

等温列管加绝热固定床甲烷化工艺特点是采用了两段甲烷化反应器，其中第一段为等温列管固定床反应器，第二段采用绝热固定床反应器。等温固定床管间采用水冷保持等温，同时可副产蒸汽，节省了余热锅炉的环节。等温列管加绝热固定床甲烷化工艺流程如图 5-7 所示。

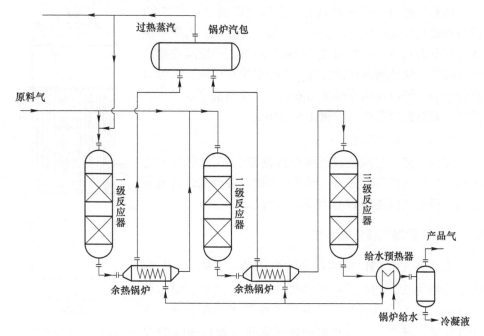

图 5-6 无循环绝热多段固定床甲烷化流程

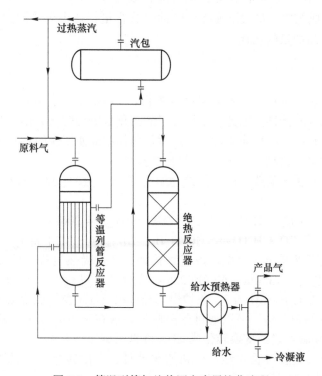

图 5-7 等温列管加绝热固定床甲烷化流程

原料气经过一级等温列管固定床反应器（见图 5-8）进行甲烷化反应，反应产生的热量被水冷吸收，实现甲烷化过程低温运行，出口温度在 450℃左右，一段反应器产气直接进入绝热固定床进行进一步的甲烷化反应，消除未反应组分，经过换热冷凝排除液相后，得到富甲烷的粗产品气。系统的操作压力控制在 6~7MPa。

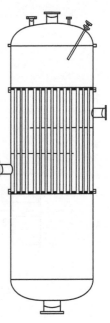

图 5-8　等温列管
固定床反应器

B　深冷分离工艺

深冷分离工艺同直接提纯甲烷制取 LNG 及氢气工艺相同，也需进行深冷分离，即低温蒸馏对混合气进行组分分离，最终获得纯的 LNG 和 H_2 等产品。

5.1.4　焦炉煤气转化制合成气

焦炉煤气中 CH_4 的体积分数为 23%~27%，C_mH_n 的体积分数为 2%~3%，在甲醇等化产品合成中，CH_4 和 C_mH_n 都不参与合成反应，其作为惰性气体存在于合成气中并往复循环[8~10]。需将焦炉煤气体积分数约 30%的烷烃（CH_4 和 C_mH_n）全部转化为合成气的有效组分（H_2 + CO），提高合成效率，最大限度降低惰性组分含量，减少合成回路的循环气量，降低单位化产品产量的功耗。

5.1.4.1　水蒸气重整工艺

传统的焦炉煤气重整技术采用水蒸气重整。甲烷作为最小的烃类分子，具有特殊稳定的结构和惰性，因此，甲烷分子的活化是甲烷转化利用的基础。甲烷水蒸气重整就是在一定的反应条件下，通过催化作用促使甲烷的 C-H 键断裂，重新组合新的化学键，以利于后续工艺对甲烷的充分利用。

焦炉煤气水蒸气重整反应涉及的物质有：CH_4、H_2O、CO、CO_2、H_2。主要反应有：

$$CH_4 + H_2O \Longrightarrow CO + 3H_2 \quad \Delta H_{298K} = 206kJ/mol$$
$$CO + H_2O \Longrightarrow CO_2 + H_2, \quad \Delta H_{298K} = -41kJ/mol$$

从方程式可以看出，甲烷水蒸气重整是一个强吸热过程。反应通常在温度 750~920℃、压力 2~3MPa、水碳比 2.5~3 的条件下进行[13]，制得合成气的体积比为：反应生成的 H_2/CO 为 3。焦炉煤气经过水蒸气重整后的合成气中氢气严重过量，H_2/CO 约为 5~7。可以通过分离脱氢，或在蒸汽转化工艺的流程中补加 CO_2，使二氧化碳经过逆变换转化成 CO，降低氢碳比。

甲烷水蒸气重整过程包括：原料的预处理、一段转化、二段转化、水气变换、脱碳，如图 5-9 所示。

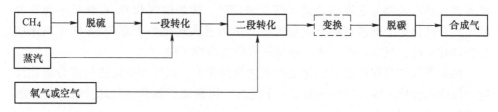

图 5-9　焦炉煤气水蒸气重整工艺流程

　　一段转化是将甲烷进行初步水蒸气转化。二段转化是通过补入纯氧或空气发生原料气部分燃烧反应，为一段转化出口气体中的残余甲烷进行进一步转化提供热量。变换过程是 CO 和 H_2O 反应生成 H_2 和 CO_2 的过程，可增加 H_2 体积分数，降低 CO 体积分数根据使用合成气时所需 CO 和 H_2 的体积分数来决定变换过程的取舍。脱碳过程是脱除 CO_2，使成品气中只含有 H_2 和 CO，回收的高纯度 CO_2 可以用来制造化工产品。另外，根据原料气的不饱和烃体积分数来决定是否在一段转化前增设加氢槽将不饱和烃转化为烷烃。

5.1.4.2　纯氧催化部分氧化转化工艺

　　目前广泛采用的焦炉煤气烷烃转化方案为纯氧催化部分氧化转化工艺，见图5-10。

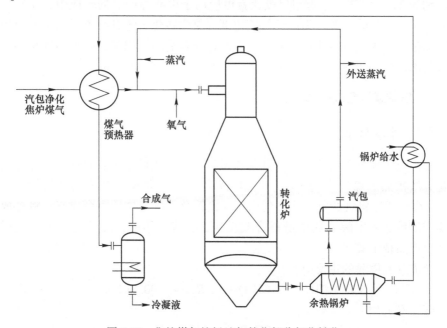

图 5-10　焦炉煤气烷烃纯氧催化部分氧化转化

来自脱硫工序的原料气与部分蒸汽混合后进入催化部分氧化转化炉烧嘴，O_2经蒸汽预热后与部分蒸汽混合进入转化炉烧嘴，焦炉煤气和 O_2 在烧嘴中混合并喷出，在转化炉上部进行部分燃烧反应，然后进入转化炉下部的 Ni 催化剂床层进行转化反应，反应后的气体经热量回收后去合成工段。

焦炉煤气纯氧催化部分氧化是在催化剂存在下，氧气和甲烷进行部分氧化反应，反应在较低温度（750~800℃）下进行，可避免高温非催化部分氧化伴生的燃烧反应，是温和的放热反应。

其主要化学反应式如下：

$$2H_2 + O_2 \longrightarrow 2H_2O$$
$$CH_4 + H_2O \longrightarrow CO + 3H_2$$
$$CH_4 + CO_2 \longrightarrow 2CO + 2H_2$$

上述反应中，氢氧反应是控制步骤，其控制指标是转化后合成气中甲烷体积分数≤0.4%。对于总硫体积分数超标的原料气，可在催化部分氧化转化后再串接氧化锌脱硫槽，让原料气从氧化锌脱硫槽中通过，以确保合成气中总硫体积分数达标。

还可以采用 CO_2 对煤气进行重整。甲烷二氧化碳重整可以制备氢碳比为 1 的合成气。

$$CH_4 + CO_2 \Longequals 2CO + 2H_2 \quad \Delta H_{298K} = 247kJ/mol$$

若焦炉煤气中的甲烷等碳氢化合物和二氧化碳重整反应，则制备的合成气氢碳比约为 2，无需进一步调节氢碳比就可应用于甲醇等产品的合成中，而且可以充分利用二氧化碳资源。因此纯氧催化部分氧化转化工艺具有重要的工业应用前景。但是焦炉煤气的组成比较复杂，因此选取合适的抗积碳、耐硫的催化剂是其关键技术。

5.1.5　焦炉煤气合成甲醇

5.1.5.1　基本原理

焦炉煤气经过深度净化，使其总硫量降到 0.1×10^{-6} 以下；然后通过催化或非催化方法将焦炉煤气中的 CH_4、C_mH_n 转化为合成甲醇的有效气体组分（H_2 + CO），再调整原料气的氢碳比，制成氢碳比符合甲醇合成所需合成气；将合成气压缩增压后送入甲醇合成塔进行合成反应，生成粗甲醇，然后对粗甲醇进行精馏，出成品精甲醇[11]。

合成气制甲醇的主反应：

$$CO + 2H_2 \Longleftrightarrow CH_3OH \quad \Delta H_{298} = -90.8kJ/mol$$

存在 CO_2 时：

$$CO_2 + 3H_2 \Longleftrightarrow CH_3OH + H_2O \quad \Delta H_{298} = -49.5kJ/mol$$

此外，还有微量的副反应发生，产生少量杂质。较典型的副反应为：

$$2CO + 4H_2 \rightleftharpoons CH_3CH_2OH + H_2O$$

$$2CH_3OH \rightleftharpoons CH_3OCH_3 + H_2O$$

5.1.5.2 合成工艺

在合成反应中，合成气制甲醇工艺按压力分为高压、中压和低压法。高压法是在 30MPa 以上、320~380℃的操作条件下通过 Cu 系催化剂合成甲醇，其特点是技术成熟，但投资和生产成本较低压法高；中、低压法比高压法优越，主要表现在能耗低、粗甲醇质量高、设备简单和投资相对较低。随着甲醇合成工艺技术的不断进步，各种工艺技术的优缺点日渐显露出来。表 5-3 为甲醇合成工艺对比。

表 5-3　甲醇合成工艺对比

合成方法	催化剂	反应条件		优缺点	
		压力/MPa	温度/℃	优点	缺点
高压法	$ZnO-Cr_2O_3$ 二元催化剂	25~30	380~400	甲醇产率高，循环量低，催化剂不易中毒	副反应多，投资成本高
低压法	$CuO-ZnO-Al_2O_3$ 三元催化剂	5	230~270	催化剂再生容易，寿命长	设备庞大
中压法	$CuO-ZnO-Al_2O_3$ 三元催化剂	10~15	230~270	低压法改进设备紧凑	

低压操作意味着出口气中甲醇的浓度较低，故合成气的循环量增加，但是，要提高系统压力，设备的压力等级也得相应提高，这样将会造成设备投资加大和压缩机的功耗提高，与高压法工艺相比，中、低压法工艺在投资和综合技术经济指标方面都具有显著优势。

由于高压法合成甲醇工艺的种种弊端，近年来已逐渐处于淘汰的趋势。目前，世界上新建或扩建的甲醇装置几乎都采用低压法或中压法，其中尤以低压法为最多。中压法工艺可以看作是在低压法基础上进一步改进，工艺上与低压法大同小异，这里将主要介绍几种常见的低压法合成甲醇技术。

A　甲醇合成塔

在甲醇合成系统中，甲醇合成塔是核心设备。甲醇合成塔的主要要求有：工艺性能优良，适应甲醇催化剂特点，充分发挥催化剂活性，催化剂升温还原安全容易，还原后活性好，合成率高，吨醇原料气消耗低，产品质量好，杂质少；合成塔空间利用率高，催化剂装量多，单位生产能力设备投资费用低；合成塔内气流和温度均匀，不易造成催化剂过热失活、粉碎；对工业条件变化能快速响应，操作稳定性和自热性能好，易调节控制；结构简单可靠，热膨胀补偿好，装卸检修和更换催化剂方便；塔压降小，压缩机和循环机电耗低；反应热回收好，吨醇总能耗低。

　　甲醇合成塔设计的关键之一，就是要有效地移出甲醇合成反应所放出的巨大热量，因而甲醇合成塔根据反应热回收方式不同有许多不同的形式。

　　现国内外甲醇合成反应器主要有气固相存绝热型、段间激冷换热型、冷管换热型以及三相淤浆床反应器。催化床反应器的典型代表是 ICI 的反应器。床层内换热按换热介质又有气-气换热（如冷管式反应器）、气-液换热（如 Lurgi 的管壳式、TEC 的 MRF.Z 型、林德的螺旋管型等）。

　　a　ICI 低压甲醇合成塔

　　ICI 冷激型反应器为分段绝热反应器。合成气预热到 230～245℃，进入反应器，段间用菱形分布器将冷激气喷入床层中间降温。根据规模大小，一般有 3～6 个床层，典型的为 4 个床层。上面三个为分开的轴向流床，最下面的一个为轴-径向流床。在 5MPa、230～270℃ 条件下合成甲醇。该塔的优点是结构简单，易于大型化，因此国外大型甲醇厂采用较多。其缺点是绝热反应，催化床层温差大（同一床层热点温差有时高达 30℃ 以上）；反应曲线离平衡曲线较远，合成效率相对较低；开工需使用加热炉。

　　ICI 还开发了冷管型甲醇合成反应器，其主要结构是冷气进催化剂层中的逆流冷管胆移热，出冷管后进触媒层反应。实现了全塔等温运行，同时还可以回收热量副产低压蒸汽。

　　ICI 激冷型和冷管型低压甲醇合成塔如图 5-11 所示。

　　b　Lurgi 管壳式低压甲醇合成塔

　　以 Lurgi 管壳式低压甲醇合成塔（图 5-12）为代表的一类管壳式合成设备，管壳反应器管内装填催化剂，管间为沸腾水，反应放出的热

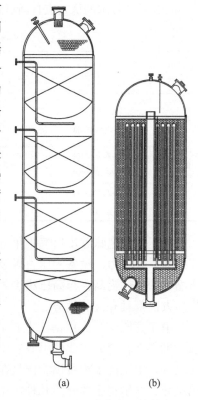

(a)　　　　　　(b)

图 5-11　ICI 激冷型和冷管型
低压甲醇合成塔

(a) ICI 激冷型；(b) 冷管型

量经管壁传给管间的沸腾水，产生中压蒸汽。通过调节蒸汽压力有效地控制床层温度，床层温差变化小，操作平稳，副反应少，单程转化率高，循环比小，功耗低。副产的中压蒸汽可用于驱动循环压缩机或作为甲醇精馏系统的热源。管壳式反应器结构复杂，材料要求高，投资比冷激式反应器大，但操作费用低。开工设

备为蒸汽喷射器，无须设置开工加热炉。

c　林达等温冷管式低压甲醇合成塔

以林达等温冷管式低压甲醇合成塔（图 5-13）为代表的国内开发的甲醇低压合成塔技术主要着眼于对冷管式反应器的改进，特点是塔内件管束具有弹性，可适应较大的温差造成的应力不均；反应器几乎完全处于等温运行状态，循环比小，功耗低；具有比较高的反应调节弹性，可在中、低压下任意调节反应压力；具有副产中压蒸汽的能力。

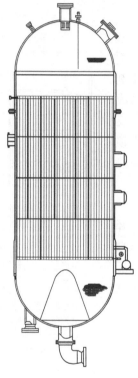 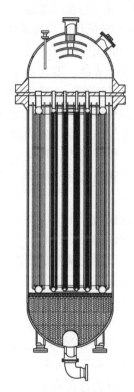

图 5-12　Lurgi 管壳式低压　　　　图 5-13　林达等温冷管式低压
甲醇合成塔　　　　　　　　　　甲醇合成塔

林达反应器塔内件可以直接对标准合成塔如 Lurgi 反应器进行改造，降低了系统改造成本。

林达成功开发了卧式水冷甲醇塔，合成气由左侧入塔，经导流板引至催化剂层上部，通过分布板使气体均匀分布至催化剂层自上而下进行甲醇合成反应，反应后的气体在塔底汇合，并从右底侧出塔；循环水左下部入塔，在换热管内呈横向流动与管外催化剂、反应气错流换热，吸热后饱和水汽化形成汽水混合物，出塔后在汽包中进行气液分离。催化剂层温度可以通过所配置的汽水系统汽包压力来调节控制。

林达横向管式甲醇合成塔具有如下特点：移热能力强；反应热利用率高，副产中压蒸汽；催化剂用量小；循环比小；合成塔阻力小；粗醇副产物少等。最重要的，该反应器用卧式水冷管横向排列，换热水管从上到下沿气体流动方向就可以根据需要疏密不同排列，即在上部催化剂床层反应器速度最大部位采用多而密布管，而后期反应速度和反应热小的部分少布管，通过合理设计换热水管和其连续的蒸汽热量移去系统，由此解决了低循环比、高进合成塔气 CO（可达 20% 以上）下催化剂不超温的难题。

d 浆态床低压甲醇合成塔

浆态床低压甲醇合成塔（见图 5-14）是一种气液固三相反应合成器，催化剂呈极细的粉末分布在溶剂中，原料气经压缩，从反应器以鼓泡方式进入催化剂浆态床中，气体在搅拌桨或是气流的搅动作用下形成分散的细小气泡在反应器内运动。醇的合成反应，反应热被液态烃所吸收，反应后的气体和液态烃从塔顶排出，进入初级气液分离器，分离出的液体烃经换热返回反应器。

之所以提出三相反应器，是由于甲醇的合成是一个比较强的放热反应过程，从热力学的角度来看，降低温度有利于反应朝生成甲醇的方向移动。采用原料气冷激和列管式反应器很难实现等温条件的操作，反应器出口气中甲醇的含量偏低，一般体积分数只能维持在 4.5% ~ 6.0%。因而使得反应气的循环量加大，例如当出口气中甲醇体积分数为 5.5% 时，循环气量几乎是新鲜原料气的 6 倍。液相合成由于使用了热容高、导热系数大的石蜡类长链烃类化合物，可以使甲醇的合成反应在等温条件下进行，同时，由于分散在液相介质中的催化剂的比表面积非常大，加速了反应过程，反应温度和压力也下降许多。

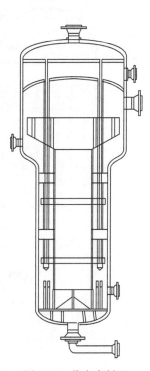

图 5-14 浆态床低压
甲醇合成塔

浆态床低压甲醇反应器的优点主要体现在：因为使用了导热系数大、热容大的惰性液相热载体、高度湍动的气液固三相体系，导致反应热迅速分散和传向冷却介质，使得床层接近等温，不会出现床层温度不合理分布；不会出现局部过热；不会对催化剂和设备造成危害；另外由于催化剂颗粒细微，内表面利用率极高、反应合成气浓度较高，高浓度反应组分有利于正反应速率，较佳的温度兼顾了平衡推动力，因此，可获得较大的原料气转化率和主产物选择性。

B 低压甲醇催化流程

a ICI 低压甲醇合成工艺流程

ICI 低压甲醇合成工艺流程是英国帝国化学工业集团开发的一系列低压甲醇合成方法，其中低压激冷合成流程（见图 5-15）是目前世界上应用较多的甲醇合成技术。

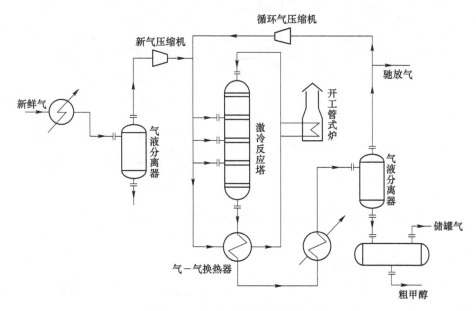

图 5-15 ICI 低压激冷甲醇合成流程

来自合成气压缩机的合成气压力 5.3MPa，温度约 40℃，进入气-气换热器，用出塔气升温后进入甲醇合成塔，在催化剂作用下，进行甲醇合成反应，合成塔采用激冷移热，热量不进行回收。此工艺在开工阶段需加热炉辅助升温。

b Lurgi 甲醇低压合成工艺流程

Lurgi 甲醇低压合成工艺（见图 5-16）采用了管壳式反应塔，是一种水冷式反应器，管程装有催化剂，反应气在管程自上而下进行流动、反应；壳程进水为汽水混合物，移热后产生低压蒸汽。该工艺在开工阶段只需要射流喷入蒸汽加热，不需要开工辅助加热炉。

c 林达等温低压甲醇合成流程

林达等温低压甲醇合成工艺流程（见图 5-17）是一系列冷管工艺的代表，此类工艺特点是使用冷管反应塔，反应气首先进入冷管内进行移热，然后进入壳程催化剂层进行反应，反应后的产气经余热锅炉进行热量回收生产中压蒸汽。

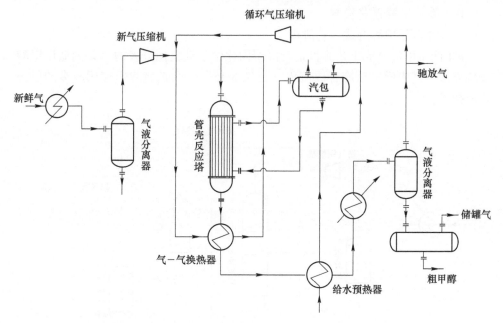

图 5-16　Lurgi 管壳塔甲醇低压合成工艺流程

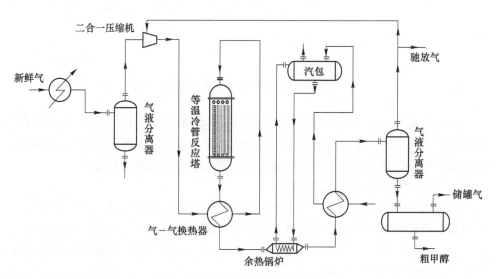

图 5-17　林达等温低压甲醇合成流程

C　甲醇精馏流程

甲醇精馏主要目的是去除粗甲醇中溶解的气体、水、低沸点组分及高沸点杂质。精馏出高纯度甲醇产品。副产品烷烃油和杂醇油。

甲醇精馏工艺随粗甲醇合成方法不同而又差别，但基本方式相似。以蒸馏塔蒸馏的方法在蒸馏塔的顶部，脱除较甲醇沸点低的组分，而重组分聚集在塔底，从而获得高纯度甲醇。

　　甲醇精馏工艺主要是以高压法锌铬催化剂和低压法铜系催化剂的单塔流程、双塔流程和 3+1 塔流程。目前工业常用工艺方案为能耗最低 3+1 塔流程。

　　3+1 塔流程甲醇精馏工艺，粗甲醇的精馏采用由预精馏塔、加压精馏塔、常压精馏塔组成的三塔精馏系统和回收塔。甲醇精馏 3+1 塔工艺如图 5-18 所示。

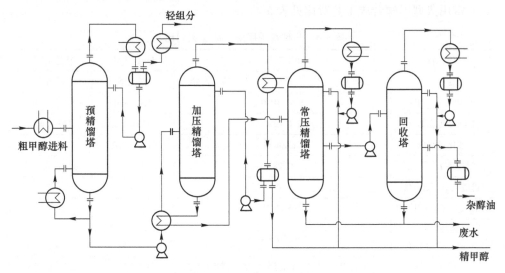

图 5-18　甲醇精馏 3+1 塔工艺

　　来自甲醇合成工序的粗甲醇经粗甲醇预热器，与蒸汽冷凝液换热到 72℃ 左右后，进预精馏塔上部，塔顶汽在预塔冷凝器中部分冷凝。预精馏塔塔顶冷凝液入回流槽。为提高预精馏塔的脱轻馏分效果，确保精甲醇羰基化合物和水溶性合格，产品无异味，向预精馏塔上部中加入适量的脱盐水，萃取出较难脱出的烷烃油（油相），在精馏段形成萃取/共沸特殊精馏过程，有效脱除轻馏分杂质。

　　预精馏塔塔釜液经加压塔进料泵、加压塔进料/釜底液换热器换热，接近泡点状态后进入加压塔下部。塔顶汽作常压塔再沸器的热源，换热后冷凝液进入加压塔回流槽一部分液体经加压塔精甲醇冷却器却后作为精甲醇采出，另一部分液体经加压塔回流泵流到加压塔顶。

　　加压塔塔釜液经预精馏塔釜液冷却后，进入常压精馏塔部，塔顶汽经常压塔冷却器却后，冷凝液进入常压塔回流槽。一部分液体作为精甲醇采出，另一部分液体经常压塔回流泵回流到常压塔塔顶。

　　常压塔塔釜液经回收塔进料泵后，进入甲醇回收塔的上部。低压蒸汽作为该塔再沸器的热源。塔顶气相经回收塔冷凝器冷却，冷凝液进入回收塔回流槽。一部分液体作为杂醇油采出至杂醇油罐；另一部分液体经常压塔回流泵回流到甲醇回收塔塔顶。塔釜废水经废水冷却器冷却后，通过废水输出泵送出界区至污水处理装置。

装置开车过程中，不合格的产品返回到中间罐区粗甲醇储罐。

各精馏塔再沸器热源为 0.7MPa 低压蒸汽，蒸汽冷凝液去粗甲醇预热器作热源，然后作为回收水去除盐水站。

D　几种常用甲醇合成工艺对比

常用典型甲醇合成工艺对比见表 5-4。

表 5-4　几种常用甲醇合成工艺对比

项　目	ICI 工艺			Lurgi 工艺	林达工艺
合成塔	激冷塔	冷管	冷管产热	管壳塔	冷管塔外蒸汽
合成压力/MPa	5.0~10.0			5.0~8.0	5.0~13.0
合成反应温度/℃	230~270			225~250	220~240
催化剂组成	Cu-Zn-Al			Cu-Zn-Al-V	Cu-Zn-Al
空时产率 $t/m^3 \cdot h^{-1}$	0.78			0.65	0.63~0.81
进塔气 $\varphi(CO)$/%	~9			~12	10~11
出塔气 $\varphi(CH_3OH)$/%	5~6			5~6	5~6
n(循环气)：n(合成气)	(8~5)：1			5：1	4.8：1
合成热利用	不利用	不利用	副产蒸汽	副产蒸汽	副产蒸汽
设备尺寸	较大	紧凑	紧凑	紧凑	紧凑
开工热源	加热炉辅助			蒸汽喷射加热	电加热
精制流程	两塔流程			三塔流程	三塔流程
技术特点	便于调温，合成甲醇净值较低			适用于高 CO 百分比的合成气	适用于高惰性组分合成气

5.1.6　焦炉煤气合成二甲醚

二甲醚（Dimethyl Ether，DME），物理性质与 LPG 类似。它的十六烷值高达 55~60，作为车用燃料可以大大降低尾气中的黑烟、碳氢化合物、CO 和 NO_x 的含量，使柴油机排烟减少 30%~50%，适合作为家用、汽车柴油发动机的替代燃料。

目前合成气合成二甲醚的生产工艺主要有两步法和一步法两种，两步法是经过甲醇合成和甲醇脱水两步过程得到 DME，一步法是合成气直接生产 DME[12,13]。

5.1.6.1　两步法制二甲醚

两步法制二甲醚是以合成气为原料由低压法制得甲醇后，甲醇再经脱水制得

DME，国内外多采用含 γ-Al_2O_3/SiO_2 制成的 ZSM-5 分子筛作为脱水催化剂。反应温度控制在 280~340℃，压力为 0.5~0.8MPa。甲醇的单程转化率在 70%~85% 之间，二甲醚的选择性大于 98%。其中甲醇脱水制二甲醚的方法又包括液相甲醇脱水法和气相甲醇脱水法。甲醇脱水合成二甲醚的流程如图 5-19 所示。

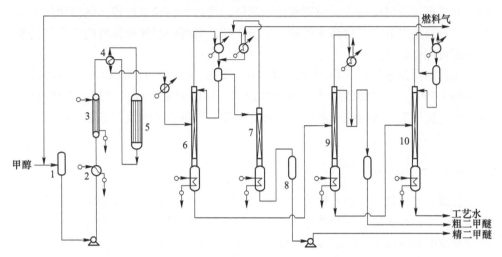

图 5-19 甲醇脱水合成二甲醚的流程

1—原料缓冲罐；2—预热器；3—汽化器；4—进出料换热器；5—反应器；6—二甲醚精馏塔；
7—脱烃塔；8—成品中间罐；9—二甲醚回收塔；10—甲醇回收塔

　　液相甲醇脱水是将甲醇与浓硫酸混合加热使甲醇脱水得到二甲醚，浓硫酸起到催化剂的作用，该工艺具有反应温度低，原料转化率和二甲醚的选择性高的优点，但是产品后处理比较困难，而且浓硫酸的存在使设备腐蚀严重，并且产生大量的废液，带来很大的环境污染，限制了此工艺的发展。液相法主要反应如下：

$$CH_3OH + H_2SO_4 \Longrightarrow CH_3HSO_4 + H_2O$$
$$CH_3HSO_4 + CH_3OH \Longrightarrow CH_3OCH_3 + H_2SO_4$$

　　在液相脱水制 DME 基础上，为了避免液体酸作为甲醇脱水剂时产生的设备腐蚀问题，开发了以固体酸为催化剂的甲醇气相脱水技术，气相甲醇脱水法的基本原理是将甲醇蒸气通过固体酸催化剂脱水生成二甲醚。这种方法易控制，便于连续生产，是生产二甲醚的主要方法。该法通常在常压和 150℃ 的反应条件下进行，用到的催化剂多为硅铝酸和分子筛（特别是 ZSM-5）、沸石、氧化铝、二氧化硅/氧化铝、阳离子交换树脂等，由于甲醇脱水反应是放热反应，因此维持适宜的反应温是气相甲醇脱水法的关键。气相法主反应如下：

$$2CH_3OH \Longrightarrow CH_3OCH_3 + H_2O \quad \Delta H_{298K} = -23.47kJ/mol$$

主要副反应：

$$CH_3OH \Longrightarrow CO + 2H_2$$

$$CH_3OCH_3 \Longrightarrow CH_4 + H_2 + CO$$
$$CO + H_2O \Longrightarrow CO_2 + H_2$$

气相法甲醇脱水合成乙二醚的工艺为,原料甲醇由进料泵增压到 0.9MPa 左右。经预热器加热到沸点,进入气化器被加热气化,又经换热器与反应器出料换热,升温至反应温度进入反应器催化剂床层,进行气相脱水反应,继而通过 4 个精馏塔分离各组分,获得高纯度的二甲醚产品。所得的凝气和排放的含芳烃的粗二甲醚可用作燃料。

工艺的操作条件:反应温度进口 280℃ 左右,出口提高到 330℃,甲醇转化率 60%~70%,二甲醚选择性可达 99% 以上。甲醇脱水生成二甲醚是放热反应,在列管式反应器中管内装填催化剂,管间用循环导热油吸收反应热量,反应压力 0.8MPa 左右。

5.1.6.2　一步法制二甲醚

合成气直接制二甲醚被称为"一步法",一步法合成二甲醚由甲醇合成和甲醇脱水两个过程组成,同时还存在水汽变换反应。由于受到热力学的限制,甲醇合成反应的单程转化率一般较低,而由合成气一步法合成二甲醚,采用具有合成甲醇和甲醇脱水两种功能的复合催化剂,由于催化剂的协同效应,反应系统内各个反应相互祸合,生成的甲醇不断转化为二甲醚,合成甲醇不再受热力学的限制。与传统的经甲醇合成和甲醇脱水两步得到 DME 两步法相比,一步法具有流程短、操作压力低、设备规模小、单程转化率高等优点,经济上更加合理,但缺点在于二甲醚的选择性低,产物的纯度不高。

合成气直接制二甲醚常用催化剂为 Cu-Zn-Al/γ-Al$_2$O$_3$ 或 Cu-Zn-Al/分子筛 (H-ZSM-5,H-SY)(1:4)。

合成气直接制二甲醚是由甲醇合成、甲醇脱水、水煤气变换等反应集总而成,因此该反应体系由三个独立反应组成:

$$CO + 2H_2 \Longrightarrow CH_3OH \qquad \Delta H_1^{\ominus} = -90.4 \text{kJ/mol}$$
$$2CH_3OH \Longrightarrow CH_3OCH_3 + H_2O \qquad \Delta H_2^{\ominus} = -23.4 \text{kJ/mol}$$
$$CO + H_2O \Longrightarrow CO_2 + H_2 \qquad \Delta H_3^{\ominus} = -41.0 \text{kJ/mol}$$

目前国内外一步法合成二甲醚的反应工艺主要包括固定床工艺和浆态床工艺两大类。

A　固定床合成工艺

采用固定床作为合成二甲醚的反应器,合成反应在固体催化剂表面进行。若采用贫氢合成气为原料气,催化剂表面会很快积碳,因此须使用富氢合成气为原料气。

固定床一步法制取二甲醚的优点是工艺简单,具有较高的 CO 转化率。但由于二甲醚合成反应是强放热反应，反应所产生的热量如果无法及时移走，致使催化剂床层局部区域产生热点，进而导致催化剂铜晶粒长大，从而导致催化剂活性降低甚至失去活性；同时，在目前所使用的催化剂上，具有催化甲醇合成的功能团和具有催化甲醇脱水功能的酸中心之间存在相互作用，易导致催化剂失活，而且这两个功能团的最佳反应温度范围也互不相同，因此当同时进行甲醇合成和甲醇脱水这两个反应时，提高反应温度势必降低另一部分催化剂的寿命，致使整个催化剂寿命缩短。

目前采用 Cu-Zn-Cr 加 γ-Al$_2$O$_3$ 组成的复合催化剂，在 4.0MPa，250 ~ 300℃时，CO 单程转化率可达 90%以上。

B 浆态床合成工艺

浆态床（见图 5-20）或三相床工艺是指双功能催化剂悬浮在惰性溶剂中，在一定条件下通入合成气进行反应，由于惰性介质的存在，使反应器具有良好的传热性能，反应可在恒温下进行，反应过程中气-液-固三相的接触，使反应与传热相互祸合，有利于反应速度和时空收率的提高。另外，由于液相惰性介质热容大，易实现恒温操作，从而使催化剂积碳现象得到缓解，而且氢气在惰性溶剂中的溶解度大于 CO 的溶解度，因而可利用贫氢合成气作为原料气。

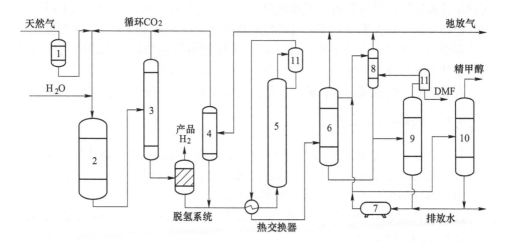

图 5-20 浆态床合成二甲醚工艺流程

1—脱硫塔；2—转化炉；3—脱碳塔Ⅰ；4—脱碳塔Ⅱ；5—DME 合成塔；6—吸收塔；
7—储液罐；8—尾气吸收塔；9—DME 精馏塔；10—甲醇精馏塔；11—分离罐

催化剂选用 Cu 基醇合成催化剂及 γ-Al$_2$O$_3$（或 SiO$_2$、沸石、固体酸等）组成的双效催化剂，但是相比较固定床工艺，原料转化率和 DEM 的选择性相对较低。

5.1.7　焦炉煤气直接合成乙醇

5.1.7.1　基本原理

合成气直接转化制乙醇是一个强放热并且容易进行的反应：

$$2CO + 4H_2 \longrightarrow C_2H_5OH + H_2O$$

该反应是一个碳链增长过程，C_2 中间体的碳链增长在动力学上非常有利，并且乙醇选择性较低且后续分离提纯困难受多种因素（如催化剂的组成和操作条件等）的影响，总伴随有副反应发生，生成的乙醇很容易转化为高级醇。因此，合成气直接加氢得到的反应产物主要为 $C_2 \sim C_5$ 的低碳混合醇，以及烷烃、烯烃、酯类、醛类、水和 CO_2 等多种副产物，很难实现由合成气直接合成纯乙醇而不附带一定量的其他醇类。合成气直接转化制乙醇技术的关键是催化剂制备与合成工艺。

5.1.7.2　直接合成乙醇工艺流程

合成气直接合成乙醇的工艺与合成甲醇有着很强的相似性，甚至在工艺设备上都有着通用性。与合成甲醇相同，合成气直接转化制乙醇的工艺流程分为合成气的净化压缩、催化合成和产物分离 3 个工序。在乙醇合成过程中，合成气的净化压缩工序影响后续的气体转化和乙醇催化剂的活性；催化合成工序的核心是催化剂制备和使用，而且采用不同催化剂，催化工艺和分离工艺的结构也不同，目前，已开发的工艺大多是在催化剂研究的基础上进行的配套设计，区别在催化剂和反应级数的不同；产物分离工序采用的主要设备是精馏塔，精馏塔的使用数量、设计选型和分离顺序合成由催化合成工序生成的产物种类和组成决定。

合成乙醇一般也采用中、低压工艺，反应压力 5~10MPa，碳氢比在 3~5。

5.1.7.3　直接合成乙醇催化剂

目前，合成气直接合成乙醇工艺的研究主要集中在乙醇产物高选择性及高产率的催化剂的开发与设计上。常见的催化剂大致可分为 4 类：

（1）贵金属催化剂，主要为铑基和钌基催化剂。

（2）改性的 ZnO 催化剂，主要为低温应用的 $Cu-ZnO/Al_2O_3$ 催化剂和高温应用的 ZnO/Cr_2O_3 催化剂。

（3）改性的费托合成催化剂，主要为 Fe 和 Co 基催化剂。

（4）加入碱金属或过渡金属助剂的钼基催化剂。

近些年国内研究机构开展了合成气直接合成制备乙醇工艺的研发，提出了从合成气出发，CO 经 Rh 基催化剂直接加氢生产出乙醇、乙醛、乙酸和乙酸甲酯为主要组分的 C_2 含氧化物的水溶液，之后经 Pd 基和 Cu 基催化剂将混合水溶液中的 C_2 含氧化物转化为乙醇的工艺路线。

5.2 粗苯深加工技术

5.2.1 粗苯加氢精制

焦化粗苯从自身来看，构成十分复杂，依据色谱分析时得到的相关结果发现，粗苯中开展定性组分约为90多种。其中质量分数超过1‰的组分也达到了30多种。粗苯中涵盖组分较多的是苯族烃、萘系组分、非芳烃组分、不饱和化合物及杂环化合物、含氧化合物等。如苯、二甲苯、乙苯、萘、甲基萘、环烷烃、苯乙烯、苯酚、古马隆、甲基吡啶、环戊烃、二环戊二烃等。粗苯中还含有苯乙烯、苯酚及其他类型的不饱和型化合物，粗苯自身性质很容易出现氧化反应、加氢反应，也很容易出现聚合反应。同时，由于粗苯自身的组分中含有较多的芳香烃化合物，因此粗苯究其成分来看是有剧毒的。

在焦化粗苯的加工生产过程中，涉及的工艺很多种，但究其本质来看，可以将其分为两大类，即酸洗法和粗苯加氢法。但由于酸洗法的产品种类、仪表操作维护、材料选择及经济效益等方面都存在较大不足，尤其是生产环节产生的环境污染较大，因此，这种技术在国内已经全面淘汰。多数装置都是粗苯加氢精制工艺，且在20世纪七八十年代就已经发展成熟，国内外未来关于粗苯加氢技术的实际发展趋势集中在粗苯加氢法的应用。目前依据反应时所得到的温度，可以将粗苯加氢工艺按照工艺生产时温度的不同分为高温法及低温法两种。依据加氢工艺方法以及加氢油精制方法上存在的差异性，可以将粗苯加氢工艺分为KK法、鲁奇法、莱托尔法及环丁砜法。这些方法在实际生产中的应用都较为普遍。而在加氢精制过程中，环丁砜法与KK法都使用了萃取剂，因此这种方法又被称为溶剂法[14~17]。

（1）莱托尔法：莱托尔法的加氢条件为：预反应器温度为230℃，压力为5.7MPa，催化剂为Co-Mo催化剂；主反应器温度为610~630℃，压力为5.0MPa，催化剂为Cr系催化剂。该法除了加氢精制功能外，还能将粗苯中的苯、甲苯和二甲苯经催化脱烷基反应转化为苯，故只能得到一种产品，即纯苯。该法的缺点是：反应条件苛刻、产品单一、设备结构复杂，且投资高、经济效益差。

（2）鲁奇法：鲁奇法所采用的催化剂为氧化钼、氧化钴和三氧化二铁，反应温度为350~380℃，以焦炉煤气为直接氢气源，操作压力为2.8MPa。该法的苯精制率较高，加氢油采用共沸蒸馏法或选择萃取法进行分离，可以制得结晶点为5.5℃的高纯度苯。

（3）环丁砜法：环丁砜法是美国开发的Shell-UOP（液/液萃取蒸馏）工艺，因其在加氢精制过程中使用环丁砜萃取剂而得名。该法加氢的工艺条件为：预反应器温度为220~230℃，压力为3.5MPa，催化剂为Ni-Mo催化剂，主反应器温度为 320~380℃，压力为 3.4MPa，催化剂为 Co-Mo 催化剂。该法是一种典型的低温、低压加氢蒸馏工艺，其产品为苯、甲苯、二甲苯和非芳烃等。

环丁砜法的优点主要有：采用轻苯加氢，可节省重苯和初馏分加氢的氢气耗量；预反应器内为液相加氢，可避免管道堵塞现象发生；经一次萃取精馏过程即可得到纯度很高的苯、甲苯和混合二甲苯等粗产品，故萃取精馏操作相对简单；加氢装置对原料适用性强，除可用于粗苯加氢外，还可用于裂解汽油重整油或混合油的加氢；产品品种多，市场适应性强；投资低、经济效益好，生产过程"三废"排放量几乎为零。

（4）KK 法：KK 法是一种萃取蒸馏工艺。该法加氢工艺条件：预反应器温度为 220~230℃，压力为 3.5MPa，催化剂为 Ni-Mo 催化剂，主反应器温度为 340~380℃，压力为 3.4MPa，催化剂为 Co-Mo 催化剂。

粗苯经高速泵提压后与循环氢混合进入连续蒸发器，抑制了高沸点物质在换热器及重沸器表面的聚合结焦。苯蒸气与循环氢混合物进入蒸发塔再次蒸发后进入预反应器，双烯烃、苯乙烯、二硫化碳等容易聚合的物质在 Ni-Mo 催化剂作用下，在 190~240℃加氢变为单烯烃。然后进入主反应器，在高选择性 Co-Mo 催化剂作用下进行气相加氢反应，单烯烃在此发生饱和反应形成饱和烃。硫化物（主要是噻吩）、氮化物及氧化物被加氢转化成烃类、硫化氢、水及氨，同时抑制芳烃的转化，芳烃损失率应小于 0.5%。反应产物经分离后，液相组分经稳定塔脱除 H_2S、NH_3 等气体，塔底得到含噻吩小于 0.5mg/kg 的加氢油。

KK 法与环丁砜法的主要工艺基本相同，都属于典型的低温低压加氢蒸馏工艺，其产品品种都为苯、甲苯、二甲苯、非芳烃。区别仅精馏萃取过程所使用的萃取剂不同。KK 法使用的萃取剂为 N-甲酰吗啉。

KK 法的优点主要有：加氢装置对原料的适用性强，原料焦化粗苯无需进行预处理，既可处理轻苯，也可处理重苯；加氢和操作压力低，设备和材料问题易解决、投资低；采用导热油作热载体，同时采用换热的方法回收利用产品及中间产品的热量，热效率高；N-甲酰吗啉萃取剂的选择性高，热稳定性和化学稳定性好且无毒；产品品种多、市场适应性强、经济效益好且生产过程几乎无污染。

在上述 4 种加氢精制工艺中，环丁砜法和 KK 法投资低、经济效益好、生产过程"三废"排放几乎为零，二者优劣互补，构成粗苯加氢工艺发展的主流。显然这两种方法无论在投资还是运行、环保等各方面都具有很大的优势。

5.2.1.1　加氢精制原理

粗苯加氢根据其催化加氢反应的温度不同可分为高温加氢和低温加氢。在低温加氢工艺中，由于加氢油中非芳烃与芳烃的分离方法不同，又分为萃取蒸馏法和溶剂萃取法。

高温催化加氢的典型工艺是 Litol 法，在温度为 600~650℃、压力 6.0MPa 条件下进行催化加氢反应。主要加氢脱除不饱和烃，加氢裂解把高分子烷烃和环烷烃转化为低分子烷烃，并以气态形式分离出去。加氢脱烷基，把苯的同系物最终转化为苯和低分子烷烃。故高温加氢的产品只有苯，没有甲苯和二甲苯，另外还要进行脱硫、脱氮、脱氧的反应，脱除原料有机物中的 S、N、O，转化成 H_2S、NH_3、H_2O 除去，对加氢油的处理可采用一般精馏方法，最终得到产品纯苯。

低温催化加氢的典型工艺是萃取蒸馏加氢（KK 法）和溶剂萃取加氢。在温度为 300~370℃、压力 2.5~3.0MPa 条件下催化加氢。主要进行加氢脱除不饱和烃，使之转化为饱和烃。另外还要进行脱硫、脱氮、脱氧反应，与高温加氢类似，转化成 H_2S、NH_3、H_2O。但由于加氢温度低，故一般不发生加氢裂解和脱烷基的深度加氢反应。因此低温加氢的产品有苯、甲苯、二甲苯。对于加氢油的处理，萃取蒸馏低温加氢工艺采用了萃取精馏方法，把非芳烃与芳烃分离开。而溶剂萃取低温加氢工艺是采用溶剂液液萃取方法，把非芳烃与芳烃分离开，芳烃之间的分离可用一般精馏方法实现，最终得到苯、甲苯、二甲苯。

5.2.1.2 原料预分离

粗苯原料经原料过滤器、主反应产物-脱重组分塔进料换热器换热后进入脱重组分塔。脱重组分塔为减压操作，粗苯原料在塔中进行轻、重组分的分离，塔顶气体经脱重组分塔顶冷凝器冷凝冷却后进入脱重组分塔顶回流罐，不凝气和漏入系统空气经真空机组排放至火炬系统，冷凝后的液体经脱重组分塔塔顶泵一部分送至脱重组分塔顶回流，一部分送入加氢进料缓冲罐。加氢进料缓冲罐采用氮气气封，罐中液体经加氢进料泵送入轻苯预热器。塔底重苯经脱重组分塔底泵送至脱重组分塔底冷却器冷却后送往罐区。

脱重组分塔底设置脱重组分塔底重沸器和强制循环的脱重组分塔底循环泵，热源采用 2.2MPa 饱和蒸汽。

预分离系统流程如图 5-21 所示。

5.2.1.3 加氢反应工艺

反应原料在轻苯预热器中与主反应产物进行换热后部分汽化，部分汽化的轻苯进入轻苯蒸发器与主反应产物进行换热进一步汽化，同时在混合器中与循环氢压缩机来的循环气混合。轻苯经三级蒸发后，送入蒸发塔混合器与塔底来的物料混合后进入蒸发塔重沸器，进一步汽化后进入蒸发塔；塔底热源采用 2.2MPa（G）饱和蒸汽，蒸汽凝液经蒸发塔底蒸汽凝液罐，集中排放至蒸汽凝液收集罐。蒸发塔汽相经主反应产物/预反应进料换热器，与主反应产物换热至反应温度进入预反应器底部，通过催化剂床层逆流向上，双烯烃、苯乙烯、二硫化碳等在催

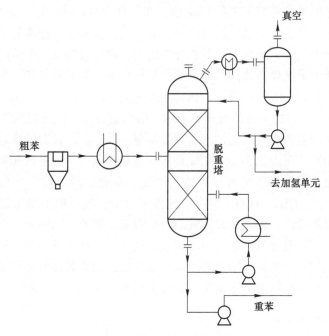

图 5-21　预分离系统流程图

化剂的作用下进行加氢脱除和饱和，由于该反应属放热反应，进入预反应器的温度可通过主反产物与预反进料换热的量来控制。预反应器内主要发生以下反应：

（1）烯烃等不饱和物的加成反应：

$$C_nH_{2n} + H_2 \xrightarrow{\text{NiMo}} C_nH_{2n+2}$$

$$C_6H_5C_3H_3 + H_2 \xrightarrow{\text{NiMo}} C_6H_5C_2H_5$$

（2）含硫化合物的加氢脱硫反应：

$$CS_2 + 4H_2 \xrightarrow{\text{NiMo}} CH_4 + 2H_2S$$

预反应后的预反应产物经主反应产物/预反应产物换热器、主反应器进料加热炉，升温至主反应温度后进入主反应器顶部。物料气体通过催化剂床层流下，在此进行脱硫、脱氮和烯烃加氢反应。反应属放热反应。在主反应器进行如下反应：

烯烃加氢反应：

$$C_nH_{2n} + H_2 \xrightarrow{\text{CoMo}} C_nH_{2n+2}$$

加氢脱硫反应：

$$C_4H_2S + 4H_2 \xrightarrow{\text{CoMo}} C_4H_{10} + H_2S$$

加氢脱氮反应：

$$C_6H_7N + H_2 \xrightarrow{\text{CoMo}} C_6H_6 + NH_3$$

加氢脱氧反应：

$$C_6H_6O + H_2 \xrightarrow{\text{CoMo}} C_6H_6 + H_2O$$

副反应，芳香烃氢化反应：

$$C_6H_6 + 3H_2 \xrightarrow{\text{CoMo}} C_6H_{12}$$

反应器内的催化剂在操作周期内会因结焦等因素而失去活性，可使用蒸汽为载体和空气一起进行烧焦的方式再生，使其恢复活性。

主反应产物经换热器充分换热后、再经反应产物冷却器换热后进入高压分离器进行三相闪蒸分离。

由于反应产物在冷却过程中会有 NH_4Cl、NH_4HS 等盐类物质析出，故在换热器壳程入口管道设有注射脱盐水，根据生产过程具体情况注射脱盐水以防止铵盐结晶沉积。

加氢反应流程如图 5-22 所示。

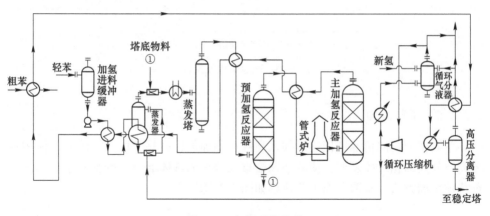

图 5-22 加氢反应流程

5.2.1.4 稳定塔工艺

高压分离器的液相经减压后经稳定塔进料-稳定塔底油换热器换热后，进入稳定塔，稳定塔顶气体经稳定塔顶冷凝器冷凝后进入稳定塔顶回流罐，气体经稳定塔顶气冷却器进一步冷却，分离一部分冷凝的碳氢化合物后，稳定塔顶气排至界区，送至焦化厂焦炉煤气精制系统。回流罐中液体经稳定塔顶回流泵升压后回流至稳定塔顶部，水包中积累的部分含硫污水与高压分离器的含硫污水一起排至焦化厂焦炉煤气精制系统处理。

稳定塔底 BTXS 馏分经稳定塔进料/稳定塔底油换热器和稳定塔底油冷却器冷却后送至萃取精馏单元。稳定塔底重沸器热源采用饱和蒸汽，蒸汽凝液经稳定塔底蒸汽凝液罐集中排放至蒸汽凝液闪蒸罐。

稳定塔单元流程如图 5-23 所示。

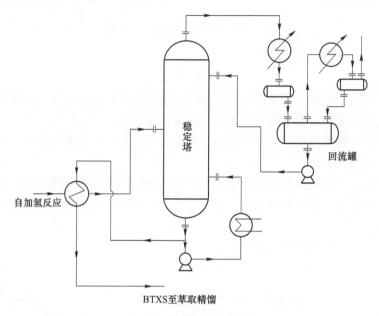

图 5-23　稳定塔单元流程

5.2.1.5　萃取蒸馏

萃取精馏是向精馏塔顶连续加入高沸点添加剂也就是萃取剂，改变料液中被分离组分间的相对挥发度，使普通精馏难以分离的液体混合物变得易于分离的一种特殊精馏方法。萃取蒸馏工艺流程如图 5-24 所示。

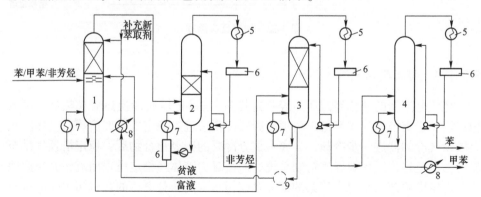

图 5-24　萃取蒸馏工艺流程

1—萃取塔；2—溶剂回收塔；3—汽提塔；4—苯-甲苯蒸馏塔；5—凝缩塔；

6—分离器；7—重沸器；8—冷却器；9—塔底重沸器

萃取蒸馏部分的作用是在溶剂作用下，实现芳烃与非芳烃分离。加氢油 $C_6 \sim$ C_7 馏分送入萃取蒸馏原料缓冲罐，作为萃取蒸馏原料，由泵抽出升压后在流量控制下，进入萃取蒸馏进料换热器与贫溶剂换热，然后进入萃取蒸馏塔中部。与萃取蒸馏原料换热后的贫溶剂经过水冷器冷却控温后进入萃取蒸馏塔上部。调节贫溶剂的流量，维持设定的溶剂/原料比。在溶剂的选择性作用下，通过萃取蒸馏实现芳烃与非芳烃的分离。塔顶蒸出的非芳烃经水冷冷却进入回流罐，一部分作为回流送入萃取蒸馏塔塔顶，一部分作为非芳烃副产品送出装置。塔底得到含芳烃的富溶剂，在液位和流量串级控制下由泵送入溶剂回收塔中部。

溶剂回收塔在减压下操作，通过减压蒸馏实现溶剂和芳烃的分离。在回收塔内，芳烃蒸汽从塔顶蒸出，冷凝、冷却后进入回流罐，从回流罐出来的芳烃一部分作回流，其余部分送去芳烃精馏。溶剂回收塔底贫溶剂经塔底泵通过一系列换热后，回萃取蒸馏塔塔顶。小股贫溶剂在再生罐进行再生，在罐内除去溶剂中的机械杂质和聚合物，溶剂从罐顶蒸出，进入溶剂回收塔底部。再生罐底残渣不定期从罐底排出。

回收塔回流罐的混合芳烃经一系列换热后，进入白土罐精制处理。从白土罐底出来的混合芳烃换热后进入苯塔中部，苯产品从塔顶抽出，经水冷冷却后送出界区。塔底的甲苯、二甲苯混合物送入甲苯塔，甲苯产品从塔顶采出，塔釜二甲苯混合物送入二甲苯塔，在顶部分离出 C_8^- 馏分送入萃取蒸馏塔非芳罐，侧线采出产品为二甲苯，塔底产出 C_8^+ 馏分，均送入界区外的储罐中。塔再沸器采用 2.2MPa 饱和蒸汽作为热源。

萃取剂的选择遵守以下原则能够提高非芳烃与芳烃之间的相对挥发度，对芳烃有很大的溶解度，同时也能溶解非芳烃，否则就不适用于芳烃萃取蒸馏；萃取溶剂的沸点应大大高于芳烃，这样便于汽提芳烃。与待分离组分不会产生共沸混合物。热稳定性和化学稳定性较好，循环使用过程损失小。一般的，首选 N-甲酰吗啉，也可采用环丁砜和 N-甲基吡咯烷酮等作萃取剂。

5.2.2 粗苯萃取精制

粗苯萃取精馏精制技术是继酸洗法和加氢法粗苯精制技术之后的一项粗苯精制新技术，该技术的特点是采用纯物理的办法对粗苯（或轻苯）进行分离，分离过程中不产生任何污染物，属于绿色环保工艺；设备全部采用碳钢材质，投资低；粗苯中的所有组分都可以得到分离回收，总体收率可以达到 100%；比酸洗和加氢多回收了一个噻吩主产品，副产品初馏分、重质苯、粗甲基噻吩馏分和粗苯乙烯通过进一步加工还可以生产双环戊二烯、工业萘、吡啶、甲基噻吩和苯乙烯五个产品。萃取精馏粗苯精制技术的成功实施，是粗苯精制的一次重要的技术进步，与酸洗法和加氢法相比，无论在环保、节能和收率，还是在投资和安全方面都有了很大改进，纯苯收率比酸洗法提高了 3.5%~4%，并且还增加了一个高附加值的噻吩产品。

粗苯萃取精制技术共分四个单元：第一单元是粗苯分离，将粗苯分离成重质苯、初馏分、含硫苯、含硫甲苯、含苯乙烯的混合二甲苯和 $C_8 \sim C_9$ 溶剂油；第二单元是苯萃取精馏，将苯中的烷烃、烯烃、环烷烃和噻吩脱除，生产出合格的纯苯和噻吩产品；第三单元是甲苯萃取精馏，将甲苯中的烷烃、烯烃、环烷烃和甲基噻吩脱除，生产出合格的甲苯；第四单元是二甲苯萃取精馏，主要将混合二甲苯中的苯乙烯脱除，生产出合格的二甲苯。下面分别对四个单元的工艺流程进行叙述。

5.2.2.1　粗苯分离

第一单元粗苯分离共需 6 座塔，两苯塔、初馏塔、纯苯一塔、纯苯二塔、甲苯塔和二甲苯塔。其中两苯塔再沸器、纯苯二塔再沸器、甲苯塔再沸器和二甲苯塔再沸器需要外界热量；两苯塔预热器、初馏塔和纯苯一塔不需要外界热量，只需内部热量偶合。

粗苯分离单元工艺流程如图 5-25 所示。

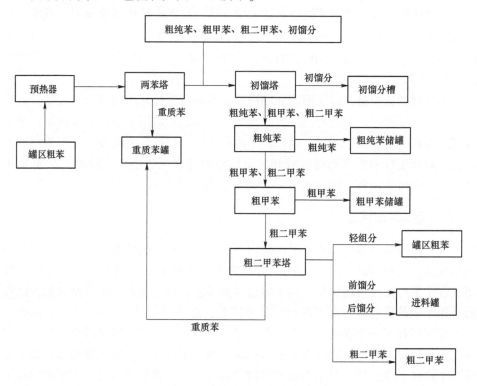

图 5-25　粗苯分离单元工艺流程图

来自罐区的粗苯经预热器预热后进入两苯塔（塔顶压力-55kPa，塔顶温度68℃左右），塔顶蒸汽经冷凝器冷凝后，部分回流，部分采出进入初馏塔，塔底物料用泵打入重质苯罐。初馏塔（塔顶压力2kPa，塔顶温度55℃）塔顶蒸汽经冷凝器冷凝后，部分回流，部分采出进入初馏分储罐，塔底物料用泵打入粗纯苯塔。粗纯苯塔（塔顶压力-60kPa，塔顶温度54℃）塔顶蒸汽经冷凝器冷凝后，部分回流，部分采出进入粗纯苯储罐，塔底物料用泵打入粗甲苯塔。粗甲苯塔（塔顶压力-80kPa，塔顶温度63.7℃）塔顶蒸汽经冷凝器冷凝后，部分回流，部分采出进入粗甲苯储罐，塔底物料用泵打入粗二甲苯塔进料罐。进料罐的物料用真空吸入粗二甲苯塔（塔顶压力-90kPa，塔顶温度70~80℃），塔顶先采出轻组分，再采出前过渡组分，然后采出粗二甲苯，最后采出后过渡组分。轻组分返回粗苯罐，过渡组分返回进料罐，粗二甲苯进入相应储罐，釜残打入重质苯储罐。

5.2.2.2 苯萃取精馏

第二单元苯萃取精馏共需6座塔，脱非芳塔、苯萃取精馏塔、苯萃取剂再生塔、辅助苯萃取精馏塔、辅助苯萃取剂再生塔和噻吩塔。其中6座塔的再沸器需要外界热量；脱非芳塔进料预热器、脱非芳塔中间再沸器、苯萃取精馏塔中间再沸器和辅助苯萃取精馏塔中间再沸器不需要外界热量，只需内部热量偶合。

苯萃取精馏单元工艺流程如图5-26所示。

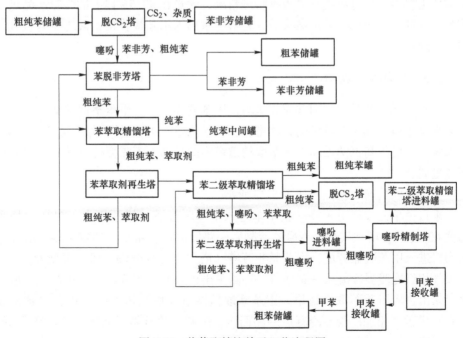

图5-26　苯萃取精馏单元工艺流程图

来自一单元或粗纯苯储罐的粗纯苯连续进入脱 CS_2 塔（塔顶压力-60kPa，塔顶温度 52℃）。CS_2 等杂质通过塔顶采出进入苯非芳罐，含苯高时也可返回粗苯罐，塔底物料进入苯脱非芳塔（塔顶压力 0kPa，塔顶温度 78.5℃），塔顶采出的非芳杂质进入苯非芳储罐或进入粗苯储罐，塔底物料进入苯萃取精馏塔。苯萃取精馏塔（塔顶压力-50kPa，塔顶温度 59.7℃）塔顶气相经冷凝后采出进入苯冷却器。得到的纯苯进入纯苯中间罐。塔底采出的物料进入苯萃取剂再生塔。苯萃取剂再生塔（塔顶压力-50kPa，塔顶温度 65℃）塔顶采出物料进入苯二级萃取塔进料罐，塔底采出经苯萃取精馏塔两个中间再沸器、粗纯苯塔再沸器、初馏塔再沸器、粗苯预热器、脱 CS_2 塔再沸器后进入萃取剂冷却器，冷却到相应温度后进入苯脱非芳塔和苯萃取精馏塔进行萃取精馏。来自二级萃取塔进料罐的物料经预热器后进入苯二级萃取精馏塔（塔顶压力-50kPa，塔顶温度 59℃），塔顶采出物料进脱 CS_2 塔或粗纯苯罐，塔底物料进入本塔中间再沸器一后进入苯二级萃取剂再生塔（塔顶压力-50kPa，塔顶温度 80℃）。塔顶采出进入噻吩精制塔进料罐，塔底采出经苯二级萃取塔中间再沸器二、苯脱非芳塔预热器、苯二级萃取塔进料预热器，经苯二级萃取剂冷却器后进入苯二级萃取精馏塔，塔顶蒸汽冷凝后部分回流，部分采出进入噻吩进料罐，塔底再生的萃取剂经苯二级萃取精馏塔中间再沸器回收热量后再进入苯二级萃取精馏塔循环使用。噻吩精制塔（塔顶压力 0kPa，塔顶温度 80~110℃）塔顶开始采出的苯含量较高时直接进入苯二级萃取精馏塔进料罐，后过渡组分进入噻吩进料罐，含量在 99.5% 以上的噻吩产品进入噻吩接收罐。噻吩产品采出结束后，将塔顶采出入甲苯接收罐，最终甲苯接收罐中物料通过泵返回粗苯罐。

5.2.2.3　甲苯萃取精馏

第三单元甲苯萃取精馏共需 3 座塔，甲苯脱非芳塔、甲苯萃取精馏塔和甲苯萃取剂再生塔。其中 3 座塔的再沸器需要外界热量；甲苯脱非芳塔进料预热器、甲苯脱非芳塔中间再沸器和甲苯萃取精馏塔中间再沸器不需要外界热量，只需内部热量偶合。

甲苯萃取精馏工艺流程如图 5-27 所示。

来自一单元或粗甲苯罐的粗甲苯进入甲苯脱轻塔（塔顶压力-80kPa，塔顶温度 60.3℃），塔顶气相经冷凝器冷凝后一路回流，一路采出到粗苯罐，塔底采出物料进入甲苯脱非芳塔，甲苯脱非芳塔（塔顶压力-80kPa，塔顶温度 69.6℃）塔顶气相经冷凝器冷凝后一路回流，一路采出进入苯非芳罐或返回粗苯罐。塔底物料采出进入甲苯萃取精馏塔。甲苯萃取精馏塔（塔顶压力-80kPa，塔顶温度 64℃）塔顶气相经冷凝器冷凝后一路回流，一路经冷却器进入甲苯产品中间罐。塔底萃取剂经与甲苯脱非芳塔底再沸器换热后进入甲苯萃取剂再生塔。甲苯萃取

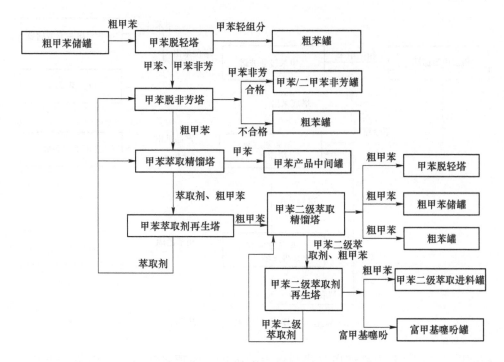

图 5-27 甲苯萃取精馏工艺流程图

剂再生塔（塔顶压力-80kPa，塔顶温度62.3℃）塔顶气相经冷凝器冷凝后一路回流，一路采出进入甲苯二级萃取精馏塔进料罐，塔底采出经甲苯萃取剂再生塔两个中间再沸器、一单元粗甲苯塔再沸器、甲苯脱轻塔再沸器、萃取剂冷却器进入甲苯脱非芳塔和甲苯萃取精馏塔。甲苯二级萃取精馏塔（塔顶压力-80kPa，塔顶温度62℃）塔顶气相经冷凝器冷凝后一路回流，一路采出进入粗甲苯罐或粗苯罐，塔底物料进入甲苯二级萃取剂再生塔。甲苯二级萃取剂再生塔（塔顶压力-80kPa，塔顶温度68.5℃）塔顶气相经冷凝器冷凝后一路回流，一路采出进入甲苯二级萃取精馏塔进料罐或富甲基噻吩罐，塔底采出经甲苯二级萃取精馏塔进料预热器后经甲苯二级萃取剂冷却器进入甲苯二级萃取精馏塔。

5.2.2.4 二甲苯萃取精馏

第四单元二甲苯萃取精馏共需2座塔，二甲苯萃取精馏塔和二甲苯萃取剂再生塔。

二甲苯萃取精馏工艺流程如图5-28所示。

来自一单元或粗二甲苯罐的粗二甲苯进入二甲苯脱非芳塔，二甲苯脱非芳塔（塔顶压力-80kPa，塔顶温度96.6℃）塔顶气相经冷凝器冷凝后一路回流，一路采出进入甲苯/二甲苯非芳罐或返回粗二甲苯罐。塔底物料采出进入二甲苯萃取

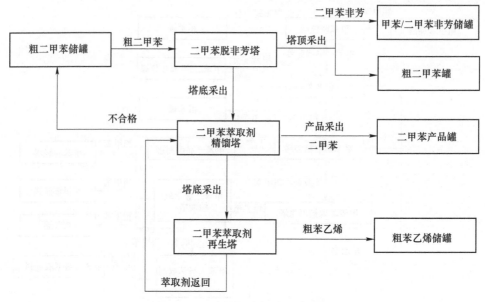

图 5-28　二甲苯萃取精馏工艺流程图

精馏塔。二甲苯萃取精馏塔（塔顶压力-80kPa，塔顶温度98℃）塔顶气相经冷凝器冷凝后一路回流，一路经冷却器进入二甲苯产品中间罐。塔底萃取剂和少量二甲苯进入二甲苯萃取剂再生塔。二甲苯萃取剂再生塔（塔顶压力-80kPa，塔顶温度100.3℃）塔顶气相经冷凝器冷凝后一路回流，一路采出进入粗苯乙烯罐，塔底采出经二甲苯脱非芳塔中间再沸器、萃取剂冷却器后进入二甲苯萃取精馏塔。

5.3　煤焦油深加工技术

5.3.1　高温煤焦油加氢制燃料油

　　焦化生产过程产生的高温煤焦油是黑色黏稠液体，相对密度为 1.160～1.220g/cm³，含大量沥青，其他成分是芳烃及杂环有机化合物，包含的化合物已被鉴定的达 400 余种，主要由多环芳香族化合物组成，烷基芳烃含量较少，高沸点组分较多，热稳定性好。其组分萘含量较多，其余相对含量较少，主要有 1-甲基萘、2-甲基萘、苊、芴、氧芴、蒽、菲、咔唑、䓬蒽、喹啉、芘等。

5.3.1.1　煤焦油加氢原理

　　煤焦油中含有大量的芳烃、胶质、沥青质，在高温、高压、催化剂的作用下，经过加氢精制和加氢裂化并裂解开环，使煤焦油中大量的不饱和烃、芳烃、胶质、沥青质饱和，获得低分子量的饱和烃，加氢脱出 S、N、O 和金属杂原子，降低硫和芳烃含量，改善其安定性，获得石脑油和优质燃料油添加剂。其反应机理如下：

加氢脱硫反应：

$$C_{12}H_8S + 2H_2 \longrightarrow C_{10}H_{10} + H_2S$$

加氢脱氮反应：

$$C_5H_5N + 5H_2 \longrightarrow C_5H_{12} + NH_3$$

芳烃加氢反应：

$$C_{10}H_8 + 5H_2 \longrightarrow C_{10}H_{18}$$

烯烃加氢反应：

$$R-CH = CH_2 + H_2 \longrightarrow RCH_2CH_3$$

加氢裂化反应：

$$C_{10}H_{22} + H_2 \longrightarrow C_4H_{10} + C_6H_{14}$$

加氢脱金属反应：

$$MeS + H_2 \longrightarrow Me + H_2S$$

5.3.1.2 固定床加氢精制裂化法精制煤焦油

经过脱水、脱盐预处理后的原料煤焦油，在减压蒸馏塔切取 350℃ 前馏分，经过加氢精制，再经过分馏实现轻质化。加氢精制的尾油经过加氢裂化也进入分馏系统。

高温煤焦油固定床加氢精制裂化法工艺流程如图 5-29 所示。

5.3.1.3 影响加氢处理装置操作周期、产品质量的几种因素

影响加氢处理装置操作周期、产品质量的主要因素有反应温度、压力、空速、氢油比及煤焦油性质。

提高反应器压力意味着提高反应氢分压，提高反应氢分压，有利于芳烃化合物的加氢饱和，从而改善相关产品质量。反应氢分压的提高还可以减缓催化剂的结焦速率，因而可以延长催化剂的使用周期，降低催化剂的使用费用。但提高反应氢分压，将增加装置的建设投资，同时装置的操作费用也要增加。

提高反应温度，意味着提高转化深度，耗氢量将增加。过高的反应温度将降低催化剂对芳烃的加氢饱和能力，使芳烃的加氢饱和更加困难，同时将使稠环化合物缩合结焦，生成焦炭，造成加氢催化剂失活，缩短催化剂的使用寿命[18,19]。

提高反应体积空速，将增加加氢处理装置的加工能力。对于新装置设计，高的体积空速，可减小反应器的容积和催化剂的用量，相应可降低装置的投资和催化剂的费用。但较低的反应体积空速，可以在较低的反应温度下得到所期望的产

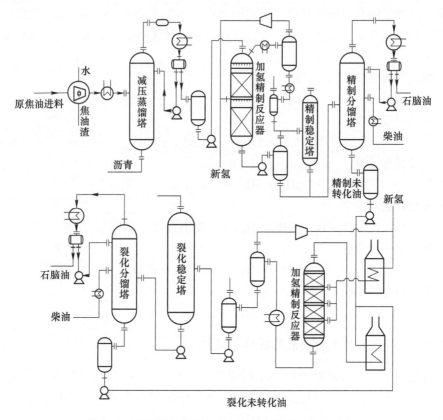

图 5-29　高温煤焦油固定床加氢精制裂化法工艺流程

品收率，并可延长催化剂的使用周期。

　　对煤焦油加氢处理来说，要求有很高的氢油比。一方面是因为煤焦油加氢反应过程是不断大量消耗氢气的过程，高的氢油比可保证在反应期间，反应器始终保持较高的氢纯度，维持系统有足够氢分压；另一方面是因为加氢反应是放热反应，需要足量氢气带走反应热量。

5.3.2　煤焦油沥青的深度利用

　　沥青是焦油蒸馏残液部分，产率占焦油的 54%～56%。它是由三环以上的芳香组化合物和含氧、含氮、含硫杂环化合物以及少量高分子碳素物质组成。低分子组成具有结晶性，形成了多种组分共溶混合物，沥青组分的相对分子质量在 200～2000 之间，最高可达 3000。

　　沥青有很高的反应性，在加热甚至在储存时发生聚合反应，生成高分子化合物。

　　煤焦油沥青的深加工主要分为以道路沥青、针状焦以及活性炭等组成的传统加工路线，和以中间相沥青、中间相沥青微球等组成的新兴技术路线。

5.3.2.1 煤焦油沥青的组成与性质

组成沥青的主要化学元素是碳和氢。碳和氢的组成比例直接影响着沥青的物理和化学性能。沥青的含碳量大于90%，含氢量一般不超过5%。沥青的元素组成主要与炼焦煤的种类、加工方法、煤焦油的蒸馏等因素有关。

煤焦油沥青的组成成分非常复杂，多数为三环以上的芳香族烃类，还有含氧、氮和硫等元素的杂环化合物以及少量的高分子炭素物质。我国通常采用溶剂抽提的方法对其成分进行区别，各组分中，其成分的平均分子量、C/H原子比按γ、β、α顺序增大（见图5-30）。

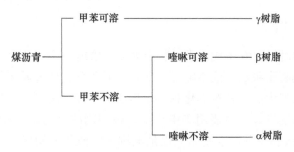

图5-30 煤沥青溶剂抽提三组分

用溶剂萃取的方法将沥青分成不同的物质群，即称为沥青的组成。常用的溶剂是苯、甲苯和喹啉，萃取法可将沥青分离成苯（或甲苯）可溶物、不溶物（用BI或TI表示）以及喹啉不溶物（用QI表示）。QI相当于α树脂，苯不溶物与喹啉不溶物之差，即BI-QI相当于β树脂。

苯或甲苯不溶物（BI或TI）值对炭制品机械强度、密度和导电率有影响。

喹啉不溶物QI值即α树脂含量对炭制品机械强度、导电率及膨胀性有影响。

β树脂含量代表黏结性指标，β树脂所生成的焦结构是纤维状，具有易石墨化性能，所制得的炭制品电阻系数小，机械强度高。

5.3.2.2 沥青的改质

普通的中温沥青通过热处理，使其性质发生改善的沥青叫作改质沥青。沥青在热处理时，其中的芳烃分子会发生热缩聚，并产生氢、甲烷和水、同时沥青中原有的β树脂一部分转化为二次β树脂，苯溶物的一部分转化为β树脂，α成分增长，黏结性增加，使沥青的性质得以改善。

沥青改质是为了让原料沥青的性质得到提升，使之更容易进行深加工利用，满足炭材料生产过程中的各项指标要求。工业应用比较成熟的主要有热聚合法和真空闪蒸法等。

改质沥青生产方法有以下三种：

（1）采用沥青于反应釜中通过高温或者通入过热蒸汽聚合，或者通入空气氧化，使沥青的软化点提高到110℃左右，达到电极沥青的软化点要求。

（2）热聚法：以中温沥青为原料，连续用泵送入带有搅拌的反应釜，经过加热反应，析出小分子气体，釜液即为电极沥青。

（3）重质残油改质精制综合流程法：将脱水的焦油在反应釜中加压到 0.5～2MPa，加热至 320～370℃，保持 5～20h，使焦油中的有用组分，特别是重油组分以及低沸点的不稳定的杂环组分，在反应釜中经过聚合转化为沥青质，从而得到质量好的各种等级的改质沥青。此改质沥青的软化点为 80℃，β 树脂>23%。其产率比热聚法高 10%。

5.3.2.3　煤系针状焦

针状焦是 20 世纪 70 年代炭素材料中大力发展的一个优质品种，是人造石墨之一，具有低热膨胀系数、低空隙度、低硫、低灰分、低金属含量、高导电率及易石墨化等一系列优点。其石墨化制品化学稳定性好，耐腐蚀、导热率高、低温和高温时机械强度良好，主要用于生产电炉炼钢用的高功率（HP）和超高功率（UHP）石墨电极和特种炭素制品，也是电刷、电池和炼钢增碳剂、高温优质耐火炉料的新型材料。冶金行业是石墨电极的最大用户，此外黄磷生产等也消耗一定量的石墨电极。采用高功率或超高功率电炉炼钢，可使冶炼时间缩短 30%～50%，节电 10%～20%以上，经济效益十分明显。针状焦在国内外都属于稀缺产品，除了应用在电极方面，还可以在锂离子电池、电化学电容器、核石墨等方面得到应用。国际市场上，针状焦的价格一直在攀高，国内由于生产企业少，产品供不应求。美国、日本、德国等发达国家因为炭素制品的高耗能、高污染等，严格限制其发展，导致针状焦的产量呈逐年下降趋势。这给国内煤系针状焦生产及相关技术研发攻关都带来了新的发展机遇[20]。

根据原料路线的不同，针状焦分为油系和煤系两种，其生产方法有一定差异。

煤系针状焦的生产工艺技术主要有如下 4 种：

真空蒸馏法：1971 年美国 LCI 公司首先提出用真空分离法从煤焦油沥青内分离出针状焦，并申请了美国专利，核心技术是通过真空蒸馏切取适合生产针状焦的原料，工艺较简单，且针状焦的收率低。

溶剂萃取法：即先用助聚剂液体使 QI 凝聚，凝聚体在重力沉降器内被分离。该处理技术类似于日本新日化公司用煤焦油沥青生产针状焦的工业化装置。溶剂处理技术所得针状焦的收率高，质量好，但工艺较复杂，投资也较高。

M-L 法：该工艺是把特殊的原料预处理技术和独特的两段延迟焦系统结合起

来，是第一套以煤焦油沥青为原料的针状焦生产装置。生产的针状焦质量最好，但也存在收率较低、工艺复杂和投资高的问题。

闪蒸-缩聚法：闪蒸-缩聚法是将混合原料油送到特定的闪蒸塔内，在一定温度和真空下闪蒸出闪蒸油，闪蒸油进入缩聚釜进行聚合得到缩聚沥青。此工艺收率适中，工艺简单。国内鞍山沿海化肥厂曾投入工业化试验，但由于工艺不够完善，因此也就停顿下来。国内，煤系针状焦的主要质量指标是参照了日本新日化公司的标准。即真密度 ≥ 2.13g/cm³、灰分 ≤ 0.1%、挥发分 ≤ 0.5%、硫分 ≤ 0.5%、热膨胀系数 CTE $1×10^{-6}$/℃和水分≤0.2%。

A 煤系针状焦生产工艺流程

针状焦制造工艺包括原料预处理、延迟焦化、煅烧三个工序，原料是焦化企业生产的煤焦油沥青及其馏分。煤系针状焦生产工艺流程如图 5-31 所示。

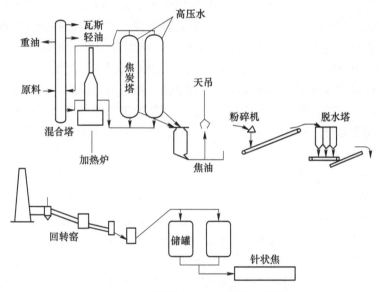

图 5-31 煤系针状焦工艺流程示意图

B 原料预处理

煤沥青在一定的加热条件下，沥青分子通过低聚和脱氢缩聚反应，进而形成平面状大分子的缩聚物。分子量越大，分子间的范德华力也越强，这些平面状大分子经聚集、成核过程，形成更大的小球。小球体是光学各向异性的，而生成小球体的沥青母体是各向同性的，小球体一旦生成，在偏光显微镜下就能见到。初生的小球体系的表面能最小。这样的小球比形成它们的各向同性分子量低的母相沥青表面张力大。因此，两个小球相遇时，平面状大分子层面彼此插入，小球体融并，使体系处于更稳定的热力学状态，融并后仍成球形，以保持体系的最低表面自由能。小球经多次融并，直径逐渐变大。当直径大到表面张力难以维持其球状时，球状开始解体，成为一团一片的连续性流动态组织，称为相变。这种由沥青小球体解体之后形成的物质，称为中间相。组成小球体的物质，也是一种中间相物质，所以称中间相小球体。中间相小球体是针状焦取向成焦的基本物质。但是，煤沥青中含有一定杂质（包括原生 QI），它们附着在中间相周围，阻碍着球状晶体的长大、融并。焦化后也不能得到纤维结构良好的针状焦组织。因此，对煤沥青原料进行预处理，首先除去其中的有害小球体生长的杂质，然后再经热处理进行组分调制，获得满足针状焦生产需要的原料，这是原料预处理的目的，也是用煤沥青生产针状焦的必要条件。

一般的状焦生产采用改质法技术在不添加溶剂的条件下对原料进行加热处理，经闪蒸除去原料中杂质（包括原生喹啉不溶物），然后再将纯净原料油进一步的热处理，获得适宜组分，满足制取针状焦需要并同时生产炭黑原料油或电极沥青等产品。在生产中如何确定合适的热处理条件，即能有效控制反应深度，使原料有效成分-β 组分含量调到合适的指标，又能保证生产的连续、顺行是本技术的关键。由于煤沥青及馏分的芳香度高（达 90% 以上），其反应活性低，因此在热处理过程中其反应行为可控性差。温度低，不易发生反应。一旦达到反应条件，反应速度很快，物料黏度急剧上升，导致热处理条件的恶化，使生产系统不能保持长周期运行。在热处理过程中，物料性能随温度变化对系统连续运行状况有一定的影响。

　　C　延迟焦化条件

管式炉出口最高温度一般控制在不大于 510℃。塔内温度高于 460℃ 要保持 6h 以上时间。由于针状焦与沥青焦成焦机理不完全相同，因此，必须正确选择操作参数，满足中间相小球体的热转化过程和生成针状焦的条件。

在焦化反应初期，以相对高的压力操作，反应后期以一定速率降低焦化塔压力比在后期恒压下生产的针状焦质量要好，且焦炭收率高。分析认为，焦化初期塔中保持较高压力，对中间相各向异性发展有利，在此条件下，挥发性物质在焦化塔中留存较多，并通过溶解或氢转移来缓和焦化反应，使焦化物料保持较低的黏度，利于中间相小球充分地长大，融并。在焦化后期，以一定速率降压，会驱使大的中间相分子在固化时按一定途径放出气体，以均匀气速"拉焦"，可以形成结晶度好的针状焦。

循环比（R）也是延迟焦化生产的主要工艺参数。选择 R 大小，与原料性能有关。不同原料选择 R 大小不同，所以只有相同原料讨论 R 的大小对焦化生产的影响才有可比性。

另外，进入焦化塔的原料油焦化性物质的浓度（康拉逊炭值）会影响结晶速度，进而影响到针状焦质量。因此进焦化塔原料的康拉逊炭值有必要加以控制，一般以不大于30%为宜。其次，由于塔内各处条件的偏差将造成塔内原料反应情况偏差，因而塔内各处生焦的质量不均匀，一般塔中部或中上部生焦质量最好，纤维结构清晰，孔隙均匀。塔下部的焦质最差，其量约占每塔焦总量的15%。

5.3.2.4　煅烧工序的工艺

在焦化塔内生成的生焦，真密度为$1.40\sim1.42g/cm^3$，挥发分7%~9%。此生焦需进一步加热处理，使针状焦各项理化指标及导电性能符合石墨电极原料的要求。

炭材料煅烧过程中，挥发分逸出和分子结构发生变化的综合作用，将使煅烧物料导电性能提高。而煅烧料真密度的提高，主要是由于煅烧料在高温下不断逸出挥发分并同时发生分解、缩聚反应，导致结构重排和体积收缩的结果。因此，同样的生焦质量，煅烧温度越高，煅后焦挥发分越低，真密度越高，针状焦质量越好。但煅烧温度过高，受到煅烧炉耐火材料质量的限制。因此用罐式炉煅烧针状焦，一方面要考虑保证针状焦质量的需要，又要考虑煅烧设备使用寿命。煅烧温度最高不能超过1500℃，一般可以严格控制在（1450±50）℃，但操作难度大。针状焦在煅烧带停留时间相对沥青焦增加一倍以上的时间。在生焦质量稳定前提下，针状焦质量基本保持稳定。

参 考 文 献

[1] 姚占强，任小坤，孙郁，等．焦炉气综合利用技术的最新发展及特点 [J]．煤炭加工与综合利用，2009（2）：34~37.

[2] 姚占强，任小坤，史红兵，等．焦炉气综合利用技术新发展 [J]．中国煤炭，2009（3）：71~75.

[3] 丰恒夫，罗小林，熊伟，等．我国焦炉煤气综合利用技术的进展 [J]．武钢技术，2008，46（4）：55~58.

[4] 徐贺明，屈一新，闪俊杰，等．焦炉煤气精脱硫系统的研究与优化 [J]．天然气化工（C1化学与化工），2015，40（4）：64~68.

[5] 张文效，姚润生，沈炳龙．焦炉煤气精脱硫流程分析与改进 [J]．煤炭加工与综合利用，2015（4）：42~45.

[6] 李超帅．焦炉煤气合成天然气工艺分析 [J]．煤炭加工与综合利用，2014（4）：36~38.

[7] 昌锟，李青，李强．焦炉气规模氢分离流程组织研究 [J]．低温工程，2007（5）：36~41.

[8] 王志彬，任军，李忠，等．焦炉煤气制备合成气的化学途径 [J]．中国煤炭，2005，31（11）：56~59.

[9] 杜明杰，李军．焦炉气常压非催化转化制合成气技术的应用 [J]．中氮肥，2005（6）：

41~42.

[10] 王辅臣，代正华，刘海峰，等．焦炉气非催化部分氧化与催化部分氧化制合成气工艺比较 [J]．煤化工，2006，34（2）：4~9.

[11] 汪家铭．焦炉煤气综合利用制取氮肥和甲醇 [J]．中国石油和化工，2006（1）：42~43.

[12] 江大好，费金华，张一平，等．合成气一步法制二甲醚的动力学研究 [J]．浙江大学学报（理学版），2003，30（2）：167~172.

[13] 房鼎业，丁百全．气液固三相床中合成甲醇与二甲醚 [J]．化工进展，2003，22（3）：233~238.

[14] 周冬子．粗苯加氢工艺分析和比较 [J]．广东化工，2013，41（6）：106~109.

[15] 张涛，张德文．粗苯加氢精制中 BASF 催化剂的硫化 [J]．燃料与化工，2011，42（3）：51~52.

[16] 李同军．粗苯加氢精制工艺的比较 [J]．燃料与化工，2009，40（6）：42~44.

[17] 景志林，杨瑞平．粗苯加氢精制工艺技术路线比较与选择 [J]．煤化工，2007（6）：8~11.

[18] 刘军，王少青．我国煤焦油加工业发展状况及煤沥青应用 [J]．内蒙古石油化工，2009（11）：60~61.

[19] 常宏宏，魏文珑，王志忠，等．煤沥青的性质及应用 [J]．山西焦煤科技，2007（2）：39~42.

[20] 白培万，孟双明．煤沥青针状焦研究综述 [J]．山西大同大学学报（自然科学版），2007（6）：53~56.

第6章 焦化污染物绿色处理技术

6.1 焦炉烟气污染物控制技术

焦化废气主要产生于备煤和炼焦环节，废气中的污染物主要包含煤粉、焦粉、SO_2、NO_x 等无机污染物，还包括苯类、酚类以及多环芳烃等有机污染物。其中炼焦环节中燃烧室燃烧焦炉煤气或高炉煤气产生的烟气为焦炉烟气治理的最重要内容。

6.1.1 焦炉烟气的特点

焦炉烟气温度范围基本为 180~260℃，烟气量波动范围较大。焦炉烟气根据燃烧煤气的不同污染物浓度也不同。若燃烧焦炉煤气，则 SO_2 浓度为 50~200mg/m^3（标态），NO_x 浓度为 500~1000mg/m^3（标态）；若燃烧高炉煤气，则 SO_2 浓度一般低于 50mg/m^3（标态），NO_x 浓度为 300~500mg/m^3（标态）左右。

焦炉烟气、烧结烟气与电厂锅炉烟气成分相似，因此可参考锅炉烟气污染物治理方法。由于焦炉烟气与燃煤电厂烟气在烟气温度、SO_2 和 NO_x 含量等方面均存在差异，故二者的脱硫脱硝治理技术路线不能完全等同，因此不能照搬照抄电厂烟气的治理模式，需要针对各自的特点将方法或者路线进行改进。研究与实践表明，我国焦炉烟气脱硫脱硝技术在工艺路线选取、关键催化剂国产化、系统稳定运行等方面存在一定问题，严重制约了焦化行业污染物达标排放。表 6-1 中将焦炉烟气和烧结烟气与电厂锅炉烟气、钢铁烧结烟气进行了对比。

表 6-1 焦炉烟气、烧结烟气与锅炉烟气参数特点

参　数	焦炉烟气		烧结烟气	锅炉烟气
	燃烧焦炉煤气	燃烧高炉煤气		
烟气量/$m^3 \cdot t^{-1}$	2000	2000	4000~6000	9000~12000
波动特征	15min 周期变化	15min 周期变化	60%~140%	90%~110%
温度/℃	180~250	180~250	120~180	380~420
氧浓度/%	3~8	3~8	14~18	3~8
水分含量/%	5~17.5	5~17.5	8~13	3~6

参　数	焦炉烟气		烧结烟气	锅炉烟气
	燃烧焦炉煤气	燃烧高炉煤气		
SO_2 浓度/mg·m^{-3}(标态)	50~200	50~200	400~2000	960~2400
NO_x 浓度/mg·m^{-3}(标态)	400~1200	400~1200	100~400	800~1200
其他成分	H_2S、HCN、CO、焦油	H_2S、HCN、CO、焦油	二噁英、HF、HCl	CO、烷烃

6.1.2　烟气脱硫脱硝技术

2019 年 4 月 28 日生态环境部联合国家发改委、工信部、财政部与交通部下发了"关于推进实施钢铁行业超低排放的意见"(以下简称"意见"),指出焦炉烟囱排放执行粉尘≤10mg/m³,SO_2≤30mg/m³,NO_x≤150mg/m³ 的排放限值。河北省发布的全国首个焦化行业大气污染物排放地方标准,规定焦炉烟气排放限值分别为粉尘≤10mg/m³,SO_2≤30mg/m³,NO_x≤130mg/m³,氮氧化物排放限值低于国家相关标准。焦炉烟气中 SO_2 和 NO_x 达标排放的主要技术手段为末端脱硫脱硝治理,故本书将对比分析我国焦炉烟气现行脱硫脱硝技术工艺原理、脱除效率及各自技术优缺点,总结国内焦炉烟气脱硫脱硝技术应用存在的共性问题,以期为我国焦化行业脱硫脱硝技术的选择与优化提供参考。

6.1.2.1　SO_2 控制技术

焦炉烟气中 SO_2 主要来自两个方面:(1)煤气中含硫物质的燃烧,其中来自燃烧荒煤气中 H_2S 的 SO_2 占 30%~33%,来自有机硫燃烧的占 9.6%~12.5%;(2)焦炉炭化室中荒煤气泄漏燃烧室,其中的 H_2S、有机硫、HCN 等与氧气反应生成 SO_2,占烟气中 SO_2 排放总量的 55%~65%。因此焦炉烟气脱硫可从两方面入手:一是焦炉煤气脱硫,二是焦炉烟气脱硫。焦炉煤气脱硫技术已在第 4 章进行陈述,此处不再赘述,下面重点介绍焦炉烟气的脱硫技术。

根据脱硫剂的类型及操作特点,烟气脱硫技术通常可分为湿法、半干法和干法脱硫。当前,焦炉烟气脱硫领域应用较多的为以氨法、石灰/石灰石法、双碱法、氧化镁法等为代表的湿法脱硫技术和以喷雾干燥法、循环流化床法等为代表的半干法脱硫技术。

A　氨法

氨法脱硫的原理是焦炉烟气中的 SO_2 与氨吸收剂接触后,发生化学反应生成 NH_4HSO_3 和 $(NH_4)_2SO_3$,$(NH_4)_2SO_3$ 将与 SO_2 发生化学反应生成 NH_4HSO_3;吸收过程中,不断补充氨使对 SO_2 不具有吸收能力的 NH_4HSO_3 转化为

$(NH_4)_2SO_3$，从而利用 $(NH_4)_2SO_3$ 与 NH_4HSO_3 的不断转换来吸收烟气中的 SO_2；$(NH_4)_2SO_3$ 经氧化、结晶、过滤、干燥后得到副产品硫酸铵，从而脱除 SO_2。氨法焦炉烟气脱硫效率可达 95%~99%。吸收剂利用率高，脱硫效率高，SO_2 资源化利用，工艺流程结构简单，无废渣、废气排放是氨法的主要优点；但氨法仍存在系统需要防腐，氨逃逸、氨损，吸收剂价格昂贵、脱硫成本高、不能去除重金属、二噁英等缺点。

氨法脱硫工艺流程如图 6-1 所示。

$$NH_3 + SO_2 + H_2O \Longrightarrow NH_4HSO_3$$
$$2NH_3 + SO_2 + H_2O \Longrightarrow (NH_4)_2SO_3$$

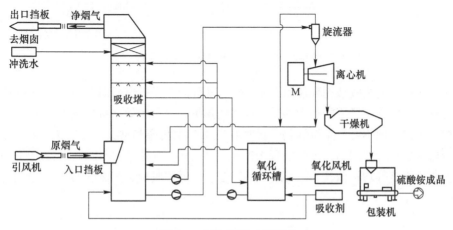

图 6-1 氨法脱硫工艺流程

B 石灰-石膏法

石灰-石膏法脱硫原理主要应用氧化钙或碳酸钙浆液在湿式洗涤塔中吸收 SO_2，即烟气在吸收塔内与喷洒的吸收剂混合接触反应而生成 $CaSO_3$，$CaSO_3$ 又与塔底部鼓入的空气发生氧化反应而生成石膏。气石灰-石膏法焦炉烟气脱硫效率一般可达 95% 以上。石灰-石膏法由于具有吸收剂资源丰富、成本低廉等优点而成为应用最多的一种烟气脱硫技术。石灰-石膏法脱硫的优点在于吸收剂利用率高，煤种适应性强，脱硫副产物便于综合利用，技术成熟，运行可靠；而系统复杂、设备庞大、一次性投资大、耗水量大、易结垢堵塞，烟气携带浆液造成"石膏雨"、脱硫废水处理难度大等是其主要不足。

石灰-石膏法脱硫工艺流程如图 6-2 所示。

C 双碱法

双碱法脱硫原理是先用碳酸钠清液作为吸收剂吸收 SO_2，生成 Na_2SO_3 盐类溶液，然后在反应池中用石灰（石灰石）和 Na_2SO_3 起化学反应，对吸收液进行

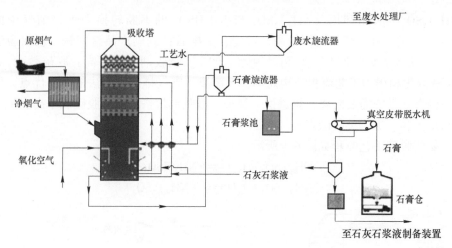

图 6-2 石灰石-石膏法脱硫工艺流程

再生，再生后的吸收液循环使用，SO_2 最终以石膏形式析出，即在 SO_2 吸收和吸收液处理过程中使用了不同类型的碱。双碱法焦炉烟气脱硫效率可达 90%以上。双碱法脱硫系统一般不会产生沉淀物，且吸收塔不产生堵塞和磨损；但工艺流程复杂，投资较大，运行费用高，吸收过程中产生的 Na_2SO_4 不易除去而降低石膏质量，吸收液再生困难等均是该技术需要解决的问题。双碱法脱硫工艺流程如图 6-3 所示。

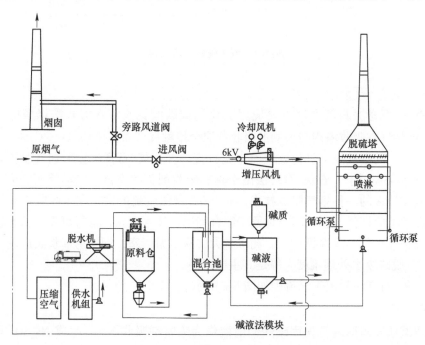

图 6-3 双碱法脱硫工艺流程

脱硫反应为：

$$Na_2CO_3 + SO_2 \longrightarrow Na_2SO_3 + CO_2 \uparrow \tag{6-1}$$

$$2NaOH + SO_2 \longrightarrow Na_2SO_3 + H_2O \tag{6-2}$$

$$Na_2SO_3 + SO_2 + H_2O \longrightarrow 2NaHSO_3 \tag{6-3}$$

其中：

式（6-1）为启动阶段 Na_2CO_3 溶液吸收 SO_2 的反应；

式（6-2）为再生液 pH 值较高时（高于 9 时），溶液吸收 SO_2 的主反应；

式（6-3）为溶液 pH 值较低（5~9）时的主反应。

再生过程为：

$$Ca(OH)_2 + Na_2SO_3 \longrightarrow 2NaOH + CaSO_3 \tag{6-4}$$

$$Ca(OH)_2 + 2NaHSO_3 \longrightarrow Na_2SO_3 + CaSO_3 \cdot 1/2H_2O + 3/2H_2O \tag{6-5}$$

氧化过程（副反应）为：

$$CaSO_3 + 1/2O_2 \longrightarrow CaSO_4 \tag{6-6}$$

$$CaSO_3 \cdot 1/2H_2O + 1/2O_2 \longrightarrow CaSO_4 + 1/2H_2O \tag{6-7}$$

D　氧化镁法

氧化镁法脱硫是一种较成熟的技术，但由于氧化镁资源储量有限且分布不均，因此该法在世界范围内未得到广泛应用。我国氧化镁资源丰富，有发展氧化镁脱硫的独特条件。氧化镁法是以氧化镁浆液作为吸收剂吸收 SO_2 而生成 $MgSO_3$ 结晶，然后对 $MgSO_3$ 结晶进行分离、干燥及焙烧分解等处理后，$MgSO_3$ 分解再生的氧化镁返回吸收系统循环使用，释放出的 SO_2 富集气体可加工成硫酸或硫黄等产品。氧化镁法脱硫效率可达 95% 以上。氧化镁法脱硫技术成熟可靠、适用范围广，副产品回收价值高，不发生结垢、磨损、管路堵塞等现象；但该法工艺流程复杂，能耗高，运行费用高，规模化应用受到氧化镁来源限制且废水中 Mg^{2+} 处理困难。氧化镁法脱硫工艺流程如 6-4 所示。

吸收过程发生的主要反应如下：

$$Mg(OH)_2 + SO_2 \longrightarrow MgSO_3 + H_2O$$

$$MgSO_3 + SO_2 + H_2O \longrightarrow Mg(HSO_3)_2$$

$$Mg(HSO_3)_2 + Mg(OH)_2 \longrightarrow 2MgSO_3 + 2H_2O$$

E　喷雾干燥法

喷雾干燥法脱硫是利用机械或气流的力量将吸收剂分散成极细小的雾状液滴，雾状液滴与烟气形成较大的接触表面积，在气液两相之间发生的一种热量交换、质量传递和化学反应的脱硫方法。喷雾干燥法所用吸收剂一般是碱液、石灰

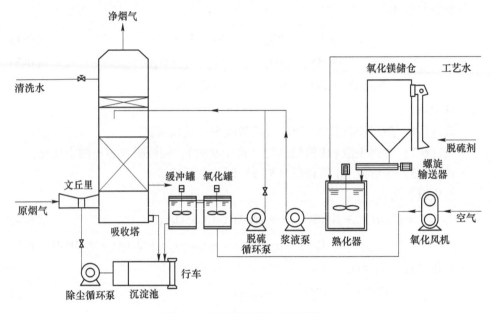

图 6-4　氧化镁法脱硫工艺流程

乳、石灰石浆液等，目前绝大多数装置都使用石灰乳作为吸收剂。一般情况下，喷雾干燥法焦炉烟气脱硫效率可达 85% 左右。其优点在于脱硫是在气、液、固三相状态下进行，工艺设备简单，生成物为干态易处理的 $CaSO_4$、$CaSO_3$，没有严重的设备腐蚀和堵塞情况，耗水也比较少；缺点是自动化要求比较高，吸收剂的用量难以控制，吸收效率有待提高。所以，选择开发合理的吸收剂是喷雾干燥法脱硫面临的新难题。

喷雾干燥法脱硫工艺流程如图 6-5 所示。

F　循环流化床法

循环流化床法以循环流化床原理为基础，通过对氧化钙的多次循环延长吸收剂与烟气的接触时间，通过床层的湍流加强吸收剂对 SO_2 的吸收，从而极大地提高吸收剂的利用率和脱硫效率，脱硫效率可达 90% 以上。该法的优点在于吸收塔及其下游设备不会产生黏结、堵塞和腐蚀等现象，脱硫效率高，运行费用低，脱硫副产物为干态脱硫灰。

循环流化床烟气脱硫系统是由吸收剂消化制备系统、吸收塔系统、收尘及引风系统、清洁烟气再循环系统、物料再循环及排放系统和工艺水系统等子系统组成。其主要设备包括生石灰储仓、生石灰消化器、水泵、喷嘴、吸收塔、惯性分离器、除尘器、风门和增压风机等，主要控制参数有流化床床料循环倍率、床料浓度、烟气在吸收塔及分离器中停留的时间、钙硫比、吸收塔内运行温度、脱硫效率等。

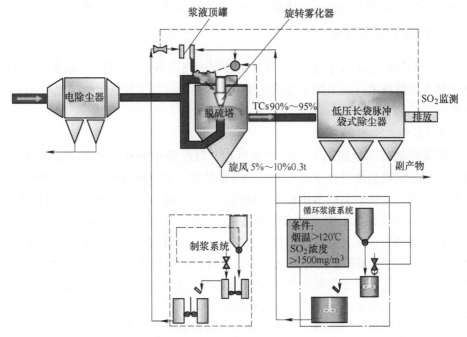

图 6-5 喷雾干燥法脱硫工艺流程

循环流化床法脱硫工艺流程如图 6-6 所示。

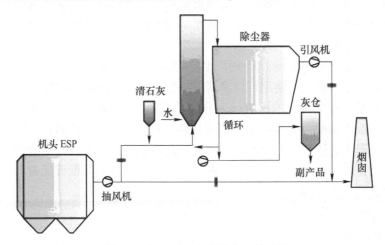

图 6-6 循环流化床法脱硫工艺流程

因此因地制宜的研究开发具有自主知识产权，适合我国国情的循环流化床焦炉烟气脱硫技术成为研究者关注的重点；此外，该法副产物中亚硫酸钙含量大于硫酸钙含量，并且为了达到高的脱硫率而不得不在烟气露点附近操作，从而造成了吸收剂在反应器中的富集，这也是循环流化床脱硫工艺有待改进的方面。

6.1.2.2　NO_x 控制技术

焦炉烟气中 NO_x 的控制技术与其他燃煤烟气中 NO_x 控制技术相同，主要可通过低氮燃烧技术以及采用末端烟气脱硝技术两种途径来控制焦炉烟气中 NO_x 的浓度。

A　低氮燃烧技术

低氮燃烧技术是指基于 NO_x 生成机理，以改变燃烧条件的方法来降低 NO_x 排放，从而实现燃烧过程中对 NO_x 生成量的控制。低氮燃烧技术主要手段就是控制反应温度，使燃烧温度不在某一区域内过高。一般当立火道温度低于 1350℃ 时热力型 NO_x 浓度很低，但当立火道温度大于 1350℃，热力型 NO_x 的生成量随温度升高迅速增加。立火道温度每升高 10℃，NO_x 浓度增大 $30mg/m^3$，当温度高于 1600℃，NO_x 浓度按指数规律迅速增加。同时，高温区中高温烟气的停留时间和燃烧室内的氧气浓度也会对热力型 NO_x 的生成造成影响。因此最有效降低焦炉加热过程中氮氧化物生成的方法是降低燃烧室火焰温度，缩短烟气在高温区停留时间以及合理控制氧气供入量，具体措施和方法包括废气再循环技术、分段加热技术、适当降低焦化温度、提高焦炉炉体的密封性等。

B　废烟气配入空气技术

废烟气配入空气技术是指将一部分低温废气与燃料以及助燃空气混合，再次送入立火道中燃烧。废烟气配入空气技术是国内焦化厂燃烧中降低氮氧化物采用的主要方法。废烟气配入空气技术由于掺杂了部分低温低氧废气，从而降低了燃烧环境中氧含量和炉内温度，减少了氮氧化物的生成。Fan 等[1]的研究表明焦炉中废烟气配入空气系统的使用可以显著降低废气中氮氧化物的浓度，并对废烟气配入空气技术过程中 NO_x 的反应行为进行了研究。废气配入量的选取存在最佳取值范围，一般为 40%，具体数值需要经过科学和实际工艺才能确定。循环烟气量过大或过小都不能达到工艺要求，如果废气循环量过大，大量的热量被带走并造成热能缺乏；如果烟气循环量过小，则对 NO_x 排放浓度的降低程度有限，难以达到焦化行业烟气排放标准。

图 6-7 所示为废气再循环脱硝工艺流程。

C　分段加热技术

分段加热技术主要通过分段加热和控制合适的空气过剩系数 α 值来降低焦炉烟气中 NO_x 的浓度。第一，分段加热可以通过增加燃烧的分散度降低整个过程燃烧强度，从而使立火道温度下降，减少热力型 NO_x 的生成，利用焦炉煤气再燃脱硝效率能够达到 60%。第二，控制合适的空气过剩系数 α 值，α 过大，会带走燃烧气体热量；α 过小，会导致燃烧不完全不能提供足够热量，影响焦炭质量，因

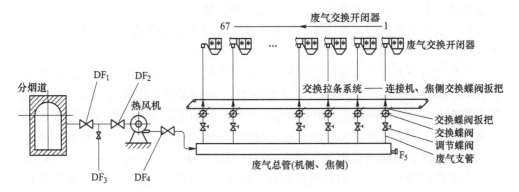

图 6-7 废气再循环脱硝工艺流程

此存在一个最佳的空气过剩系数范围，一般将其控制在 1.20 左右。

焦炉分段加热技术脱硝工艺流程如图 6-8 所示。

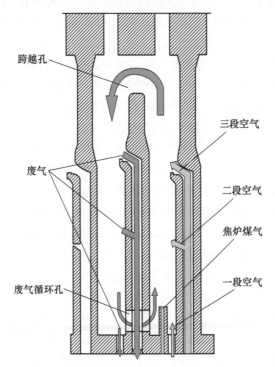

图 6-8 焦炉分段加热技术脱硝工艺流程

适当降低焦化温度能直接减少立火道燃烧温度，控制 NO_x 的生成，但会对冶炼的焦炭质量产生影响[2]。此外可以通过减少炭化室与燃烧室之间的温度梯度，来间接降低立火道温度从而控制 NO_x 生成。此外应尽量提高焦炉炉体密封性，最大限度地减少焦炉煤气的泄漏。如果发生焦炉炉体的开裂等,焦炉煤气窜漏到燃烧室内,其中的氮组分在燃烧室中与氧气反应生成一定浓度的 NO_x,从而使烟道废气中 NO_x 浓度增加。

从焦化行业大气污染物排放量来看,没有采用分段加热和废气循环技术的焦炉,NO_x 排放量为 1300~1900g/t(以焦炭计)。应用了以上技术后,焦炉 NO_x 的排放量大大减少,可降低至 450~700g/t。可见,采用低 NO_x 燃烧技术可以在很大程度上减少燃烧过程中 NO_x 的生成,对焦化行业节能减排工作具有极其重大的意义。但是随着我国《炼焦化学工业污染物排放标准》(GB 16717—2012)的执行,焦炉烟囱 NO_x 的排放值必须控制在 150mg/m³ 以下,因此必须采用尾气脱硝技术才能达标排放。

D　SCR 脱硝技术

SCR 脱硝技术是指在合适的催化剂的催化作用下,用氨气作为还原剂将 NO_x 还原成无毒无害的氮气。中温催化剂的载体是 TiO_2,另外在 TiO_2 载体上面负载 V、W 和 Mo 等组分。根据催化剂适用的烟气温度条件,SCR 脱硝技术被分为高温 SCR 技术(反应温度大于 280℃)、中温 SCR 技术(反应温度在 180~280℃ 之间)和低温 SCR 技术(反应温度在 120~180℃ 之间),目前工业应用最多的是中温催化剂。中温 SCR 脱硝技术对 NO 的脱除率高,能除烟气中 90% 以上的氮氧化物。由于焦炉烟气温度较低,对于焦炉烟气的脱硫脱硝可以先加热再采用中温 SCR 法进行脱硝,或者采用低温 SCR 催化剂。

由于中温 SCR 需要对焦炉烟气进行再次加热,系统能耗较高,近年来低温 SCR 技术开始在国内焦化行业中得到推广[3],例如,宝钢湛江焦炉烟气净化采用的由中冶焦耐开发的低温 SCR 脱硝技术,出口 NO_x 浓度控制在 150mg/m³ 以下,山东铁雄一座 150 万吨捣固焦炉烟气低温脱硝于 2015 年运行,脱硝效率稳定在 97% 左右,出口 NO_x 浓度小于 50mg/m³。日本的 Kawasaki 钢铁千叶焦化厂、Amagasaki 钢铁冲绳焦化厂和横滨 Tsurumi 煤气厂均采用中温 SCR 脱硝技术,催化剂的反应温度在 220~250℃,脱硝效率可达 90%[4]。

中温 SCR 烟气脱硝技术是目前焦炉烟气脱硝技术中相对成熟和可靠的工艺,脱硝效率较高且易于控制,运行安全可靠,不会对大气造成二次污染。催化剂是制约低温 SCR 脱硝技术发展的核心问题,降低催化剂进口依赖程度、防止催化剂中毒、解决废弃催化剂所产生的二次污染问题是低温 SCR 焦炉烟气脱硝技术应努力攻关的方向。

焦炉烟气中低温 SCR 脱硝工艺流程如图 6-9 所示。

6.1.2.3　脱硫脱硝一体化技术

烟气脱硫脱硝一体化技术在经济性、资源利用率等方面具有显著优势,成为

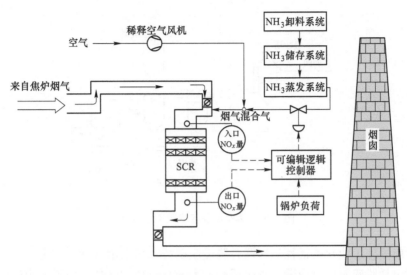

图 6-9　焦炉烟气中低温 SCR 脱硝工艺流程

近年来研究与利用的重点。焦炉烟气脱硫脱硝一体化技术主要集中于活性焦脱硫脱硝一体化技术、液态催化氧化法脱硫脱硝和钠基脱硫与低温 SCR 脱硝联用技术。

A　活性焦脱硫脱硝一体化技术

活性焦脱硫脱硝一体化技术是利用活性焦的吸附特性和催化特性，同时脱除烟气中的 SO_2 和 NO_x 并回收硫资源的干法烟气处理技术。其脱硫原理是基于 SO_2 在活性焦表面的吸附和催化作用，烟气中的 SO_2 在 110～180℃下，与烟气中氧气、水蒸气发生反应生成硫酸吸附在活性焦孔隙内；脱硝原理是利用活性焦的催化特性，采用低温选择性催化还原反应，在烟气中配入少量 NH_3，促使 NO 发生选择性催化还原反应生成无害的 N_2 直接排放。

活性焦脱硫脱硝一体化技术 SO_2 和 NO_x 脱除效率可达 80% 以上。不消耗工艺水、多种污染物联合脱除、硫资源化回收、节省投资等是焦炉烟气活性焦法脱硫脱硝技术的优点；而该工艺路线也存在活性焦损耗大、喷射氨造成管道堵塞、脱硫速率慢等缺点，一定程度上阻碍了其工业推广应用。

焦炉烟气在烟道总翻板阀前被引风机抽取进入余热锅炉，烟气温度从 180℃降低至 140℃，然后进入活性炭脱硫脱硝塔，在塔内先脱硫、后脱硝，烟气从塔顶出来经引风机送回烟囱排放。从塔底部出来的饱和活性炭进入解析塔，SO_2 等气体出来后送化工专业处理，再生后的活性炭重新送入反应塔循环使用。

活性焦脱硫脱硝工艺主要由热力余热锅炉、活性炭脱硫脱硝塔、引风机、解析塔、热风炉及氨系统等组成（图 6-10）。

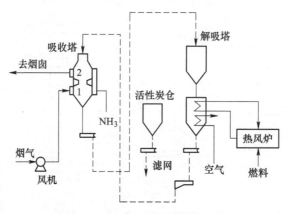

图 6-10　活性炭脱硫脱硝工艺流程

目前国外工业化的活性炭法联合脱硫脱硝技术多采用活性炭作为脱除剂，系统主要包括脱硫脱硝反应器、再生反应器和 SO_2 气体回收加工装置。脱硫脱硝反应器为移动床反应器，烟气与活性炭垂直逆流移动，烟气先经过脱硫反应器脱硫后加入还原剂 NH_3，再经过脱硝反应器脱硝后通过烟囱排入大气；活性炭在反应器内从上到下依靠重力缓慢移动，吸附饱和后从底部排出，送入再生反应器进行再生。再生反应器也为移动床反应器，以间接加热的形式把吸附过 SO_2 的活性炭加热，使活性炭得到再生。反应器内活性炭从上往下移动，停留一定时间后排出反应器，再经筛分送回活性炭脱硫反应器循环使用；产生的高浓度 SO_2 气体送到气体回收生产装置，生产硫酸或其他化工产品。此套装置在一定工艺条件下，脱硫效率可达 95% 以上，脱硝效率可达 70% 以上[5]。

B　液态催化氧化法脱硫脱硝技术

液态催化氧化法（LCO）脱硫脱硝技术是指氧化剂在有机催化剂的作用下，将烟气中的 SO_2 和 NO_x 持续氧化成硫酸和硝酸，随后与加入的碱性物质（如氨水等）发生反应而快速生成硫酸铵和硝酸铵。焦炉烟气液态催化氧化法 SO_2、NO_x 脱除效率可分别达到 90% 及 70% 以上。

硫硝脱除效率高、不产生二次污染、烟温适应范围广等优势使焦炉烟气液态催化氧化法脱硫脱硝技术具有较好的推广前景；但硫酸铵产品纯度、液氨的安全保障、有机催化剂损失控制、设备腐蚀等问题仍是液态催化氧化脱硫脱硝技术亟须解决的难点。

氧化脱硝和氨水吸收一体化脱硫脱硝技术（LCO 技术）[6]，其主要工艺流程为焦炉烟气分别从地下主烟道被引出后汇总，首先进入 H_2O_2 氧化烟道被强制氧化后，进入余热锅炉，在增压风机升压后，经过臭氧氧化烟气中 NO_x 后进入吸收塔。吸收塔采用喷淋塔，配置三层喷淋，按单元制配置吸收液循环泵，吸收塔自下而上依次为底部反应池、脱硫脱硝吸收段、除雾器段、烟气出口段。烟气由一侧进气口进入吸收塔，烟气在上升中穿过吸收段与催化剂吸收液逆流接触，气体中的 SO_2、NO_x 被吸收，完成烟气脱硫脱硝。催化剂吸收液从塔上部经喷嘴往下喷淋，与上行的烟气接触反应，然后与反应后的产物一起进入反应池，反应池内的混合液通过循环泵被泵到塔上部的喷嘴后喷出，实现循环喷淋。净化处理的烟气流经除雾器，在此处除去烟气携带的混合液微滴，冷却和净化后的烟气经塔顶烟囱被排入大气。脱硫脱硝装置氨逃逸小于 3×10^{-6}，脱硫脱硝装置年运行时间 8760h，每年可向大气中减排 SO_2 706.1t、NO_x 1543.5t、粉尘 297.8t。

清华大学在 O_3 氧化脱硝结合氨法脱硫的基础上，利用焦化流程副产品的高浓度氨水和低浓度氨水在一台设备上完成 SO_2 和 NO_x 的同时脱除，同时利用焦化流程的硫铵生产工段完成脱硫脱硝产物的产品化，将烟道气脱硫脱硝合理地"镶嵌"入焦化流程，提高了三废治理过程与主流程的自洽相融，完成了含 S、含 N 废弃物的分布式资源化过程[7]。

双氨法一体化脱硫脱硝技术中试工艺流程如图 5-11 所示，其中涉及的主要反应如下：

（1）O_3 氧化烟道气中 NO：

$$O_3 + NO \longrightarrow NO_2 + O_2 \tag{6-8}$$

$$NO_2 + O_3 \longrightarrow NO_3 + O_2 \tag{6-9}$$

$$NO_3 + NO \longrightarrow 2NO_2 \tag{6-10}$$

$$NO_2 + NO_2 \longrightarrow N_2O_4 \tag{6-11}$$

（2）NO 的氧化物溶于水形成 HNO_3：

$$N_2O_5 + H_2O \longrightarrow 2HNO_3 \tag{6-12}$$

$$2NO_2 + H_2O \longrightarrow HNO_2 + HNO_3 \tag{6-13}$$

$$N_2O_4 + H_2O \longrightarrow HNO_2 + HNO_3 \tag{6-14}$$

（3）液相中 HNO_3 和 NH_3 生成 NH_4NO_3：

$$HNO_3 + NH_3 \cdot H_2O \longrightarrow NH_4NO_3 + H_2O \tag{6-15}$$

（4）SO_2 吸收与氧化：

$$SO_2 + NH_3 \cdot H_2O \longrightarrow NH_4HSO_3 \tag{6-16}$$

$$NH_3 + NH_4HSO_3 \longrightarrow (NH_4)_2SO_3 \tag{6-17}$$

$$(NH_4)_2SO_3 + 1/2O_2 \longrightarrow (NH_4)_2SO_4 \tag{6-18}$$

一体化脱硫脱硝得到的硝酸铵、硫酸铵和亚硫酸铵的混合物，利用焦化流程的硫铵工段，可以增产含有硝酸铵的硫酸铵化肥。2015 年该技术在山东新泰县正大焦化公司建成 $10 \times 10^4 m^3/h$ 的中试应用，实现出口 SO_2 平均浓度低于 10mg/m^3，NO_x 平均浓度低于 150mg/m^3。

C 钠基脱硫与低温 SCR 脱硝联用技术

宝钢湛江焦炉烟气净化项目在中试实验的基础上（25000~40000m^3/h，烟气

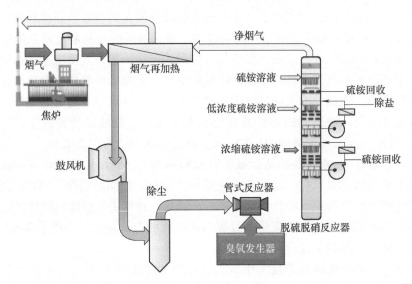

图 6-11　双氨法一体化脱硫脱硝技术中试工艺流程

温度 180~280℃；半干法脱硫效率 80%~98%；中温脱硝效率：210~230℃时脱硝效率>65%、240℃以上时脱硝效率>85%；低温脱硝效率：180℃以上时脱硝效率>90%）完成钠基脱硫与低温 SCR 脱硝联用技术应用，该脱硝技术与日本的焦化脱硝技术类似，也是采用先脱硫、再中温脱硝的方式，脱硝后的催化剂也要加热再生。

低温 SCR 催化技术在兖州某焦化厂进行的试验结果显示在 158~165℃时，入口 NO_x 浓度不超过 $1200mg/m^3$ 且 SO_2 浓度不超过 $150mg/m^3$ 时，脱硝率可达 85%。由合肥工大等共同研发的焦炉煤气焚烧尾气中低温 SCR 脱硝技术中催化剂放弃了传统的钒钛系列，采用棒石黏土矿物为载体、MnO_2 等为活性组分，脱硝效果良好。山西帅科化工设计有限公司开发了一种焦化烟气综合处理工艺，其主要特点是在氧化剂发生装置改进基础上的脱硝效率的提升和运行成本的降低。此外，陕西国电热工研究所开发的低温稀土 SCR 催化剂，能够实现低于 200℃ 的脱硝[8]。燃煤电厂烟气的脱硫脱硝技术应用较为成熟，主要为"NH_3-SCR 烟气脱硝+石灰石湿法脱硫"工艺，若炼焦采用相同工艺，与电厂相比：焦炉烟气温度相对较低，采用中温脱硝（180~280℃）的钒系催化剂的脱硝效率会很低，需大幅加热烟气；烟气中的 SO_2 在 200~250℃极易生成具有腐蚀性的硫酸氢铵致使催化剂中毒；采用湿法脱硫后的烟气温度会低于 130℃，不能直接从烟囱上升排放。

比较有代表性的是中冶焦耐开发的碱法半干法脱硫+低温脱硝[8]。该法通过与出口 SO_2 连接的定量给料装置在塔顶雾化 Na_2CO_3 溶液，与 SO_2 反应生成亚硫酸钠，然后氧化成硫酸钠，通过热解吸装置将烟气升温至 380~400℃，分解吸附在催化剂表面的硫酸氢铵，净化催化剂，在催化剂的作用下通过还原剂 NH_3 选择性地催化还原 NO_x。其特点为先脱硫将 SO_2 降低至 $30mg/m^3$ 以下，降低了对 NO_x 脱除的影响[10]。

脱硫采用半干法脱硫工艺，使用 Na_2CO_3 溶液为脱硫剂，其化学反应为

$$Na_2CO_3 + SO_2 \longrightarrow Na_2SO_3 + CO_2 \tag{6-19}$$

$$2Na_2SO_3 + O_2 \longrightarrow 2Na_2SO_4 \tag{6-20}$$

脱硝采用 NH_3-SCR 法，即在催化剂作用下，还原剂 NH_3 选择性地与烟气中 NO_x 反应，生成无污染的 N_2 和 H_2O 随烟气排放，其化学反应式如下

$$4NO + 4NH_3 + O_2 \longrightarrow 4N_2 + 6H_2O \tag{6-21}$$

焦炉烟气脱硫脱硝的工艺流程如图 5-12 所示，系统主要由脱硫塔、除尘脱硝一体化装置、喷氨系统、引风机、热风炉和烟气管道等组成。两座焦炉排出的烟气（约 180℃）首先进入旋转喷雾脱硫塔，雾化的 Na_2CO_3 饱和溶液与烟气接触迅速完成 SO_2 的吸收，脱硫效率在 80%以上；脱硫后烟气进入一体化装置时先经布袋除尘，再由一体化装置配备的烟气加热模块加热至 200℃后与喷入的 NH_3 还原剂充分混合；混合后的烟气进入低温脱硝催化剂模块层，在催化剂作用下 NO_x 被 NH_3 还原为无害的 N_2 和 H_2O，脱硝效率不低于 80%；净化后的洁净烟气（>160℃）经过引风机送烟囱排放，小部分烟气通过热风炉小幅加热后回用到一体化装置烟气加热模块中。该工艺采取先脱硫的模式可以有效控制后续脱硝过程中硫酸氢铵的生成，为低温高效脱硝创造条件；一体化装置可以集中进行除尘、加热和脱硝，减少管道输送的热损耗，模块化可提高脱硝操作和检修的灵活性；采用低温脱硝催化剂可使脱硫后的烟气仅需小幅加热即可进行高效率地脱硝。此外，160℃以上的排气温度不会在烟囱周围产生烟囱雨，并可以避免烟气温度低于酸露点而引起的烟囱腐蚀。

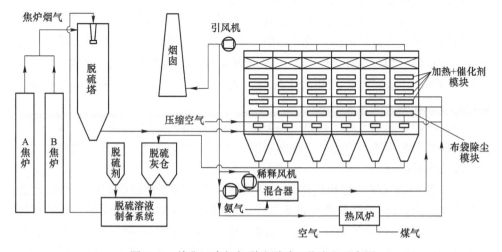

图 6-12　炼焦工序烟气脱硫脱硝工艺流程示意图

先进行烟气脱硫，后除尘，然后低温 SCR 脱硝，实现污染物达标排放，该项目采用碳酸钠半干法脱硫+低温脱硝联合脱硫脱硝除尘工艺：采用碳酸钠作为半干法脱硫工艺，脱硝采用 NH$_3$-SCR 工艺。湛江钢铁炼焦配置 4×65 孔 7m 的顶装焦炉，单座焦炉烟道废气（180℃）量约为 0.26×10^{6}m^3/h（标态），其中，烟（粉）尘约为 20mg/m^3（标态）；采用混合煤气作为燃料后的 SO$_2$ 含量约为 80mg/m^3（标态）；采用废气循环和分段加热的燃烧控制技术后 NO$_x$ 可降至约 500mg/m^3（标态）。湛江钢铁炼焦工序采用了“旋转喷雾半干法脱硫+低温选择性催化还原法（NH$_3$-SCR）脱硝除尘”工艺，成为世界上首个对钢铁企业焦炉烟道废气脱硫脱硝的工程应用实例。

2015 年，由中冶焦耐设计供货的宝钢湛江钢铁焦化项目焦炉烟气净化设施正式投产，标志着世界首套焦炉烟气低温脱硫脱硝工业化示范装置正式诞生。目前，装置各系统运行正常。装置达产后，二氧化硫、氮氧化物排放量分别小于 30mg/m^3（标态）、150mg/m^3（标态），各项指标满足国家《炼焦化学工业污染物排放标准》规定的特别地区环保排放限值。

6.1.3　当前焦炉烟气污染物控制技术存在的问题

（1）脱硝需在高温下进行，脱硫需在低温下进行。单独脱硫与单独脱硝组合顺序的选择。根据工艺条件要求，脱硝需在高温下进行，脱硫需在低温下进行。若选择先脱硫后脱硝，则经过脱硫后烟温降低，进入脱硝工序之前需升温，这将造成能源浪费并增加企业成本；若选择先脱硝后脱硫，在脱硝催化剂作用下，烟气中 SO$_2$ 被部分催化氧化成 SO$_3$，生成的 SO$_3$ 与逃逸的 NH$_3$ 和水蒸气反应生成硫酸氢铵，硫酸氢铵具有黏性和腐蚀性，会对脱硝催化剂和下游设备造成堵塞和腐蚀，从而影响脱硝效果及设备使用寿命。

（2）焦炉烟气脱硫脱硝后排放问题。焦炉烟气经脱硫脱硝后，可选择直接通过脱硫脱硝装置自带烟囱排放或由焦炉烟囱排放两种方式。若选择直接通过脱硫脱硝装置自带烟囱排放，则当发生停电事故时，烟气必须通过焦炉烟囱排放，而焦炉烟囱由于长时间不使用处于冷态，无法及时形成吸力而导致烟气不能排放，从而引发爆炸等安全事故。

脱硫脱硝后的烟气若选择通过焦炉烟囱排放，可能会使烟囱吸力不够、排烟困难，从而引起系统阻力增大、烟囱腐蚀，不利于整个生产、净化系统稳定，甚至引起安全事故。

（3）焦炉烟气脱硫脱硝后次生污染问题。焦炉烟气经脱硫脱硝后可能产生以下次生污染：1）湿法脱硫外排烟气中的大量水汽与空气中飘浮的微生物作用形成气溶胶；2）氨法脱硫工艺存在氨由于挥发而逃逸的问题；3）当前，脱硫副产物的市场前景及销路不畅，会大量堆存污染环境；4）当前的脱硫脱硝催化剂大多为钒系或钛系，更换后，用过的催化剂成为危废，若运输和处理过程中管理不当易产生污染。

焦炉烟气污染治理需有效融合源头控制、低氮燃烧、末端净化3方面；应重视污染物源头控制措施，如有条件的企业应采用高炉煤气或高炉煤气与焦炉煤气的混合作为加热燃料，从源头控制污染物的产生，从而为后续净化系统降低处理难度；选择合理的焦炉煤气脱硫工艺，将焦炉煤气中的硫化氢、氰化氢等尽可能脱除，以减少焦炉煤气作为加热热源燃烧时产生的硫氧化物。

6.2 焦化厂 VOCs 处理技术

挥发性有机物（Volatile organic compounds，VOCs）是指常压下沸点在 50~260℃、常温下饱和蒸汽压大于 133.32Pa、常以蒸气形式存在于空气中的有机化合物。其主要成分有烃类、卤代烃、氧烃、氮烃、硫烃等。由于它们结构性质相似，很容易混合在一起，污染环境，危害人体健康。它与大气中的 SO_2、NO_2 反应生成 O_3，可引起光化学烟雾，并伴随着异味、恶臭散发到空气中，对人的眼、鼻和呼吸道有刺激作用，对心、肺、肝等内脏及神经系统产生有害影响，有些则是影响人体某些器官和机体的变态反应源，甚至造成急性和慢性中毒，可致癌、致突变，同时可导致农作物减产。因此，VOCs 的处理越来越受到重视，已成为大气污染控制中的一个热点。

6.2.1 焦化厂区 VOCs 的来源及现状

煤化工作为传统重工业性行业，在实际生产过程中很容易产生各种尾气，因此煤化工（焦化）也是 VOCs 产生的主要领域之一。炼焦及后续煤气净化涉及的众多化工介质中含有大量的 VOCs。在焦化生产过程中，由于介质流动、温度及压力的变化，极易出现含有 VOCs 的尾气逸散。这些逸散尾气组成复杂，含有不同刺激性、腐蚀性、恶臭甚至致癌致畸的有害成分，是焦化厂异味的主要来源。尾气的排放不仅严重污染环境，影响员工身心健康，加剧装置腐蚀，而且会造成资源浪费，如果处置不当，还存在燃烧爆炸的安全风险。《炼焦工业污染物排放标准》（GB 16171—2012）对大气污染特别排放限值提出了严格的要求。

钢铁厂焦化工序 VOCs（挥发性有机废气）主要源于以下几个方面：

（1）冷鼓工段的水封槽、下液槽、机械化澄清槽等的废气排放。废气的组成为氨气 800mg/m³、硫化氢 50mg/m³、苯并芘 0.07mg/m³、氰化氢 0.6mg/m³、苯 157mg/m³、酚类 3.5mg/m³、非甲烷总烃 240mg/m³。

（2）罐区焦油罐、苯储槽、洗油槽等的废气排放。废气的组成为氨气 200mg/m³、硫化氢 10mg/m³、苯并芘 0.15mg/m³、氰化氢 0.73mg/m³、苯 300mg/m³、酚类 5mg/m³、非甲烷总烃 500mg/m³。

（3）粗苯工段苯储槽、洗油槽、地槽等的废气排放。废气的组成为氨气 200mg/m³、硫化氢 10mg/m³、苯并芘 0.15mg/m³、氰化氢 0.73mg/m³、苯 300mg/m³、酚类 5mg/m³，非甲烷总烃 500mg/m³。

（4）硫铵工段满流槽、结晶槽、母液槽及放空槽等的废气排放。废气组成为氨气 480mg/m³，硫化氢 10mg/m³，氰化氢 0.069mg/m³。

（5）脱硫工段再生塔尾气排放。对于焦化厂的 VOCs 治理主要集中在回收区域。炼焦的除尘装置效果理想可以减少很大一部分 VOCs 的外排，而回收区域涉及的设备众多，各种罐体的放散气直接连通大气，产生的异味严重。氨水、焦油、萘、酚、氰化物、甲烷类烃等物质会逸散到大气中，特别是苯、硫化氢等物质，更是具有强烈的毒性，污染环境，严重影响环境和毒害操作工人的身体。VOCs 末端治理技术分类如图 6-13 所示。

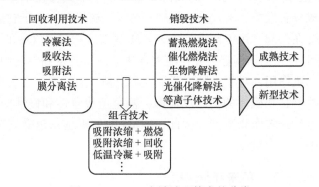

图 6-13　VOCs 末端治理技术的分类

6.2.2　焦化厂区的 VOCs 治理技术

和其他环境治理措施类似，焦化厂尾气治理仍然要遵循“源头减量、过程控制、末端治理”的总体思路。采用先进工艺装备，淘汰落后生产工艺，减少“跑冒滴漏”，实现源头尾气减量。同时，要提高生产管理水平，减少操作维护不当产生的尾气排放，采取适当的治理措施，将产生的尾气加以回收或处理。

焦化厂生产过程产生的尾气种类繁多、性质各异，发生源的特点亦不相同。根据其各自的特点，处理方法也多种多样。目前大部分焦化厂在设计时都设计了有害尾气回收管道系统，在施工时已装配有害尾气回收系统，鼓风、粗苯、油库等槽放散尾气均接入了鼓风机前负压管道。但由于安全原因，都没有很好地发挥作用。一些单位在进行有害尾气治理时，采用洗涤吸附法、吸附燃烧法、洗涤氧化法、吸收法等，尾气治理工艺各有特点，效果各异，投资费用及运行费用也差别较大。VOCs 作为环保指标，之前很少在焦化厂中进行治理。但随着国家环保形势的加剧，民众对于环保的意识也在提高，企业投入资金和技术对 VOCs 的排放进行治理，可以减少企业对环境的污染程度和范围。

VOCs 的治理方法分为回收法和破坏法。回收法可分为冷凝法、吸收法、吸附法、膜分离法等，破坏法可分为稀释扩散法、直接燃烧法、蓄热催化氧化燃烧法、生物法和低温等离子体法。

6.2.2.1 冷凝法

冷凝法是最简单的回收技术，是将废气冷却到低于有机物的露点温度，使有机物冷凝成液滴，再从废气中直接分离出来进行回收。由于有机物蒸气压的限制，离开冷凝器的排放气中仍含有较高浓度的 VOC，不能满足环境排放标准要求。同时，要获得更高的回收率，需要很高的压力或很低的温度，从而使设备费用显著地增加。因此，故冷凝法适合于对回收率要求不高的场所，用于处理中高浓度、组分较单纯的有机气体。

6.2.2.2 吸附法

吸附法是利用活性炭、活性炭纤维、分子筛等多孔材料的巨大比表面积吸附废气中有机物分子来净化空气的方法。活性炭吸附法已经用于印刷、电子、喷漆、胶粘剂等行业对苯、二甲苯、四氯化碳等有机溶剂的回收，适用范围广泛。吸附材料在吸附的过程中会释放大量的热。当吸附材料的比表面积越大时，吸附性能越好，放热量也越大。当废气中的有机溶剂浓度达到一定的比值时，吸附装置的温度急剧升高，存在着发生火灾的安全隐患。当吸附达到饱和后，用水蒸气或热空气进行脱附再生。由于吸附剂不便频繁再生，故该法适于低浓度的有机废气治理，且安全措施要到位，同时，该法需进行除湿和除尘预处理，一次投资比较大。依据脱附介质不同，有水蒸气脱附-溶剂回收技术和热氮气脱附-溶剂回收技术，图 6-14 是一种 VOCs 的吸附回收装置图。

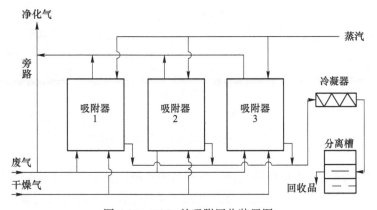

图 6-14 VOCs 的吸附回收装置图

吸附法的优点有：适用于低浓度的各种污染物；活性炭价格不高，能源消耗低，应用比较经济；通过脱附冷凝可回收溶剂有机物；应用方便，只与同空气相接触就可以发挥作用；活性炭具有良好的耐酸碱和耐热性，化学稳定性较高。吸附法存在的缺点有：吸附量小，物理吸附存在吸附饱和问题，随着吸附剂的消耗，吸附能力也变弱，使用一段时间后可能会出现吸附量小或失去吸附功能；吸附时，存在吸附的专一性问题，对混合气体，可能吸附性会减弱，同时也存在分子直径与活性炭孔径不匹配，造成脱附现象；活性炭吸附只是将有毒害气体转移，并没有达到分解有害气体的功效，可能会带来二次污染；不适高浓度废气，不适含水或含粒状物的废气。

6.2.2.3　膜分离法

膜分离法是在压力驱动下，借助气体中各组分在高分子膜表面上的吸附能力以及在膜内溶解-扩散上的差异即渗透速率差进行分离的方法。当废气与膜材料表面接触时，有机物可以透过膜，从废气中分离出来。在膜的进料侧使用压缩机或渗透侧使用真空泵，使膜的两侧形成压力差，达到膜渗透所需的推动力。膜分离法的费用相对独立于需要处理废气的浓度，正比于需处理气体的体积，但设备和运行费用均较高，更适于处理高浓度、较小流量、具有较高回收价值的 VOCs，尤其处理卤化碳氢化合物，较其他技术更有优势。膜分离法既不会有蒸汽脱附中产生酸性物，又节省了破坏法技术中（包括稀释扩散法、直接燃烧法等）所需的后处理洗涤设备，并且环境友好、无二次污染，但运行中因膜易堵塞而需要定期进行化学清洗，前处理要求较高。常用的处理废气中 VOCs 的膜分离技术包括：蒸汽渗透（VP）气体膜分离和膜接触器等，VP 过程常与冷凝或压缩过程集成，图 6-15 是膜分离处理 VOCs 的工艺流程图。目前气体膜分离技术已大量应用于空气中富集氧气浓缩氮气及天然气分离等工业中。

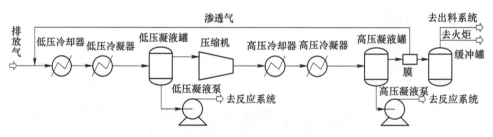

图 6-15　膜分离处理 VOCs 的工艺流程图

有机废气进入压缩机压缩后进入冷凝器中冷凝，其中冷凝下来的有机物可以回收，余下未冷凝的部分通过膜分离单元分成两部分，一部分回流至压缩机，另一部分直接从系统中排出。为保证渗透过程的进行，膜的进料侧压力需高于渗透后气流的侧压力。

膜分离技术具有分离因子大、分离效果好（即净化效果好）的优点，而且膜法净化操作简单、控制方便、操作弹性大。但是该技术投资较大；膜国产率低，价格昂贵，而且膜寿命短；操作过程中膜分离装置要求稳流、稳压气体，操作要求高。

6.2.2.4 吸收法

吸收法是利用液体吸收剂与废气的直接接触而从废气中移出有机物的方法，分为物理吸收和化学吸收。溶剂回收为物理吸收，吸收剂为水、柴油、煤油或其他溶剂。吸收过程：可溶于吸收剂的有机物，从气相转移到液相中，使气相有机污染物变成液相组分。当吸收剂吸收一定量的有机溶剂后，需进一步处理，将吸收剂解吸出有机溶剂。传统的解吸方式为热处理过程。为了保证吸收过程处理好的气体中溶解的有机溶剂及吸收剂中的有机溶剂的浓度足够低，则需要较多的能源才能回收这部分有机溶剂。如用水吸收二甲基乙酰胺（DMAC）时，吸收后水中的有机溶剂浓度一般小于 10%，为了将水与 DMAC 分开，必须将大量的水蒸发，才能得到纯度比较高的 DMAC。另外，吸收过程还有吸收剂的损耗，因此，单独使用吸收法的回收成本高。吸附法处理 VOCs 的工艺如图 6-16 所示。

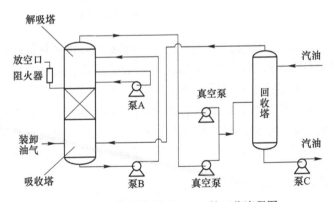

图 6-16   液体吸收处理 VOCs 的工艺流程图

吸收法具有工艺流程简单、吸收剂价格便宜、投资少、运行费用低的优点，适用于废气流量较大、浓度较高、温度较低和压力较高情况下气相污染物的处理，在喷漆绝缘材料黏结金属清洗和化工等行业得到了比较广泛的应用。但吸收法对设备要求较高需要定期更换吸收剂，同时设备易受腐蚀；回收效率低，对于环保要求较高时，很难达到允许的油气排放标准；设备占地空间大；能耗高。

6.2.2.5　催化燃烧法

催化燃烧法是在催化剂作用下将有机废气氧化分解生成 H_2O 和 CO_2，从而净化废气的方法。催化燃烧法利用催化剂作中间体，催化剂起到降低 VOCs 分子与氧分子反应的活化能、改变反应途径的作用。催化燃烧法的优点：起燃温度低，反应速率快，节省能源，处理效率高，二次污染物和温室气体排放量少。催化燃烧几乎可以处理所有的烃类有机废气及恶臭气体，适合处理的 VOCs 浓度范围广。催化燃烧法的缺点：用于处理低浓度、大流量、多组分、无回收价值的 VOCs 废气，装置占地面积较大，操作繁琐，前期投资较高，不能彻底净化处理含硫、含氮、含卤素的有机物。

催化燃烧法处理 VOCs 的工艺流程如图 6-17 所示。

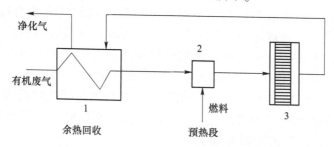

图 6-17　催化燃烧处理 VOCs 的工艺流程图
1—热交换器；2—燃烧室；3—催化反应器

催化燃烧法为无火焰燃烧，安全性好；对可燃组分浓度和热值限制较小；起燃温度低，大部分有机物和 CO 在 200~400℃即可完成反应，故辅助燃料消耗少，而且大量地减少了 NO_x 的产生；可用来消除恶臭。但该技术对工艺条件要求严格，不允许废气中含有影响催化剂寿命和处理效率的尘粒和雾滴，也不允许有使催化剂中毒的物质，以防催化剂中毒，因此采用催化燃烧技术处理有机废气必须对废气作前处理。同时该法不适于处理燃烧过程中产生大量硫氧化物和氮氧化物的废气。

6.2.2.6　光催化氧化法

光催化氧化法是利用特种紫外线波段，在催化剂的作用下，将氧气催化生成臭氧和羟基自由基及负氧离子，再将 VOCs 分子氧化还原的一种处理方式。光催化氧化处理 VOCs 的工艺流程见图 6-18。

光催化氧化法具有选择性，反应条件温和（常温常压），催化剂无毒，能耗低，操作简便，价格相对较低，无副产物生成，使用后的催化剂可用物理和化学方法再生后循环使用，对几乎所有污染物均具净化能力等优点。但该技术对高浓度 VOCs 处理效率一般。

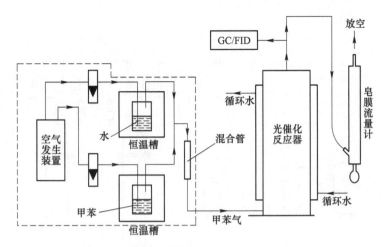

图 6-18 光催化氧化处理 VOCs 的工艺流程图

6.2.2.7 微生物处理法

微生物分解法是在已成熟的采用微生物处理废水基础上发展起来的处理有机废气的方法，通过附着在多孔、潮湿介质上的活性微生物，利用大气中低浓度的有机废气作为其生命活动的能源或养分，将其转化为简单的无机物（CO_2、H_2O）NO_3^-、SO_4^{2-} 等无害物质或细胞组成物质的过程，微生物在氧化降解污染物时获得能量维持自身生物和繁殖。该法适用于处理低浓度有机废气、易生物降解的有机物，但处理有机废气的普适性较差。利用微生物处理 VOCs 的工艺流程图如图 6-19 所示。

利用微生物对废气中的污染物进行消化代谢，实质上是一种生化分解过程，它通过附着在介质上的活性微生物来吸收有机废气，将污染物转化为无害的水、二氧化碳及其他无机盐类。微生物处理法适用范围广，处理效率高，工艺简单，费用低，无二次污染。但该技术对高浓度、生物降解性差及难生物降解的 VOCs 去除率低。

对于 VOCs 的治理，单一的技术很难达到国家现在的排放标准。针对不同的废气处理，将不同的技术相结合才会达到更好的效果。如在去除 VOCs 之前要进行预处理，除掉废气中的尘等；在处理大风量、低浓度且没有回收价值的有机废气时，可以选择转轮浓缩吸附+蓄热式催化燃烧联合技术，有回收价值的有机废气可以选择吸附浓缩技术+冷凝回收技术联用；在处理高浓度有机废气时可以选择冷凝+吸附技术、吸附浓缩+冷凝回收/燃烧技术等；在处理恶臭气体时可选择生物处理+光催化或低温等离子技术；在处理油气回收时可选择冷凝+膜分离技术等。应用合理的联合技术解决单一处理技术无法处理不同 VOCs 的难题，也是

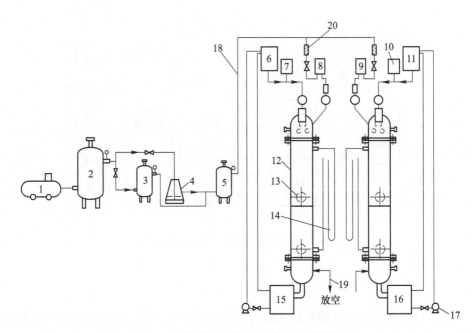

图 6-19　微生物处理 VOCs 的工艺流程图

1—压缩机；2，3，5—缓冲罐；4—配气瓶；6，11—高位槽；7~10—预热器；
12—生物滴滤塔；13—视镜；14—差压计；15，16—循环槽；17—循环泵；
18—入气口采样口；19—出气口采样口；20—转子流量计

今后在处理 VOCs 方面的主流选择。

6.2.3　典型 VOCs 治理工艺

一般焦化厂 VOCs 治理工段包括冷凝、油库区、粗苯以及脱硫工段，其中冷凝、油库区及粗苯工段 VOC 处理工艺流程大体相同，硫铵工段 VOC 处理工艺流程略有不同。

6.2.3.1　冷凝区域尾气治理技术

某大型钢铁企业焦化工序冷凝区域尾气源见表 6-2。

表 6-2　某大型钢铁企业焦化工序冷凝区域尾气源

序号	装置名称	介质	尾气成分	备注
1	初冷器上段冷凝液槽	焦油氨水混合物	氨气、水汽、萘等	温度大约 60℃
2	初冷器下段冷凝液槽	焦油氨水混合物	氨气、水汽、萘等	温度大约 30℃
3	机械化澄清槽	焦油氨水混合物	氨气、水汽、萘等	温度大约 80℃

续表 6-2

序号	装置名称	介质	尾气成分	备注
4	焦油槽	焦油	萘、氨气等	温度大约60℃
5	剩余氨水槽	氨水	氨气、萘、水汽等	温度大约75℃

根据现场实际情况，结合尾气产生量及介质性质，选用了喷射吸收工艺。该工艺的优点是：利用洗涤介质的喷射作用产生微负压，同时实现洗涤介质和尾气的充分接触，吸收效果好且能耗较低；洗涤介质使用蒸氨废水，不产生二次污染。设计上考虑两路冷却水源，一路为低温制冷水、一路为生产水，鼓冷区域尾气冷却水量需要保证在 50m³/h，尾气装置补液采用两路补液方式：一路为软水、一路为蒸氨废水。依照《石油化工管道伴热管和夹套管设计规范》（SH/T 3040—2002）及《蒸汽伴热管设计规定》（T-PD030701C—2008），尾气管道伴热设计为外伴热，伴热介质为蒸汽，同时设计蒸汽清扫管。排气烟囱最高处大于 20m。

尾气经洗涤后，经除雾塔、活性炭装置，确保排放废气指标达到设计指标，经引风机送至排气烟囱排放至大气中，实现现场无异味。冷凝区域尾气处理工艺流程如图 6-20 所示。

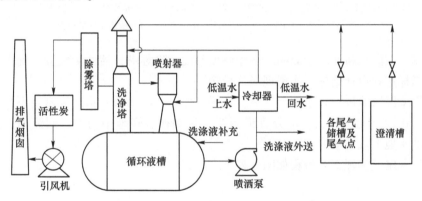

图 6-20　冷凝区域尾气治理工艺流程图

6.2.3.2 粗苯区域尾气治理技术

根据苯类物质易燃易爆的特性，以及苯气密度大于空气、氮气的性质，考虑到安全性和环保效果，粗苯区域苯储槽选用氮封工艺。储槽氮封系统如图 6-21 所示。

氮封工艺不需要外加动力，氮气消耗量很小，密封效果好，氮封系统设计远传压力在线显示，实时监控系统压力变化，粗苯储槽顶部呼吸阀全部更换为氮封配套的阻火式呼吸阀。粗苯地下池、油水分离器、终冷后煤气油封等尾气及苯储槽氮封泄压苯气进入洗涤装置。

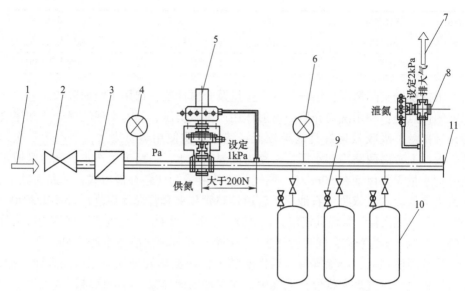

图 6-21　储槽氮封系统图（泄氮气接至尾气处理系统）

1—氮气气源；2—切断阀；3—过滤器；4—氮气压力表；5—进氮阀；6—平衡压力表；
7—泄氮气；8—泄氮阀；9—呼吸阀；10—苯槽；11—槽体尾气平衡管

　　排气烟囱最高处大于 20m。洗净塔顶部设计除雾塔、活性炭装置，确保排放废气指标达到设计指标，实现现场无异味。

　　粗苯区域需进行以下配套改造：各轻苯槽、分离水槽、水封等密封不严，部分阀门锈蚀，无法开关，部分管道堵塞（洗油槽、轻苯中间槽、回流槽、残渣槽、油水地下放空槽等）。

　　粗苯尾气治理工艺流程如图 6-22 所示。

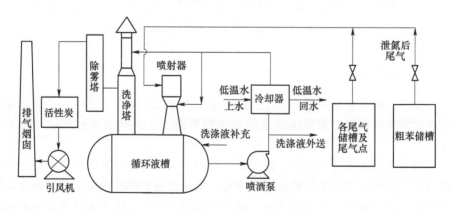

图 6-22　粗苯尾气治理工艺流程图

6.2.3.3　油库区域尾气治理技术

焦油储槽、粗苯储槽、洗油储槽等槽内氨、苯、萘等有毒有害气体会不断逸出，污染环境的同时对人体造成损害较大，根据生产工艺和设备布局的情况，焦油、粗苯、洗油等物质尾气需用洗涤方式进行治理，槽罐采用氮封技术进行保压，考虑到安全问题，装车时采用喷射吸收洗净法。油库区域尾气治理工艺流程如图 6-23 所示。

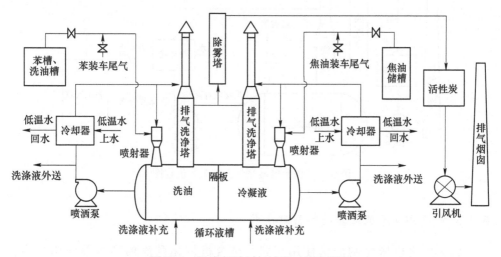

图 6-23　油库区域尾气治理工艺流程图

油库区域对苯储槽采用氮封装置（氮封系统设计远传压力显示），泄氮排出尾气和洗油储槽、苯装车尾气设计一套系统进行处理，喷洒液选择新洗油，洗涤后洗油送至粗苯系统或新洗油槽内。

焦油大槽采用氮封装置（氮封系统设计远传压力显示），泄氮排出尾气和焦油装车尾气设计一套系统进行处理，喷洒液（补充液）选择干熄焦来软水，洗涤后水送至油库地下池或接至地下池外送管外送。

经洗涤后的苯气和氨气由洗净塔上部抽出，经除雾塔、活性炭吸附进一步脱除有机挥发性物质，达到标准后，经引风机引至排气烟囱排放至大气中，工艺流程简图如下。

油库区域需进行以下配套改造：焦油储槽、分离水槽密封不严，放散阀无法开关；轻苯中间槽、储槽等呼吸阀需更换；装车平台处 VOC 治理需综合考虑适用性。

6.2.3.4　脱硫区域尾气治理技术

脱硫区域采用了真空碳酸钾工艺，根据该工艺特点，尾气成分主要是酸性气体，本工段的尾气采用碱液洗涤吸收中和，工艺同冷凝尾气工艺相同，主要处理储槽及地下池尾气。

需进行以下配套改造：槽体及顶部腐蚀，密封不严，集中放散管腐蚀；液下槽地坑需进行改造密封（放空槽、富液槽、冷凝液槽、循环槽等）。

脱硫区域尾气治理工艺流程如图 6-24 所示。

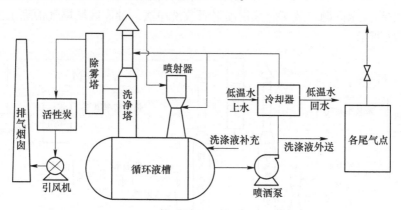

图 6-24 脱硫区域尾气治理工艺流程图

6.2.3.5 VOCs 治理配套设备密封技术

针对焦化机械化刮渣槽使用现状，结合机械化刮渣槽结构及使用特点，VOCs 治理配套使用的密封技术方案如下：

（1）结合现场特点，使用机械化刮渣槽专用密封装置及配套的渣斗装置，使用装置后，明显改善了现场工作环境。渣斗密封系统工艺流程如图 6-25 所示。

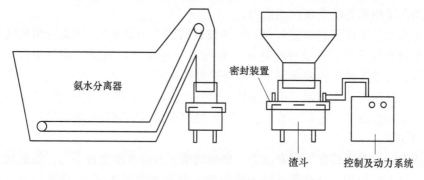

图 6-25 渣斗密封系统工艺流程图

（2）设计安装机械化刮渣槽放料斗密封装置，通过密封装置，可有效防止放料斗放料时液体喷溅，杜绝焦油异味扩散，现场环境可得到明显改观。密封装置设计为自动控制，且保证放料斗在渣斗倒运作业时清洁作业，同时实现设备维护简单，操作方便，可明显降低现场工人的劳动强度。

（3）针对现场工况及设备结构特点，渣斗不进行重新设计，对现有渣斗进行了改造，实现密封，通过渣斗与密封装置的密封连接，可以使放料作业在设定的密闭空间进行，防止异味扩散。待渣斗盛满焦油渣时，采用现有操作方式，倒运焦油渣，不改变现有的倒运模式。

（4）使用前后效果对比如图 6-26 所示。

图 6-26　渣斗密封系统使用前后效果对比图

（5）储槽密封改造。各水封槽、焦油氨水分离存储设备腐蚀泄漏，特别是设备顶部密封性差，放散阀、放散管堵塞、腐蚀，阀门无法开关，需要检修治理。检修部位如初冷系统及电捕水封、上下段水封、鼓风机水封、下段冷凝液槽、机械化氨水澄清槽、焦油分离器、地下放空槽、焦油中间槽、循环氨水槽、剩余氨水槽等。

6.3　焦化废水绿色处理技术

6.3.1　焦化废水的来源和性质

焦化废水来自煤制焦工艺中的备煤、湿法熄焦、煤油加工、煤气冷却、脱苯脱萘等过程，类别主要包括除尘废水、剩余氨水、酚氰废水、脱硫废液、煤气水封水等。废水中的特征污染物为氨氮、苯酚、氰化物、硫化物和油分。由于焦化废水水质组分复杂、难降解污染物质多、毒性抑制物质浓度高、水量浮动较大，生化处理过程中难以实现有机污染物的完全降解，对环境构成严重危害。其主要来源如图 6-27 所示。

焦化废水的来源中，剩余氨水总量最大，占到焦化废水产量的一半以上，这也是焦化废水高含氮的主要原因。煤气冷却水、湿法熄焦废水和煤气直接冷却水

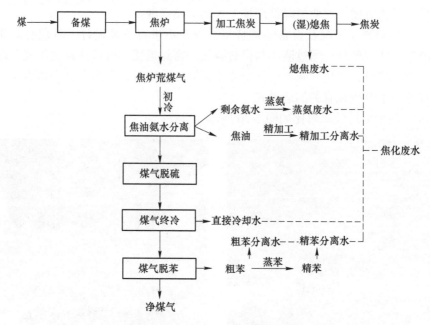

图 6-27 焦化废水产生来源示意图

含有大量酚氰等污染物，因此，焦化废水中含有酚、氨氮、氰、苯、吡啶、吲哚和喹啉等几百种污染物[11]，物质成分复杂，污染物浓度高、色度高、毒性大，性质非常稳定，其 COD_{cr} 很高，一般都在 3000～8000mg/L，氨氮含量也很高，BOD_5∶COD_{cr} 一般为 0.2～0.3，是一种典型的难降解有机废水。典型焦化废水指标和主要污染物成分如表 6-3 和表 6-4 所示。

表 6-3 典型焦化废水主要水质指标

pH 值	COD_{cr}	悬浮物	吲哚	苯酚	氨氮	氰化物	硫化物
9～11	11000±500	150±20	400±40	2200±200	200±30	30±10	70±20

注：除 pH 值无量纲外，其余指标单位均为 mg/L。

表 6-4 典型焦化废水主要污染物和含量

项 目	浓 度	项 目	浓 度
酚类/mg·L⁻¹	3000±300	多环芳烃/μg·L⁻¹	15000±300
苯酚/mg·L⁻¹	2200±200	萘/μg·L⁻¹	6000±200
甲基酚/mg·L⁻¹	500±100	芴/μg·L⁻¹	1500±100
喹啉类/mg·L⁻¹	30±5	蒽/μg·L⁻¹	1000±50
喹啉/mg·L⁻¹	10±2	芘烯/μg·L⁻¹	800±300

项　目	浓度	项　目	浓度
异喹啉/mg·L^{-1}	20±3	荧蒽/μg·L^{-1}	500±30
腈类/mg·L^{-1}	80±15	菲/μg·L^{-1}	400±30
吲哚类/μg·L^{-1}	50±10	芘/μg·L^{-1}	300±20
砒啶类/μg·L^{-1}	200±5	蒽/μg·L^{-1}	100±10

6.3.2　焦化废水源头控制

6.3.2.1　焦化废水的源头

焦化废水主要是在化产过程中产生，但究其源头，其主要来源是燃煤中固有水分。源头控制是焦化废水最经济、最高效的控制手段。一般焦化原煤中外在水分为 8%~12%，化合水为 2%。外在水分在炼焦过程中很容易挥发逸出，化合水则受热后裂解，两种水分随荒煤气经初冷凝器冷却形成冷凝水；之后高温粗煤气通过喷淋大量的氨水降温，冷却后的氨水与焦油进入氨水分离槽分离后部分回用于粗煤气的降温，另一部分与冷凝水一同作为剩余氨水排出。剩余氨水是焦化废水中水量最大的一股废水，废水量占全厂废水总产生量的 50% 以上，剩余氨水的产生过程决定了其含有高浓度氨类和油类污染物，水质成分复杂，通常需进行蒸氨处理。

6.3.2.2　焦化废水源头水分控制

采用煤调湿（CMC）技术，大幅降低装炉煤水分含量，可从源头降低焦化废水的产生量。如果采用煤调湿技术，在不考虑装煤问题的情况下，将燃煤含水量降低到 6%，通常可减少约 30% 的剩余氨水量，这不仅减少了焦化废水产量，同时也降低了蒸氨能耗。另外采用 CMC 技术后，煤料含水量每降低 1%，炼焦耗热量就降低 62.0MJ/t（干煤）[12]，也有利于降低焦化能耗。

6.3.3　焦化废水中油的回收

焦化生产中一般可以回收净煤气、粗苯、硫铵、氨、酚、焦油以及由焦油精炼蒸馏得到的萘、蒽、菲、沥青等，它们可以作为燃料、药品、塑胶、化工等工业中非常重要的原料[7]。重点论述焦化废水中回收酚和氨的过程，采取先脱氨后脱酚的顺序[8]，研究了蒸氨过程初始 pH 值、萃取 pH 值、萃取温度和萃取相比对氨、酚回收的影响。

针对焦化废水的特点采用有效的悬浮颗粒/油水分离、氨氮/苯酚等化工产品的回收以及有毒污染物的脱毒或毒性削减工艺是保证生物处理系统实现高效生物降解和转化的重要前提,可进一步优化可继续降低后续生物处理的进水负荷以及减少深度处理中的药剂投加量,在提高废水处理工艺稳定性的同时,降低废水处理厂运行费用。

6.3.3.1 氨的回收

关于氨的回收,焦化废水中高浓度的氨氮主要源自剩余氨水。虽然氮元素在微生物的生长过程中不可或缺,但微生物对氨氮的需求量远远小于碳元素,高浓度的氨氮物质对水中微生物甚至会产生抑制作用。目前,氨主要以氨水、硫酸铵以及硫酸铵镁的形式进行回收。国内最常见的回收氮工艺是蒸氨法,即向废水通入大量的高温蒸汽,通过高温蒸汽与废水充分接触,析出可溶性气体,再在吸收器中用磷酸铵溶液使氨与其他气体分离。富氨溶液送入汽提器,氨经过蒸馏提纯并回收利用,同时磷酸铵溶液得到再生。

向剩余氨水中加入碱液将无法加热分解的固定铵盐转化成通过加热可以直接分解游离氨,是蒸氨回收工艺中的一个重要环节,其反应如式 (6-22)、式 (6-23)。

$$NH_4Cl + NaOH \rightleftharpoons NH_3 + NaCl + H_2O \tag{6-22}$$

$$NH_4(SO)_4 + 2NaOH \rightleftharpoons 2NH_3 + Na_2SO_4 + 2H_2O \tag{6-23}$$

废水初始 pH 值对氨回收的实验数据示于图 6-28 中。理论上,根据式 (6-22)、式 (6-23) 的解离平衡,加碱量越大,溶液的 pH 值越高,游离氨所占的比例越大,气液传质的推动力也越大,越有助于氨的回收[10]。在初始 pH = 10、t = 50min 下进行的蒸氨过程,氨氮的去除率为 68.53%;初始 pH 值升高到 12 时,氨氮去除率升高到 87.83%。

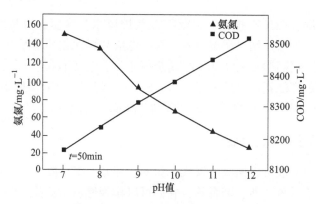

图 6-28　废水初始 pH 值对氨回收效果的影响

然而大量碱液的加入,不仅增加废水的处理成本,而且随着 pH 值的升高,溶液中呈分子态亲油的苯酚就越少,被蒸馏去除苯酚的量也会减少,因此造成废水处理 COD 去除率的降低,从初始 pH 值为 10 升高至 pH 值为 12,COD 升高了约 125mg/L。因此，应当选择一个合适的加碱量，在既能够高效回收氨的同时，又尽可能地降低废水 COD 和运行成本。蒸氨后的废水 pH 值会降低，较低的 pH 值可以提高萃取剂对弱电解的酚类物质的萃取分配系数，有利于萃取工段中对酚的回收。

以某焦化厂氨回收为例，其采用三级强化氨吹脱反应塔系统。乳油池分离出水进入氨吹脱集水池后，采用石灰乳把 pH 值调至 10~12，用水泵把水抽提至吹脱塔顶部喷淋。水流在下降的过程中被丝状的疏水填料切割成具有大表面的细小水珠，与错流的空气充分接触释放氨气，上流的气体把氨气迅速携走。

尾气在吹脱塔顶部的吸收塔里经弱酸性吸收液吸收处理后高空排放。氨吸收液用泵送至化工车间蒸氨塔与浓氨废水一起进行蒸氨处理。吹脱塔的水回流塔底的集水收集池，经水泵多次循环吹脱，强化脱氨的效果。第一级吹脱塔出水流入第二级、三级氨吹脱塔进行再脱氨处理，出水进入集水调节池。三级强化氨吹脱反应塔系统可以回收约 75% 的氨氮。集水调节池出水采用高效混凝预处理工艺，利用特殊配方复合型混凝剂中有效组分的配体交换、物理及化学吸附、络合沉降等作用，使废水中的有毒污染物得以高效去除和分离。调节池中还设置表面曝气机，并将风机剩余的风量引入调节池底部，进一步均匀水质及降低水温。前混凝后硫化物和氰化物分别降低到 20mg/L±5mg/L 和 10mg/L±5mg/L。

6.3.3.2 酚的回收

酚的回收方法主要有吸附、溶剂萃取和汽提。其中，萃取脱酚是利用混合物各组分在某溶剂中溶解度的差异而实现组分分离，一般可以分为单级萃取、多级错流、多级逆流三种方式。影响萃取脱酚的因素主要是萃取剂的种类和萃取的工艺参数，工艺参数中废水初始 pH 值、萃取温度、萃取相比和萃取级数对萃取效果影响较大。

表 6-5 中列出了常用萃取剂及其基本的物理化学性质。由表可以看出，MIBK 在水中的溶解度相对较大，容易在处理过程中产生二次污染，而且价格较贵，生产成本预算较大；MTBE 的分配系数较低；TBP-30%焦油在水中溶解度小，分配系数大，价格也较为经济。

表 6-5 常见萃取剂的物理化学性质

萃取剂	分子量 /g·mol⁻¹	沸点 /℃	饱和蒸气压 (20℃)/kPa	水中溶解度 (39℃)/%	密度 (25℃) /g·cm⁻³	对苯酚分配系数 (20℃)
甲基异丁基酮 (MIBK)	100.16	115.9	2.13	1.47	0.8	100
甲基叔丁基醚	88.15	55.2	31.9	2.5	0.74	57.4
磷酸三丁酯 (TBP) -30%焦油	266.32	289	2.67	0.1	0.97	171.9

下面以 TBP-30%焦油作为萃取剂进行萃取脱酚，说明溶液 pH 值、温度和相比对苯酚回收的影响（图 6-29）。

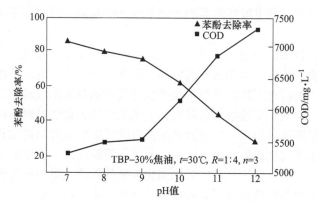

图 6-29 废水初始 pH 值对萃取脱粉效果的影响

在萃取过程中，被萃取的分子态溶质进入有机相，离子态溶质则留在水相中，苯酚与 TBP 的萃取平衡可用式（6-24）表示。苯酚属于 Lewis 弱酸，在水中会发生微弱的电离，其电离程度受水相 pH 的影响，在酸性条件下苯酚几乎不发生电离，苯酚以分子状态存在，萃取脱酚的效果较好；随着 pH 值的升高，苯酚开始发生解离而以酚盐的形式存在，使得萃取回收酚的效果下降；当 pH 值升高到 9 以上时，苯酚的解离更加显著，离子态的基团亲水性极大增强，在水中的溶解度也随之大幅提高，从而造成脱酚效率显著降低。

所以为了获得更好的萃取脱酚效果，萃取前应将废水的 pH 值调低。但实际工程中焦化废水不仅水量较大而且含有大量的氨盐，加酸后会形成缓冲体系，若加酸调节 pH 值需要的酸量很大，可将废水的 pH 值调节在 7~9，以节约调酸所消耗的成本。本实验中当 pH 值为 9 时，苯酚的去除率为 75.19%，COD 的去除率为 33.91%。

$$\text{PhOH} + n\text{TBP} \Longleftrightarrow \text{PhOH} \cdot n\text{TBP} \tag{6-24}$$

从图 6-30 中可知，苯酚物质的萃取随着温度的升高而降低。因为 TBP 是一种中性含磷、氧萃取剂，温度升高对萃取溶剂 TBP 与苯酚分子间的氢键相互作用不利，即使式（6-24）的平衡向左移动，而低温有利于此平衡向右移动，有利于苯酚的萃取。

当温度从 30℃升高到 60℃时，苯酚的去除率降低了 28.24%，COD 的去除率降低了 13.60%。一般而言，相比越大，两相之间的浓差也越大，可以更大限度地促进萃取传质过程，而且相比越大，所需萃取级数也会相应的减少[15]，萃取相中苯酚的浓度也越低。

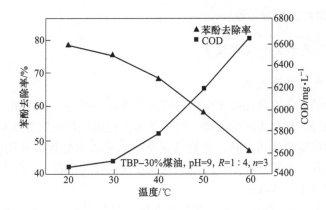

图 6-30 萃取温度对萃取脱粉效果的影响

但是增加相比的同时，溶剂消耗增加，溶剂再生的费用也随之增加。因此，在满足工艺和设备指标的情况下，相比越小越好。实验中相比 R 从 1:1 降低到 1:5 时，苯酚的去除率降低了 15.06%，COD 升高约 1200mg/L，实验结果示于图 6-31 中。

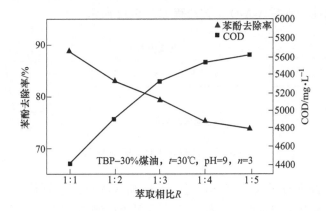

图 6-31 萃取相比 R 对萃取脱粉效果的影响

综上，在 pH=10、t=50min 条件下进行蒸氨工序；随后选用 TBP-30%煤油作为萃取剂，在 pH=9、T=30℃、R=1:4、n=3 的条件下进行萃取脱酚步骤，氨氮及苯酚总的去除率分别为 70.05%以及 76.03%，COD 和油分的去除率分别可达到 36.32%、36.79%，而硫化物及氰化物基本没有去除。通过蒸氨/脱酚的分离工艺主要得到氨、苯酚，还可以得到如硫酸铵、硫黄等基础化工原料，其再通过精馏提纯后可供于市场。

6.3.4　焦化废水的终端处理[13]

6.3.4.1　焦化废水生物处理技术

A　传统生物处理技术

物理化学的方法对焦化废水中的难降解物质有很好的去除作用,但一般对氮的去除并不明显。焦化废水的处理一般都要考虑利用生物脱氮技术对氮进行进一步去除,同时降解有机污染物。活性污泥法是焦化废水处理最常用的技术方案,针对好氧微生物的处理,在焦化废水的处理中使用较为广泛。传统的生物脱氮技术主要有 A-O 工艺、A-A-O 工艺等。

A-O 工艺即缺氧–好氧工艺,缺氧段在前,好氧段在后,好氧段至缺氧段有混合液回流,焦化废水在缺氧段完成有机氮的氨化,同时好氧段回流含硝态氮和亚硝态氮的硝化液回流至缺氧段,在反硝化菌的作用下将 NO_3^- 和 NO_2^- 还原为 N_2,达到氨氮无害化,好氧段的主要作用是完成污染物的深度净化,并完成氨氮的硝化。

A-A-O 工艺是在 A-O 法流程前加一个厌氧段,废水中难以降解的有机物通过酸化厌氧作用开环变为链状化合物,链长的化合物断链为链短的化合物,提高了废水的可生化性。典型 A-A-O 工艺流程如图 6-32 所示。

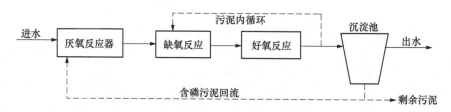

图 6-32　典型 A-A-O 工艺流程图

通过对 A 段和 O 的反应器的改造,A-O 和 A-A-O 工艺延伸有很多变种,通常不用的厌氧和好氧技术组合,如上流式污泥床过滤器 UBF（A 段）+曝气生物滤池 BAF（O 段）、A-A-O+MBR 等,对污水处理的效果也大不一样。

B　生物强化处理技术

生物强化处理技术是指通过向传统的生物处理系统中投加高效降解微生物,增强对难降解有机物的降解能力,提高其降解速率,并改善原有生物处理体系对难降解有机物的去除效能。焦化废水中污染物种类复杂,部分难降解污染物对微生物体系有抑制作用,生物强化技术可在不改变现有工艺规模的情况下,提高系统的整体处理能力,强化难降解污染物的降解效果,在现有生化系统基础上引入生物强化技术是焦化废水提标改造的一条实用思路。

解宏端等[14]采用生物强化技术，向活性污泥系统中投加高效菌剂，考察其对焦化废水处理的改善效果。在高效菌液投加比（$V_{菌液}/V_{焦化废水}$）为 0.3%、水力停留时间为 15h 时，系统对 COD_{cr} 去除率为 85.60%，远高于未投菌的对照组（60.87%），表明在原有处理设施中投加高效菌液可以提高系统处理能力。

张彬彬等[15]将筛选出的 HDCM 高效复合微生物菌剂固定化于酶载体中，其密度接近于水，在池内处于流化状态，传质效率极高，从而使废水的基质降解速度加快，同时大幅提高了单位体积菌群生物量，提高了系统抗氨氮冲击负荷。

孙艳等[16]在北京焦化厂废水中分离得到 1 种以苯酚为唯一碳源的菌株，采用海藻酸钠对其进行包埋固定，考察固定化细胞的性能。结果表明，固定化细胞最大反应速度和底物饱和常数均大幅提高，抗耐性明显强于未固定化的游离悬浮相。

另外，新型生物脱氨氮技术与传统脱氨氮技术的原理不同，它包括全程自养脱氮、短程硝化反硝化脱氮、厌氧氨硫化脱氨氮等方法。这些方法多数处于试验研究阶段，技术尚不成熟，但它们对于在开辟废水生物脱氨氮技术的新领域方面有深刻的意义。

6.3.4.2　焦化废水物化处理技术

A　焦化废水的液固相分离

焦化废水主要含有固相的悬浮颗粒、液相的油分、有机/无机污染物以及溶解在废水中的各种气体，其包括焦油气、飞灰以及灼热的焦炭与空气接触生成的 CO、CO_2、NO_2 等。相分离预处理工艺主要是针对焦化废水中悬浮颗粒和油分。悬浮物的存在会使水体变得浑浊，加速管道和设备堵塞、磨损，影响回收设备的工作效率，干扰废水处理过程。

而油类物质会黏附在菌胶团和污泥颗粒的表面，在阻碍可溶性有机物进入生物细胞壁的同时，还会使得污泥颗粒上浮至水面，造成污泥絮体的流失和死亡，影响生物系统的正常运行。采用重力沉降的方法，可实现良好的相分离过程。

从图 6-33 中可以看出，重力沉降有很好的悬浮物和油分去除效果，随着静置沉淀时间的延长悬浮物和油分的去除率也逐渐升高，沉淀时间为 90min 时，悬浮物和油分的去除趋于稳定，56.05%的悬浮颗粒得到去除，去除的悬浮颗粒主要包括焦化过程中产生的废渣以及泥沙、工艺管道中腐蚀产物、夹杂着有机物以及细菌等。油分的去除率为 46.54%，主要形式是浮油、重油和分散油，焦化废水中还含有一些粒径较小、比较分散的乳化油和溶解油，需要通过加入破乳剂以及介质过滤去除。

部分有机物通过黏附在悬浮颗粒表面得以去除，沉降 90minCOD 和苯酚去除

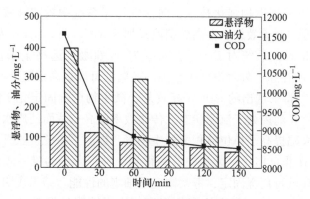

图 6-33   重力沉降的相分离效果

率可达到 24.99% 及 7.28%，硫化物、氰化物和氨氮基本没有去除。重力沉降分
离得到带有粉尘的油渣和含有沥青成分的焦油，经过连续蒸馏可以分离制取萘、
蒽、菲、咔唑等很多医药化工中间体的成分。此外，油、悬浮颗粒的去除可以有
效地解决工业应用中酚氨热交换器堵塞的问题，以及由于油和悬浮颗粒的吸附而
造成的酚萃取效率低的问题。

以韶关某焦化废水工程为例，其工艺分为预处理、生物处理以及深度处理工
艺。该工艺的污水处理量为 60m³/h，污水指标如表 6-6 所示。

表 6-6   韶关某焦化厂废水指标   （mg/L）

项目	悬浮物	油	氨氮	苯酚	COD_{cr}
指标	150±20	400±40	200±30	2200±200	11000±500

废水中悬浮物、油等污染物浓度均偏高，无法直接进入生化阶段。因此该工
程设置旋流除油池、竖流除油池和乳化分离池等相分离设施。在旋流分离器中分
离出大部分的重油和轻油，并通过油泵和自流方式分别送至重油和轻油储油罐存
放。富集后的重油储存于储油罐中，经油水分离后外送至焦油车间回收利用，上
清液返回焦化废水进水口进行再脱油处理。

轻油含水较多，送至储油罐后通过油水分离流至二级储油罐，经过蒸汽加热
强化油水分离后流至三级储油罐，定期外送。第一和第二级储油罐中油水分离的
下清液也返回焦化废水进水口进行再脱油处理。经相分离步骤后悬浮颗粒与油分
分别降到 60mg/L±10mg/L 和 200mg/L±20mg/L。

B   混凝气浮工艺

混凝/气浮预处理通过降低胶体表面的 ξ 值而减弱由静电排斥产生的对颗粒絮
凝的不利影响，且絮体颗粒从周围水体吸附大量有机物质而使其表面疏水性增加，
有利于微气泡的黏附，同时絮体颗粒比原胶体污染物大得多，有利于微气泡的碰

撞。此外，微气泡破裂时产生的羟基自由基，对有机污染物也有一定的氧化作用。

在焦化废水体系中，混凝/气浮工艺主要以沉淀、络合反应来削减毒性较大的 CN^-、SCN^- 和 S^{2-}。以 $FeSO_4$ 为混凝剂为例，碱性环境下 $FeSO_4$ 水溶后主要以 Fe^{2+} 的形式存在，与 OH^- 生成 $Fe(OH)_2$ 沉淀，与 S^{2-} 生成 FeS 沉淀，与 CN^- 生成白色沉淀 $Fe(CN)_2$，待 FeS 沉淀完全后，CN^- 还可以与 Fe^{2+} 发生络合反应生成 $Fe_2[Fe(CN)_6]$ 的络合物，具体的反应方程式如式 (6-25)~式 (6-28)。

$$Fe^{2+} + 2OH^- \rightleftharpoons Fe(OH)_2 \qquad (6-25)$$

$$Fe^{2+} + 2CN^- \rightleftharpoons Fe(CN)_2 \qquad (6-26)$$

$$3Fe^{2+} + 6CN^- \rightleftharpoons Fe_2[Fe(CN)_6] \qquad (6-27)$$

$$Fe^{2+} + S^{2-} \rightleftharpoons FeS \qquad (6-28)$$

这些重金属络合物和沉淀物具有较强的吸附作用，所以在被气泡提升的同时又有一部分溶解性的有机污染物被去除，废水初始 pH 值和混凝剂用量对焦化废水毒性物质转化的实验结果如图 6-34 和图 6-35 所示。

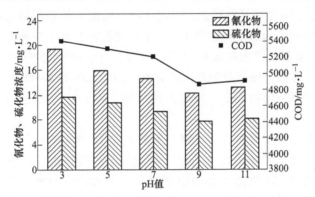

图 6-34　废水初始 pH 值对混凝/气浮的效果的影响

从图 6-34 可以看出，溶液 pH 值对硫化物和氰化物的去除的影响较小，该体系中发生的络合沉淀反应可以在很宽的 pH 值范围内进行，但 COD 的去除率是随着 pH 值的升高先升高再有稍许的降低。

这是因为当 pH<7 时，水解受阻，多铁核羟基配合物以—OH 为架桥形成多核正电配离子的过程受到抑制，Fe^{2+} 只能形成吸附和电中和能力较弱的单核络合物，此外，有机胶体被带正电过量的 H^+ 包围，致使混凝效果较差。

随着 pH 升高，Fe^{2+} 被氧化成 Fe^{3+} 并水解成多核络合物，具有较强压缩双电层、吸附、电性中和以及架桥能力的，与有机胶体形成稳定的胶体体系，利于胶体从溶液中脱离，混凝效果提升。pH>9 时，负电荷不断增加，导致胶体出现"再稳"现象，$Fe(OH)_3$ 等络合物重新溶解，电性中和能力下降，对有机物的去除效果又变差。

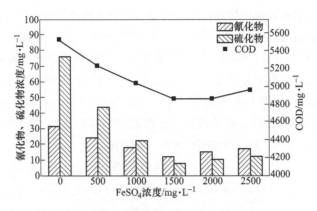

图 6-35　$FeSO_4$ 投加量对混凝/气浮的效果的影响

从图 6-35 可以看出，当混凝剂浓度较低时，体系中胶体的去除机制为电性中和，难以发挥混凝剂的效果而最大限度地去除水中污染物。当混凝剂浓度逐渐增大后，$FeSO_4$ 水解生成具有较强的吸附和电中和能力的羟基络合物。这些络合物通过降低水中胶体和悬浮颗粒表面的 ξ 电位使胶粒脱稳、凝聚和沉淀。

同时，Fe^{2+} 被氧化并水解成 $Fe(OH)_3$ 胶体，这些胶体能够有效地网捕、卷扫废水中的胶体悬浮物，使之凝聚和沉淀分离。因此，随着 $FeSO_4$ 用量增加，水解生成的多铁核羟基络合物增多，混凝作用增强，硫化物、氰化物以及 COD 的去除率显著升高。

但是当混凝剂浓度过大后，水解产生的大量 H^+ 将包裹在胶体周围，胶体粒子间斥力得以强化，胶体出现"再稳"现象，阻碍胶体进一步聚集，混凝效果反而降低，硫化物、氰化物以及 COD 的去除率反而略微有所反弹。而且过量的混凝剂必然导致污泥量的增加，无形中又增加了污泥处理成本。

综上，在 $FeSO_4$ 投加量为 1500mg/L、初始 pH＝9 条件下进行的混凝/气浮步骤，硫化物及氰化物的去除率分别为 89.93% 和 60.68%，COD、油分、苯酚和氨氮的去除率分别为 12.01%、63.20%、3.08% 和 2.95%。

加压溶气气浮工艺流程如图 6-36 所示。

C　臭氧氧化技术

不同于混凝/气浮对污染物的络合沉淀机理，臭氧氧化是利用氧化性极强的臭氧分子和·OH 与有机污染物进行系列自由基链的反应，从而破坏污染物的结构，使其逐步降解为无害的低分子有机物，最后分解为二氧化碳、水和其他矿物盐。此方式可使焦化废水中的污染物通过高效氧化的方式转变为无害物质，从而产生杀菌、除臭等效果。一般来说，臭氧在过量的情况下会被分解成为氧气，同时不会产生二次污染，缺点是投资较高，且消耗大量电，操作过程较为严格，避免臭氧出现泄露，对周边的生态环境造成污染。

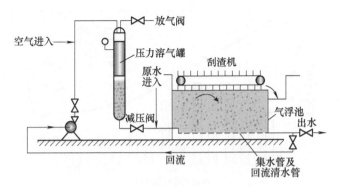

图 6-36 加压溶气气浮工艺流程图

臭氧氧化的效果受多个因素的影响，废水初始 pH 值和臭氧预氧化时间对焦化废水毒性物质转化的实验结果示于图 6-37 和图 6-38 中。

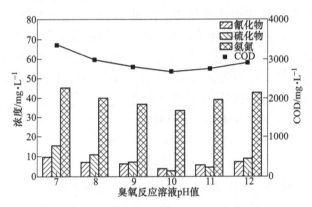

图 6-37 废水初始 pH 值对臭氧预氧化中毒性物质转化效果的影响

从图 6-37 可以看出，在反应时间为 80min 时，随着废水初始 pH 值的升高，COD、氰化物、硫化物、氨氮的去除率都呈现先升高后降低的趋势，当 pH 值为 10 时，臭氧预氧化对毒性物质转化的效果最好。这是因为臭氧氧化可以分为臭氧的直接氧化以及由臭氧生成的·OH 的间接氧化。

增加溶液的 pH 值能够提高·OH 的产生量和速率，并能将水溶液中的·OH 浓度稳定维持在较高的水平。但过高的 pH 值条件下臭氧的自分解速率太快，水中的·OH 达到一定浓度时，产生的·OH 相互发生淬灭反应，降低了反应物对·OH 的利用率，使得氧化效果变差，反而引起处理效果的下降。

从图 6-38 中可以看出，随着反应时间的增加，臭氧不断通入废水中，硫化物和 COD 的去除率不断升高。但氰化物在前 20min 以及氨氮在前 40min 的浓度不仅没有降低反而迅速升高。这是因为焦化废水中存在大量的硫氰化物，根据硫

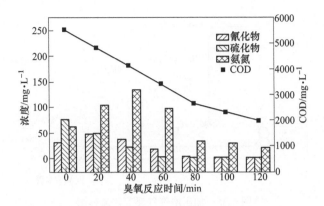

图 6-38　臭氧预氧化时间对毒性物质转化效果的影响

氰化物、氰化物和氨氮三者之间的氧化还原电位以及反应的先后顺序可知，硫氰化物最先与臭氧进行反应生成氰化物，在 20min 时，体系中硫氰化物被完全反应，氰化物的浓度达到峰值，生成的氰化物又继续被氧化为 OCN⁻，OCN⁻紧接着又被氧化成氨氮，80min 时氰化物基本完全反应，去除率达到 91.05%，40min 时氨氮的浓度达到峰值，最后氨氮被臭氧氧化成硝酸根，120min 氨氮的总去除率为 67.52%，该体系中涉及的反应可用下式表示：

$$3S^{2-} + 4O_3 \longrightarrow 3SO_4$$
$$SCN^- + O_3 + H_2O \longrightarrow CN^- + H_2SO_4$$
$$3CN^- + O_3 \longrightarrow 3OCN^-$$
$$OCN^- + 3H_2O \longrightarrow NH_4^+ + HCO_3^- + OH^-$$
$$NH_4^+ + 4O_3 \longrightarrow NO_3^- + 4O_2 + H_2O + 2H^+$$

综上，在臭氧浓度为 14mg/L±1mg/L、初始 pH=10、反应时间为 80min 条件下的臭氧氧化步骤，COD、硫化物及氰化物的去除率分别为 51.89%、94.92% 以及 91.05%，臭氧氧化尽管能够把绝大部分的还原性物质转化成无毒的硫酸根和硝酸根，但费用高而不适宜选为高浓度废水的预处理技术。

臭氧氧化工艺流程如图 6-39 所示。

D　微电解（内电解）耦合芬顿氧化技术

微电解技术又称内电解技术，是以铁和炭填料为基础，利用 Fe-C 之间存在的电位差，使铁屑表面形成无数微小原电池，利用电场效应产生电极及氧化还原反应对废水进行处理的一种新型工艺。铁炭微电解集氧化还原、催化氧化、电沉积、络合、共沉淀以及絮凝吸附等作用于一体，其电极反应如下：

阳极反应：　　　　　　　　$$Fe - 2e \longrightarrow Fe^{2+}$$
$$E(Fe^{2+}/Fe) = 0.44V$$

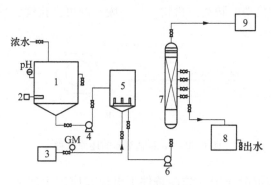

图 6-39 臭氧氧化工艺流程图

1—调节池；2—温度控制仪；3—臭氧发生器；4—原水泵；5—预混罐；

6—提升泵；7—反应塔；8—清水池；9—尾气吸收装置

阴极反应：

在酸性环境下：

$$H^+ + 2e \longrightarrow 2H \cdot \longrightarrow H_2$$

$$E(H^+/H_2) = 0.00V$$

在有氧气参与的酸性环境下：

$$O_2 + 4H^+ + 4e \longrightarrow 2H_2O$$

$$E(O_2/H_2O) = 1.22V$$

在有氧气参与的中性或碱性环境下：

$$O_2 + 2H_2O + 4e \longrightarrow 4OH^-$$

$$E(O_2/OH^-) = 0.41V$$

由此可见，微电解反应在充氧的酸性环境下拥有更高的电位差，氧化还原效果更强，微电解对污染物的去除主要有以下几个方面的作用：

（1）电场作用。当以铁为阳极，炭为阴极处理废水时，在电解质溶液中产生无数个微小的原电池，在其周围会产生电场。在电场力的作用下，使溶液中的胶体粒子和一些溶解性杂质定向迁移至相反电荷的电极附近浓集、附集，形成大颗粒，从而沉积到电极上。

（2）氢的氧化还原作用。电极反应产生的新生态 $H \cdot$ 具有较高的化学活性，能与废水中的很多化学组分发生氧化还原反应，如与废水中的 NO_2^--N 和 NO_3^--N 发生还原反应，破坏染料分子的发色、助色基团结构，将大分子降解为小分子，甚至断链达到脱色的目的，同时提高废水的可生化性。如将硝基还原为胺基化合物，是 $H \cdot$ 在 Fe^{2+} 协同作用下将偶氮键打断从而还原硝基。

（3）铁的还原作用。铁是活泼金属，在偏酸性条件下能将一些有机物和重金属离子还原为毒性较小的还原态。如将六价铬还原为三价铬，铁的还原能力也能将硝基苯还原成色淡的胺类有机物，提高废水的可生化性，易于进一步生化处理（见图 6-40）。

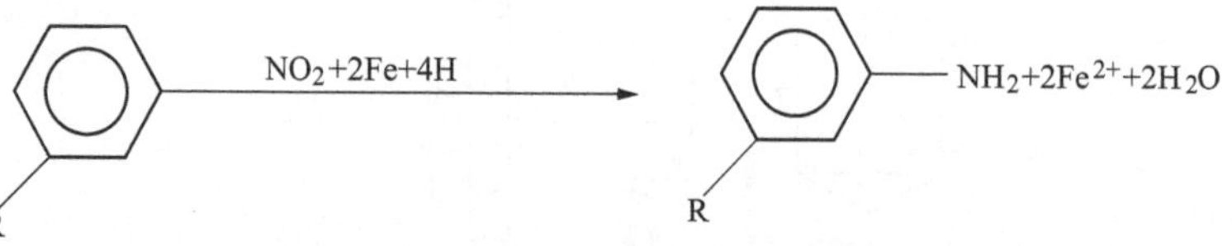

$$NO_2 + 2Fe + 4H \longrightarrow NH_2 + 2Fe^{2+} + 2H_2O$$

图 6-40　Fe 对硝基苯的还原过程

（4）铁离子的混凝作用。酸性条件下电极反应产生的 Fe^{2+} 和进一步氧化生成的 Fe^{3+} 在将溶液 pH 值调至碱性且有 O_2 存在时，能形成可净化水体的混凝剂 $Fe(OH)_2$ 和 $Fe(OH)_3$，新生的 $Fe(OH)_2$ 和 $Fe(OH)_3$ 具有较高的絮凝-吸附活性，能吸附废水中的不溶性物质、微小颗粒和有机分子而絮凝沉降，使废水得到净化。生成的 $Fe(OH)_3$ 是胶体凝聚剂，它比一般药剂水解法得到的 $Fe(OH)_3$ 吸附能力强，废水中的悬浮物以及由内电解作用产生的不溶物和构成色度的不溶性染料可被其吸附凝聚。电化学反应过程中，阳极反应物 Fe^{2+} 与水中的 OH^- 反应生成像 $Fe(OH)^+$、$Fe(OH)_2$、$Fe(OH)_2^+$、$Fe(OH)_3$ 等络离子，它们都有很强的絮凝和吸附性，可以吸附水中有机物和悬浮物，降低或消除其毒性。

（5）炭粒的吸附作用。当投加炭粒作为外加炭源时，除和铁组成原电池外，活性炭或焦炭巨大的比表面积使其对金属离子和染料分子的吸附作用在铁炭内电解法对废水的处理中也很重要。若铁屑与炭粒组成滤层，也能起吸附、截流污染物颗粒的作用，提高出水的澄清度。

微电解法应用于焦化废水的预处理虽然能氧化大分子有机物，提高焦化废水的可生化性。田京雷[17]等人通过研究使用微电解工艺对焦化废水进行预处理（见图 6-41），结果表明，使用微电解可将焦化废水的 COD_{cr}、氨氮、挥发酚类物质去除 30%、20%、50% 以上，并将废水 BOD_5/COD_{cr} 值由 0.26 提高至 0.45 以上，大幅度提高了废水可生化性，同时有效去除有毒有机物，减少其对生化系统的毒害作用。由于微电解对难降解污染物有很好的降解左右，也可置于生物处理单元后，用于焦化废水的深度处理，对生物无法降解的有机污染物进行降解，达到污水的深度净化。

Fe-C 微电解在降解污染物的反应中生成了 Fe^{2+}，通常可以联合 Fenton 技术，经过微电解处理后的污水，加入 H_2O_2 即可发生 Fenton 反应，强化污染物降解效果[18]。Fenton 法在处理难降解有机污染物时具有独特的优势，是一种很有应用前景的废水处理技术，其原理是 H_2O_2 在 Fe^{2+} 的催化作用下生成具有高反应活性的羟基自由基（·OH），·OH 具有非常强的氧化能力，可与大多数有机物作用使其降解。其基本原理为：

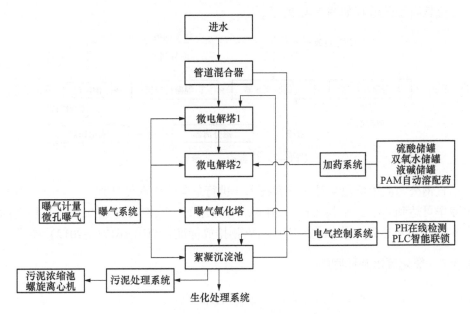

图 6-41　微电解耦合 Fenton 强化处理焦化废水技术

$$Fe^{2+} + H_2O_2 \longrightarrow Fe^{3+} + \cdot OH + OH^-$$
$$Fe^{3+} + H_2O_2 \longrightarrow Fe^{2+} + HO_2 \cdot + OH^-$$
$$Fe^{2+} + \cdot OH \longrightarrow Fe^{3+} + OH^-$$
$$Fe^{3+} + HO_2 \cdot \longrightarrow Fe^{2+} + O_2 + H^+$$
$$\cdot OH + H_2O_2 \longrightarrow HO_2 \cdot + H_2O$$
$$HO_2 \cdot \longrightarrow O_2 + H^+$$

从广义上来讲，Fenton 法是利用催化剂如 Fe^{2+}、光辐射、电化学、微波等作用，催化 H_2O_2 产生羟基自由基（·OH）处理有机物的技术，因此根据催化剂的不同又有电芬顿、光芬顿等不同的芬顿技术。

E　磁絮凝技术

磁絮凝技术是在现有的絮凝技术基础上，利用磁性的絮凝材料，强化混凝沉淀效果。常用的磁性材料为 Fe_3O_4 颗粒材料，但纯 Fe_3O_4 不能与污染物吸附絮凝，需要进行表面有机功能化处理，这也是磁种颗粒材料研究的核心技术。利用等离子体有机聚合改性技术在磁种表面沉积某些特定官能团的有机物，可使其成为带电极性的磁种。等离子聚合表面改性具有快速、成膜均匀、膜致密无针孔、膜机械强度高、可在原子尺度上控制膜厚、适用范围广（对单体几乎没有限制）、膜纯度高（没有其他杂质）等特点。经过表面等离子有机聚合改性的颗粒，在与污水搅拌时，可与污水中有机物、无机盐等有害成分极性链接，使之在通过高梯度超导磁分离设备时能较好地实现分离。

磁絮凝工艺流程如图 6-42 所示。

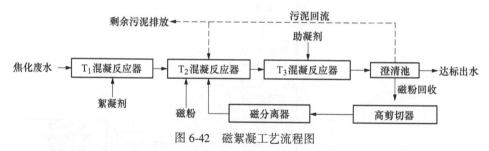

图 6-42　磁絮凝工艺流程图

宣钢公司应用低温超导磁分离技术，进行焦化废水深度处理[19]，废水 COD_{cr}
去除率可达到 88%，平均去除率 81%，对氨氮的去除率可达到 98%，平均去除
率 94%。出水达到《炼焦化学工业污染物排放标准》（GB 16171—2012）要求。

6.3.5　焦化废水循环回用

6.3.5.1　焦化废水回用的必要性和基本思路

对于钢铁联合企业而言，焦化厂与其他钢铁冶炼间的物质流有密切的联系，
焦化废水可以通过高炉冲渣等方式进行消纳。但对于独立焦化厂而言，湿熄焦往
往是焦化废水最大的消纳途径，但随着国家对焦化环境和能源管控的愈加严格，
湿熄焦的过程不仅排放大量的烟尘和有毒有害物质，对环境造成巨大影响，同时
热焦炭的显热也无法有效回收，造成大量能源浪费，湿熄焦逐渐被淘汰，被干熄
焦所替代。相较于湿熄焦，干熄焦的环境效益和能源效益有非常明显的优势，但
其无法再消纳焦化废水。而国家政策对焦化厂的废水排放有严格要求，甚至要求
零排放，这就给独立焦化企业的废水处理带来了巨大的挑战，实施焦化废水零排
放对于独立焦化企业而言，意义重大。图 6-43 为焦化废水循环回用的基本构思。

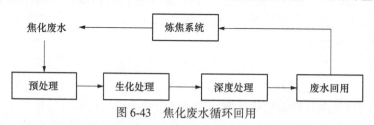

图 6-43　焦化废水循环回用

实施回用的基本思路通过膜技术将焦化废水进行浓缩减量，进行脱盐或者进
行消纳。针对当前焦化废水表现出的复杂的水质特点，进行膜处理前，必须使焦
化废水能够达到进膜的水质要求，即膜处理前的预处理。

生物法是焦化废水处理技术中的核心方式，而生物法与物理法、化学法相互
结合才能够实现更高的废水处理效果。

6.3.5.2 焦化废水循环回用工艺

焦化废水在膜前处理一般流程有三个部分，分别为预处理、生化处理、深度处理。一般情况下，焦化废水的处理以生物处理为主，物理化学法一般用于预处理或深度处理。

预处理部分使用的方法为物理法，此过程主要是将固体颗粒、悬浮物、油、氨等去除，同时脱酚，防止在进行生化处理时对微生物产生毒害以及抑制作用，同时还降低了生化处理的污染负荷。生化阶段通常在焦化废水的处理中使用的是组合式的生化工艺处理方式，分为以下几种方式：（1）两段生物法：也就是将生化处理方式进行串联，组合使用，从而达到降低出水污染物浓度的目的；（2）延迟曝气法：在氧化活性污泥法中，曝气的时间延伸至更长，使其中的大分子微生物被微生物充分降解，降低出水中酚、氰化合物的浓度。深度处理采用物理化学法，主要包括臭氧、活性炭等工艺，主要目的是将焦化废水中难以生物降解的大分子物质转化为短链小分子，防止对膜系统造成污染和阻塞。

A-A/O-臭氧氧化-活性炭过滤组合工艺，可有效去除焦化废水中的大分子污染物，保证进膜水质（见图6-44）。

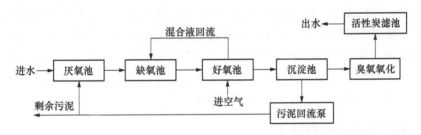

图 6-44　A-A/O-臭氧氧化-活性炭过滤组合膜前预处理

经过深度处理，达到膜处理要求的焦化废水一般采用双膜法（超滤+反渗透）工艺进行减量化浓缩，生产的纯水可用于厂区循环冷却水的补充水，同时产生少量浓水通过厂内烧结机、配煤消纳。

综上所述，焦化废水中含有的有害物质过多，一旦处理不当就会给生态系统带来一定的危害，因此必须要进行妥善处理才能排放。在现有的处理技术上，希望能够结合起来，更有效的运用。只有把处理废水的工作做好了，才能无顾虑的发展重工业，为工业化的发展做出贡献。根据焦化废水所含成分的复杂及难分解程度，需要继续研发并熟练地掌握应用新型处理方法，做到资源的回收和再利用，更要从源头上控制焦化废水的排放，减少废水的污染，实现焦化废水的零污染和资源的循环利用。从当前环保要求来看，我国十分重视生态环境保护工作。对于焦化废水的处理国内外同样给予了极高的重视，也做出了越来越多的相关研究。研究结果表明，使用单一的处理方式已经不能达到废水的排放标准，焦化废水必须经过深度处理才能够满足我国生态环境保护的需求，进而解决水资源的污染和短缺问题。

某焦化厂焦化废水回用零排放平衡图如图 6-45 所示。

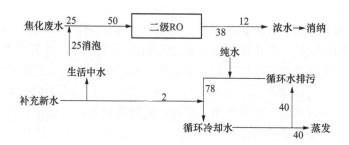

图 6-45　某焦化厂焦化废水回用零排放平衡图

影响焦化废水处理技术发展的因素有很多，使用原料的成本、处理工程的复杂程度、环境的二次污染等都是目前现阶段的难点，应进一步研究怎么样降低成本，可以在大型工厂、企业有效的应用，把处理进程的步骤尽量减缩，难度降低了自然会比较好操作，控制对环境的二次污染，将焦化废水进行更有效的处理。

以生物处理的优化改进为核心，开发吸附、混凝的新型材料，做到节能，无毒、无危害、并且不会产生二次污染。对于所有的处理方法来说，提高废水的处理效果才是我们的目标，能有所改善的废水处理技术必定会为国家和大自然带来一定的益处，向着环保、高效、节约的道路前进。

6.4　焦化浓盐水处理技术

6.4.1　焦化浓盐水的来源

煤化工高盐废水的主要来源有两个方面，首先是在焦化生产过程中所需的循环冷却水补充水主要是软水或脱盐水，其生产的工艺一般采用双膜法，伴随着一部分浓盐水的产生。这部分浓盐水来源于循环水系统、化学水站排水等回用系统反渗透浓水，主要含有 Cl^-、SO_4^{2+}、Na^+、Ca^{2+} 等无机盐。循环水的反复利用、除盐水的制备过程中所带入的浓盐水、废水处理过程及再利用过程中所添加的各种药剂和产生的浓盐水，都是浓盐水中盐分的重要来源。

6.4.2　焦化浓盐水处理的局限性

（1）高炉冲渣消纳受限。将浓盐水作为高炉冲渣水的补充水，利用高炉渣显热，使其瞬间蒸发，从而实现废水消纳。随着国家对水泥行业原料开采的控制，高炉渣逐渐成为理想的水泥制作原料替代品，但水泥行业对高炉渣的 Cl⁻ 含量有严格要求，这就限制了浓盐水的使用，部分企业甚至禁止使用浓盐水冲渣。

（2）循环回用造成的盐累积。浓盐水与厂区其他工业废水共同进入厂区污水处理站，经过除硬、过滤等处理后，作为厂区中水回用，形成水的循环回用系统。该系统虽然实现了浓盐水的回用，但由于循环系统水外排量有限，盐分会逐渐累积，导致中水含盐量升高，指标恶化，从而造成使用中水为水源的膜系统堵塞加剧，冲洗水量增大，水耗增大，脱盐水指标下降，加剧用水设备的腐蚀和结垢，形成恶性循环。

（3）市政排放的局限性。为了防止浓盐水循环回用造成的中水系统盐分的过度富集，部分钢铁企业浓盐水一部分需要向市政排放，排出一部分盐分，从而控制盐分的累积过程，使企业内水系统盐分达到平衡。而排放的这部分浓盐水可占到总浓盐水量的 1/3 ~ 1/2，以河北某产能在 1000 万吨的钢铁企业为例，其浓盐水的产生量就高达 1100t/h 左右，排放损失可达到吨钢 0.3 ~ 0.5m³，按照目前企业吨钢取水量 2.5m³ 计算，该部分水量损失最高占到了企业总损失水量的 20%。

企业向市政排放浓盐水需要执行《钢铁工业水污染物排放标准》（GB 13456—2012）间接排放标准，同时氯离子和硫酸根应满足《污水排入城镇下水道水质标准》（GB/T 31962—2015），这限制了企业生产纯水时浓缩倍率不能太高，以免造成超标，无法排放。这与提高纯水回收率形成矛盾，企业只能以低回收率、高浓水量的模式来设计和运行纯水系统，这也是造成企业浓盐水排放量巨大的重要原因之一。

总之，浓盐水产生量大，但企业本身消纳途径有限，在企业内部循环回用会造成盐分的累积，形成恶性循环，而浓盐水市政排放不仅给企业造成了巨大的水损失，还逐渐受到更加严格的排放控制，解决浓盐水回用问题，实现浓盐水不出厂、零排放是未来行业发展的必然趋势。

6.4.3 焦化浓盐水处理技术

6.4.3.1 浓盐水浓缩减量技术

浓盐水的浓缩主要有膜浓缩和蒸发浓缩两大技术体系。相对于膜浓缩技术，热浓缩技术耗能大，运行成本高，但可处理更高浓度的高盐废水，因此一般将热浓缩技术作为膜浓缩的深度浓缩技术，配合使用，可有效降低处理成本。膜浓缩技术是以分离膜为基础，以压力差、浓度差及电势差等为驱动力，通过溶质、溶剂和膜之间的尺寸排阻、电荷排斥及物理化学作用实现的分离技术。蒸发浓缩技术是以蒸发为基础，开展不同形式的蒸发工艺。代表性的技术包括改进反渗透技术、正渗透技术（FO）、电渗析技术（ED）、膜蒸馏技术（MD）、机械热压缩技术（MVR）、多级闪蒸技术（MSF）等。

A　改进反渗透技术

改进反渗透技术主要有高效反渗透技术（High Efficiency Reverse Osmosis，HERO）和碟管式反渗透技术（Disc Tube Reverse Osmosis，DTRO）。HERO 是一种改进的反渗透工艺，首先要通过加二氧化碳让水中的硬度全部转化为二氧化碳硬度；然后加碱让水中碱度刚好大于硬度，这样水中的硬度全部以重碳酸盐的形式存在，后跟弱阳去除硬度；再经脱碳器后再加碱调节 pH 值至 9~10，然后进 RO（高 pH 值对除硅、除阴离子等效果很好，而且能起到 RO 膜自清洗的作用），使系统在高 pH 值下运行的一种改进反渗透技术，主要特点是对进水淤泥密度指数（SDI）要求低，抗污染和堵塞，脱盐水回收率可达 95%。内蒙古某电采用预处理+高效反渗透的处理工艺处理高盐废水，实现回收率 95% 以上，脱盐率 90% 以上[20]。

HERO 工艺流程如图 6-46 所示。

原水 ——→ 高效过滤 ——→ 硬度去除 ——→ 脱气 ——→ 反渗透 ——→ 脱盐水

图 6-46　HERO 工艺流程

DTRO 是一种改进的反渗透膜形式，采用开放式流道，通过特殊的力学设计，有效避免膜堵塞和污染，组件使用寿命长，可适用高 COD 的浓盐水。饶斌等人通过预处理+DTNF+DTRO+蒸发结晶工艺对药厂高 COD 浓盐水进行中试处理，DTRO 回收率在 70% 左右，且具有很好的抗污染特性[21]。

DTRO 膜组件基本结构如图 6-47 所示。

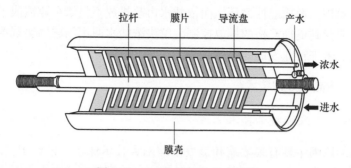

图 6-47　DTRO 膜组件基本结构

B　正渗透技术

正渗透技术（Forward Osmosis，FO）与反渗透的作用原理相反，其在渗透膜一侧加入高渗透压的汲取液，利用汲取液和浓盐水间的渗透压差为驱动力，使浓盐水一侧的水分子向汲取液转移，然后再通过分离汲取液获得脱盐水。汲取液具有较高的渗透压且容易分离，实现汲取液的循环使用。正渗透技术特点是外压要求小，不易污染渗透膜，回收率高。但目前该技术存在浓差极化现象比较严重，造成实际通量较小，汲取液仍需进一步改进[22]。

正渗透原理和技术工艺路线如图6-48所示。

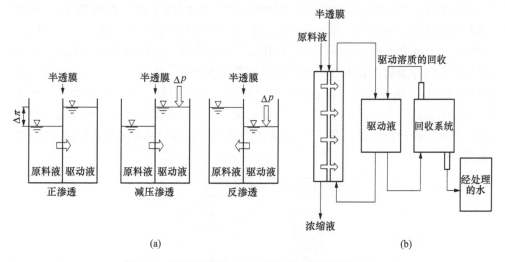

图6-48 正渗透原理（a）和技术工艺路线图（b）

汲取液是目前正渗透技术发展的一个关键环节，在过去几十年的研究中，研究者开发了大量正渗透汲取剂，主要为挥发性气体、无机盐、有机物等。挥发性气体溶解于水中，生成的中间体可产生较高的渗透压。氨气和二氧化碳组成的汲取剂是典型代表。然而该汲取剂回收过程耗能较多，且氨气具有强烈刺激性且极易溶于水生成具有腐蚀性的氨水，不利于工业化应用。无机盐汲取剂是最常用的汲取剂，以 NaCl、NH$_4$Cl 为代表，其水溶液具有较高的渗透压，从而产生较大的正渗透水通量。然而无机盐汲取剂一般需要通过反渗透和纳滤等方式进行回收，耗能较多，不利于大规模应用。有机物汲取剂主要分为有机盐和聚电解质两类，该类汲取剂在水中溶解度较高，可产生较高的渗透压，且分子量较大，可以降低反向渗透效应。然而，这类汲取剂同样需要通过反渗透或超滤等方式进行回收，消耗能量较高，而且一些有机汲取剂具有毒性。因此，寻求合适的汲取剂是正渗透技术走向大规模应用的主要研究内容。

C 电渗析技术

电渗析法浓缩技术（ED）的核心为离子交换膜，在直流电场的作用下对溶液中的阴阳离子具有选择透过性，即阴膜仅允许阴离子透过，而阳膜只允许阳离子透过。通过阴阳离子膜交替排列形成浓、淡室，从而实现物料的浓缩与脱盐。电渗析法具有装置使用寿命长、对进水预处理要求低、环境污染少、能量消耗低等优点，电渗析的脱盐率可达到 92%以上[23]。

D　膜蒸馏技术

膜蒸馏技术（Membrane Distillation，MD）是以疏水微孔膜两侧蒸气压差为传质驱动力的膜技术和蒸发过程相结合的新型膜分离技术，可看作蒸馏和膜分离的集合过程，MD 中采用的膜为疏水性微孔膜（如 PTFE，PP、陶瓷膜等），将两侧温度不同的料液分隔，膜热侧料液的蒸气压高于其冷侧的蒸气压，在蒸气压差的驱动下，挥发性组分如水，透过膜孔转移到膜冷侧，冷凝液化为馏出液；而液相非挥发组分如盐，和大分子无法透过膜孔而被截留，从而达到分离提纯的目的（见图 6-49）。膜蒸馏技术设备简单、操作温度和压力低、分离效率高，可利用太阳能或余热特点，已用于苦咸水淡化领域，目前主要存在膜材料成本高、结垢阻塞严重、能耗较大的问题，关键膜材料的改进以及结垢堵塞机理仍需进一步研究[24]。

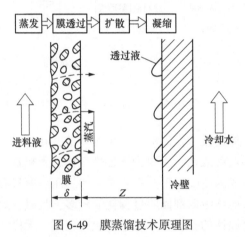

图 6-49　膜蒸馏技术原理图

E　机械热压缩技术

机械热压缩技术（MVR）能源来自电力，是一种单体蒸发器，集多效降膜蒸发器于一身，通过效体下部的真空泵将溶液反复通过效体以达到所需浓度，同时，通过真空泵在效体内形成负压，降低了溶液的沸点（60℃左右），在效体流动的整个过程中温度始终在 60℃左右。通过蒸汽压缩机将物料蒸发产生的低温低压蒸汽压缩成高温高压的蒸汽，作为二次热源对原料液进行加热，可最大程度回收蒸汽潜热，具体为：将蒸发器产生的二次蒸汽，通过压缩机的绝热压缩，使其压力、温度提高后，再作为加热蒸汽送入蒸发器的加热室，冷凝放热，因此蒸汽的潜热得到了回收利用。冷料在进入蒸发器前，通过热交换器吸收了冷凝水的热量，使之温度升高，同时也冷却了冷凝液和完成液，进一步提高热的利用率。该技术具有蒸发温度低、运行能耗较小，设备可靠、占地面积小的特点，目前应用最为广泛。

MVR 技术路线图如图 6-50 所示。

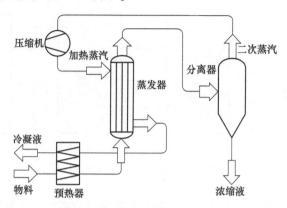

图 6-50 MVR 技术路线图

F 多级闪蒸技术

多级闪蒸技术（MSF）是起步较早的热法蒸馏技术，其原理是将废水通过在多个压力逐渐降低的蒸发室闪现闪蒸汽化，然后将蒸汽冷凝得到脱盐水，目前该技术在海水淡化领域应用已经较为成熟[25]，其基本原理是将原水加热到一定温度后引入闪蒸室，由于该闪蒸室中的压力控制在低于热盐水温度所对应的饱和蒸汽压的条件下，故热盐水进入闪蒸室后即因为过热而急速的部分气化，从而使热盐水自身的温度降低，所产生的蒸汽冷凝后即为所需的淡水。多级闪蒸就是以此原理为基础，使热盐水依次流经若干个压力逐渐降低的闪蒸室，逐级蒸发降温，同时盐水也逐级增浓，直到其温度接近（但高于）原水自然温度。在一定的压力下，把经过预热的海水加热至某一温度，引入第一个闪蒸室，降压使海水闪急蒸发，产生的蒸汽在热交换管外冷凝而成淡水，而留下的海水，温度降到相应的饱和温度。依次将浓缩海水引入以后各闪蒸室逐级降压，使其闪急蒸发，再冷凝而得到淡水。闪蒸室的个数，称为级数，最常见的装置有 20~30 级，有些装置可达 40 级以上。

多级闪蒸工艺流程如图 6-51 所示。

6.4.3.2 浓盐水结晶分盐回用技术

脱盐是实现浓盐水零排放最终步骤，分盐技术可以将浓盐水中的盐分进行高质量分离，从而获得具有更高应用价值的盐分，而不是几乎没有价值的混合盐，甚至成为危险固废。目前分盐工艺主要有热法结晶分盐和膜法分盐两大类。

热法分盐是根据溶液中对应温度下各溶质溶解度的不同、利用相图（见图 6-52）进行盐分分离从而得到不同盐产品的过程，包括直接蒸发工艺、盐硝联产

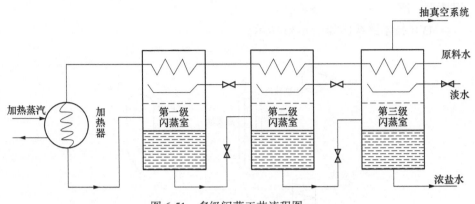

图 6-51　多级闪蒸工艺流程图

分盐结晶工艺和低温结晶工艺。直接蒸发工艺适宜分离单一盐组分，主要针对浓盐水中某种盐分占绝对优势的盐水体系，通过预浓缩使优势组分达到结晶点，然后继续浓缩使该组分结晶析出，剩余组分结晶出混盐。盐硝联产分盐结晶工艺是利用氯化钠和硫酸钠在不同温度下的溶解度变化的差异，在不同温度下对两种成分进行分别结晶的技术，该技术在盐化工领域已经非常成熟。低温结晶工艺主要用于氯化钠和硫酸钠的分离结晶，利用硫酸钠在低温段（0~30℃）下，溶解度随温度降低而大幅降低的特性，经过高温析硝-低温析盐的过程，析出十水硫酸钠（芒硝），然后经过热熔蒸发结晶，获得价值更高的无水硫酸酸钠（元明粉），该工艺较盐硝联产工艺得到的产品纯度更高，但耗能更大[26]。

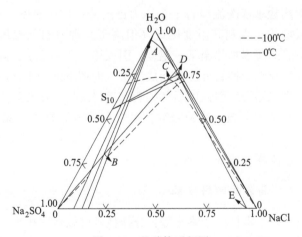

图 6-52　盐硝体系相图

膜法分盐指利用膜的选择透过性从而实现溶液中一价盐和二价盐有效分离的一种处理工艺，目前研究较多的为纳滤膜（NF）工艺、电渗析、双极膜工艺等。

但膜法分盐主要将不同的离子分离富集，得到的仍然是水溶液，因此膜法分盐一般都与热法分盐联合应用，以达到更好的分盐效果。

浓盐水是一种比较复杂的水盐体系，其中的有价值盐成分不可能全部回收，实现分盐结晶，产品纯度越高，则运行成本越大，剩余母液或混盐的处理成本也更高，应根据不同的水质特点，通过试验确定最佳分盐方案，兼顾产品纯度、运行成本以及剩余混盐或母液的处理成本，实现经济和环境效益最优化。

6.4.3.3 焦化浓盐水处理的发展趋势

目前，煤化工企业仍有采用晾晒池方式处置浓盐水，晾晒池占地面积大，长期运行中存在溃坝、溢流等风险隐患，对周边地下水及土壤造成环境威胁。采用分盐结晶技术将浓盐水转化为固态结晶盐的"零排放"方案，是现阶段妥善处置浓盐水的发展方向。但从已建成运行分盐结晶项目来看，还存在投资成本、稳定运行的业绩不多、结晶盐资源化利用途径不畅等问题，是很多企业还在观望的主要原因。应用蒸发结晶制备工业盐时不可避免会混入少量有机物、重金属及其他盐，现阶段对附于结晶盐表面的微量物质尚未有相关标准进行定性，从而影响结晶盐的品质与流通，因此分离提纯浓盐水中工业盐的难点在于控制结晶盐品质[27]。目前煤化工工业盐以其他行业工业盐标准进行分类，需要制定煤化工废水制取工业盐标准，来规范和指导煤化工工业盐的资源化利用与流通。通过技术突破降低投资和运行成本，优化分盐结晶工艺路线提高技术稳定性，出台煤化工副产结晶盐相关国家标准畅通综合利用途径，是今后一个阶段浓盐水处理处置的探索和努力方向。

此外，煤化工行业耗水量大，但大多企业布局在西北煤炭资源丰富、水资源缺乏之地区，而矿井疏干水作为煤炭资源开采的一种伴生资源，却没有利用到煤化工生产中，如矿井水经处理后回用于煤化工企业，既解决了煤化工自身用水的问题，也解决了矿井水无端排放浪费的问题，使矿井水得到了充分的利用，具有良好的经济、社会和环境效益[28]。

6.5 固体废弃物资源化处理技术

6.5.1 除尘灰资源化利用技术

焦化除尘灰主要来源于备煤作业区和炼焦作业区，焦化除尘灰的特点是灰硫含量高、水分低、细度高，无黏结性，在当前炼铁工序中难以得到有效利用，只能将一部分外送至烧结分厂作为燃料使用，其碳含量高的优势没有得到充分发挥。目前钢铁企业用焦工序缺乏有效的成型技术，大多将干熄焦二次除尘灰废弃或低值利用，不仅污染环境，还造成巨大的资源浪费。干熄焦二次除尘灰配煤炼焦技术的研究与应用，可实现干熄焦二次除尘灰在焦化系统中闭路循环、高价值利用，实现废弃物零排放。

焦化除尘灰资源化利用主要集中在配煤利用方面。莱钢焦化厂利用质量分数
1.0%的除尘灰替代气肥煤回配到炼焦煤中参与炼焦，所得焦炭质量保持稳定，
并在一定程度上改善了焦炭冷态强度，使除尘灰在焦化系统中闭路循环，实现其
高效利用。冯家俊等利用新型配煤技术开发除尘灰处理方法以替代部分瘦煤配煤
炼焦，在 4.3m 捣固型焦炉完成了替代 3%~4%瘦煤比例的生产实践，生产运行
稳定。李庆奎等研究了炼焦煤配加除尘灰时炼焦工艺、除尘灰比例、除尘灰粒径
对焦炭质量的影响，发现捣固炼焦工艺比顶装炼焦工艺适应性更强。首钢京唐焦
化公司利用 300kg 试验焦炉进行了生产煤回配不同比例焦化除尘灰的半工业炼焦
试验，得到在焦化除尘灰配比不超过 1.5%的情况下，生产煤煤质以及焦炭各性
能指标能够保持稳定[29]。

邯钢公司开展了烧结工序回收利用焦化除尘灰代替部分固体燃料的研究和应
用。此举实现了废弃物循环利用，在降低烧结固体燃料单耗的同时，烧结矿质量
还有所改善，取得了较好的社会效益和经济效益。

首钢京唐[30]通过对焦化除尘来源和成分性能进行分析，为焦化除尘灰找到
了合理的回收利用途径。CDQ 灰经过中速磨磨细后，和煤粉一起喷入高炉，代
替部分煤粉使用，目前稳定配比为 5%，全年可消耗 CDQ 灰 7.2 万吨。环境除尘
灰大部分回配给焦化，每天可消耗 100t，剩余配加给烧结，做到了环境灰的全部
回收利用。

6.5.2   焦粉资源化利用技术

近年来，随着焦化行业的蓬勃发展，如何对焦粉进行再利用成为一个紧迫的
社会性问题。其中，以焦粉为原料可以制备锂电池阳极材料和其他新型高附加值
炭材料。

焦化厂炼焦过程中对煤炭进行高温焦化处理，产生大量的焦粉，部分品质较
高的焦粉可做通用，如运送到烧结厂作粗焦用，而其他细焦粉直接废弃。这种行
为不仅不利于环境保护，还造成资源的浪费，不符合科学可持续发展的理念。焦
粉回配技术作为一种能源再利用技术在焦化厂应用效果显著，可做节能新技术研
究推广用。焦粉是在煤炭产品焦化处理过程中产生的，焦粉产出率约占煤炭产品
产出总量的 3%~4%。焦粉直接废弃将造成能源资源的浪费，而采用焦粉回配技
术是将已产出的焦粉回配加入煤炭中在此炼焦，循环使用中，每回收 1t 焦粉能
节约煤炭 1.25~1.3t。

焦粉在配煤中主要起瘦化及骨架作用，在结焦过程中本身并不熔融，无黏结
性，在其颗粒表面吸附相当一部分配合煤热裂解生成的液相产物，使塑性体内液
相量减少。因此，在配合煤中添加适量焦粉，一方面可以降低装炉煤的半焦收缩

系数，使焦炭内部裂纹减少，从而提高了焦炭块度；另一方面焦粉本身是一种无黏结能力的惰性组分，随着其配入量的增加，降低了配合煤的 G 值（黏结指数），从而降低了配合煤胶质体的数量及黏结能力，必然会降低反应后强度[31]。

焦粉回配使用中，需要做好焦粉水分、粉磨处理。粉磨焦粉过程中容易受焦粉含水量的影响，一般需要通过烘干处理，减低焦粉水分，提高工业生产的总体效率。焦粉粉磨时，可以选用多种配置方案，根据物料特性选择不同功能和效用的粉磨机设备，同时制定好备用方案，防止设备轮换、检修或频率调整影响正常的作业。工业生产系统中对于焦化厂焦粉回配技术的使用，一方面需要确定焦粉回配位置，另一方面需要控制好焦粉配入量。焦粉仓需要按照焦粉一天的配入量来设计，对给料和给料机需要进行计量和称重处理，控制好实际配入量，保证精确性与合理性。取样窗口一般设计在仓前，方便监测焦粉粒度是否达标。焦粉回配位置的安排一般是在原煤场、输煤皮带机和配煤仓等处，均属于碎煤机前后位置。

6.5.3　焦油渣资源化利用技术

近年来，随着煤化工生产规模的不断扩大，多数企业未能对生产过程中产生的大量的煤焦油渣进行很好的回收处理和利用，而是将其随意堆放或弃之。久而久之，大量的煤焦油渣不但占用大量的空地给企业带来负担，而且煤焦油渣还会因雨水的冲刷，对周围环境和地下水造成严重污染。此外，煤焦油渣中挥发分的逸出也使周围空气蒙受严重污染。有文献报道，若将煤焦油渣直接作为烧砖燃料使用，由于一般燃烧温度只有 $500 \sim 800\,^\circ\!C$，且供 O_2 不足致使燃烧不完全，而产生大量的含有多环芳烃等有毒物质的废气排入空气中，造成大气严重污染。因而，对煤焦油渣进行合理地处理和使用成为企业当前亟须解决的问题之一，必须对其进行合理、有效的资源化处理。

从焦炉逸出的荒煤气在集气管和初冷器冷却的条件下，高沸点的有机化合物被冷凝形成煤焦油，与此同时煤气中夹带的煤粉、半焦、石墨和灰分等也混杂在煤焦油中，形成大小不等的团块，这些团块称为焦油渣。焦油渣与焦油依靠重力的不同进行分离，在机械化澄清槽沉淀下来，机械化澄清槽内的刮板机，连续地排出焦油渣。因焦油渣与焦油的密度差小，粒度小，易于焦油黏附在一起，所以难以完全分离，从机械化澄清槽排出的焦油尚含 2%～8%的焦油渣，焦油再用离心分离法处理，可使焦油除渣率达 90%左右。焦油渣的数量与煤料的水分、粉碎程度、无烟装煤的方法和装煤时间有关。一般焦油渣占炼焦干煤的 0.05%～0.07%，采用蒸汽喷射无烟装煤时，可达 0.19%～0.21%。采用预热煤炼焦时，焦油渣的数量更大，约为无烟装煤时的 2～5 倍，所以应采用强化清除焦油渣的设备。焦油渣内的固定碳含量约为 60%，挥发分含量约为 33%，灰分约为 4%，气孔率 63%，真密度为 1.27～1.3kg/L。

6.5.3.1　焦油渣分离技术

A　溶剂萃取分离

溶剂萃取法是实现油、渣分离的一种简单操作，该方法主要是利用煤焦油渣中有机组分与萃取溶剂的互溶机理，将含油废渣与溶剂按所需的比例混合而达到完全混溶，再经过过滤、离心或沉降等达到油、渣分离的目的。秦利斌等以石脑油为溶剂，在 45~55℃ 条件下，将煤焦油渣和溶剂在储罐中搅拌溶解，萃取煤焦油渣中的焦油，然后萃取液经蒸馏（145~155℃）后回收循环利用，经萃取分离后的煤焦油中总酚含量下降了 92%，COD 和硫化物含量下降了约 67%，分离效果显著。石其贵为了利用高温焦油渣中的焦油制备再生橡胶增塑剂，采用蒽油萃取工艺萃取分离出高温煤焦油渣中低萘含量的焦油，也得到了较好的分离效果。上述的萃取剂都是传统的混合有机溶剂，主要利用了相似相容的原理，但这些萃取溶剂的主要组成中包含芳烃、萘和苯并呋喃或蒽、菲、芴、苊等多种有毒物，在施工过程中难免对施工现场和周围环境造成一定的空气污染。

在萃取分离技术中，溶剂的选择极其重要，不仅要考虑其萃取能力，同时也要考察溶剂的经济性、毒性和在萃取过程中的能耗等问题。离子液体作为新型的绿色溶剂，具有蒸气压低、熔沸点低、溶解能力强以及良好的热稳定性和化学稳定性等优点，对许多有机物具有很好的溶解性。与传统的有机溶剂相比，离子液体对残渣中沥青烯的分离选择性明显提高。随着研究的日益深入，离子液体已经被开发和应用到诸多领域，若能很好地解决离子液体成本高、黏度大等问题，离子液体萃取技术必将走向工业化。

萃取分离的方法高效、经济、处理量大。但关于溶剂萃取技术的研究还较少，寻找经济、低能耗的绿色溶剂是溶剂萃取技术的关键。而离子液体的研究与开发也必将为煤焦油渣处理开辟新的道路。

B　机械离心分离

机械离心分离技术主要是利用一个特殊的高速旋转设备产生强大的离心力，可以在很短的时间内将不同密度的物质进行分离。其设备主要有倾析离心机、卧螺离心机、离心分离机等。何玉秀等采用了倾析离心机清除焦油中的油渣，利用倾析离心机调节煤焦油系统可防止油渣在焦油储槽沉淀，缩小沉淀设备容积，防止未卸的残渣在铁路槽车沉降。缺点是由于不能调节螺旋输送机的差速而导致油渣质量不符合要求。不同的分离设备可能产生较大差异的分离效果，孟祥清等进一步设计了一种对煤焦油渣分离处理的设备，主要包括闪蒸罐、焦油分离器和卧螺离心机，可有效地将鲁奇炉煤加压气化过程中所产生的含尘煤焦油进行三相分离。分离出的焦油质量好，脱水后的焦油渣可直接作电厂燃料用，该方法具有工艺流程简单、操作性强和经济效益高的特点。

　　不同来源的煤焦油渣组成成分相差较大，为适应离心机的性能，一般需要对煤焦油渣进行预处理或经离心分离后进行进一步处理。例如赵浩川提出一种煤焦油渣资源化处理工艺，首先将煤焦油渣进行自由沉降分离作为预处理的初步分离，然后用离心分离机将沉淀出来的焦渣进行深度分离，分离出来的渣和球团原料（铁矿粉、膨润土）混均、干燥、粉碎造球后送至竖炉进行焙烧，而得到的焦油进行蒸馏回收各馏分物质。此方法可以有效地将煤焦油渣进行分离，回收焦油和渣，既环保又可实现资源化再利用。也可采用向煤焦油渣中加入有机溶剂作为预处理的方法，这样进行的预处理不仅可以溶解煤焦油渣中的有机组分，而且可以在很大程度上降低煤焦油渣的黏度，有利于渣、油的分离。童仕唐等提出采用高速离心分离与溶剂抽提相结合的方法来分离煤焦油渣，首先采用煤焦油渣和洗油按质量比3：2加热搅拌混均，然后进行离心分离。对用离心分离得到的焦油渣，采用甲苯溶剂抽提作进一步处理，从而可更准确地测定焦油含渣率。结果表明：使用离心分离与溶剂抽提相结合的方法对焦油和渣的分离更加彻底，对于测定煤焦油渣的含渣率和超滤机的总脱渣效率更加精准。适宜的预处理不仅可以降低分离过程中的能耗，而且还可以提高分离效率。

　　此外，对于煤焦油渣进行预处理的方法还包括加热法。通过对煤焦油渣进行加热来降低它的黏度、提高其流动性等，从而达到提高分离效率的目的。机械离心分离方法具有工艺流程简单、操作性强但设备费用较高等特点。

6.5.3.2 资源化利用技术

　　A 回配到煤料中炼焦

　　焦油渣主要是由密度大的烃类组成，是一种很好的炼焦添加剂，可提高各单种煤胶质层指数，即可增大焦炭块度，增加装炉煤的黏结性，提高焦炭抗碎强度和耐磨强度。马鞍山钢铁公司焦化公司，在煤粉碎机后，送煤系统皮带通廊顶部开一个0.5m×0.5m的洞口，作为配焦油渣的输入口。利用焦油渣在70℃时流动性较好的原理，用12只（1700mm×1500mm×900mm）带夹套一侧有排渣口的渣箱，采用低压蒸汽加热夹套中的水，间接地将渣箱内焦油渣加热，使焦油渣在初始阶段能自流到粉碎机后皮带上。后期采用台车式螺旋卸料机辅助卸料，使焦油渣均匀地输送到炼焦用煤的皮带机上，通过皮带送到煤塔回到焦炉炼焦。

　　此外，在配型煤工艺中，焦油渣还可以作为煤料成型的黏结剂。焦油渣灰分和硫分含量低，冷态成型时黏结能力强，干馏时能形成流动性好的胶质体。

　　B 作燃料用

　　煤焦油渣具有较高的发热量，并含有大量的固定碳和有机挥发物，是一种高价值的二次能源。但将其直接作为一般燃料进行燃烧会因燃烧不充分，而污染环境。若将煤焦油渣作为土窑燃料使用，热效率较低。因此，有企业将煤焦油渣和煤粉以 1∶1 的配比制成煤球作为锅炉燃料，产生的热量较高，足以满足锅炉的要求。也可将煤焦油渣经过改制后制成高温炉的燃料使用。刘淑萍等提出了一种将工厂煤焦油渣用于工业燃料的方法，按一定比例向煤焦油渣中加入两种稀释剂和稳定分散剂，使煤焦油渣因乳化形成均匀混合态，避免油、水、泥分离现象，使其形成优良燃烧性能的流体燃料。并且所生产的煤焦油渣燃料油发热量可达 31.65MJ/kg 以上，水分小于 8%，灰分小于 5%，闪点大于 100℃。经处理过的煤焦油渣作燃料用燃烧稳定、完全，可以从中获得大量的能量。

　　C　制备活性炭

　　煤焦油渣含有大量的煤粉和碳粉，可用来制备吸附性能较好的活性炭。Gao 等进行了以磷酸为催化剂活化煤焦油渣制备活性炭的研究，考察了碳化的温度、时间、磷酸添加比例等对活性炭的吸收和孔隙结构的影响。结果表明：当煤焦油渣与磷酸（质量分数 50%）的比例为 1∶3、碳化或活化的温度为 850℃、时间为 3h 的条件为最佳。所制备的活性炭孔隙结构主要是大孔和中孔，孔隙的大小集中分布 50~100nm，比表面积为 245m^2/g，总孔体积为 1.03m^3/g。与煤焦油渣直接活化制备活性炭相比，添加适量的磷酸有助于活性炭形成更多的孔隙和提高它的吸附能力。当以氢氧化钾为活性剂时，在适宜的条件下可制备出比表面积更大、吸附能力更强的多孔活性炭。

　　随着对活性炭制备技术研究的逐步深入，有些研究者延伸了煤焦油渣在该方面的处理技术和利用方向。通过将煤焦油渣和污泥混合来进行好氧发酵，利用污泥中的微生物分解能力将其中的大分子难降解的有机组分转化成易于利用的小分子，再于适宜的条件下制得高性能的活性炭，充分地利用了这些废弃物自身的优势。Wang 等以煤焦油渣为原料混合一定量的氢氧化钠，在一定的条件下进行炭化处理和后处理制备成带有含氧官能团的高比表面积的活性炭（AC），使得 Fe_3O_4 纳米粒子在其表面实现更加理想的分散；与 Fe_3O_4 或 AC 材料相比，制得的 Fe_3O_4/AC 复合材料的比电容表现出显著的提高。这些技术使煤焦油渣中的有用组分得到了有效的发挥，价值获得了最大体现，应用途径更加广阔，使煤焦油渣处理技术的前景更显光明。

　　目前，国内外制备活性炭的主要原材料是煤、果壳和木材等，国内对煤焦油渣进行资源化的开发利用的研究尚处于初期阶段，将其开发成吸附材料的研究成果更少，而国外对此方面的研究也鲜有报道。因此，利用煤焦油渣中的煤炭资源来制备高性能的吸附材料，既能解决煤焦油渣带来的环境污染问题，又能实现节能减排、资源节约型的发展模式。

　　现今，虽然一些煤焦油渣处理技术已实现工业化，但仍然存在着许多问题，因此对煤焦油渣的开发和利用仍旧是不少科研工作者研究的热点。从以上分析可知，溶剂萃取法是一种操作简单且可快速、高效地实现油、渣分离的处理技术，而且分离出来的油和渣经过再加工可以完全实现资源的高效利用。机械离心分离技术虽然可以实现油、渣的分离，但是分离效果不彻底，会对后续的处理产生一些影响。热解分离技术对煤焦油渣成分的适应能力强，几乎不会造成二次污染，但存在能耗较高的缺点。将煤焦油渣直接用作工业燃料往往存在能源利用率低的缺点。所以，首先将油、渣进行分离，然后分别对油和渣进行再处理，达到利用充分、利润最大化，如将渣制备活性炭或其他复合材料等。此技术可以合理、有效地充分利用资源，真正实现变废为宝、循环经济的发展路径。

6.5.4 活性污泥配煤资源化利用技术

6.5.4.1 活性污泥配煤理论和可行性

在焦化企业，对焦化废水的处理普遍采用活性污泥法，从而产生大量的剩余活性污泥，由于焦化废水中的污染物较为复杂，其活性污泥中的有机成分复杂，不适合传统的处理方式，因此，在焦化行业，部分企业通过将产生的活性污泥与原煤按一定比例进行配加，返回到焦化生产过程中，从而实现焦化活性污泥的消纳。焦化固废配煤炼焦可行性的最直接理论支撑就是共炭化原理。煤中加入非煤黏结剂进行炭化，称为共炭化。由于焦化工艺中配煤炼焦工艺具备物料流、隔离、高温等条件，因此具备应用的可行性。

焦化固废剩余活性污泥本身含有机物，如蛋白质、脂肪和多糖，具有一定的热值，又有一定的黏结性能，在煤加工成型煤的过程中，可作黏结剂，改善在高温下型煤的内部孔结构，提高型煤的气化反应性，降低灰渣中的残碳，提高型煤的气化反应性，降低灰渣中的残碳，提高碳转化率。剩余污泥既可以作为黏结剂，也可作为疏松剂，使剩余污泥的热值也得到利用。

6.5.4.2 活性污泥配煤炼焦的试验实践

以鞍钢焦化废水处理活性污泥配煤为例，对其元素成分进行了测定，结果如表 6-7 所示。

表 6-7 鞍钢焦化固废剩余活性污泥常规工业分析和元素分析结果 （%）

M_t	A_d	V_{dw}	S_{td}	C	H
85.36	4.12	53.13	1.43	25.94	6.42

表 6-7 可见，焦化固废剩余活性污泥主要含水，是高挥发分、低灰分物质。在配煤炼焦过程中，会增大焦炭的气孔率，不会导致焦炭灰分的明显升高，但灰成分中主要是铁等对炼焦有害的杂质。可见，在配煤炼焦时，适当添加焦化固废剩余活性污泥在理论上是可行的。通过活性污泥配煤实验，表明生产配煤配入污泥 1.5%、3.0% 后，焦炭灰分升高；焦炭冷强度 M_{40} 分别降低 1.0%、2.6%，M_{10}

分别升高 1.7%、2.7%；焦炭热强度 CSR 分别降低 28.9%、31%。焦化固废剩余活性污泥对焦炭质量有一定影响，不适合大比例配入配合煤中炼焦，实践中对其加入工艺进行严格控制，保证其连续有效少量配入，并混合均匀，达到不影响焦炭质量的要求。

梁向飞[32]利用焦化厂固体废弃物，结合迁安中化煤化工有限责任公司实际情况，在 40kg 小焦炉上进行了配煤炼焦试验。焦化固体废弃物与三给瘦煤按 1∶6 比例配成型煤，然后在加入型煤比例 3%~9% 时，进行焦炭冷热强度检测试验，试验结果表明，加入型煤比例在不高于 7% 时，可改善焦炭冷强度，并对焦炭热强度影响不大，认为配煤炼焦是可行的。

首钢京唐焦化公司[33]进行了回配焦化除尘灰的 300kg 半工业炼焦试验以及焦化除尘灰与生化污泥浆混配比例研究，试验表明：焦化除尘灰回配比例不应超过 1.5%，且生化污泥与除尘灰的适宜混合比例应控制在 20%~25%。重钢股份有限公司[34]通过焦化污泥配制冷固球研究，发现因焦污泥基本无黏结性且较松散，经双轴搅拌混合后，无块、坨现象存在，同时不影响冷固球的成球性，三天的冷固球含碳指标也较稳定。

将焦化厂产生的固体废弃物在 5kg 小焦炉上进行配煤炼焦实验，在保证焦炭质量不变的前提下，分别用 2.0% 的焦油渣、焦粉、活性污泥替代肥煤、瘦煤、肥煤炼焦。通过正交实验，找出配煤比固定时废弃物的最佳添加量为 1.0% 焦粉、2.0% 焦油渣和 1.0% 活性污泥时所炼制的焦炭质量最好。

参 考 文 献

[1] Fan X, Yu Z, Gan M, et al. Elimination behaviors of NO$_x$ in the sintering process with flue gas recirculation [J]. Isij International, 2015, 55: 2074~2081.

[2] Li G, Miao W, Jiang G. Intelligent control model and its simulation of flue temperature in coke oven [J]. Discrete and Continuous Dynamical Systems-Series S, 2015, 8: 1223~1237.

[3] 张慧玲. 焦炉烟气脱硝技术的分析与探讨 [J]. 山西焦煤科技, 2016 (1), 151~153.

[4] 张杨. 焦化烟气低温 SCR 脱硝的应用 [J]. 科技展望, 2016, 17: 79.

[5] Knoblauch K, Richter E, Juntgen H. Application of active coke in process of SO$_2$ and NO$_x$ removal from flue gases [J]. Fuel, 1981, 60: 832~838.

[6] 郭强. 潞安焦化公司焦炉烟气 LCO 法脱硫脱硝的应用 [J]. 山西冶金, 2016 (6): 96~97, 100.

[7] 汤志刚, 贺志敏, 郭栋, 等. 焦炉烟道气双氨法一体化脱硫脱硝: 从实验室到工业实验 [J]. 化工学报, 2017, 2: 496-508.

[8] 陈继辉. 焦炉烟道气低温脱硝技术发展现状及对策分析 [J]. 冶金动力, 2016 (3): 13~

15, 18.

[9] 梁利生, 周琦. 宝钢湛江钢铁铁前工序烟气净化新工艺技术 [J]. 宝钢技术, 2016 (4): 43~48.

[10] 尹华, 吕文彬, 孙刚森, 等. 焦炉烟道气净化技术与工艺探讨. 燃料与化工, 2015, 2: 1-4.

[11] 高鹏, 徐璐, 辛宁, 等. 焦化废水污染控制技术研究进展 [J]. 环境工程技术学报, 2016, 6 (4): 357~362.

[12] 郑文华, 史正岩. 焦化企业的主要节能减排措施 [J]. 山东冶金, 2008, 30 (6): 17~21.

[13] 武恒平, 韦朝海, 任源, 等. 焦化废水预处理及其特征污染物的变化分析 [J]. 化工进展, 2017, 36 (10): 3911~3920.

[14] 解宏端, 马溪平. 生物强化技术提高焦化废水处理效果的研究 [J]. 中国给水排水, 2007, 23 (15): 90~93.

[15] 张彬彬, 王开春, 田凤蓉, 等. 高效降解生活污水 COD 混合菌株的筛选及固定化研究 [J]. 环境科技, 2012, 25 (1): 9~12.

[16] 孙艳, 谭立扬. 用于生物降解酚类毒物的固定化细胞性能改进的研究 [J]. 环境科学研究, 1998 (1): 59.

[17] 田京雷, 李立业, 李彦光, 等. 焦化废水微电解协同催化氧化预处理技术 [C] // "宝钢学术年会". 2015.

[18] 李思敏, 刘建胜, 徐明, 等. 铁炭微电解-Fenton 组合工艺深度处理焦化废水 [J]. 工业用水与废水, 2016, 47 (3): 22~27.

[19] 郭有林, 张明海, 王景荣, 成雪松. 焦化节能环保新技术在河钢宣钢的应用 [J]. 河北冶金, 2019 (S1): 90~93.

[20] 张文耀, 治卿, 王焕伟. 高效反渗透组合工艺在火电厂废水零排放中的应用 [J]. 给水排水, 2017 (11): 56~58.

[21] 熊鹰, 曾香, 崔佳鑫, 等. 荷电正渗透膜的研究进展 [J]. 中国材料进展, 2018.

[22] 王郁. 电渗析——生化组合方法处理高盐废水 [D]. 天津大学, 2013.

[23] 刘羊九, 王云山, 韩吉田, 等. 膜蒸馏技术研究及应用进展 [J]. 化工进展, 2018, 37 (10): 33~43.

[24] 宋剑. 膜蒸馏与膜蒸馏工艺过程 [J]. 盐业与化工, 2017, 46 (4): 3~5.

[25] 王非. 我国海水淡化的现状与钛的应用 [J]. 钛工业进展, 2013 (5): 6~12.

[26] 熊日华, 何灿, 马瑞, 等 高盐废水分盐结晶工艺及其经济技术分析 [J]. 煤炭科学技术, 2018, 46 (9): 42~48.

[27] 韩洪军, 李琨, 徐春艳, 等. 现代煤化工废水近零排放技术难点及展望 [J]. 工业水处理, 2019, 39 (8): 1~5.

[28] 樊华. 煤化工浓盐水 "零排放" 技术应用探讨 [J]. 环境与发展, 2019, 31 (8): 104~105.

[29] 马成伟, 郑朋超, 陈艳波. 首钢京唐焦化除尘灰的回收利用 [J]. 河北冶金, 2015, 10: 79~82.

[30] 马成伟，郑朋超，陈艳波. 首钢京唐焦化除尘灰的回收利用 [J]. 河北冶金，2015 (10)：79～82.

[31] 林金良. 焦粉回配技术在焦化厂的应用探讨 [J]. 山东工业技术，2017 (6)：2.

[32] 梁向飞. 焦化固体废弃物在配煤炼焦中的试验与应用 [J]. 煤化工，2015，43 (4)：19～21.

[33] 李玉清，马超，严军喜，等. 首钢京唐焦化固废高效利用研究与应用分析 [J]. 中国冶金，2018，28 (11)：10～15.

[34] 王宏超，刘鹏，陈健. 焦化除尘灰及污泥在烧结生产中的应用 [J]. 山东化工，2013，42 (9)：75～78.